D1936938

Eike Winkler
Josef Schweikhardt

Expedition Mensch

Streifzüge durch die Anthropologie

Mit einem Vorwort
von Konrad Lorenz

Ueberreuter

CIP-Kurztitelaufnahme der Deutschen Bibliothek

Winkler, Eike:
Expedition Mensch: Streifzüge durch
d. Anthropologie / Eike Winkler; Josef Schweikhardt. —
Wien; Heidelberg: Ueberreuter, 1982.
ISBN 3-8000-3181-7
NE: Schweikhardt, Josef:

J 1173/1
Alle Rechte vorbehalten
Umschlag von Atelier Graupner, München
Illustrationen von Georg Januszewski
© 1982 by Verlag Carl Ueberreuter, Wien - Heidelberg
Papier und Gesamtherstellung: Salzer - Ueberreuter, Wien
Printed in Austria

Vorwort
von Konrad Lorenz

Neue Erkenntnisse und Ideen, die geeignet sind, unsere »Weltanschauung« zu verändern, die uns lehren, Mensch und Erde von einem neuen Standpunkt aus zu betrachten, sind niemals Errungenschaften eines einzelnen Menschen, zumindest nicht in neuerer Zeit. Die sogenannten Medien informieren alle gebildeten Menschen aller Zonen darüber, was im Denken der Denkenden so ungefähr vor sich geht. Ein allgemeiner Austausch noch ungeborener Ideen, von unbewußtem Wissen, verbindet eine große Zahl denkender Menschen und breitet sich unter der Oberfläche des bewußt Aussagbaren kontinentweit aus. Rupert Riedl hat dieses unbemerkte Wachstum gemeinsamen Gedankengutes mit dem Sprossen eines Geflechts von Pilzfäden verglichen, das sich unterirdisch ausbreitet. Scheinbar unabhängig voneinander wachsen dann auf der Erdoberfläche Fruchtkörper hervor, so wie Schwammerln aus gemeinsamem Myzel. Dieses Gleichnis trifft sehr gut jene Einzelmenschen, die den unterirdisch gewachsenen Gedanken zum erstenmal in klare Worte fassen; diese sind tatsächlich Früchte des bis dahin unreflektierten gemeinsamen Ahnens. Nur darf sich das betreffende Einzelschwammerl nur ja nicht einbilden, der alleinige Schöpfer der neuen Erkenntis zu sein. Die in Kreisen von Wissenschaftlern so hoch bewertete Priorität bedeutet nur wenig.

Der hier gleichnismäßig geschilderte Vorgang kann durch viele Beispiele illustriert werden, am bekanntesten ist die Entdeckung der Evolution und der natürlichen Selektion, die Darwin und Wallace genau gleichzeitig machten. Die Sicherheit alles Wissens über das Werden der Organismenwelt ist heute immer noch nicht so allgemein anerkannt, wie man als vernünftiger Mensch erwarten sollte. Es muß leider deshalb noch ausdrücklich gesagt werden, daß die Tatsachen des evolutiven Werdens um ein Vielfaches sicherer bekannt sind als alles, was in der menschlichen Historie dokumentiert wird.

Die affektbetonten Widerstände gegen die Evolutionslehre kommen zum großen Teil aus dem Widerstreben, die Sonderstellung des Menschen aufzugeben. Dieses Widerstreben entspringt der völlig abwegigen Meinung, diese Sonderstellung werde durch die Erkenntnis bedroht, daß der Mensch stammesgeschichtlich aus Tieren entstanden sei. Es ist dies ein grundsätzliches Unverständnis für den essentiell *schöpferischen* Vorgang der Evolution. Diese anthropozentrische (den Menschen als Mittelpunkt alles Seins betrachtende) Denkhemmung wirkte sich begreiflicherweise in erkenntnistheoretischer Hinsicht besonders böse aus. Im besonderen geriet die neue Erkenntnis mit dem Lehren des Kantischen transzendentalen Idealismus in Widerspruch. Wenn unser Sinnes- und Nervensystem, das uns die Welt abbildet, ganz wie andere Organsysteme im Verlauf der Stammesgeschichte geworden ist, dann ist die Frage Kants, wieso unsere

Anschauungsformen und Weltkategorien »adäquat« auf die »an sich« bestehende Wirklichkeit passen, leicht zu beantworten: Sie sind in Anpassung an diese Wirklichkeit entstanden, sie sind zwar für das Individuum »a priori« vorhanden, sie sind vor jeder Erfahrung da und notwendig, damit individuelle Erfahrung überhaupt möglich werde, sie sind aber in der Geschichte der Art genauso aposteriorisch in Auseinandersetzung mit der realen Außenwelt entstanden wie alle anderen Organe auch.
Diese Tatsache scheint dem, der sie einmal begriffen hat, ungemein banal, und er wundert sich, daß nicht alle anderen denkenden Menschen dasselbe wissen und glauben. Man braucht sich aber gar nicht so sehr zu wundern, denn der erlösende Gedanke der evolutionären Erkenntnistheorie ist tatsächlich von einer ganzen Reihe von Wissenschaftlern unabhängig gefunden worden, ich nenne nur Karl Popper, Donald Campbell, Rupert Riedl und mich selbst.
Daß meine Arbeit »Kants Lehre vom Apriorischen im Lichte gegenwärtiger Biologie« die berühmte Priorität vor denen der anderen genannten Autoren besitzt, ist ausschließlich dem Umstand zu danken, daß in einem Kammerquartett Erich von Holst die Bratsche und Eduard Baumgarten die Violine spielten. Baumgarten hatte eben einen Ruf nach Königsberg erhalten und fürchtete sich ein wenig davor, als Pragmatist und unmittelbarer Schüler John Deweys in den gigantischen Schatten Immanuel Kants zu übersiedeln. Anläßlich einer Quartettaufführung fragte Baumgarten Holst, ob er nicht einen Psychologen kenne, der biologisch orientiert sei und sich für angeborene Leistungen interessiere. Holst und ich hatten uns damals eben näher kennengelernt, und so konnte Holst auf die Frage Baumgartens tatsächlich mit dem Angebot eines Wissenschaftlers mit dieser seltenen Kombination von Eigenschaften antworten. Ich selbst konnte nicht umhin, den sehr speziellen Auftrag Baumgartens als einen »Wink des Schicksals« zu empfinden.
Ein »Zufall« ist eine Ursache, die aus einem System stammt, das sonst nichts mit demjenigen zu tun hat, auf das eine Wirkung ausgeübt wird. In ähnlich zufälliger Weise, wie ich den Lehrstuhl in Königsberg bekam, verursachten die Arthrosen in meinen Kniegelenken, kurz gesagt meine Altersschwäche, die Entstehung der kleinen Gemeinschaft, die von den Autoren dieses Buches als der »Altenberg-Kreis« bezeichnet wird. Da es mir einfach zuviel war, zu meiner Lehrtätigkeit nach Wien zu fahren, verlegten meine Freunde Rupert Riedl und Erhard Oeser kurzerhand ein Seminar in die Gaststube des Dorfgasthauses Schneider in Altenberg. Ich muß diesen beiden meinen herzlichsten Dank sagen, denn sowohl die Auswahl einer beschränkten Zahl von Teilnehmern als auch die völlige Ungezwungenheit der Auseinandersetzung brachten in uns allen den Homo ludens, den spielenden Menschen, an die Oberfläche; ich glaube nicht, daß je in einem anderen Seminar so viel gelacht worden ist wie in unserem. Ohne viel Planung und nur dem Angebot einschlägiger Vorträge folgend, entwickelte sich ein Gedankenaustausch, der viele Merkmale des Schöpferischen an sich hatte. Die beiden Autoren des vorliegenden Buches sind zwar schon viel länger befreundet, als unser Seminar alt ist, aber dieses hat

doch, glaube ich, erheblich zu ihrem Entschluß beigetragen, dieses Buch zu schreiben.

Eine Überzeugung, die sich in der Zusammenarbeit unserer kleinen Gruppe bewährt hat, ist die, daß Humorlosigkeit kein unbedingtes Attribut der Wissenschaft sei; Humor schärft Kritik, vor allem Selbstkritik, und ist eine der wenigen Eigenschaften, die ich bei keinem Tier zu finden vermag. Es ist unserer Erkenntnis des Menschen keineswegs abträglich, wenn wir über manche seiner merkwürdigen Erscheinungsformen lachen müssen. Die Fülle und Vielfältigkeit dieser Erscheinungsformen und ihre lebhafte humorvolle Darstellung machen das vorliegende Buch ungemein leicht zu lesen. Ohne einen gewissen Humor wäre die völlig ungeschminkte Darstellung des Menschen vielleicht bis zur Unerträglichkeit grausam. Doch ist die Darstellung der ausgesprochen makabren Züge, die dem Menschen durch viele seiner angeborenen Verhaltensnormen, aber auch gerade durch die Freiheit seines Handelns aufgeprägt sind, unbedingt nötig, um unseren Zeitgenossen das Bewußtsein der Gefahren zu erwecken, die Menschheit und Menschentum bedrohen.

Die ungeheuer große Komplexität des Systems »Mensch« läßt es beinahe gleichgültig erscheinen, an welchem Zipfel man seine Darstellung anpackt, und so ist es nur scheinbar eine Simplifikation, wenn sich die Autoren an den Leitfaden des Körperlichen halten und am Kopf beginnen, wie schon Friedrich Nietzsche es getan hat. Die Fülle des wiedergegebenen Tatsachenmaterials ist überwältigend, an der wissenschaftlichen Akribie seiner Auswahl ist nicht zu zweifeln. Selbst der Biologe und Verhaltensforscher erfährt so manches über den Menschen, was er nicht gewußt hat. Das tut jedem gut, selbst dann, wenn er es nur ungern zur Kenntnis nimmt.

Vorwort

Nachdem Lemuel Gulliver, der reisende Held des berühmten irischen Satirikers Jonathan Swift, als Schiffbrüchiger das Land Liliput erreicht hatte, fiel er in einen tiefen Schlaf. Beim Erwachen fand er sich durch viele dünne Stricke an den Boden gefesselt und von winzigen Zwergen umgeben, die auf ihm herumkletterten und ihn neugierig untersuchten.
Diese Szene kann als Gleichnis für die heutige Situation des Menschen gelten. Heerscharen von Forschern haben ihn zum Untersuchungsgegenstand erwählt, beobachten, tasten, messen und befragen. Seit Swift haben viele Schriftsteller ihre Helden in den Ländern der Phantasie ungezählte Abenteuer mit Fabelwesen bestehen lassen, so als wollte man den Leser anhalten, die Fähigkeit des Staunens nicht zu verlieren und sich selbst und seine Kultur immer wieder aufs neue in Frage zu stellen. Die Ergebnisse einer umfassenden Anthropologie als Wissenschaft vom Menschen wirken in ähnlicher Weise auf uns. Die Fülle der gesammelten Daten über die Erscheinungsvielfalt des Wesens Mensch zwingt uns ein neues Selbstverständnis auf.
Bei unseren Streifzügen durch Länder und Bibliotheken haben wir auch das Ungewöhnliche, das Merkwürdige, ja das Erschreckende nicht ausgespart. Einiges, was bisher im Schulwissen keinen Platz gefunden hat, vergessen oder verschwiegen wurde, kam dabei in neuem Zusammenhang zum Vorschein.
Allen jenen, die unsere »Expedition« unterstützt haben, möchten wir an dieser Stelle danken. Vor allem in den Gesprächen des »Altenberger Kreises« mit Prof. Dr. Konrad Lorenz, Prof. Dr. Rupert Riedl und Prof. Dr. Erhard Oeser haben wir wertvolle Anregungen erhalten. Für ihre Hilfe in Form von Diskussion und Kritik danken wir Frau Prof. Dr. Margarethe Weninger, Herrn Prof. Dr. Walter Hirschberg, Prof. Dr. Karl Wernhart, Univ.-Ass. Dr. Gabriele Weiß, Univ.-Ass. Dr. Robert Kaspar, Dr. Kerrin Christiansen, Univ.-Doz. Dr. Manfred Wuketits, Dr. Annemarie Illsinger, Prof. Dr. Horst Seidler sowie Univ.-Doz. Dr. Roland Girtler und Alex Erlach. Bei wichtigen Recherchen haben uns Ursula und Helmut Winkler tatkräftig unterstützt. Abbildungen haben uns Dr. Wolfgang Neugebauer, Prof. Dr. Fritz Felgenhauer, Dr. Nikos Xirotiris und Wiss. Rat Dr. Winfried Henke zur Verfügung gestellt. Den größten Teil der phototechnischen Ausarbeitung besorgten Franz Ohneiser, Herta Zwonarich und Gudrun Vogler.
Auf besondere Weise sind wir Dr. Wolfgang Heinrich zu Dank verpflichtet. Er förderte unsere Arbeit nicht nur durch seinen fachkundigen Beistand bei den photographischen Aufnahmen, sondern überließ uns außerdem sein romantisches »Kohlmann-Häusl« in Aich am Attersee, wo das vorliegende Buch konzipiert wurde.

Wien, im Frühjahr 1982 Eike Winkler, Josef Schweikhardt

sapiens
sapienssapiens
sapienssapienssapiens
sapienssapienssapienssapiens
sapienssapienshomosapienssapiens
sapienssapienssapienssapiens
sapienssapienssapiens
sapienssapiens
sapiens

eine Art
3 »Großrassen«
derzeit
etwa
4 500 000 000 Individuen
220 000 Geburten täglich
150 000 Todesfälle täglich
3 000 Kulturen
165 international anerkannte Staaten
2 796 gesprochene Sprachen
709 000 000 römische Katholiken
344 000 000 Protestanten
90 000 000 Orthodoxe
30 000 000 sonstige Christen
540 000 000 Mohammedaner
100 000 000 chinesische Konfuzianer, Taoisten und Buddhisten
300 000 000 Buddhisten außerhalb Chinas
530 000 000 Hindus
65 000 000 Shintoisten
15 000 000 Juden
12 000 000 Sikh
2 500 000 Dschainas
230 000 Parsen
1 750 000 000 Anhänger von Naturreligionen,
Atheisten, Nichtermittelte
270 Millionenstädte
6 500 Universitäten und Fachhochschulen
1 300 Wissenschaften
800 000 wissenschaftliche Zeitschriften
11 000 wissenschaftliche Publikationen täglich
1 000 000 000 Analphabeten
425 000 000 Telephonanschlüsse
1 600 000 km Eisenbahnschienen
400 000 000 Kraftfahrzeuge
250 000 Verkehrstote pro Jahr
100 000 000 Arbeitslose
470 000 000 Unterernährte
15 000 Verhungerte täglich
alle 20 Sekunden ein Mord

Am Leitfaden des Leibes

»Wer ernsthaft die Wahrheit der Dinge ergründen will, darf sich keiner einzelnen Wissenschaft verschreiben; denn alle Teile der Wissenschaft stehen im Verbund wechselseitiger Abhängigkeit.«

René Descartes (1596–1650)

Im Jahr 1959 zählte man 1 150 wissenschaftliche Disziplinen. Heute sind es sicherlich einige Dutzend mehr. Das schnelle Anwachsen unseres Wissens erfordert zunehmend Spezialisierung, der ehedem gepriesene Universalgelehrte ist zu einem Wunschbild verblaßt. Dennoch ist es im Zeitalter der »Informationslawine« notwendiger als je zuvor, die Resultate der verschiedenen Forschungsrichtungen zusammenzufassen, um dadurch zu allgemeineren und leistungsfähigeren Modellen zu kommen.

Das Netz der modernen Informationsträger, Fernsehen, Video, Radio, Film und Presse, ermöglicht nicht nur eine bessere Verständigung zwischen den Fachleuten, sondern fördert auch den Dialog des Wissenschaftlers mit dem interessierten Laien.

Noch Ende des 19. Jahrhunderts wurden Bücher veröffentlicht, die sich mit »dem« Menschen schlechthin beschäftigten. Titel wie »Anthropologie« von Franz Xaver Zimmermann (1864) oder »Der Mensch« von Johannes Ranke (1887) waren keine Seltenheit. In ihnen fand sich eine bunte Vielzahl von Berichten über exotische Sitten und Gebräuche, Geographie und Wetter, Rasse und Religion. Heute sind diese reichbebilderten Werke trotz ihres oft überholten Wissensstandes geschätzte Raritäten und stellen einen »Steinbruch« für Datensammler dar.

Viele der Fragen, die damals zum Thema Mensch gestellt wurden, sind heute noch – wenn auch in anderer Form – aktuell. Franz Xaver Zimmermann schreibt in der Einleitung zu seinem bereits erwähnten Buch:

»Was ist die Stellung des Menschen in der Natur, und zwar speziell in der jetzigen Schöpfungsperiode? Ist er das oberste der Thiere und unterscheidet er sich vom Affen nicht mehr, als dieser Letztere von der Auster? Ist unser stolzes Geschlecht wirklich nur der Nachfolger des Orang-Utan, wie dieser in der vorigen Schöpfungsperiode der König der lebenden Wesen war? Ist – da in der Schöpfung nie etwas beständig gewesen – auch unser Geschlecht dazu bestimmt, einst seine Krone wieder an ein neues, noch vollkommeneres Geschöpf abtreten zu müssen? Oder bilden wir eine ganz besondere Klasse von Wesen – eine Aristokratie der Schöpfung? ... Was wissen, was vermuthen wir von der Kindheit und dem Urzustande des Menschengeschlechts, von dessen allmähliger Entwicklung im Laufe der langen Reihe dieser Jahrtausende, über welche keine geschriebene Geschichte vorhanden? ... Und der menschliche Geist, welches ist sein Verhältniß zum Körper? Ist er eins mit ihm? Sind die Fähigkeiten und Eigenschaften des Geistes und Charakters nothwendige Consequenzen von der

Beschaffenheit des Körpers? Ein Loth Gehirn mehr oder weniger, ein höherer oder niederer Schädelbau, ist dies die Bedingung und alleinige Ursache einer höheren oder untergeordneten geistigen Befähigung? ... Wer mag sich zu den Gebildeten zählen, dem die Beantwortung dieser Fragen gleichgültig und der nicht ein Werk lebhaft willkommen heißen sollte, durch welches er sich selbst ein Urtheil über den Gegenstand bilden und Einblick in jene Mystherien erhalten kann, welche zu enthüllen stets das höchste Ziel der Menschheit gewesen?«

Unsere »Expedition« kann nur den Charakter eines Streifzugs haben. Allerdings überlassen wir die Route nicht dem Zufall: Wie schon Friedrich Nietzsche versuchen wir »am Leitfaden des Leibes« das Anthropologische, das typisch Menschliche, zu erschließen. Da der Mensch, wie der Philosoph Arnold Gehlen (1904–1976) sagt, »von Natur aus ein Kulturwesen ist« – das aus dem Lateinischen stammende Wort »cultura« bedeutet Pflege und Vervollkommnung eines verbesserungsfähigen Gegenstandes –, verändert er nicht nur die Natur rund um ihn, sondern gestaltet auch sich selbst.

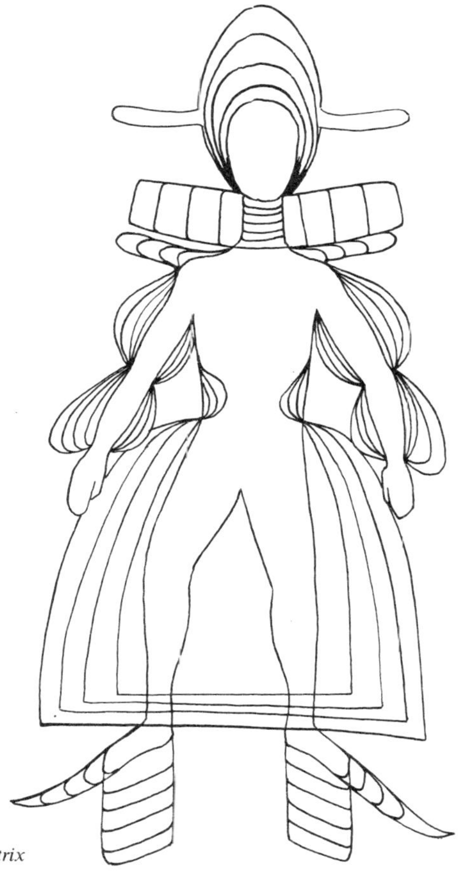

Abb. 1 *Körper-Matrix*

Körper-Matrix

Der Verhaltensforscher Otto Koenig spricht von der »Körper-Matrix« des Menschen. Vom lateinischen »matrix« leitet sich das Wort Matrize ab, das eine Guß- oder Hohlform bezeichnet, mit deren Hilfe Kopien hergestellt werden können. Die Matrix schreibt die Muster vor, nach denen sich die Gestaltung zu richten hat (s. Abb. 1). In ähnlicher Weise ist der menschliche Körper Vorlage und Experimentierfeld für unsere Phantasie. Da alle Menschen das gleiche Körper-Schema besitzen, entstehen unabhängig von der kulturellen Zugehörigkeit ähnliche Strukturen von Kleidung, Schmuck, Bemalung oder Tätowierung. Viele unserer Denk- und Kulturmuster sind durch das Muster des Körpers bestimmt oder gar direkt von ihm abgeleitet. Obwohl sich die Menschen hinsichtlich ihrer körperlichen und kulturellen Merkmale unterscheiden, sind für die Vielfalt der Erscheinungsformen gemeinsame Grundmuster verantwortlich, die man als »Universalien« oder »transkulturelle Konstanten« bezeichnet hat.

Kanon und Strategie

Der Schriftsteller Arthur Koestler unterscheidet bei der Entwicklung lebender Systeme zwei universelle Prinzipien: Kanon und Strategie. Der Kanon kann als Spielregel verstanden werden, die die unveränderlichen Eigenschaften eines Systems kennzeichnet, die Strategie entscheidet über den Verlauf des Spiels. In unserem Fall wird der Kanon von der Körper-Matrix bestimmt, die Strategie ist die Vorgangsweise, wie wir die Körperoberfläche gestalten. Form und Funktion des Auges etwa stellen die Matrix für die Augenbetonung dar (Kanon), die Art, wie das Auge betont wird, nämlich durch einfache Umrandung, bunte Lidschatten oder künstliche Wimpern, hängt von persönlichen Strategien ab.

Unter dem Gesichtspunkt von Kanon und Strategie wird auch die willkürliche Trennung zwischen den »primitiven« Gesellschaften der sogenannten Naturvölker und unseren Industriegesellschaften hinfällig. Was dem einen der Zylinder, ist dem anderen die Federkrone. Der Ethnologe Bronislaw Malinowski (1884–1942) schreibt: »Anthropologie ist die Wissenschaft vom Sinn für Humor. Sie kann so ohne allzuviel Anmaßung oder Scherzhaftigkeit definiert werden. Denn uns selbst so zu sehen, wie andere uns sehen, ist nur die Umkehrung und Ergänzung der Gabe, andere so zu sehen, wie sie wirklich sind, und wie sie sein sollen; und dies ist das Metier des Anthropologen. Er muß den Menschen im Wilden finden, er muß den Primitiven im hochkultivierten Europäer von heute entdecken.«

In diesem Sinn haben unsere Streifzüge in so seltsam anmutende Gefilde wie Kannibalismus, Schädelkult oder Kopfdeformation auch Humor. Auf den »humanistisch gebildeten« Europäer wirken viele dieser Phänomene zunächst unglaublich, grotesk oder geschmacklos. Den Menschenforscher interessiert jedoch nicht so sehr, was im herkömmlichen Sinn »gut«geheißen wird, sondern was Menschen möglich ist.

Verwenden wir in unserer Umgangssprache das Wort »menschlich«, so ist meist durch den Zusammenhang klar, was gemeint ist: Entweder hat es die biologische Bedeutung von »zur Gattung Homo gehörend«, oder es ist im Sinn von »human«, also wertend im moralischen Sinn, zu verstehen. Der Begriff des »Humanen« in seiner typisch abendländischen Form wurde in der Renaissance geprägt. Betrachten wir unsere eigene Ge-

schichte, so stellt er eigentlich eine Verneinung dessen dar, was wir sind. Die Fähigkeit zur »Unmenschlichkeit« ist ein Gattungsmerkmal des Menschen. »Humanität« ist also offenbar ein Ideal, das es zu erreichen gilt. Aber, um mit dem französischen Jesuitenpater und Anthropologen Teilhard de Chardin (1881–1955) zu sprechen: »... wer garantiert uns, daß wir unser Ziel erreichen werden?«
Jede anthropologische Theorie über das »Wesen« des Menschen im Sinn einer »Sonderstellung« betont meist *ein* »typisches« Merkmal, das ihn von allen anderen Lebewesen unterscheiden soll.

Sonderstellung des Menschen

zoon politicon, homo politicus (Aristoteles) – der Mensch als geselliges Tier ist Schöpfer komplizierter Gesellschaftssysteme und Staatsgebilde.

animal rationale – das logisch denkende, vernünftige Tier. Der Mensch wird als abstrakt denkendes Wesen ohne Triebsphäre begriffen.

animal rationabile (Immanuel Kant) – das zur Vernunft und Logik fähige Tier. Hier wird bereits eine wesentliche Einschränkung gemacht. Der Mensch handelt nicht immer den Gesetzen der Logik entsprechend, sondern sehr oft gefühlsbetont, irrational.

animal symbolicum (Ernst Cassirer) – der Mensch ist ein Tier, das einen Kosmos von Zeichen und Deutungen geschaffen hat und damit der realen Welt (»da draußen«) eine Welt der Symbole gegenüberstellt.

homo faber (Max Frisch) – der Mensch, das werkzeugherstellende Tier. Zielstrebige Arbeit und eine hochentwickelte Technologie haben den Menschen zum mächtigsten Wesen des Erdballs gemacht.

homo ludens (Johan Huizinga) – der spielende Mensch. Erst wenn sich der Mensch von seinen täglichen Zwängen des Überlebens befreit, entdeckt er sich selbst und findet Befriedigung in zweckfreiem Spiel.

homo loquens (homo grammaticus) – der Mensch als Schöpfer und »Geschöpf« der Sprache. Diese setzt ihn von den Kommunikationssystemen der Tiere ab. Er entwickelt eigene Sprachwelten und Vorstellungsräume durch Wortsprache und Schrift.

animal ridens – der Mensch, das lachende Tier. Humor und Gelächter kennzeichnen den Menschen. Die Skala seines Lachens reicht vom schüchternen Lächeln über das befreiende Auflachen bis zum Höllengelächter des Zynikers.

homo demens (Edgar Morin) – die zum Irrsinn neigende Tierart. Nur der Mensch kann seine Wahnideen zu einem System erheben und, indem er sich diesen seinen eigenen Schöpfungen unterwirft, zu ihrem Opfer werden.

homo patiens (Viktor Frankl) – der leidende, kranke Mensch. Er nimmt seine Krankheit nicht einfach hin, sondern setzt sich mit ihr auseinander und versucht nicht selten, ihr eine Deutung oder einen Sinn zu geben.

das betende Tier (Alister Hardy) – der Mensch, das sinnschaffende Wesen, das Wesen der Religion, des Aberglaubens, der Mystik, des Rausches und der Visionen. Das transzendentale (sich mit den Möglichkeiten der Erkenntnis beschäftigende) Tier, das vor den Geheimnissen des

Universums erschauert, das ängstlich staunende Tier als Spielball der Götter, diese um Gnade und Hilfe bittend.

das Mängelwesen (Johann Gottfried Herder, Arnold Gehlen) – der Mensch, das schutzlose Tier. Während die Tiere in ihrem Verhalten weitgehend durch Instinkte abgesichert sind, mußte sich der Mensch, dessen Instinktketten im Lauf der Evolution zerbrochen sind, eine zweite Natur – die Kultur – schaffen, um zu überleben.

homo creator (Wilhelm Emil Mühlmann) – der schöpferische Mensch, das phantasiebegabte Tier. Ein Wesen, das sich nicht nur der Umwelt anpaßt, sondern sich selbst völlig neue Umwelten durch Kunst und Technik schafft. Ein Wesen, das sich anschickt, aufgrund seiner schöpferischen Intelligenz die Erde zu verlassen und das All zu erobern.

homo sapiens (Carl von Linné) – der vernunftbegabte Mensch. Linné betonte damit die geistigen Fähigkeiten des Menschen, die ihn von seinen nächsten lebenden Verwandten, den Menschenaffen, unterscheiden.

homo erectus – der aufrechtgehende Mensch. In der Physischen Anthropologie gebräuchlicher Name für eine systematische Gruppe der eiszeitlichen Hominiden.

In jüngster Zeit wurden auch nüchtern-humoristische und pessimistische Umhängschilder für den Menschen entworfen wie

der nackte Affe (Desmond Morris) – der Mensch, ein unbehaarter Primate im Menschenzoo, stets auf der Suche nach Lust und Gewinn, Freude und Spannung. Sein Körper ist ein perfektes Signalsystem, das es ihm ermöglicht, diese Ziele zu erreichen.

der Mörderaffe (Robert Ardrey) – der Mensch, ein aggressiver »Raubaffe«, Eroberer von Territorien, machtgierig, gewalttätig gegen seine Artgenossen, fähig zum organisierten Töten, Schöpfer grauenvollster Martern und globaler Vernichtungswaffen.

Aus der Fülle der von den einzelnen Autoren genannten typisch menschlichen Eigenschaften läßt sich erkennen, daß das Wesen des Menschen niemals durch ein einziges Merkmal erfaßt werden kann. Das komplizierte System »Mensch« wäre nur durch die Gesamtheit seiner sich ständig verändernden körperlichen und geistigen Eigenschaften zu kennzeichnen – ein unerreichbares Ziel.

Der verlorene Mittelpunkt

»... Dar Englentar is oben und unten ser lang. Er hat nur ein Auge. Es andere is von Glaß, dasselbe stekkt er sich neben dar Nahse herrein. Am Laibe hat er einen Karirten Stof an, worrunter er sich Er selber befindet. Er is hohl. Dar Englentar ernehrt sich hautsechlich durch Schbort. Hidurch bekomt er am Flaische zalreiche Musgeln. Hintar denselben befindet sich Sein Gemiet. Dasselbe is unsichbar. Dar Englentar hat ales ser gross, bessonders seine Einpildung. Daher is er eiserst bescheiden. Er spricht imer nur die Warheit oder die Unwarheit, dagegen hasst er es lühgen. Er stamt meistens vom Affen ab. Eine Abart von Englentar bildet die Englentarin. Diselbe is teils weiblichen teils sechlichen Geschlechz ...«

Aus den Schulaufsätzen des Poldi Huber,
gesammelt von Homunkulus, Wien 1914

»Wahre Menschen« – so nennen sich nicht nur die nordamerikanischen Kiowa-Indianer, sondern auch die asiatischen Tungusen und die Lappen Nordeuropas. »Innuit« – »Menschen« – ist der wirkliche Name der Bewohner der arktischen Eiswüsten, eines Volkes, dem die Indianer den Namen »Eskimo« gegeben haben. Mit dem Wort »Manusch«, dem man die Abstammung von dem Wort »Mensch« noch deutlich anmerkt, bezeichnen sich die europäischen Zigeuner. Bantu, Massai, Zulu, Khoi-Khoin, San – die Namen dieser ost- und südafrikanischen Völker können ebenfalls mit »Mensch« übersetzt werden.
Fremde, die die griechische Sprache nicht oder nur mangelhaft beherrschten, waren für die Griechen der Antike »Barbaroi«, Stammler. In ähnlicher Weise stempelten die Russen ihre Nachbarn als »nemtsi«, Stumme, ab. Beispiele wie diese ließen sich noch viele anführen. Fast immer werden Fremde als Wesen anderer und damit minderer – meist tierischer – Art betrachtet: Die kleingewachsenen Buschmänner der Kalahariwüste Südwestafrikas etwa sind für ihre größer gewachsenen Bantu-Nachbarn nur »polocholo« – wilde Tiere. Für die Fidschi-Insulaner sind die Bewohner der Nachbarinseln »Langschweine« – vielleicht weil sie auch als Festtagsbraten geschätzt waren, und für die Franzosen sind die Deutschen heute noch nur allzuoft die »boches« (Schweine).
Seit jeher ist das Bild, das sich die Menschen als Einzelwesen oder als Gruppen von sich selbst machen, positiver gefärbt als jenes, das sie von anderen wesens- oder gruppenfremden Menschen haben. Als Maßstab der Beurteilung gelten dabei meist eigene Traditionen und Normen, die Leistungen der eigenen Gruppe werden überbetont. Dieses »Wir-Gefühl«, in Österreich als »Mir-san-mir«-Gefühl wohlbekannt, läßt z. B. die Juden

sich als »auserwähltes Volk« begreifen. Christen und Mohammedaner grenzen sich als »Kinder Gottes« gegen Andersgläubige scharf ab. Die Ablehnung des »Fremden« ist nach dem französischen Ethnologen Claude Lévi-Strauss eine für den Menschen charakteristische, angeborene Verhaltensweise, wobei die Stärke der Ablehnung mit dem Grad der Fremdheit zunimmt. Jeder Fremde, so meint der deutsche Soziologe Georg Simmel (1858–1918), ist für eine Gesellschaft insofern eine Bedrohung, als er allein durch seine Existenz den Anspruch dieser Gesellschaft, die einzig richtige zu sein, in Frage stellt.

Ohne Bemühen um Objektivität sind vor allem in der frühen Völkerkunde stark verzerrte Bilder vom Leben der sogenannten »Naturvölker« entworfen worden. Der Wissenschaftler muß sich aber seiner Voreingenommenheit immer wieder bewußt werden, um der Gefahr dieses »Ethnozentrismus« entgegenzuwirken (s. Abb. 2).

Ethnozentrismus

Die naive Anschauung, die eigene Kultur sei Maßstab und Nabel der Welt, konnte sich nicht nur bei geographisch oder kulturell isolierten Völkern erhalten. Auch in unserem Kulturkreis kommt dieser Hochmut, wenn

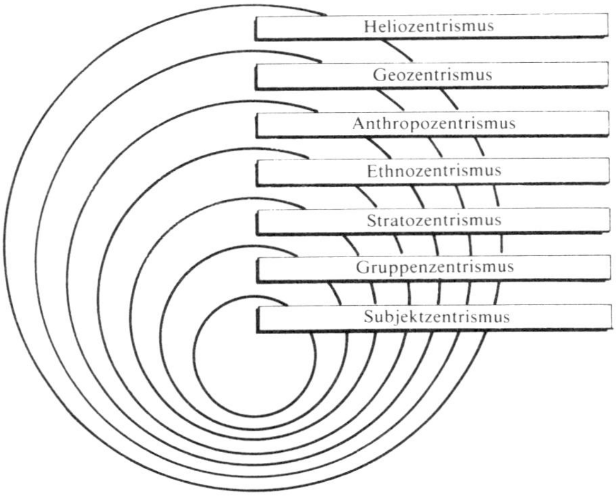

Abb. 2 *Hierarchisches Modell der verschiedenen »Zentrismen«*
Den innersten Kreis bildet der Subjektzentrismus: Der einzelne bezieht viele Ereignisse spontan auf sich bzw. erklärt diese von seinem Standpunkt aus, ohne zunächst andere Blickpunkte in Betracht zu ziehen (Das Ich als »Maß aller Dinge«).
Im Gruppenzentrismus betrachtet sich eine relativ kleine Gemeinschaft (Familie, Verein, Bande, wissenschaftliche Schule, Sekte) als Zentrum »ihrer« Welt.
Das Phänomen des Stratozentrismus bezieht sich auf einzelne »Schichten« (lat. stratum), wie z. B. soziale Klassen, Zugehörigkeit zum männlichen oder weiblichen Geschlecht (Sexismus), Alters- und Berufsgruppen. Diese Schichten empfinden sich als wertvoller, achtbarer oder nützlicher als andere. Die bekannten Konflikte zwischen den sozialen Klassen, Generationen usw. sind die Folge. Eine Spielart des Stratozentrismus kann in der einseitigen Hervorhebung von psychischen »Schichten« gesehen werden, je nachdem, wie man sich selbst einschätzt bzw. welche Persönlichkeitseigenschaft man für die maßgebende hält. Intellekt (»oben«) wird gegen Trieb oder Gefühl (»unten«) ausgespielt.

Der Ethnozentrismus kann als Rassismus, aber auch als Kulturzentrismus auftreten. Die meisten Völker schätzen ihr Aussehen, ihre Lebensweise, aber auch ihr Land höher ein als das ihrer Nachbarn. Die Vertrautheit mit den eigenen Gegebenheiten (»innen«) und die Angst vor dem umgebenden Fremden (»außen«) haben zur Vorstellung einer »Mitte« auch im Sinn eines bewohnbaren Ortes geführt: so lebten in der germanischen Mythologie die Menschen in Midgard (Welt der Mitte), die Riesen aber in Utgard (Außenwelt). Im Altpersischen galt der Iran als Herz der Welt, China sah sich selbst als Reich der Mitte (Dschunggue), die Babylonier betrachteten ihre Hauptstadt (bab-ilani = Götterpforte) als Mitte des Alls. Im antiken Griechenland wurde ein Marmorkegel, beispielsweise beim Apollotempel in Delphi, als »Nabel der Welt« (griech. omphalos) angesehen. Viele Religionen verehren heilige Zentren: die altindische Religion hatte ihren Weltberg (Himavat bzw. Meru), der Islam bezeichnet die »Kaaba« als »höchsten« Ort der Welt, im Christentum gilt Golgotha als »Welthügel« und die Erde als Mittelpunkt des Heilsgeschehens.
Im Anthropozentrismus findet die Vorstellung des Menschen, »Krone der Schöpfung« und damit »Besitzer« der Erde und ihrer Lebewesen zu sein, Ausdruck.
Helio- und Geozentrismus sind durch die Naturwissenschaften widerlegt. Dem Gefühl, daß sich alles um uns und unseren Planeten »dreht«, ist aber wohl kaum zu entkommen. Es ist leicht zu erkennen, daß die meisten Menschen alle diese Zentrismen in ihren Anschauungen vereinigen. Welcher »Zentrismus« die jeweilige Handlungsweise bestimmt, hängt allein von der Situation ab.

auch unterschwellig und in humoriger oder snobistischer Form, zum Vorschein. Ein Witz aus dem Wien der Jahrhundertwende sei stellvertretend für andere Beispiele genannt: Graf Bobby möchte einen Globus kaufen, kann jedoch trotz eifrigen Suchens sein Vaterland darauf nicht finden. Konsterniert fragt er den Verkäufer: »Gehn S', hätten S' nicht an Globus von Österreich-Ungarn?«
Bereits die Reiseschriftsteller der Antike erkannten aufgrund ihrer Erfahrungen mit den sogenannten »Barbaren« die Relativität aller Wertungen: Für den Menschen gibt es nicht nur eine, sondern unvorstellbar viele Lebensformen.
Heute stehen uns Bücher, Zeitungen, Radio, Fernsehen und Filme als gefahrloser »Reiseersatz« zur Verfügung. Die Anfänge des Reisens mit wissenschaftlichen Zielsetzungen fallen in eine Zeit, in der solche Unternehmungen jahrelange Anstrengungen und Entbehrungen erforderten. Nicht selten bezahlte man das Studium der Sitten und Gebräuche exotischer Völker mit dem Leben. Wer garantierte, daß der Reisende und Forscher als »Mensch« erkannt beziehungsweise anerkannt wurde? Auch heute noch wird nicht selten derjenige als »Eindringling« empfunden, der das zerbrechliche System der eigenen Weltanschauung und des eigenen Selbstverständnisses stören, ja zerstören könnte.
Wie sehr unsere scheinbar festgefügten Anschauungen einem steten Wandel unterworfen sind und durch neue Entdeckungen innerhalb kurzer Zeit in sich zusammenbrechen können, läßt sich nicht nur anhand der zunächst fast unglaublichen Berichte von Forschungsreisenden, sondern auch anhand von wissenschaftlichen »Revolutionen« zeigen.

Wissenschaftliche Revolutionen

Als der Jurist, Arzt und Astronom Nikolaus Kopernikus (1473–1543) in seinem Werk »De revolutionibus orbium coelestium« 1543 die These aufstellte, daß die Erde nicht, wie bisher angenommen, Zentrum des Universums sei, sondern nur als Wandelstern die Sonne unseres eigenen, vergleichsweise winzigen Sonnensystems umkreise, weigerte man sich zunächst, ihm Glauben zu schenken. Zu viele Widerstände gegen diese radikale Neuordnung der Welt waren in den Menschen seiner Zeit lebendig. Es dauerte Jahre, bis diese schockierende Tatsache allgemein zur Kenntnis genommen wurde.

Durch die Konstruktion des ersten Fernrohrs im 15. Jahrhundert in Italien und die Erfindung des zusammengesetzten Mikroskops durch den holländischen Brillenmacher Janssen (1590) war eine Entwicklung eingeleitet worden, die zu einer schnell zunehmenden Erweiterung unserer Sinneswahrnehmung vor allem durch optische Instrumente führte. Dem Delfter Kaufmann und Naturforscher Antony van Leeuwenhoek (1632–1723), der zum erstenmal in einem gewöhnlichen Wassertropfen unzählige Lebewesen (Bakterien) nachwies, verdanken wir die Erschließung einer bis zu jenem Zeitpunkt unsichtbaren, geheimnisvollen Welt.

Kann Janssens Mikroskop als »Urahn« unseres modernen Elektronenmikroskops betrachtet werden, so bildete die Erfindung des Fernrohrs die Grundlage für eine Technologie, die es uns heute erlaubt, mit Hilfe von Radiowellen und Laserstrahlen sehend und messend in die Tiefen des Weltraums vorzudringen.

Eine ähnliche Umwälzung, eine »kopernikanische Wende«, bedeutete die Theorie, daß der Mensch von tierähnlichen Vorfahren abstamme, wie dies von dem englischen Naturforscher Charles Darwin (1809–1882) in seinem Buch »On the Origin of Species by Means of Natural Selection, or the Preservation of Favoured Races in the Struggle of Life« (1859) behauptet wurde. Auch hier ist der Widerspruch bis heute nicht verstummt. So wurde 1925 in den amerikanischen Südstaaten ein Lehrer namens Scopes wegen Verbreitung darwinistischer Ideen verurteilt. Nun könnte man dies als letzten kuriosen Ausläufer einer Anschauung interpretieren, die die Schöpfungsgeschichte der Bibel wörtlich nimmt. Die Tatsache jedoch, daß noch 1977 in den amerikanischen Südstaaten ein Gesetz verabschiedet wurde, das die Lehrer verpflichtet, im Biologieunterricht neben der Evolutionstheorie auch die Genesis-Version der Bibel zu lehren, stimmt nachdenklich. Eine amerikanische Umfrage aus dem Jahr 1981 ergab, daß nur 47 Prozent der Befragten an Darwins Evolutionstheorie glauben, während 53 Prozent der biblischen Schöpfungsgeschichte den Vorzug geben.

Der Wiener Psychiater Sigmund Freud (1856–1939), Begründer der Psychoanalyse, löste einen »Skandal« anderer Art aus: Er stellte mit seiner Theorie, daß der Mensch nicht nur von seinem freien Willen, sondern auch von unbewußten Wünschen und Triebregungen geleitet sei, die Weltanschauung des vernunftgläubigen Bürgertums seiner Zeit in Frage.

Die Formulierung der Kybernetik und der Informationstheorie durch den amerikanischen Mathematiker Norbert Wiener (1894–1964) und seine Mitarbeiter hat parallel und in Verbindung mit der Entwicklung der Halbleitertechnik (der Transistoren) und der Mikroprozessoren den Bau von elektronischen Rechenanlagen (Computern) ermöglicht. Deren vielfältige Anwendungsmöglichkeiten haben auch unser Alltagsleben beeinflußt. Computer leisten nicht mehr nur die geistige Arbeit von Tausenden Menschen in wenigen Sekunden, sondern im doppelten Sinn des Wortes »Unmenschliches«.

Alle diese »Revolutionen« haben das Selbstverständnis des Menschen grundlegend verändert. Eine – vielleicht die folgenschwerste – »kopernikanische Wende« könnte uns noch bevorstehen– nämlich die Entdeckung, daß es außer uns noch weitere intelligente Lebewesen im All gibt. Dieses Wissen würde uns endgültig die Illusion nehmen, aus unserer »Einzigartigkeit« einen uneingeschränkten Machtanspruch ableiten zu können. Eine Entzauberung und Neubestimmung des Menschenbildes wäre die Folge.

Neue Horizonte

> »Je größer aber die Schwierigkeiten, desto befriedigender ist auch die Genugthuung, die der Forscher empfindet, wenn er, auf wohlbegründeten Thatsachen fußend, ein Gebäude aufrichten kann, das nicht nur den Stürmen der Kritik, sondern auch dem Schlangenzahne der Gehässigkeit zu trotzen befähigt ist, und je leichter der Irrthum, um so aufrichtiger kann die Bewunderung sein, die wir dem unausgesetzten Fleiße und dem glänzenden Scharfsinne Derjenigen zollen, welche Licht in diese vorägyptische Finsterniß verbreiten.«
>
> Karl Vogt (1817–1895)

Reiseberichte aus der Zeit des griechischen Altertums sind die ältesten uns bekannten Dokumente, in denen ein Interesse an fremden Völkern und ihrer Lebensart in Form von systematischen Beschreibungen zum Ausdruck kommt. Herodot (ca. 480–424 v. Chr.), ein griechischer Geschichtsschreiber aus Halikarnassos in Kleinasien, bereiste nahezu die gesamte damals bekannte Welt. Neben den klimatischen Besonderheiten und der andersartigen Tier- und Pflanzenwelt fesselten ihn vor allem das ungewohnte Aussehen, das oft bizarre Brauchtum und die kuriosen Erzählungen der Menschen der von Reisenden bisher kaum berührten Gegenden. Von Europa bis nach Persien, vom Schwarzen Meer bis zum Reich der Ägypter erstreckte sich der Raum, in dem Herodot eine Fülle bis dahin unbekannter Informationen sammelte. Aus heutiger Sicht können wir ihn daher »Vater der Ethnographie«, der beschreibenden Völkerkunde, nennen. Über die naturnahe Beschreibung des Beobachteten hinaus stellt Herodot jedoch bereits Vergleiche an: Das scheinbar einfache Leben der »barbarischen« Völker am Rand des »Erdkreises« wurde dabei oft der hochentwickelten Zivilisation der Hellenen vorgezogen. Hier wird bereits etwas angedeutet, das später in den Begriffen vom »edlen Wilden« oder von einem »paradiesischen Urzustand« seinen literarischen Ausdruck findet.

Einige hundert Jahre später befassen sich auch römische Schriftsteller wieder mit dem Gegensatz zwischen Fortschritt und »natürlichem« Leben: die »Barbaren« werden idealisiert. Der Dichter und Satiriker Horaz (65–8 v. Chr.) etwa hebt das gesunde Familienleben der Skythen hervor, Properz (50–16 v. Chr.) und der Schriftsteller Valerius Maximus (1. Hälfte des 1. Jahrhunderts n. Chr.) besingen die unwandelbare Treue der indischen Frau: sie folgt dem Gatten in den Tod. Der bedeutende römische Geschichtsschreiber Tacitus (55–120 n. Chr.) stellt seine Beschreibung der zeitgenössischen Germanen (»De origine, situ, moribus ac populis Germaniae«), deren kriegerische Tugenden, Freiheitswillen und hohe Moral er betont, der dekadenten Gesellschaft des kaiserlichen Rom als Sittenspiegel gegenüber. Wie seine Vorgänger bezog er seine Informationen jedoch aus zweiter Hand, also wahrscheinlich von Sklaven, Soldaten und römischen Kaufleuten, vor allem aber aus den Schriften von Caesar, Livius und Plinius dem Älteren. Wie verständnislos Tacitus die Völker Nordeuropas einerseits als »Barbaren« abwertet, ihre »einfache«, gesunde Lebensweise aber bewundert, wird in seiner Schilderung der Lappen deutlich, die er fälschlich »Fennen« (Finnen) nennt: »Die Fennen leben ungemein roh, in abstoßender Dürftigkeit. Sie kennen keine Waffen, keine Pferde, kein Heim; Kräuter dienen zur Nahrung, Felle zur Kleidung und der Erdboden als Lagerstätte. Ihre einzige Hoffnung sind Pfeile, die sie aus Mangel an Eisen mit Knochenspitzen versehen. Und von derselben Jagd nähren sich die Frauen ebenso wie die Männer; denn überall sind sie dabei und fordern ihren Anteil an der Beute. Auch gibt es für die Kinder keinen anderen Schutz vor wilden Tieren und Regengüssen, als daß man sie in einem Geflecht von Zweigen birgt; dort suchen auch die Männer ihr Heim, dort haben die Greise ein Obdach. Sie halten jedoch dieses Leben für glücklicher, als ächzend das Feld zu bestellen, sich mit Häuserbau zu plagen, in Furcht oder Hoffnung über eigenen und fremden Wohlstand nachzudenken. Sorglos vor den Menschen, sorglos vor den Göttern, haben sie das Schwerste erreicht: nicht einmal einen Wunsch zu kennen.«

Barbaren

Dem hellenisierten Syrer Poseidonius (135–51 v. Chr.) fällt das Verdienst zu, sich besonders um eine unvoreingenommene Darstellung seiner Beobachtungen bemüht zu haben. Auf seinen Reisen in Gallien, Spanien und Italien studierte er gewissenhaft die Lebensweise der Kelten und Germanen. Das ungezügelte und gefühlsbetonte Wesen dieser »Naturvölker« erklärte er durch ein Übermaß an »thymos« (Wut, Begierde, Leidenschaft, Mut) und durch einen Mangel an Zivilisation. Die nach seiner Auffassung zivilisierten Südvölker, zu denen er sich selbst zählte, zeichneten sich jedoch durch den »logos«, also Vernunft und Beherrschung der Gefühle, aus. Die körperlichen Unterschiede zwischen den meist blonden, großgewachsenen Nordvölkern und den kleineren, zarter gebauten Südvölkern schrieb er dem magischen Einfluß der Sterne und der »Atmosphäre« zu.

Die politischen und religiösen Umwälzungen der Völkerwanderungszeit führten weitgehend zu einem Verlöschen der griechisch-römischen Wissenschaftstraditionen. Die Weltoffenheit und Bereitschaft der Spätantike, die vielfältigen Erscheinungsformen der Kulturen nicht nur wahrzunehmen, sondern sich auch damit auseinanderzusetzen, wurde durch die sich gegenüber weltlichen Einflüssen abgrenzende Denkungsart des Christentums abgelöst. Die Bibel wurde zum alleinigen Instrument der Erklärung menschlicher Existenz. Glaube und Wissen bildeten eine unantastbare Einheit. Man versuchte nicht, das Phänomen Mensch und seine Variationen aufgrund von Erfahrungen zu erfassen, sondern beschränkte sich darauf, Probleme dieser Art mit Hilfe von Gedankenspielen und Auslegungen der Heiligen Schrift zu bewältigen. So wurden die aus dem Osten hereinbrechenden Nomadenvölker der Hunnen, Awaren und Mongolen mit den biblischen Teufelsvölkern Gog und Magog gleichgesetzt. Die Rassen leitete man von den drei Söhnen Noahs, Sem, Ham und Japhet, ab.

Bibel als Erklärung

Abb. 3 *Großlipper, Ohrenmensch und Fußschattner aus der »Schedelschen Weltchronik« (1493)*
Diese Fabelwesen werden schon bei den antiken Schriftstellern Skylax, Ktesias, Herodot, Plinius, Megasthenes u. a. erwähnt. Die Darstellung großer Lippen und Ohren beruht vielleicht ursprünglich auf tatsächlichen Beobachtungen, die später durch mündliche Überlieferung und Gerüchtebildung übertrieben und ausgeschmückt wurden. Großfüßer tauchen schon im altindischen Schrifttum (Ramayana) auf. Dort werden sie jedoch nicht als Schattenfüßler (Skiapoden) bezeichnet, die sich vor der Sonne zu schützen versuchen, indem sie ihren großen Fuß als Schirm benutzen, sondern werden Schnelläufer (Ekapada) genannt.

Dämonisierung des Fremden

Aus Angst und Unsicherheit erwuchs eine üppig wuchernde Fabelwelt: fremde Menschen wurden zu Monstren und Dämonen. So zeigen die Weltchronik des Hartmann Schedel (1493) und die berühmte Kosmographie des Sebastian Münster (1544) menschliche Fabelwesen, deren Ursprung sowohl im europäischen Volksglauben wie auch in den Berichten antiker Schriftsteller zu suchen ist: Fußschattner, Mundlose, Kopflose, Großohrige, Großlippige, Einschenkelige, Lang- und Kurzlebige bevölkerten die zwielichtige Zone zwischen Wissen und Unwissenheit (s. Abb. 3).
In den Theologenschulen wurde von den Scholastikern die Frage diskutiert, ob die Pygmäen, zu denen man damals alle bekannten Zwergvölker zählte, zu den Menschen zu rechnen seien. Man verneinte dies schließlich.
Erst durch die Expeditionen im darauffolgenden Zeitalter der Entdeckungen ergab sich die Möglichkeit, Erfahrungen mit außereuropäischen Völkern zu sammeln. Die Ausdehnung des mongolischen Weltreichs unter Dschingis-Khan bis nach Osteuropa veranlaßte die Kirche, Missionare nach Asien zu entsenden. Um die Mitte des 13. Jahrhunderts begab sich der flämische Franziskaner Wilhelm von Rubruk (ca. 1215–1270) auf eine beschwerliche Reise, die ihn über Konstantinopel durch Zentralasien bis in das Karakorumgebiet an den Hof Batu Khans führte. Mit größter wissenschaftlicher Genauigkeit beschreibt er die zahlreichen Völker, denen er auf seinem Reiseweg begegnet. So trifft er Goten, Alanen, Kumanen, Russen, Mongolen, Tataren und viele andere, kann aber keinerlei »Monster« entdecken.

Auch die Berichte des venezianischen Kaufmanns Marco Polo (1254–1324), der im Verlauf seiner ausgedehnten Asienreisen zwanzig Jahre am Hofe Kublai-Khans verweilte, erregten in hohem Maße die Phantasie seiner Zeitgenossen. Seine oft unglaublich anmutenden Zahlenangaben trugen ihm den Namen »Messere Millione« ein.

Im 15. und beginnenden 16. Jahrhundert fanden die großen portugiesischen Handels- und Eroberungsfahrten zu den Küsten Afrikas und Ostindiens statt. Der Venezianer Alvise Ca'da Mosto (ca. 1432–1488), der 1455 und 1456 zwei Reisen entlang der afrikanischen Westküste bis Gambia unternahm, verbrachte bei Kap Verde sogar längere Zeit am Hof eines Eingeborenenfürsten. Seine Berichte sind von bestechender Genauigkeit und reich an Einzelheiten. 1505/06 beteiligten sich erstmals drei deutsche Schiffe an einer Fahrt nach Ostindien und umsegelten auf diese Weise zweimal den afrikanischen Kontinent. Auf einem dieser Schiffe befand sich der Handelsangestellte Balthasar Springer, dessen Reiseschilderungen reiches völkerkundliches Material enthalten. Die in ihnen abgebildeten Holzschnitte von Hans Burgkmair dem Älteren (s. Bild 25) zählen zu den frühesten gedruckten Darstellungen der Eingeborenen Afrikas. Springer gilt als erster bedeutender Ethnograph der Hottentottenkultur Südafrikas.

Eroberer und Händler

In der Epoche der Konquista, der spanischen Eroberungszüge in Mittel- und Südamerika, mehrten sich die Berichte über die Völker der Neuen Welt. Die grausame Zerstörung der Hochkulturen der Azteken in Mexiko, der Inka in Peru und der Maya auf der Yukatan-Halbinsel durch die spanischen Abenteurer Hernando Cortez (1485–1547) und Francisco Pizarro (1475–1541) wurde damit gerechtfertigt, daß die Indianer Heiden und damit noch keine »richtigen« Menschen seien. Dies kommt auch in der Bulle Papst Pauls III. vom 2. Juli 1537 zum Ausdruck, in der die Anerkennung der Indianer als Menschen vom Empfang der Sakramente abhängig gemacht wird. Diese Einstellung war zum Teil auf die unsachlichen und vom Gefühl der rassischen Überlegenheit getragenen Berichte von Männern wie Christoph Kolumbus, Amerigo Vespucci und Pedro Cabral zurückzuführen, die in den amerikanischen Eingeborenen nicht mehr als »Nutztiere« sahen. Deren scheinbare Primitivität und heidnische Gebräuche dienten als Vorwand für eine gnadenlose Unterwerfung.

Die blutige Eroberung Sibiriens durch die Russen und die fast vollständige Vernichtung der nordamerikanischen Indianer durch europäische Siedler und Soldaten sind weitere Beispiele für die furchtbaren Auswirkungen des Ethnozentrismus.

Wahrheitsgetreue Schilderungen der Gewalttaten der Konquistadoren und ihrer unersättlichen Goldgier wurden uns von dem spanischen Historiker Bartolomé de Las Casas (1474–1566), einem Dominikaner, überliefert. Der als Freund der Indianer bekannte Las Casas, der Bischof von Chiapas in Mexiko war, schlug vor, die für langdauernde harte Arbeit ungeeigneten Indianer durch die kräftigeren Neger zu ersetzen, und löste damit ungewollt die Massenversklavung von Millionen Schwarzafrikanern der Guineaküste aus. Er hat dies später tief bereut.

Allmählich zeigten sich in Europa die Auswirkungen der Entdeckungsreisen. Die biblische Schöpfungsgeschichte war durch die Entdeckung Amerikas in Frage gestellt worden: Stammten die Indianer von Adam ab, waren sie der Sintflut entgangen? Die Theologen meinten, die Indianer seien die zehn verlorenen Stämme Israels. Durch den Vergleich von Beschreibungen antiker Schriftsteller mit zeitgenössischen ethnographischen Quellen gelangte der Jesuit Joseph François Lafiteau (1670–1740) zu dem Schluß, daß die Indianer von der vorhellenischen Bevölkerung Griechenlands abstammten und über Nordostasien nach Amerika eingewandert seien. Als der Kalvinist Isaac de la Peyrére (gest. 1676) behauptete, daß es schon viele tausend Jahre vor Adam Menschen gegeben hätte, von denen die Indianer abstammten, und die Theorie von den Präadamiten aufstellte, trat die Kirche auf den Plan. Sein Buch wurde verbrannt, er selbst von der Inquisition verfolgt und gezwungen zu widerrufen.

Das Zeitalter der Reisebeschreibungen

Im 17. und 18. Jahrhundert nahm die Beliebtheit der Reisebeschreibungen einen ungeahnten Aufschwung. Erzählungen und Aufzeichnungen von Seefahrern, Kaufleuten, Missionaren und heimgekehrten Kriegsgefangenen vervielfachten das Wissen der Europäer über die Länder Asiens, Afrikas und Amerikas. Dies blieb nicht ohne Wirkung auf die abendländischen Wertmaßstäbe: Gesellschaftliche Einrichtungen, deren unübertreffliche Form und »ewige« Gültigkeit man bis dahin nicht zu bezweifeln gewagt hatte, waren in fremden Kulturen in gänzlich anderer Gestalt verwirklicht, ohne deshalb sofort sichtbare Nachteile zu zeigen. Schriftsteller und Gelehrte nahmen sich des reichhaltigen exotischen Anschauungsmaterials an und verwendeten es als »Verpackung« für kritische Betrachtungen der eigenen politischen und religiösen Situation. In erdachten Zwiegesprächen mit dem durch die fragwürdigen Segnungen der Zivilisation noch unverdorbenen »edlen« Wilden formulierte man wehmütig die Sehnsucht nach einem einfacheren, glücklichen Leben. So begann man schon lange vor der Französischen Revolution sich mit den Ideen der Freiheit, Gleichheit, Gerechtigkeit usw. auseinanderzusetzen.

Unter den Völkern, die nunmehr in den europäischen Gesichtskreis gerückt waren, befanden sich auch die Chinesen. Jesuitische Missionare hatten über die Lehren des chinesischen Nationalheiligen Konfutse (552–479 v. Chr.) berichtet und damit eine wahre Begeisterung für chinesische Kunst und Philosophie ausgelöst. Der französische Schriftsteller und Philosoph François Marie Voltaire (1694–1778), ein leidenschaftlicher Vorkämpfer der Aufklärung, glaubte im Konfuzianismus eine »Vernunftreligion« entdeckt zu haben und wurde damit, ebenso wie der deutsche Philosoph Gottfried Wilhelm Leibniz (1646–1716), zu einem Förderer des wissenschaftlichen Interesses am Fernen Osten. Leibniz war es auch, der sich erstmals mit dem Reich Peters des Großen wissenschaftlich auseinandersetzte und vergleichende Studien an den Sprachen der Völkerschaften des zaristischen Rußland betrieb. Seine 1710 erschienene Klassifikation der slawischen, finnisch-ugrischen, turktatarischen, keltischen und semitischen Sprachen hat im wesentlichen noch heute Gültigkeit. Olfert Dapper (gest. 1691) verdanken wir eine ausgezeichnete Zusammenstellung von ethnographischen Informationen über Afrika. Der Franzose Jean Chardin (1643–1713), der sich zwölf Jahre in Persien aufhielt, sowie der deutsche Arzt Engelbert Kämpfer (1651–1716), den seine zahlreichen Reisen auch nach Japan führten, haben sehr anschauliche Berichte über diese Länder hinterlassen. Eine neue Entwicklung bahnte sich an. An die Stelle der Kritik des Aussehens und der Sitten der fremden Völker trat das Studium

Der Ausländer.

Eine

Unterhaltungs-Spende

für

Leser aus allen Ständen,

worin vorzüglich sehr

anziehende Erzählungen, See-, Kriegs- und Reiseabenteuer,

Züge aus dem Leben berühmter Personen,

und ganz besondere

Merkwürdigkeiten

aus verschiedenen Theilen des Erdballs ꝛc. ꝛc.

enthalten sind.

Verfaßt und herausgegeben

von

Adam Strobl.

I. Band. I. Heft.

Wien, 1840.

Gedruckt bei Anton Benko.

Abb. 4 *Beispiel eines »Sachbuchs« aus dem 19. Jahrhundert*

ihrer materiellen Kultur, ihres Geisteslebens und ihrer Religion. Joseph François Lafiteau hatte bereits ein Werk über die Irokesen verfaßt, in dem er zu beweisen suchte, daß diese barbarischen Stämme keineswegs Menschen ohne Gottesvorstellungen seien. Er studierte die Sitten und Gebräuche der Indianer und verglich diese aufgrund von Herodots Berichten mit denen der antiken Völker. Damit wurde Lafiteau zum Vater der vergleichenden Ethnologie. So entdeckte er zum Beispiel Parallelen hinsichtlich Mutterrecht, Initiation, Männerkindbett und Brautkauf, glaubte jedoch, daß diese Sitten durch Wanderungsbewegungen von Europa nach Amerika gelangt seien, ohne in Betracht zu ziehen, daß ähnliche Sitten unabhängig voneinander entstehen können.

Entscheidenden Einfluß auf die »anthropologischen« Diskussionen des 18. Jahrhunderts nahmen neben den Ethnographen und Biologen auch die französischen Philosophen. Charles de Secondat Montesquieu (1689–1755) glaubte, daß das Klima Körper und Charakter des Menschen sowie seine Wirtschafts- und Gesellschaftsformen (z. B. Polygamie = Vielehe) beeinflußte: Das kalte Klima des Nordens bringe auch »kalte« Menschen wie die Germanen hervor, das subtropische Klima Indiens eine Philosophie des Duldens und Verzichtens. Montesquieu wird damit zum Vorläufer der Milieutheorie und der »anthropogeographischen« Erklärung der Unterschiede zwischen den Menschen.

Voltaire, der sarkastische Dichter und Philosoph der Aufklärung, nahm bereits eine geschichtliche Entwicklung des Menschengeschlechts an, die zu den großen geistigen Leistungen der Chaldäer und Chinesen hinführte.

Jean-Jacques Rousseau (1712–1778) übte wohl den stärksten Einfluß auf seine Zeitgenossen aus. Er rühmte den unverbildeten Naturmenschen und wählte sich die Karaiben Venezuelas zum Vorbild: Diese hätten keine tyrannische Religion, keine unterdrückenden sozialen Regeln und kein Eigentum, das zu verteidigen wäre oder um dessentwillen man Krieg führen müsse. Mit dieser idealisierenden, sentimentalen und naiven Vorstellung vom »Naturmenschen« schuf Rousseau ein eindrucksvolles Klischee, das lange Zeit wirksam blieb. Die Vorstellung vom paradiesischen Urzustand wurde noch durch die Berichte des französischen Seefahrers Louis-Antoine de Bougainville (1729–1811) verstärkt, der 1771 den Europäern die polynesische Insel Tahiti als Paradies auf Erden schilderte. Zivilisationsmüde Leser versuchten von nun an, ihre Sehnsüchte mit solchen Reiseberichten zu stillen.

Anfänge der wissenschaftlichen Anthropologie

Die Anfänge der wissenschaftlichen Anthropologie sind durch neue Methoden der Einteilung (Klassifikation) der lebenden Organismen und die ersten Ideen eines evolutiven Wandels der Arten und damit auch des Menschen gekennzeichnet. Der Tod Rousseaus 1778 kann als symbolischer Schlußstein einer Entwicklungsphase der europäischen Anthropologie betrachtet werden, in der man an das kirchliche Dogma von der »Konstanz der Arten«, das heißt an eine seit dem letzten Schöpfungstag unveränderliche Natur, geglaubt hatte. Leibniz, Lafiteau, Voltaire und andere hatten jedoch bereits Ideen vertreten, die ein geschichtliches Werden der Menschheit beinhalteten.

Der Begriff »Anthropologie« (griech.: anthropos = Mensch, logos = Wort, Lehre) geht auf den antiken Philosophen Aristoteles (4. Jahrhundert v. Chr.) zurück. Soweit wir wissen, ist jedoch diese Bezeichnung im darauffolgenden Jahrtausend nicht mehr gebräuchlich gewesen. Erst zu Beginn des 16. Jahrhunderts taucht das Wort »Anthropologie« in der neuzeitlichen Naturphilosophie bei Magnus Hundt in seinem 1501 in Leipzig veröffentlichten »Anthropologium de hominis dignitate« wieder auf. Allerdings verstand man damals unter »Anthropologie« eine Vielzahl von Forschungen, die wir heute größtenteils zu den Disziplinen der Anatomie und Physiologie zählen würden, also den Lehren vom Bau und den Funktionen des menschlichen Organismus. Man legte zu dieser Zeit Kuriositätensammlungen, sogenannte »Kunst- und Wunderkammern« (z. B. in Schloß Amras in Tirol) an, die unter anderem Fossilien, seltene Naturspiele (lusus naturae), Abnormitäten und prähistorische Fundstücke enthielten.

Der Mensch in seiner biologischen und kulturellen Vielfalt war für die Naturforscher des ausgehenden 18. Jahrhunderts nur in zweiter Linie von Interesse. Auf ihren Reisen in außereuropäischen Ländern waren es vor allem die fremden Tiere, Pflanzen und Gesteine, die gesammelt, untersucht und geordnet wurden. Dennoch hatte der Leibarzt des schwedischen Königs, Carl von Linné (1707–1778), mit der Veröffentlichung seines Buches »Das System der Natur« im Jahr 1735 mehr als nur ein neues Zeitalter der biologischen Klassifikation eingeleitet: In der 12. Auflage dieses Werkes, in dem er alle damals bekannten Pflanzen- und Tierarten aufgrund ihrer Gestaltmerkmale in Klassen, Ordnungen, Gattungen und Arten hierarchisch geordnet hatte, war zum erstenmal der Mensch in das Tierreich mit einbezogen worden. Homo sapiens, also der gegenwärtig lebende »weise Mensch«, führte die Arten innerhalb einer zoologischen Ordnung an, der Linné den Namen »Primaten«, die »Vorrangigen«, gegeben hatte. Die geographischen »Varietäten« (Erscheinungsformen) des Menschen waren nach ihren körperlichen, aber auch nach ihren Temperamentsunterschieden eingeteilt. Linné unterscheidet bereits den Homo ferus, americanus, europaeus, asiaticus, afer und monstrosus.

Linné hatte zwar die Frage nach der Stellung des Menschen in der Natur in einer völlig neuen Art und Weise beantwortet, der Gedanke, daß die von ihm beschriebenen Arten Ergebnisse eines lang dauernden Umwandlungsprozesses – der Evolution – sein könnten, lag ihm jedoch fern. Für ihn gab es »so viele Arten, wie der unendliche Eine Gott am Anfang als verschiedene Formen hervorgebracht hat«.

Der französische Schriftsteller und Naturforscher Georges Louis Leclerc de Buffon (1707–1788), Direktor des Pariser Botanischen Gartens, begann 1749 mit der Herausgabe der »Histoire naturelle« (»Natürliche Schöpfungsgeschichte«), einer sechsunddreißigbändigen Zusammenfassung des naturwissenschaftlichen Wissens seiner Zeit, die er größtenteils gemeinsam mit dem Anatomen Louis Daubenton (1716–1780) verfaßt hatte. Ebenso wie Linné vertrat Buffon die Ansicht, daß die Unterschiede zwischen den ursprünglich gleichartigen Völkern auf den Einfluß des Klimas, der Ernährung sowie der Lebensweise zurückgeführt werden könnten. Auch er verwendet für seine Unterteilung der menschlichen »Varietäten« Merkmale wie Hautfarbe, Körpergröße, Körperform usw. Im Gegensatz zu Linné war Buffon aber der Ansicht, daß den verschiedenen Erscheinungsformen der Lebewesen ein gemeinsamer hochentwickelter Ausgangstypus zugrunde liege, aus dem sie im Sinn einer Degeneration hervorgegangen wären. Buffon kann daher mit Vorbehalt als Vorläufer der späteren »Evolutionisten« betrachtet werden.

Erste Evolutionstheorien

Die erste klar formulierte und wissenschaftlich begründete Evolutionstheorie stammt von dem französischen Naturforscher Jean-Baptiste de Lamarck (1744–1829). Er wurde während seiner Studien im Botanischen Garten von Paris mit Buffon bekannt und von diesem in Richtung einer Abstammungslehre beeinflußt. In seiner »Zoologischen Philosophie« (1809) zog er die Schlußfolgerungen aus vielen Beobachtungen und Beschreibungen, insbesondere der wirbellosen Tiere, und wandelte das bestehende Klassifikationssystem in eine entwicklungsgeschichtliche Stufenleiter um, die »vom Verwickeltsten bis zum Einfachsten« reicht. Lamarck glaubte bereits an eine in die Vergangenheit zurückreichende Verwandtschaft der lebenden Organismen und leitete den Menschen vom »vollkommensten Affen« ab. Er kennt sechs Varietäten: Kaukasier, Hyperboräer, Mongolen, Amerikaner, Malaien und Äthiopier (Neger). Die Umwandlung der Arten im Lauf der Erdgeschichte führte er auf die wechselnden Einflüsse des Milieus und auf den Gebrauch oder Nichtgebrauch bestimmter Organe zurück. So sah Lamarck den Ursprung der menschlichen Sprache in einer primitiven Zeichen- und Lautsprache, die aber bald nicht mehr ausreichte, um die »Menge notwendig gewordener Zeichen darzustellen«. Die artikulierte Wortsprache entstand durch die gewohnheitsmäßige Übung der Kehle, der Zunge und der Lippen . . .

Lamarcks Werk wurde vor allem durch den Einfluß seines Konkurrenten innerhalb der wissenschaftlichen Gesellschaften von Paris, des Deutschen Georg Küfer (1769–1832), der sich französisch Georges Cuvier nannte, fast fünfzig Jahre totgeschwiegen. Cuvier, der das kirchliche Dogma von der Konstanz der Arten verteidigte, erklärte das Vorhandensein unterschiedlicher Formtypen bei fossilen (versteinerten) Tieren und Pflanzen damit, daß nach weltweiten Katastrophen die Lebewesen jedesmal von Grund auf neu erschaffen worden seien. Diese »Kataklysmen«-Theorie ließ natürlich einen »fossilen Menschen« nicht zu. Sein großes Wissen und seine Beherrschung der vergleichenden morphologischen Methode (Morphologie = Lehre von den Gestaltmerkmalen) verschafften Cuvier auch politisch große Macht, hemmten jedoch den Siegeszug des genetisch-evolutionären Denkens.

Cuviers Katastrophentheorie

Erst im 19. Jahrhundert kam aus den Naturwissenschaften wieder ein starker Impuls, der Cuviers Katastrophentheorie widerlegen und Lamarcks Evolutionsgedanken neu erstehen lassen sollte. Cuviers Einwand gegen eine stetige Umwandlung der Arten bestand vor allem darin, daß es zwischen den Schichten der geologischen Formationen der Erdkruste keine fließenden Übergänge gäbe, was durch das Fehlen fossiler Bindeglieder zwischen den in diesen Schichten gefundenen Fossiltypen bestätigt werde.

Der englische Geologe Charles Lyell (1797–1875) war aufgrund umfangreicher Studien in ganz Europa zu der Ansicht gelangt, daß nicht weltweite Katastrophen, sondern vor allem die gleichförmige, kaum merkbare »Ausnagung« der Gesteine durch Wind und Wetter die Gestalt der Erdoberfläche bedinge. Diese seit Jahrmillionen wirkenden Kräfte (»actual causes«) seien auch heute noch wirksam. Lyell hat diese Theorie in seinem dreibändigen Werk »Principles of Geology« (1830–1833) veröffentlicht und damit einen entscheidenden Einfluß auf die fortschrittlichen Denker seiner Zeit ausgeübt.

Charles Darwin

Einer seiner begeisterten Anhänger war der junge Biologe Charles Darwin (1809–1882), der den ersten Band von Lyells Werk sogar auf seine denkwürdige Weltreise mit der »Beagle« (1831–1836) mitnahm. Es waren hauptsächlich Lyells Theorie und die Forschungsergebnisse dieser Reise, die Darwin zum Begründer der modernen Evolutionstheorie werden ließen. Er lieferte in seinem Werk »On the Origin of Species« (1859) anhand vieler Beispiele den Beweis für den Artenwandel. Das Prinzip dieses Wandels erkannte Darwin in der natürlichen Auslese (Selektion) der tauglichsten aus einem Überschuß unterschiedlicher Nachkommen. Bestätigt wurde er durch die Thesen des englischen Nationalökonomen Thomas Robert Malthus (1766–1834), der in seinem »Essay on the Principle of Population« (1798) schon früher den Konkurrenzkampf aller Lebewesen (»struggle for existence«) als den wesentlichen Mechanismus der Evolution sah. Erst als Darwin gewahr wurde, daß der englische Privatgelehrte Alfred Russel Wallace (1823–1913) aufgrund jahrelanger Studien auf den

Abb. 5 *Charles Darwin als Affe, Karikatur aus der Zeitschrift »Hornet« (1871)*

Ostindischen Inseln zu den gleichen Ergebnissen gelangt war wie er, veröffentlichte er »Origin of Species«. Auf das Problem der Menschwerdung ging er dabei nur mit dem Satz »Licht wird fallen auf den Ursprung des Menschen und seine Geschichte« ein. In seinem Buch »The Descent of Man« (1871) versuchte er später zu zeigen, daß es zwischen Mensch und Menschenaffen aufgrund ihrer gemeinsamen Abstammung keine fundamentalen, sondern nur graduelle Unterschiede gibt. Die geistigen und sittlichen Eigenschaften des Menschen sind als Ergebnis der Auslese zu verstehen. Darwins Ideen sind von den beiden Zoologen Thomas Henry Huxley in England und Ernst Haeckel in Deutschland gegen viele Widerstände verteidigt und bekannt gemacht worden.

Gregor Mendel

Inzwischen hatte der österreichische Augustinermönch Gregor Mendel (1822–1884) im Zug der statistischen Auswertung der Resultate von Züchtungsexperimenten, die er mit buntblühenden Erbsen in seinem Klostergarten in Brünn angestellt hatte, die Gesetze der Vererbung entdeckt. 1865 trat er mit seinem »Versuch über Pflanzenhybriden« an die Öffentlichkeit, wurde jedoch – ein österreichisches Schicksal – von der Fachwelt nicht zur

Kenntnis genommen. Erst 1900 wurden seine Erbregeln wiederentdeckt. Sie erklärten die von Darwin belegte Unterschiedlichkeit (Variabilität) der Individuen einer Art. Man begann zu verstehen, daß man die Gesetzmäßigkeiten der Evolution nur an größeren Gruppen untersuchen konnte: die Bevölkerungsbiologie entstand. 1942 faßte Julian Huxley (1887–1975) in seinem Buch »Evolution: The Modern Synthesis« die damals vorliegenden Erkenntnisse der darwinistischen Evolutionstheorie und der Genetik zusammen und entwarf die »Synthetische Theorie«. Die Ursachen für die Unterschiede zwischen den Organismen in Zeit und Raum erklärte man nun durch die Veränderung (Mutation) der Einheiten der Erbinformation (Gene), die Weiterentwicklung durch die Auslesewirkung der jeweiligen Umwelt und Evolutionsfaktoren wie Isolation, Wanderung usw. Die Beweise für die Evolution der Organismen stammten aus dem Vergleich der lebenden (rezenten) Arten, aus der Kenntnis der fossilen Funde, aus der Embryologie (Lehre von der Keimlingsentwicklung) und aus der Tiergeographie. Die letzte Erweiterung der »Synthetischen Theorie« erfolgte durch die Einbeziehung der Verhaltensmerkmale in der Verhaltenslehre von Konrad Lorenz. Viele Probleme, wie z. B. die Entstehung komplexer Organe, sind ungelöst geblieben, und gerade in diesen Jahren scheint sich ein grundlegender Wandel in unserer Anschauung der Evolution zu vollziehen. Systemtheorie, Informatik, Kybernetik und neuerdings die Synergetik werden dabei eine wichtige Rolle spielen.

Synthetische Theorie der Evolution

Der Aufstieg der deutschen Anthropologie hatte im ausgehenden 18. Jahrhundert begonnen. Deutsche Gelehrte erforschten im Auftrag des Zaren das riesige, damals nahezu unbekannte russische Reich und Sibirien. Arabien, Persien, Zypern und Palästina waren Stationen der Expedition von Carsten Niebuhr (1733–1815). Hans Egede (1686–1758) und David Cranz (1723–1777) hatten erstmals über die Eskimos Grönlands berichtet, Martin Dobritzhoffer (1717–1791) über die Abipon-Indianer. Johann Reinhold Forster (1729–1798) und sein Sohn Georg (1754–1794) begleiteten James Cook auf seiner zweiten Weltreise (1772–1775) und bereicherten mit ihren Reiseberichten (»Observations«, deutsche Ausgabe 1783), die bereits mit wissenschaftlichem Anspruch verfaßt waren, das Wissen ihrer Zeit über die rassischen und kulturellen Unterschiede innerhalb der Menschheit. Philosophisch von Kant beeinflußt, diskutieren sie die Begriffe »Tradition« und »Fortschritt«, die Relativität gesellschaftlicher Wertvorstellungen sowie die Fragen der Entstehung der heutigen menschlichen Rassen. Zwischen 1775 und 1788 erscheinen Immanuel Kants (1724–1804) Arbeiten über die Rassenkunde, in denen er den modernen Rassenbegriff entwirft. Johann Friedrich Blumenbach (1752–1840) veröffentlicht 1788 seine berühmte Dissertation »De generis humani varietati nativa« (s. Abb. 6). Er teilte aufgrund umfangreicher kraniologischer Studien (Kraniologie = Schädellehre) die Menschheit in fünf große Rassengruppen ein, nämlich die kaukasische (europäische), die mongolische, die äthiopische, die amerikanische und die malaiische Rassengruppe. Diese Rassen hatten sich seiner Meinung nach durch den Einfluß unterschiedlicher Umwelten aus einer gemeinsamen Stammform entwickelt. Der Amsterdamer Anatom Pe-

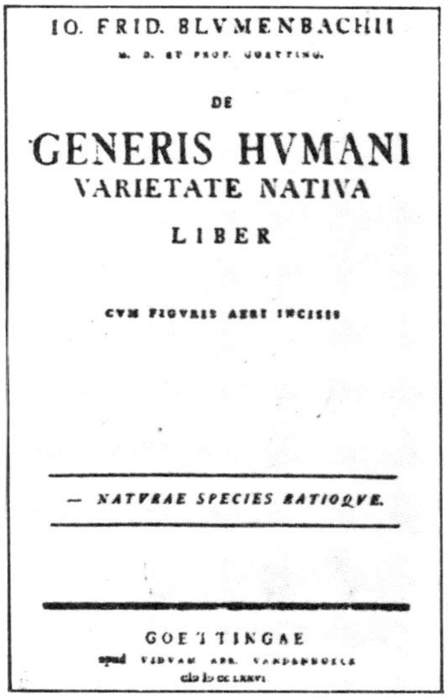
IO. FRID. BLVMENBACHII

M. D. ET PROF. GOETTING.

DE

GENERIS HVMANI

VARIETATE NATIVA

LIBER

CVM FIGVRIS AERI INCISIS

— NATVRAE SPECIES RATIOQVE.

GOETTINGAE

apud VIDVAM ABR. VANDENHOECK

cIↃ IↃ CC LXXVI

Abb. 6 *Titelblatt der ersten Auflage von Johann Friedrich Blumenbachs Dissertation »De generis humani varietate nativa«, Göttingen 1776*

trus Camper (1722–1789) versucht mit Hilfe der verschiedenen Rassenphysiognomien die Formentwicklung von niederen Tierformen über die Affen zum Neger und Europäer darzustellen (s. Abb. 7). Wilhelm von Humboldt (1767–1835) legt seinen auf den Ideen Johann Gottfried Herders (1744–1803) aufbauenden »Plan einer vergleichenden Anthropologie« (1795) vor.

Ethnologische und anthropologische Gesellschaften

Das wachsende Interesse am Menschen und seiner Naturgeschichte äußerte sich im 19. Jahrhundert vor allem in der Gründung von ethnologischen und anthropologischen Gesellschaften. 1839 begründete der in Paris lebende englische Naturforscher W. F. Edwards die Société Ethnologique in Paris. 1842 folgte die Ethnological Society in New York, 1843 die Ethnological Society in London. Der Chirurg und Anthropologe Paul Broca (1824–1880) gründete 1859 die Société d'Anthropologie in Paris und 1876 die einflußreiche École d'Anthropologie, die vor allem für die Methodik der physischen Anthropologie von großer Bedeutung sein sollte. Weitere wichtige Gesellschaften entstanden in schneller Folge:

1863 Anthropological Society in London und Anthropologische Gesellschaft in Moskau
1869 Berliner Gesellschaft für Anthropologie, Ethnologie und Urgeschichte
1870 Anthropologische Gesellschaft in Wien und München
1871 Società Italiana di Antropologìa e di Etnologìa in Florenz
1884 Anthropological Society in Tokio
1886 Anthropological Society in Bombay
1888 Russische Anthropologische Gesellschaft in Petersburg

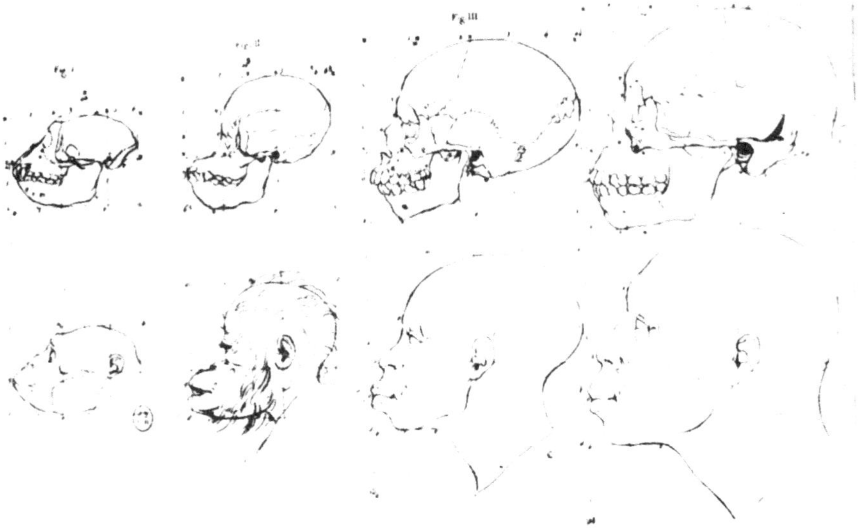

Abb. 7 *Aus den physiognomischen Studien des Petrus Camper (1791)*
Der niederländische Anatom begründete mit Hilfe einer geometrischen Methode seine Theorie vom Gesichtswinkel. Er versuchte die Höherentwicklung der Arten aufgrund der Zunahme des Gesichtswinkels im Lauf der Entwickung darzustellen.

Abb. 8 *Karikatur der Entwicklungsreihen des Petrus Camper und dessen Nachfolgers Johann Caspar Lavater, von J. G. Grandville (1844)*
In der Persiflage von Lavaters »Physiognomischen Fragmenten« (1778) zeigt Grandville die Metamorphose vom Menschen zum Tier. Durch die Veränderung des Gesichtswinkels wird der apollonische Kopf zum Kopf eines Frosches.

1900 Frankfurter Gesellschaft für Anthropologie, Ethnologie und Urgeschichte
1920 Schweizerische Gesellschaft für Anthropologie und Ethnologie
1925 Deutsche Gesellschaft für Physische Anthropologie

Die Mitglieder dieser Institutionen waren Gelehrte der verschiedensten Fachrichtungen, aber auch gebildete Amateure und Nebenbei-Anthropologen. Mediziner, Völkerkundler, Urgeschichtsforscher, Zoologen, Botaniker, Geographen und andere veröffentlichten ihre Forschungsergebnisse in den Zeitschriften dieser Gesellschaften. Durch die zunehmende Fülle an Materialien und Methoden sah man sich jedoch bald gezwungen, die einzelnen Disziplinen stärker gegeneinander abzugrenzen. Während sich die Völkerkunde mehr und mehr den verschiedenen Kulturerscheinungen der sogenannten Naturvölker widmete, die Urgeschichte sich der gegenständlichen Zeugnisse vergangener Epochen annahm, richtete die Anthropologie ihr Augenmerk auf die körperlichen Merkmale des Menschen. Am Beispiel der Geschichte der österreichischen Anthropologie sei dieser Spezialisierungsprozeß kurz angedeutet.

Die eingehende Beschäftigung mit anthropologischen Themen fand in der Gründung der Wiener Anthropologischen Gesellschaft am 13. Februar 1870 ihren Ausdruck. Diese Gesellschaft vereinigte im wesentlichen Vertreter der physischen Anthropologie, der Ethnographie, der Urgeschichte und später auch der Volkskunde, die in den bis heute bestehenden »Mitteilungen der Anthropologischen Gesellschaft« ihre Arbeiten veröffentlichten. Die wohl wichtigste Persönlichkeit dürfte der »Vater der österreichischen Anthropologie«, der Anatom Karl Toldt (1840–1920), gewesen sein, der sich neben seinem Fachkollegen Emil Zuckerkandl, dem Geographen Eugen Oberhummer und dem Botaniker Richard Wettstein für eine Verankerung der Anthropologie und Ethnographie an der Wiener Universität einsetzte. Viele bedeutende Forscher haben sich schon in der Zeit bis etwa zur Jahrhundertwende mit physischer Anthropologie befaßt. Von ihnen seien neben Toldt und Zuckerkandl nur Felix von Luschan, Josef Szombathy und Augustin Weisbach genannt. 1910 hatte sich Rudolf Pöch (1870–1921) in den Fächern Anthropologie und Ethnographie habilitiert, um 1913 das neugegründete Universitätsinstitut gleichen Namens als Leiter zu übernehmen. Die Urgeschichtsforschung hatte schon 1892 mit Moritz Hoernes Lehrstuhl und Institut erhalten. Erst 1928/29, nachdem der Nachfolger Rudolf Pöchs, Otto Reche, nach Leipzig berufen worden war, wurde die Völkerkunde von der physischen Anthropologie getrennt und erhielt einen eigenen Lehrstuhl. Seitdem ist die Anthropologische Gesellschaft die einzige Plattform, auf der die gemeinsamen Methoden- und Strukturprobleme der auseinanderstrebenden Disziplinen zur Sprache kommen können. Auch innerhalb der physischen Anthropologie besteht die Tendenz zu einer weiteren Spezialisierung. Das Forschungsgebiet der Humangenetik, die ursprünglich aus der Anthropologie hervorgegangen ist, hat erst später in der Medizin Interesse gefunden und ist heute schon vielfach selbständig vertreten. Aber auch innerhalb der Humangenetik ist es bereits zur Aufspaltung in die Cytogenetik, Molekulargenetik, klinische Genetik, Mutationsforschung usw. gekommen. Hand in Hand mit dieser Entwicklung ging selbstverständlich auch eine immer stärker werdende Einengung in der Ausbildung und Praxis der einzelnen Wissenschaftler.

Sprache der Knochen

Bischof Wilberforce: »Auf die Gefahr hin, daß Sie mich in Fetzen reißen werden, sehr verehrter Herr Professor Huxley, möchte ich Sie fragen, ob Sie tatsächlich glauben, daß Sie vom Affen abstammen. Wenn ja, dann würde mich noch eines interessieren: Ist der Affe von seiten Ihres Herrn Großvaters oder Ihrer Frau Großmutter in Ihre Ahnenreihe gekommen?«

Thomas Henry Huxley: »Wenn die Frage an mich gerichtet wird, ob ich lieber einen Affen zum Großvater haben möchte oder einen hochbegabten Mann, der seinen Einfluß dazu benutzt, eine ernste wissenschaftliche Diskussion lächerlich zu machen, dann, Hochwürden, werde ich ohne Zögern meine Vorliebe für den Affen bekräftigen.«

Thomas Henry Huxley verteidigt 1860 in einem berühmt gewordenen Streitgespräch im Museum der Universität von Oxford die Lehre Darwins

Seit Charles Darwin, Thomas Henry Huxley und Ernst Haeckel besteht die Hauptaufgabe des sich mit unserer Stammesgeschichte beschäftigenden Anthropologen nicht mehr darin, nachzuweisen, daß auch der Mensch ein Ergebnis der Evolution ist, sondern darin, den Verlauf und die besonderen Bedingungen der Menschwerdung zu rekonstruieren. Dabei haben traditionelle biologische Fächer wie Morphologie, Anatomie, Embryologie und Paläontologie nützliche Beiträge geleistet, in den letzten Jahrzehnten auch die Primatologie, Verhaltensforschung, Genetik, Geologie, Archäologie, Physik, Chemie und Klimatologie. In diesem Kapitel gehen wir nur auf jenen Aspekt der Menschwerdung ein, der sich auf die Entstehung unserer Körperform bezieht. Die ebenso wichtigen sozialen und kulturellen Entwicklungen, die mit den sich wandelnden organischen Mustern in Wechselwirkung stehen, werden in den folgenden Abschnitten zur Sprache kommen.

Der Mensch ist im zoologischen System durch seine Stellung innerhalb der Ordnung der Primaten gekennzeichnet. Innerhalb dieser unterscheiden wir zwischen den Unterordnungen der Halbaffen (Prosimiae) und der echten Affen (Simiae). Letztere werden in die Schmalnasenaffen (Catarrhina) der Alten Welt und die Breitnasenaffen (Platyrrhina) der Neuen Welt eingeteilt. Die Neuweltaffen stellen eine Eigenentwicklung dar und haben für die Evolution zum Menschen keine Bedeutung. Die Altweltaffen gliedern sich in die Überfamilien der Hundsaffen (Cercopithecoidea) und der Menschenähnlichen (Hominoidea), zu denen die Familien der

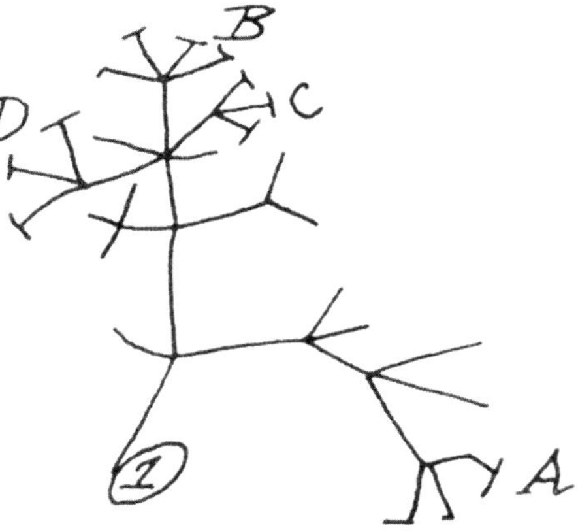

Abb. 9 *Charles Darwins erster Stammbaumentwurf in seinem »First Notebook on Transmutation of Species« (1837)*

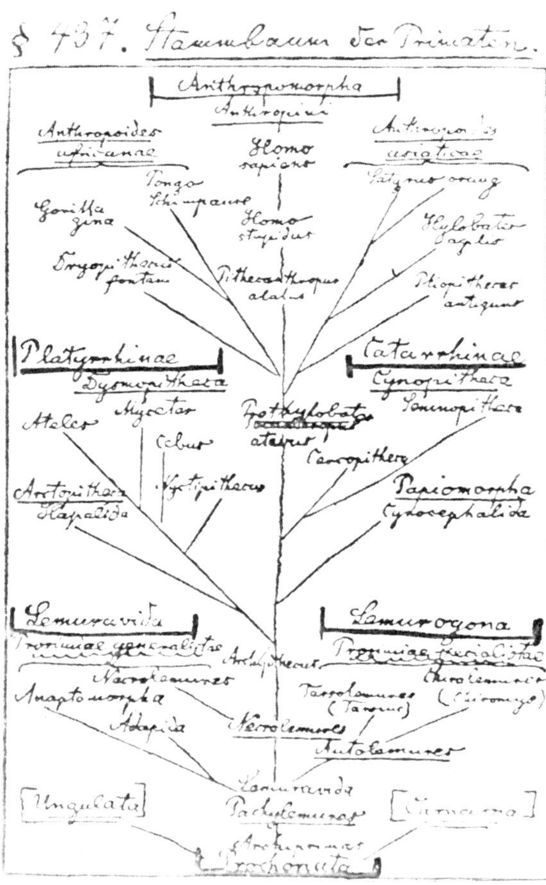

Abb. 10 *Erste von Ernst Haeckel angefertigte Skizze eines Stammbaums der Primaten*

Gibbons (Hylobatidae), der Menschenaffen (Pongidae) und der Menschenartigen (Hominidae) gehören. Innerhalb der Menschenartigen sind zwei Gattungen, Australopithecus und Homo, mit insgesamt sieben Arten bekannt, von denen allerdings nur noch eine, nämlich Homo sapiens, in Form der Unterart Homo sapiens sapiens, existiert (s. Tabelle 1).

Kennzeichnende Merkmale der Primaten

Die Primaten sind durch eine Reihe gemeinsamer Merkmale charakterisiert. Zu diesen gehören mit wenigen Ausnahmen: vier Arten von Zähnen, von Knochen umschlossene Augenhöhlen, vergrößerte Großhirnhemisphären, eine scheibenförmige Plazenta, zwei auf der Brust gelegene Milchdrüsen, ein Blinddarm, frei bewegliche Hände mit fünf Fingern, wobei der innerste Strahl weggestreckt, in einigen Fällen auch gegenüberge-

Tabelle 1

GLIEDERUNG DER PRIMATEN:
(nach Fiedler 1956, modifiziert nach Jelinek)

niedere Primaten

ORDO: PRIMATES
SUBORDO: PROSIMIAE (Halbaffen)
- Infraordines: Tupaiiformes (Spitzhörnchen)
  - Lemuriformes (Lemuren, Makis, Indris)
  - Lorisiformes (Loris, Galogo)
  - Tarsiiformes (Koboldmaki)

höhere Primaten

SUBORDO: SIMIAE (Affen)
- Infraordo: Plathyrrhina (Breitnasen)
  - Superfamilia: Ceboidea (Neuweltaffen)
- Infraordo: Catarrhina (Schmalnase, Altweltaffen)
  - Superfamilia: Cercopithecoidea (Hundsaffen)
  - Superfamilia: Hominoidea
    - Familia: Pliopithecidae †
    - Familia: Oreopithecidae †
    - Familia: Hylobatidae (Gibbon)
    - Familia: Pongidae (Menschenaffen)
      - Subfamilia: Dryopithecinae †
      - Subfamilia: Ponginae
    - Familia: Ramapithecidae †
    - Familia: Hominidae
      - Genus: Australopithecus
        - Species: Australopithecus afarensis †
        - Species: Australopithecus robustus †
        - Species: Australopithecus africanus †
      - Genus: Homo
        - Species: Homo habilis †?
        - Species: Homo erectus †
        - Species: Homo neanderthalensis †
        - Species: Homo sapiens

† = ausgestorben

stellt werden kann, ferner Finger- und Zehennägel, Schlüsselbeine, ein herabhängender Penis mit Hoden im Hodensack, eine einfache bzw. zweigeteilte Gebärmutter. In der Regel sind die Primaten an das Baumleben angepaßt.

Im Lauf ihrer Evolution kam es zu einer zunehmenden Rückbildung des Riechapparats und einer Verbesserung des optischen Sinns (räumliches sowie Farb- und Hell-Dunkel-Sehen). Die Ausbildung von Hautleisten und Tastballen an Händen, Füßen und sogar am Schwanz unterstützte das Tastvermögen. Die fortschreitende Volumenszunahme und Differenzierung des Groß- und Kleinhirns bedingte eine Vergrößerung des Hirnschädels und eine Verkleinerung des Gesichtsschädels. Damit verbunden war eine Tendenz zur Verringerung der Zahl der Zähne.

Der aufrechte Gang und seine Folgen

Die speziellen Merkmale, die die Menschenartigen von ihren nächsten Verwandten, den Menschenaffen, unterscheiden, haben sich zu verschiedenen Zeiten entwickelt: Zuerst verkleinerte sich das Gebiß, dann begannen sie aufrecht auf zwei Beinen zu gehen (Bipedie), der aufrechte Gang wiederum beschleunigte ihre Gehirnentwicklung (Neenkephalisation), die die Veränderungen an Hirn- und Gesichtsschädel zur Folge hatte (s. Abb. 11).

Im Zug der Vergrößerung des Gehirns wölbte sich der Hirnschädel auf, die Stirn wurde steiler, das Hinterhaupt gerundet, die Überaugenwülste und die für den Ansatz der Nackenmuskulatur notwendigen Knochenleisten schwächten sich ab, die Warzenfortsätze vergrößerten sich, der Schädelbasiswinkel verkleinerte sich, die Hinterhauptskondylen und das Hinterhauptsloch wurden so unter den Hirnschädel verlagert, daß der Schädel auf der Wirbelsäule balancierte. Die Scheitelbeine boten nun eine genügend große Angriffsfläche für die Kaumuskulatur, so daß sich ein Scheitelkamm wie bei den Menschenaffen erübrigte. Der Gesichtsschädel lag

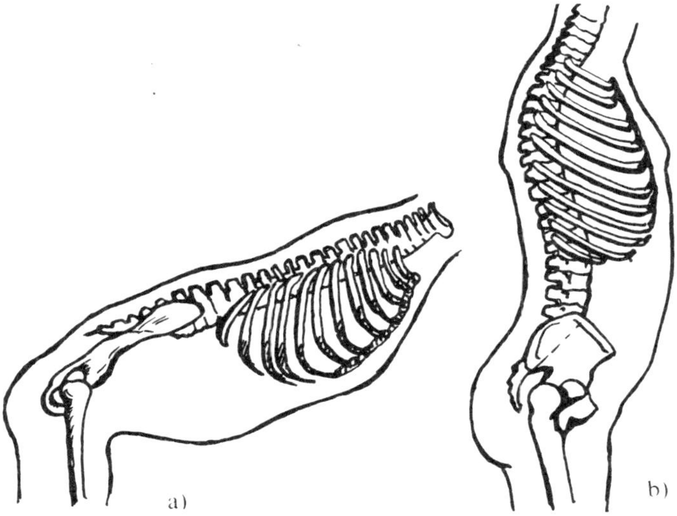

Abb. 11 *Beckenformen bei Schimpanse (a) und Mensch (b)*

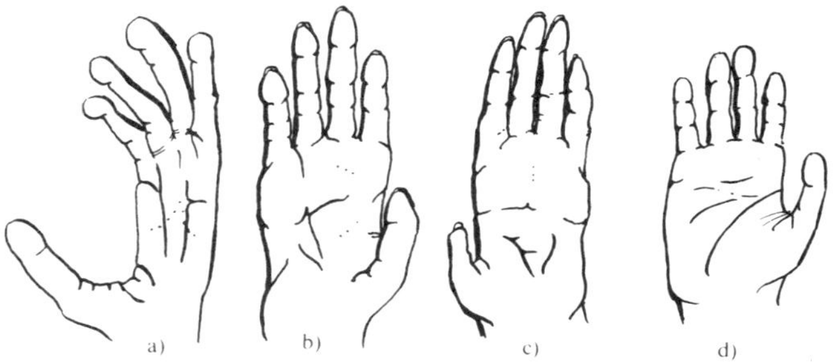

Abb. 12 *Handformen von Primaten*
a) Halbaffe (Indri)
b) Schimpanse (Pan)
c) Orang-Utan (Pongo)
d) Mensch (Homo)

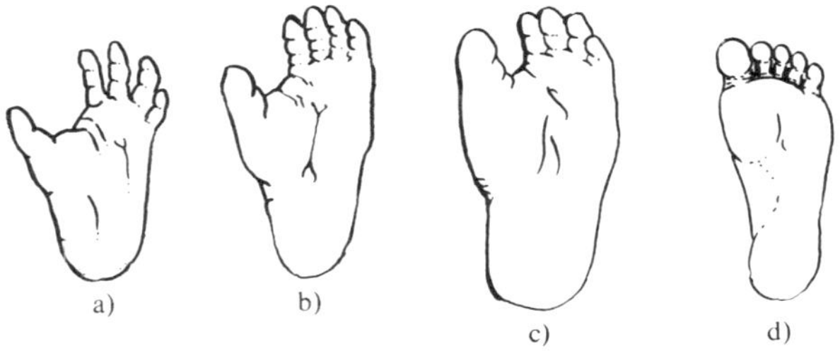

Abb. 13 *Fußformen von Primaten*
a) Schimpanse
b) Flachlandgorilla
c) Berggorilla
d) Mensch

weitgehend unter dem Hirnschädel, es senkten sich Wangengruben ein, der Zahnbogen mit den kleinen Zähnen war gerundet, der Unterkiefer war mit einem Kinnvorsprung versehen.

Die aufrechte Haltung erforderte aber auch eine tiefgreifende Umgestaltung des Körperskeletts: Die Wirbelsäule nahm eine doppelte S-Krümmung an, um elastischer federn zu können, die Zahl der Brustwirbel und damit die Zahl der Rippen verringerte sich, der Brustkorb wurde breiter und flacher, die Schulterblätter wanderten nach hinten, die Oberarmgelenkgrube wendete sich nach unten, der Oberarmknochen verdrehte sich, die Finger der Hand wurden kürzer, der Daumen opponierbar, das die Bauchorgane tragende Becken wurde geräumiger und knickte zusammen mit dem Kreuzbein nach hinten ab, die Oberschenkelbeine streckten sich, der Fuß wurde zu einem hochspezialisierten Standorgan umgebildet. Schwerpunktlot und Tragachse des aufrechten Körpers waren nahezu vollkommen zur Deckung gebracht.

Wir werden wahrscheinlich nie genau wissen, warum im Miozän (s. Abb. 14) einige Primatengruppen den schützenden Wald verließen und sich allmählich für ein Leben in der offenen Grassteppe (Savanne) einzurichten begannen. Die meisten Anthropologen vertreten heute die Ansicht, daß diese »Auswanderung« die Folge einer klimatischen Änderung war. Verringerter Regenfall brachte einen Rückzug des tropischen Urwalds und damit eine »Übervölkerung« des angestammten Lebensraums mit sich. Andere Wissenschaftler führen die natürliche Konkurrenzsituation unter den Lebewesen an, die stets die Erschließung neuer Räume begünstigt. Sicher werden es mehrere Faktoren gewesen sein, die diese einschneidende Veränderung verursachten.

Die während des Aufenthalts in den Wäldern erworbenen Merkmale scheinen zunächst keine unmittelbare Voraussetzung für ein Leben in der offenen Savanne gewesen zu sein. Unter ihnen befanden sich jedoch Fähigkeiten, die jenen Primaten sehr zustatten kamen, die den Übergang zum Bodenleben wagten. So werden z. B. die guten Augen der Waldbewohner ihre mangelnde Schnelligkeit und Ausdauer im Laufen ausgeglichen haben. Wir können heute annehmen, daß diese »Pioniere« unter den Primaten für ein Leben in der Steppe nicht ganz unvorbereitet waren. Allgemein gilt: je weniger spezialisiert eine Art war, desto leichter bewältigte sie die neuen Umweltprobleme.

Neben den Vorfahren des Menschen waren z. B. auch jene des Pavians und des Husarenaffen in das offene Land ausgewandert. Während diese jedoch Vierfüßer blieben und die mit einer Aufrichtung verbundenen strukturellen Wandlungen nicht mitmachten, taten unsere miozänen Urahnen damals die ersten zögernden Schritte auf dem Weg zum Menschen.

Der Zeitpunkt, wann der Prozeß der Aufrichtung begann, kann nur geschätzt werden. Fossile Zeugnisse aus Ostafrika zeigen uns, daß das älteste sicher menschenartige Wesen, Australopithecus afarensis (lat.: australis = südlich; griech.: pithecos = Affe), dessen Skelettresten ein Alter von nahezu 4 Millionen Jahren zugeschrieben wird, schon ein voll entwickelter Aufrechtgänger war. Zwischen ihm und dem miozänen Hominoiden Ramapithecus, der heute meist als Vorfahre der späteren Australopithecinen betrachtet wird, klafft jedoch eine zeitliche Lücke von 4 Millionen Jahren, aus denen wir keine Funde besitzen. Ramapithecus dürfte innerhalb des Stammbaums der Primaten einen Platz in der Nähe jener Stelle einnehmen, an der sich die Entwicklungslinien zum Menschen einerseits, zu den Menschenaffen andererseits trennen (s. Dryopithecus-Kreis, Abb. 14). Er ist durch Funde aus Asien, Europa und Ostafrika dokumentiert. Leider kennt man von ihm nur wenige Schädelbruchstücke, die uns über die Frage, ob er schon als Aufrechtgänger und damit als Hominide zu bezeichnen ist, keinen Aufschluß geben können. Einige seiner Gebißmerkmale sprechen jedenfalls dafür. Schätzungen, die auf Ähnlichkeiten in der Zusammensetzung von Makromolekülen der Blutgruppenantigene, Serumproteine usw. beruhen, deuten auf eine Trennung der Menschenaffen von den Hominiden vor 4 bis 6 Millionen Jahren hin. Wir müssen also den Beginn des evolutiven Prozesses der Aufrichtung *vor* Australopithecus

Ramapithecus

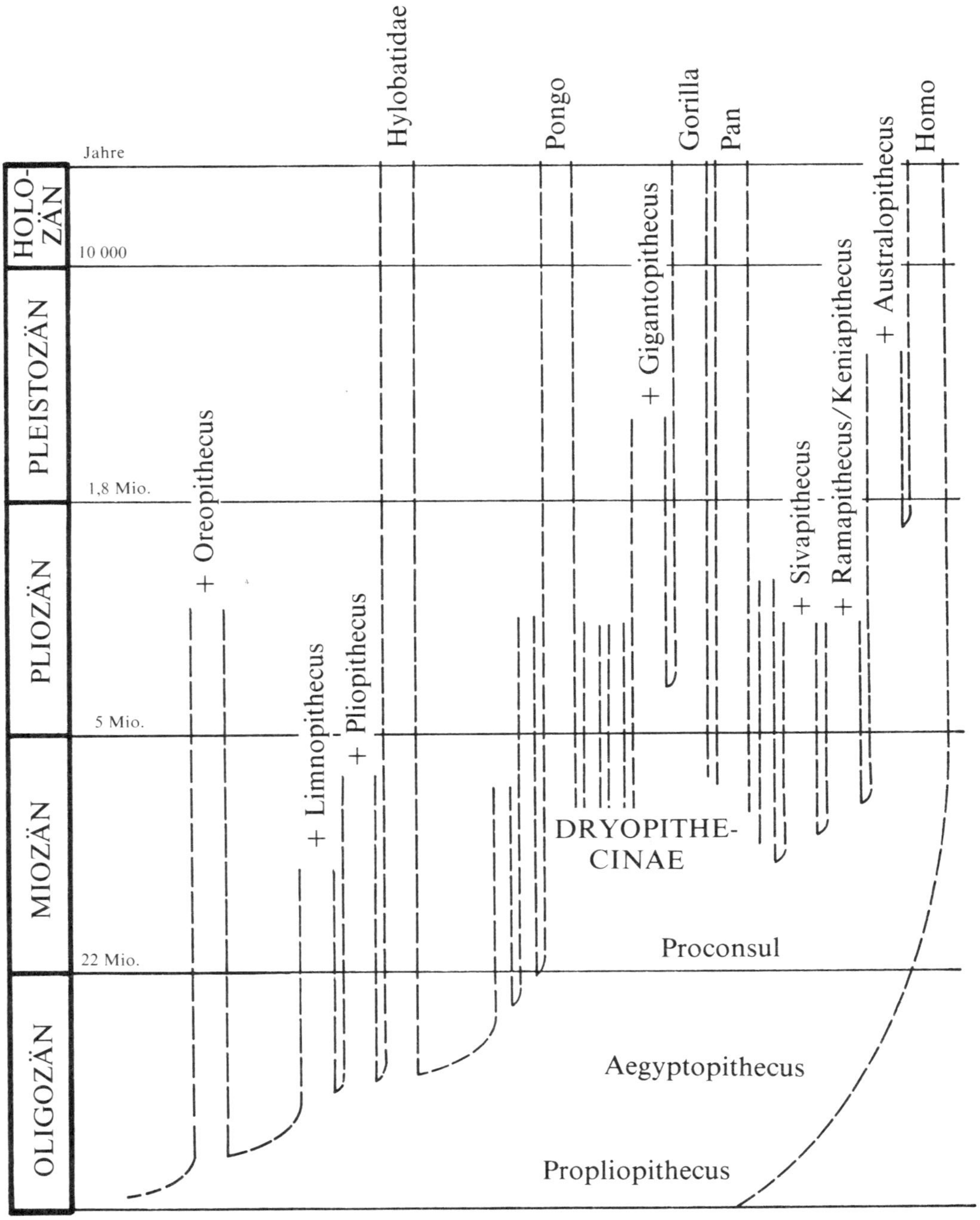

Abb. 14 *Stammbaum der höheren Primaten (Hominoidea)*

afarensis ansetzen, ohne jedoch Anhaltspunkte zu haben, in welchen Zeiträumen sich solche Umwandlungen ergeben können.

Haben wir uns einen allmählichen Übergang vom vierfüßigen (pronograden) zum halbaufgerichteten (semiorthograden) und schließlich aufrechten (orthograden) Gang vorzustellen, oder sollen wir an eine plötzliche, in einem kurzen Zeitraum erfolgte Aufrichtung, etwa durch eine sogenannte Großmutation, denken? Die Mehrheit der Wissenschaftler neigt heute dazu, für Formänderungen in der Evolution einen Prozeß der »kleinen Schritte« (additive Typogenese) anzunehmen. Wahrscheinlich wurde es für die frühen Hominiden immer wichtiger, sich im hohen Savannengras aufzurichten und nach Beute oder Feinden Ausschau zu halten. Nach und nach überwog dann, ermöglicht durch die bald einsetzenden Umbauvorgänge im knöchernen Stützskelett und der inneren Organe, die aufrechte Haltung. Daß sich die Hominiden über eine längere Zeit ausschließlich halbaufgerichtet bewegt haben, ist nicht anzunehmen. Als Art hat sich der Mensch in der Stammesgeschichte (Phylogenese) aufgerichtet, in seiner individuellen Entwicklung (Ontogenese) ist er zunächst noch Vierfüßer und richtet sich erst mit zunehmendem Lebensalter auf.

Australopithecus

Die frühesten den Hominiden zuzuordnenden Funde stammen aus den nahezu 4 Millionen Jahre alten Schichten von Laetolil in Tansania sowie aus den 3 Millionen Jahre alten Hadar-Ablagerungen des sogenannten Afar-Dreiecks in Äthiopien. Die Laetolil-Fossilien wurden 1974/75 von der englischen Prähistorikerin Mary D. Leakey freigelegt und zunächst als der Gattung Homo zugehörend diagnostiziert. In Hadar entdeckten amerikanische und französische Anthropologen 1972 bis 1977 Fossilien von mindestens 35 und maximal 65 Individuen sowie die ältesten bisher bekannten Steinwerkzeuge, die ein Alter von 2,5 bis 2,8 Millionen Jahren haben sollen. Populär geworden ist vor allem das Skelett eines weiblichen Individuums, das zu etwa 40 Prozent erhalten war. Da während der Bergung dieser seltenen Skelettreste aus dem Lautsprecher eines Kassettenrecorders der Beatles-Schlager »Lucy in the sky with diamonds« ertönte, taufte man den Fund »Lucy«. Man schätzt, daß Lucy etwa 107 bis 122 Zentimeter groß war, Arme und Beine müssen annähernd gleich lang gewesen sein. Die vorhandenen Schädelknochen und die Zähne des Unterkiefers weisen zahlreiche primitive Merkmale auf, dennoch war Lucy bereits ein aufrechtgehendes Wesen.

Der Fall »Lucy« weist aber noch auf ein anderes Problem hin: Die Funde, speziell die fossilen Fußspuren aus Laetolil, lassen darauf schließen, daß die 4 Millionen Jahre vor unserer Zeit lebenden Hominiden bereits voll entwickelte Aufrechtgänger waren. Die ältesten bekannten Steinwerkzeuge aus Hadar sind jedoch, selbst wenn man ihnen das hohe Alter von 2,8 Millionen Jahren zubilligt, immer noch mehr als eine Million Jahre jünger als die ersten Zeugnisse des aufrechten Ganges. Ist diese zeitliche Lücke Ausdruck einer realen Aufeinanderfolge zweier Schlüsselereignisse unserer Evolution – der aufrechte Gang als Vorbedingung für die Freisetzung der Hand und damit für die Werkzeugherstellung –, oder werden neue Funde wie so oft dieses Bild verändern?

Insgesamt unterscheidet man heute drei verschiedene plio-pleistozäne Hominiden-Arten: Australopithecus africanus, Australopithecus boisei und Australopithecus afarensis, zu dem auch die Laetolil- und Afar-Fossilien zu stellen sind.

Australopithecus africanus (s. Bild 38/39) repräsentiert ebenso wie Australopithecus afarensis die Gruppe der grazilen Australopithecinen, ist aber bereits evoluierter als letzterer. Australopithecus africanus ist seit 1924 vor allem durch Funde aus Südafrika (Taung, Sterkfontein, Kromdraai, Swartkrans, Makapansgat) bekanntgeworden. Das maximale Alter seiner Skelettreste wird auf 1,5 bis 2 Millionen Jahre geschätzt.

Australopithecus boisei (früher Zinjanthropus boisei) stellt eine ostafrikanische Spielart innerhalb der Gruppe der robusten Australopithecinen dar und zeichnet sich durch besondere Grobknochigkeit aus. Robuste Australopithecinen wurden zuerst in Kromdraai und Swartkrans in Südafrika, später auch in den Schichten von Olduvai, Peninj (Humbu-Formation), Chesowanja, Koobi Foora, Omo-Shungura, alle Ostafrika, entdeckt. Ihre ältesten Überreste dürften etwa 2 Millionen Jahre, die jüngsten eine halbe Million Jahre alt sein.

Die Australopithecinen sind durch eine geringe mittlere Körperhöhe (145,1 bis 152,7 Zentimeter), einen kleinen Hirnschädel – das Schädelvolumen (s. Tabelle 2) liegt mit 428 bis 530 Kubikzentimetern noch in der Schwankungsbreite der Menschenaffen –, starke Überaugenwülste, eine schwache Stirnwölbung, ausladende Jochbögen, einen massiven Kieferapparat, relativ kleine Schneide- und Eckzähne ohne Diastema, große, flachhöckrige Mahlzähne und eine gegenüber den Menschenaffen verringerte Vorschnäuzigkeit gekennzeichnet.

Während Australopithecus africanus ein Allesfresser gewesen sein dürfte, scheint sich Australopithecus robustus hauptsächlich von Pflanzen ernährt zu haben: Sein wuchtiger, kinnloser Unterkiefer zeigt relativ kleine Frontzähne, dafür riesige Mahlzähne (s. Bild 66/67) mit dicker Schmelzschicht. Er besaß einen Scheitelkamm als Ansatzfläche für seine Kaumuskulatur. Die Stirn ist fliehender, der gesamte Hirnschädel niedriger, sein Skelett im ganzen spezialisierter als das von Australopithecus africanus. Skelett und Gebiß von Australopithecus afarensis zeigen von den oben genannten Arten abweichende, noch äffischer wirkende Merkmale.

Homo habilis

Vertreter der Gattung Homo erscheinen zum erstenmal etwa 2 Millionen Jahre vor unserer Zeitrechnung. Darauf weisen fossile Skelettreste aus Olduvai (Bed I), Tansania, Koobi Foora, Kenia, Omo (Shungura), Äthiopien in Ostafrika, Swartkrans und Sterkfontein in Südafrika hin. Sie werden heute nach dem englischen Anthropologen Louis B. Leakey, der 1963 in Olduvai den namengebenden Fund machte, unter der Bezeichnung »Homo habilis« zusammengefaßt. Aus den Djetis-Schichten in Java ist ein Fund bekannt, dessen Zuordnung zu Homo bzw. Australopithecus jedoch umstritten ist. Er wird unter dem Titel »Meganthropus palaeojavanicus« geführt. Der vollständigste und wichtigste Homo-habilis-Fund dürfte ein etwa 2 Millionen Jahre alter Schädel mit der Bezeichnung »KNM-ER 1470« aus den Fossilschichten östlich des Turkanasees in Kenia sein

Tabelle 2

Fundbezeichnung	*Gehirnschädel-volumen in cm³*	*Spezies*
	320–480 ($\bar{x}$ = 394)	Schimpanse
	340–752 ($\bar{x}$ = 506)	Gorilla
Taung	440	A. africanus
STS 60	428	A. africanus
STS 71	428	A. africanus
STS 19/58	436	A. africanus
STS 5	480	A. africanus
MLD 37/38	435	A. africanus
SK 1585	530	A. robustus/boisei
OH 5	530	A. robustus/boisei
ER 406	510	A. robustus/boisei
ER 732	506	A. robustus/boisei
OH 7	684	H. habilis
OH 13	652	H. habilis
OH 16	ca. 633	H. habilis
OH 24	593	H. habilis
KNM-ER 1470	ca. 800	H. habilis
Lantian 1	780	H. e. lantianensis
Trinil 2	850	H. e. erectus
Sangiran 2	775	H. e. erectus
Sangiran 3	890	H. e. erectus
Sangiran 4	750	H. e. modjokertensis
Sangiran 10	975	H. e. erectus
Sangiran 12	915	H. e. erectus
Sangiran 17	ca. 1029	H. e. erectus
Choukoutien II	1030	H. e. pekinensis
Choukoutien III	915	H. e. pekinensis
Choukoutien X	1225	H. e. pekinensis
Choukoutien XI	1015	H. e. pekinensis
Choukoutien XXI	1030	H. e. pekinensis
CH 9	1067	H. e. leakeyi
Rhodesia	1280	H. e. sive neanderthal.
Neandertal	ca. 1500	H. neanderthalensis
Spy I	1562	H. neanderthalensis
Spy II	1723	H. neanderthalensis
La Chapelle	1620	H. neanderthalensis
La Ferassie I	1641	H. neanderthalensis
Circeo	1550	H. neanderthalensis
Djebel Irhoud	1480	H. neanderthalensis
Amud I	1740	H. neanderthalensis
Skhul V	1518	H. neanderthalensis
Skhul IV	1554	H. neanderthalensis
Weimar-Ehringsdorf	1680	H. neanderthalensis
Saccopastore	1200	H. neanderthalensis
Cromagnon I	ca. 1600	H. sapiens
Chancelade	1710	H. sapiens
Combe Capelle	ca. 1500	H. sapiens
Lautsch I	1620	H. sapiens
Předmost III	1608	H. sapiens
Předmost IX	1555	H. sapiens
Oberkassel	ca. 1500	H. sapiens
Individualwerte rezenter Rassen	900–2000	
Rassenmittel	1195–1520	

(s. Bild 40/41), der von Richard F. Leakey, einem Sohn von Mary und Louis B. Leakey, und anderen beschrieben wurde. Mit seiner Schädelkapazität von 770 Kubikzentimetern, seiner steileren Stirn, den wenig ausgeprägten Überaugenwülsten, dem stärker gerundeten Hinterhaupt, seinem nur noch schwach vorragenden Mittelgesicht, den größeren Frontzähnen und dem zarteren Unterkiefer zeigt er bereits charakteristische Merkmale der Gattung Homo. Andere Merkmale, wie die geringe Schädelbreite, die robuste Gesichtskonstruktion, die flache Nasen-Oberkiefer-Region und die relativ großen Mahlzähne sind primitive Züge, die noch an Australopithecus africanus erinnern. Homo habilis stellt in bezug auf seinen Gestalttypus ein Verbindungsglied zwischen Australopithecus und Homo dar.
Für den Stammbaum der Hominiden kann man folgende Verwandtschaftsverhältnisse annehmen (s. Abb. 15): Aus einer miozänen Form des Dryopithecus-Kreises, die Ramapithecus zumindest ähnlich gewesen sein muß, entwickelt sich im oberen Pliozän ein basaler Typus der Australopithecinen, für den Australopithecus afarensis ein gutes Beispiel darstellt. Aus diesen frühen Australopithecinen entstehen in der Folge durch Aufspaltung Australopithecus robustus und africanus sowie die Homo-habilis-Gruppe, die schließlich zu Homo erectus und damit zum heutigen Menschen führt. Die Australopithecinen sterben erst im Altpleistozän (s. Abb. 15) aus. Gerade die Funde vom Turkanasee (Koobi Fora, Ileret) in Kenia sind ein deutlicher Beweis für das über 2 Millionen Jahre dauernde zeitliche und räumliche Nebeneinander der Gattungen Homo und Australopithecus.

Homo erectus

Auch der nächste aus unserer Ahnenreihe, Homo erectus, war ein Zeitgenosse der Australopithecinen. Seine ältesten Fossilien werden mit 1,6 Millionen, seine jüngsten mit etwa einer halben Million Jahre datiert. Der erste Homo-erectus-Fund wurde von dem holländischen Arzt Eugène Dubois (1858–1940) bei Kedung Brubus in Java gemacht, wo er auf Anregung Ernst Haeckels das »missing link« zwischen den Menschenaffen und dem modernen Menschen suchte. Weitere Funde liegen aus anderen früh- und mittelpleistozänen Aufschlüssen in Java, aus China, Afrika, Europa und dem Vorderen Orient vor. Die Homo erectus zugeschriebenen Funde weisen je nach Region und Alter oft beachtliche Unterschiede auf. Will man seinen Gestalttypus kennzeichnen, so werden meist die Funde von Choukoutien in China herangezogen (s. Bild 42/43). Von Homo habilis kann man ihn durch seine größere Hirnschädelkapazität (727 bis 1225 Kubikzentimeter), den weniger prominenten Gesichtsschädel, die Lage des Großen Hinterhauptlochs, die Schädelbasisknickung und Merkmale der Zähne abgrenzen. Sein Extremitätenskelett ist von dem des modernen Menschen kaum noch zu unterscheiden. Verglichen mit Homo sapiens besaß er unter anderem sehr dicke Schädelknochen, eine fliehendere Stirn, ausgeprägte Überaugenwülste, eine Knickung des Hinterhauptbeins, sehr kleine Warzenfortsätze, eine breite, flache Nasenregion, eine stärkere Vorschnäuzigkeit, kräftigere Kiefer und in einigen Fällen ein Diastema. Einige Funde, wie jene aus Broken Hill, Saleh, Ndutu und Omo (Kibish) in Afrika, Ngandong in Java sowie Arago, Vertesszöllös und Petralona

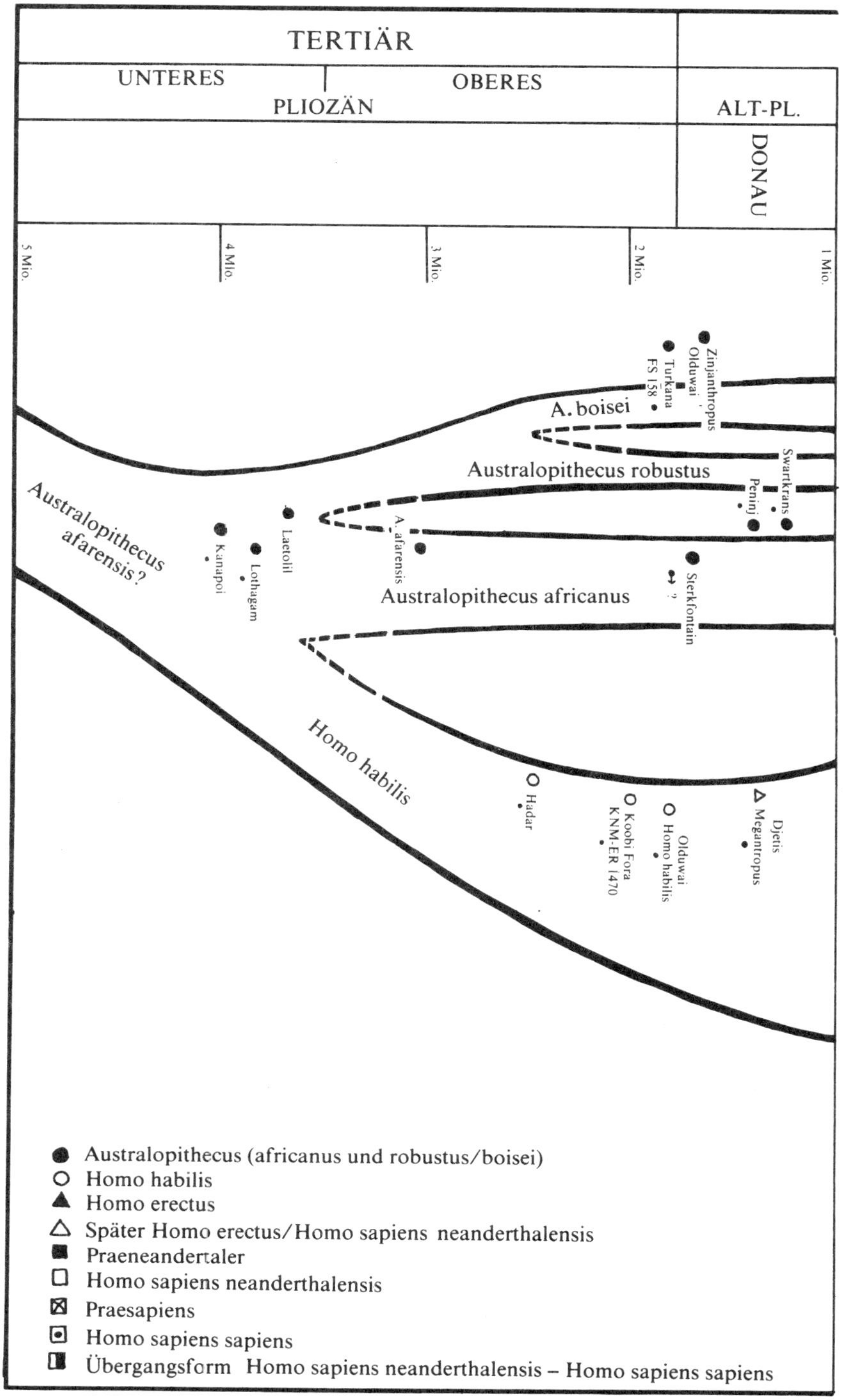

Abb. 15 *Stammbaum der Hominiden*

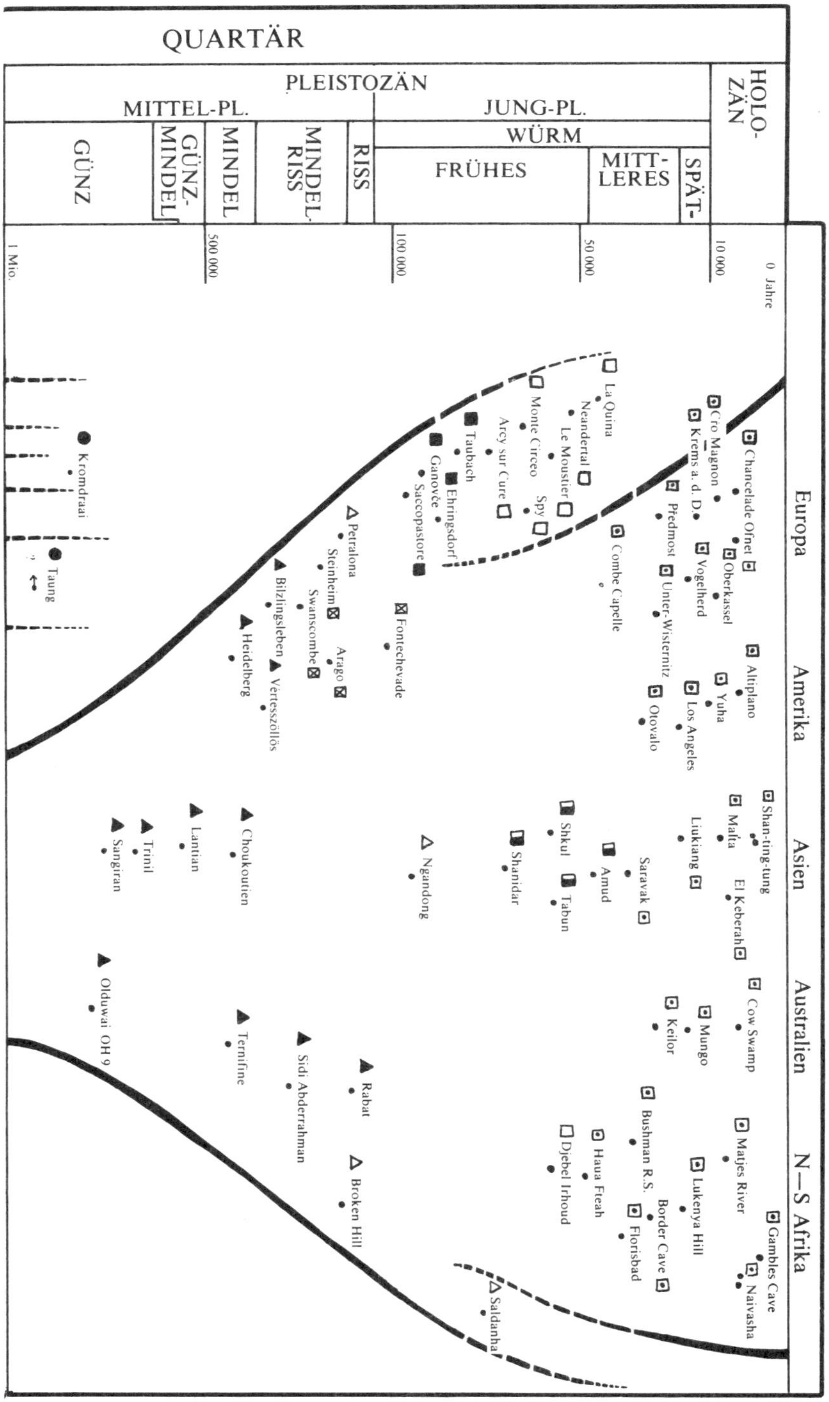
QUARTÄR
PLEISTOZÄN
HOLO-ZÄN
MITTEL-PL.
JUNG-PL.
WÜRM
GÜNZ
GÜNZ-MINDEL
MINDEL
MINDEL-RISS
RISS
FRÜHES
MITT-LERES
SPÄT-
1 Mio.
500 000
100 000
50 000
10 000
0 Jahre
Europa
Amerika
Asien
Australien
N–S Afrika
La Quina
Neandertal
Le Moustier
Monte Circeo
Arcy sur Cure
Spy
Taubach
Ehringsdorf
Ganovče
Saccopastore
Cro Magnon
Krems a. d. D.
Chancelade
Ofnet
Oberkassel
Předmost
Vogelherd
Unter-Wisternitz
Combe Capelle
Petralona
Steinheim
Swanscombe
Bilzingsleben
Heidelberg
Vértesszöllös
Arago
Fontechevade
Kromdraai
Taung
Altiplano
Yuha
Los Angeles
Otovalo
Shan-ting-tung
Mafia
Liukiang
El Keberah
Saravak
Amud
Tabun
Shkul
Shanidar
Ngandong
Choukoutien
Lantian
Trinil
Sangiran
Cow Swamp
Mungo
Keilor
Olduwai OH 9
Ternifine
Sidi Abderrahman
Rabat
Broken Hill
Matjes River
Lukenya Hill
Bushman R.S.
Border Cave
Florisbad
Haua Fteah
Djebel Irhoud
Gambles Cave
Naivasha
Saldanha

(s. Bild 46/47) in Europa zeigen ein Mosaik von typischen Homo-erectus- und fortschrittlicheren Merkmalen und werden als Übergangsformen zwischen Homo erectus und Homo sapiens interpretiert. Welche von diesen Übergangsformen zu unseren Vorfahren gezählt werden können und welche nur »Sackgassen« der Evolution waren, ist völlig ungeklärt.

Die Wiege der Menschheit

Die Frage nach der »Wiege der Menschheit« ist nicht einfach zu beantworten. Ist die Evolution zum modernen Menschen in Afrika *und* Asien in unabhängigen Entwicklungslinien von Ramapithecus über Australopithecus, Homo habilis und Homo erectus zu Homo sapiens verlaufen? Oder haben sich die frühen Hominiden, ausgehend von einem gemeinsamen Entwicklungszentrum, durch Wanderungen über die Welt verbreitet? Wann haben diese Wanderungen stattgefunden? Der mögliche mio-pliozäne »Urahn« der Hominiden, Ramapithecus, ist in Afrika und Asien vertreten. Das Alter des umstrittenen Homo-habilis-ähnlichen Meganthropus palaeojavanicus aus den Djetis-Schichten Javas wurde auf 1,9 Millionen Jahre geschätzt. Damit ist er etwa zeitgleich mit dem von Richard F. Leakey beschriebenen »KNM-ER 1470« aus Ostafrika einzustufen. Zumindest seit dem Beginn des Pleistozäns ist in beiden Kontinenten eine mehr oder minder geschlossene Evolutionsreihe von Homo erectus bis zu Homo sapiens festzustellen.

Unsere Vorstellungen von der Evolution sind immer bestimmt von der Art, der Zahl und der geographischen Verteilung der fossilen Funde, die uns gerade zur Verfügung stehen. Unsere Aussagen können daher immer nur den Charakter von Hypothesen haben. Den Funden nach zu schließen – vor allem jenen aus Laetolil und Hadar – müssen wir heute annehmen, daß im Pliozän die Entwicklung zum Menschen in Afrika stattgefunden hat.

Der Ausdruck »Homo sapiens« bezeichnet alle jene mittel- bzw. spätpleistozänen (griech.: pleistos = am meisten, kainos = neu; Eiszeitalter) Hominidenfossilien einschließlich der Skelettreste des modernen Menschen, die sich von Homo erectus abgrenzen lassen. Da sich die Merkmalsausprägungen speziell bei den erwähnten Übergangsformen stark überschneiden, fällt die Einordnung der einzelnen Funde oft recht verschieden aus. Die mittelpleistozänen Schädelreste von Steinheim an der Murr, BRD, Swanscombe in England und Arago in den französischen Pyrenäen hat man als »Praesapiens-Gruppe« von den jüngeren Sapiensformen abgegrenzt. Letztere scheinen sich in zwei Linien aus der Praesapiens-Gruppe zum Homo sapiens neanderthalensis einerseits und zu Homo sapiens sapiens andererseits entwickelt zu haben.

Die Neandertaler

Die Neandertaler wurden nach dem Neandertal bei Düsseldorf benannt, wo 1856 bei Steinbrucharbeiten die ersten fossilen Reste dieser wohl bekanntesten eiszeitlichen Menschenform entdeckt wurden. Innerhalb der Neandertaler werden die älteren »Praeneandertaler« (100 000 bis 70 000 vor unserer Zeit) und die jüngeren »klassischen Neandertaler« (70 000 bis 35 000 vor unserer Zeit) unterschieden. Die Praeneandertaler, die durch Funde aus Taubach, Ehringsdorf bei Weimar, Ganovce, Saccopastore usw. belegt sind, waren in bezug auf ihre Merkmale weniger spezialisiert

1

2

3

4

5

6

7

8

9

1 Georges Louis Leclerc de Buffon (1707–1788)
2 Carl von Linné (1707–1778)
3 Jean-Jacques Rousseau (1712–1778)
4 Immanuel Kant (1724–1804)
5 Jean-Baptiste de Lamarck (1744–1829)
6 Johann Wolfgang von Goethe (1749–1832)
7 Johann Friedrich Blumenbach (1752–1840)
8 Georges Cuvier (1769–1832)
9 Alexander von Humboldt (1769–1859)

10

11

12

13

14

15

16

17

18

10 Charles Lyell (1797–1875)
11 Carl Fuhlrott (1803–1877)
12 Charles Darwin (1809–1882)
13 Rudolf Virchow (1821–1902)
14 Gregor Mendel (1822–1884)
15 Alfred Russell Wallace (1823–1913)
16 Thomas Henry Huxley (1825–1895)
17 Ernst Haeckel (1834–1919)
18 Julian Huxley (1887–1976)

19

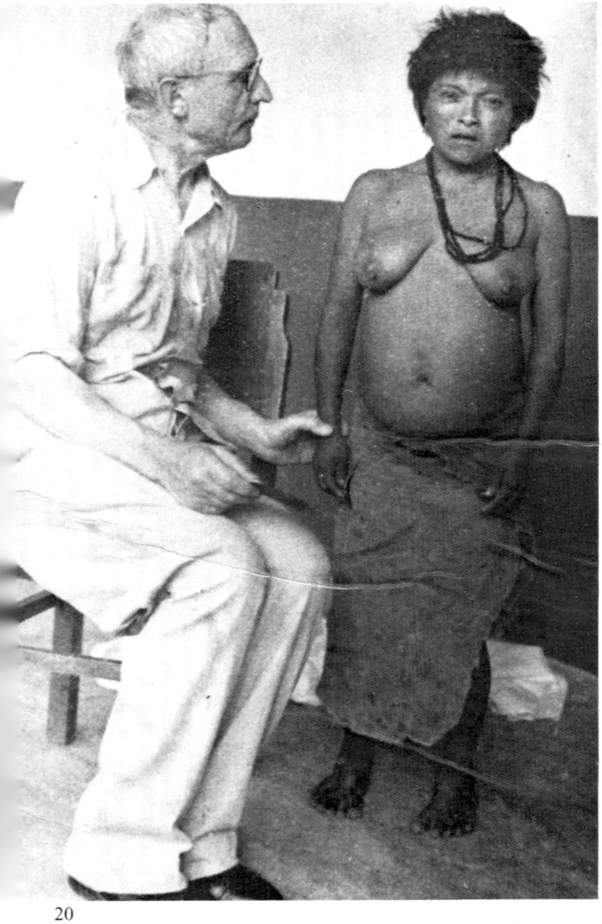

20

21

19 Der Anthropologe Rudolf Pöch in Neuguinea (1904–1906)
20 Martin Gusinde bei den Yupa-Indianern in West-Venezuela (1954)
21 Der Missionar-Forscher Paul Schebesta bei den Bambuti-Pygmäen des Ituri-Waldes (1934)

22

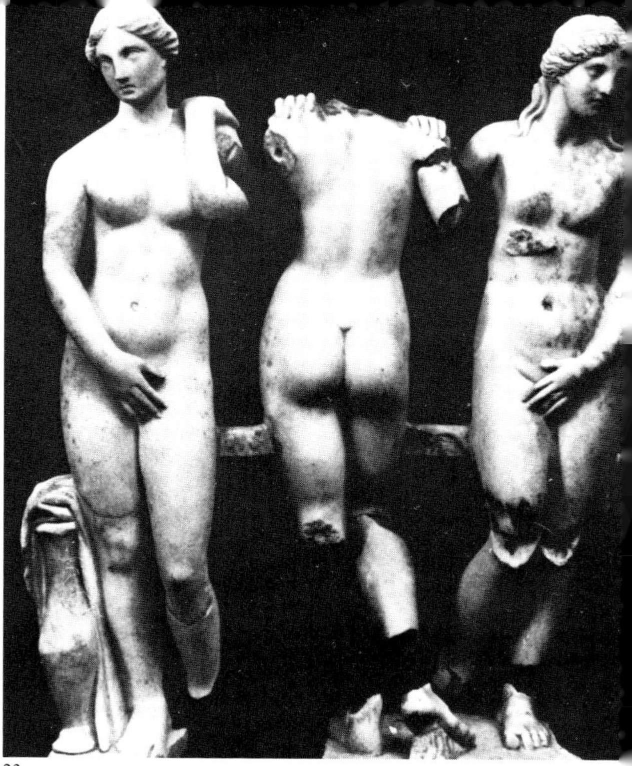

23

24

25

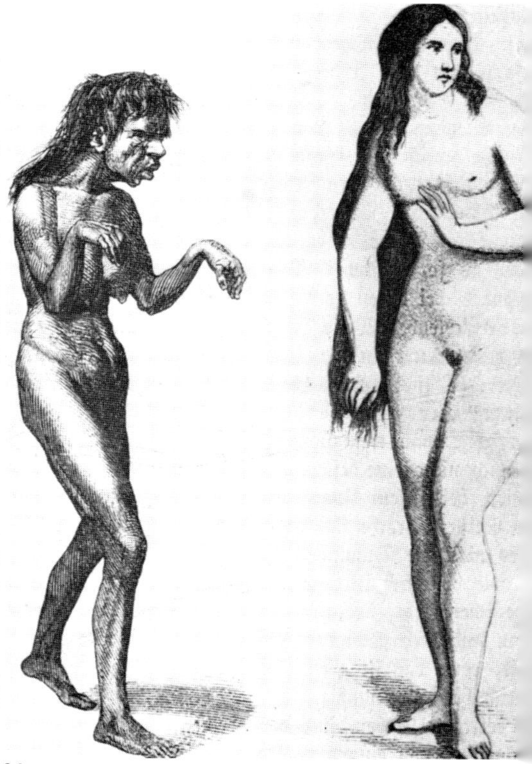

26

22 Hottentotten-Bantu-Mischlinge
23 Die drei Grazien (antike Marmorgruppe)
24 Menschenaffen (nach Hoppius, 1760)
25 Holzschnitt von Hans Burgkmair d. Ä. (16. Jahrhundert)
26 Vertierende Darstellung (nach Zimmermann, 1864)

27

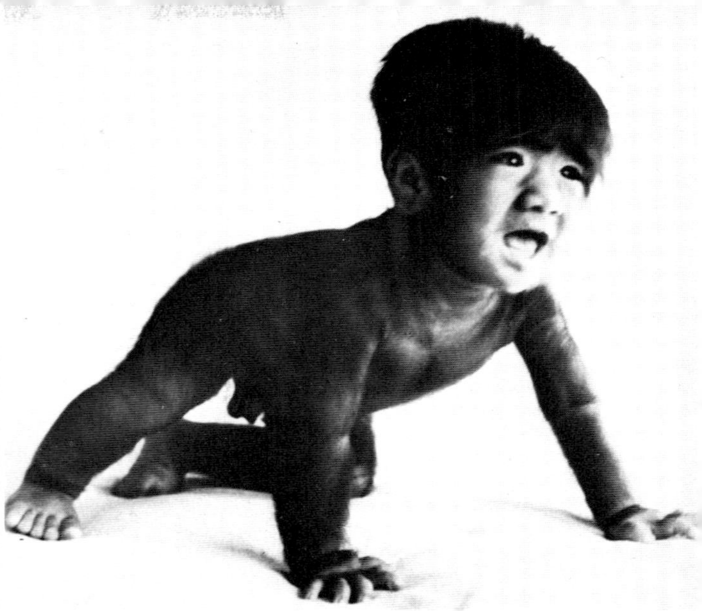

28

29

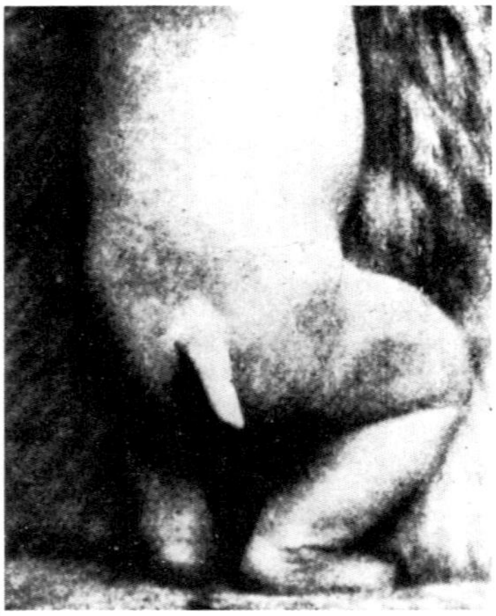

30

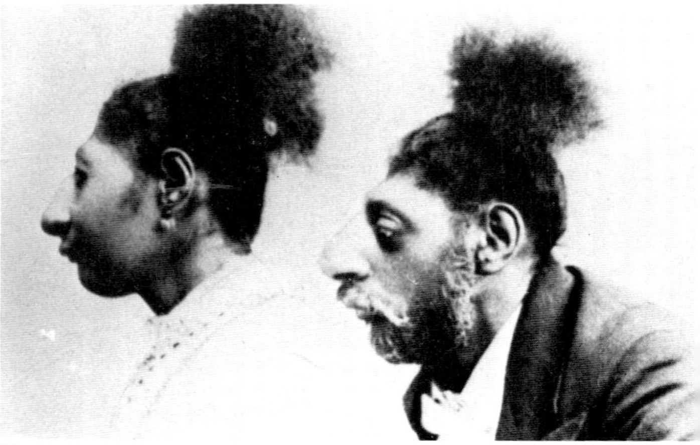

31

27 Der Haarmensch Adrian Jeftichew mit seinem Sohn (Ende des 19. Jahrhunderts)
28 Überhaarung bei chinesischem Kind
29 Zwerg- und Riesenwuchs
30 Schwänzchenbildung bei einem Kind
31 Bartola und Maximo, »die letzten Azteken«

32

33

34

35

32 Weißhändiger Gibbon (Hylobates lar)
33 Orang-Utan (Pongo pygmaeus)
34 Schimpanse (Pan troglodytes)
35 Gorilla (Gorilla gorilla)

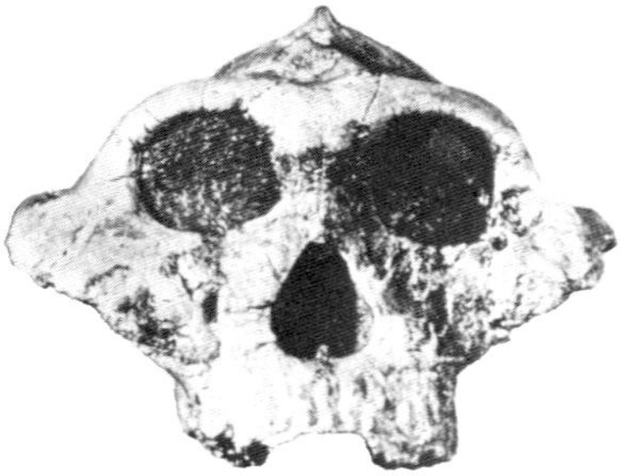

36

37

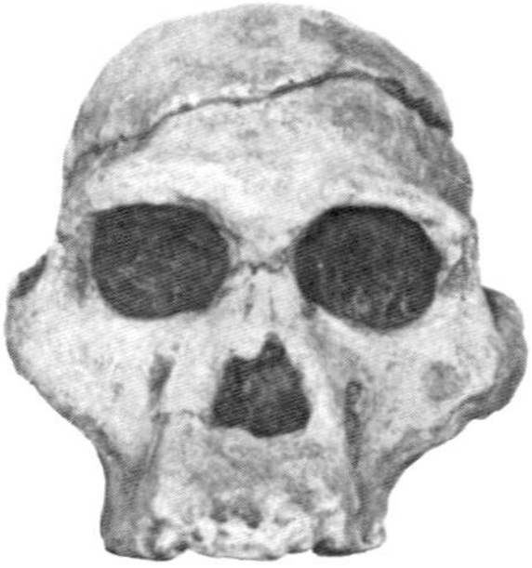

38

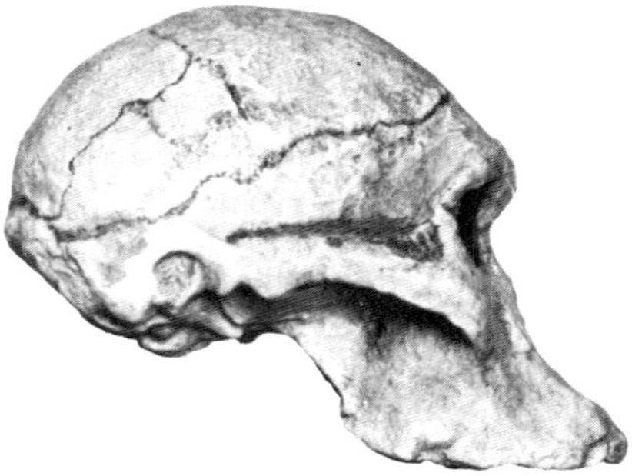

39

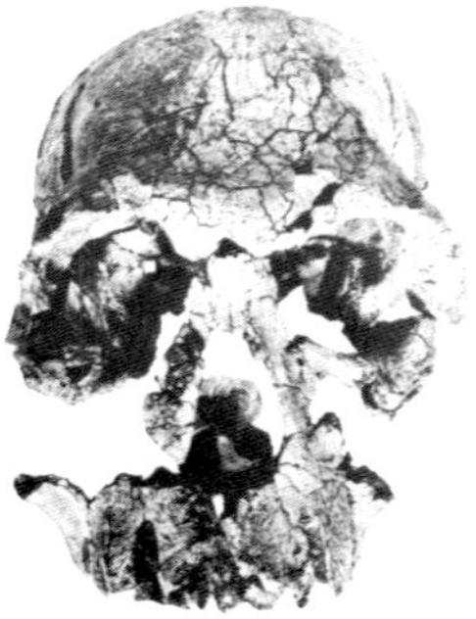

40

41

36/37 Australopithecus robustus/boisei (Turkanasee, Kenia)
38/39 Australopithecus africanus (Sterkfontein, Südafrika)
40/41 Homo habilis (Turkanasee, Kenia)

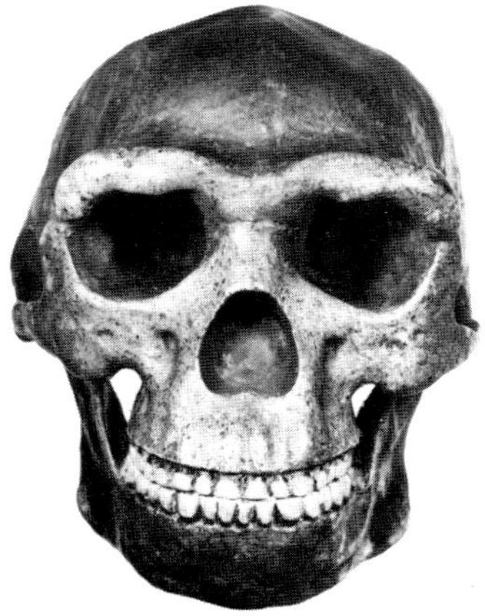

42

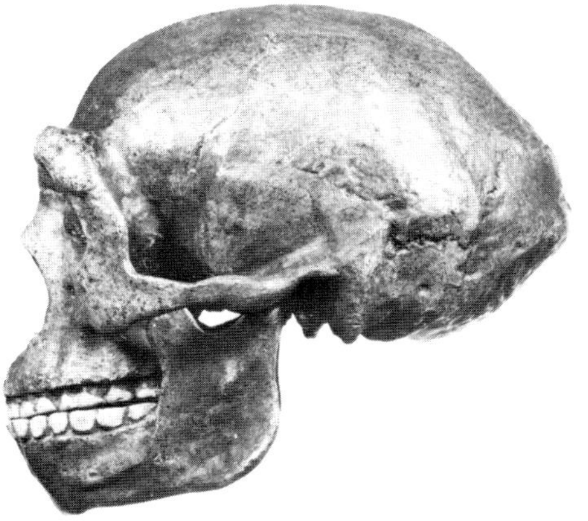

43

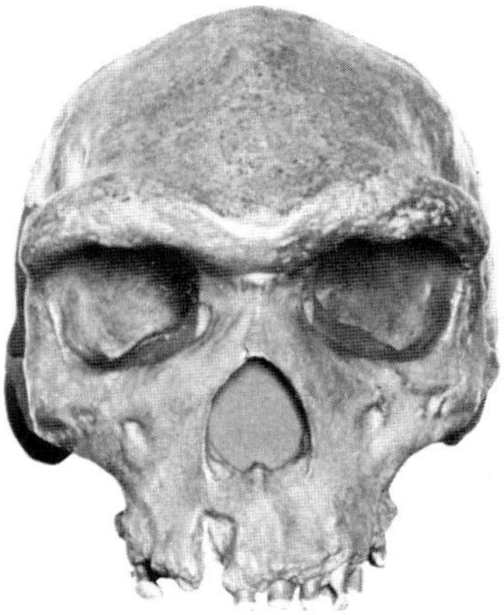

44

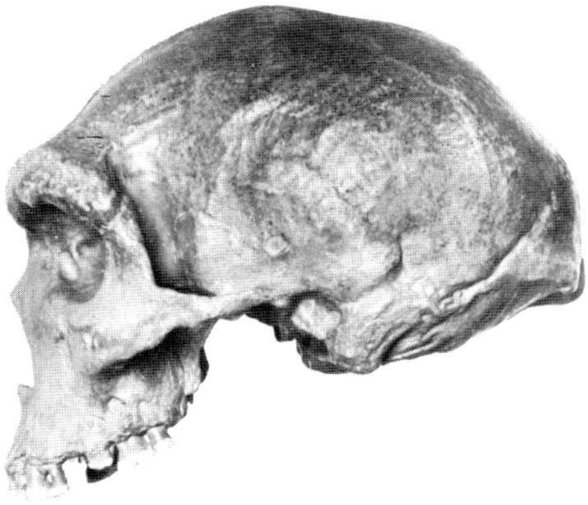

45

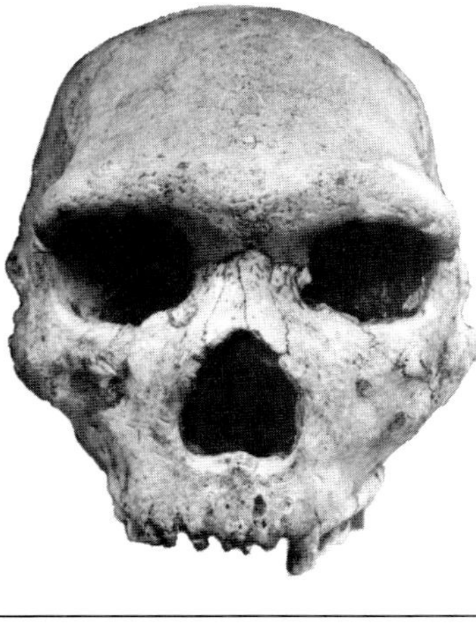

46

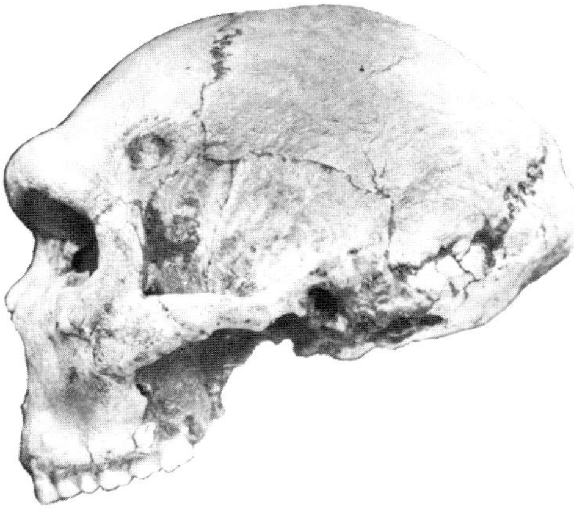

47

42/43 Homo erectus (Choukoutien, China)
44/45 Homo erectus (Broken Hill, Südafrika)
46/47 Homo erectus/sapiens neanderthalensis (Petralona, Griechenland)

Zu den Photos des vorangehenden Bildteiles:

19 *Rudolf Pöch in Neuguinea*
Der österreichische Arzt, Anthropologe und Ethnograph Rudolf Pöch (1870–1921) kann als klassischer Vertreter einer umfassenden Anthropologie in unserem Sinn gelten. Bereits als junger Arzt durch seine aufopfernde Tätigkeit im Rahmen der österreichischen Pestkommission in Bombay und Wien bekanntgeworden (die ihm den Namen »Pest-Pöch« eintrug), unternahm er ausgedehnte Reisen nach Westafrika (1902), Neuguinea, dem Bismarck-Archipel und Australien (1904–1906). 1907–1909 bereiste er Südafrika, um die Buschmänner der Kalahari zu studieren. Neben den körperlichen Merkmalen der Eingeborenen interessierte ihn vor allem die materielle und geistige Kultur dieser Menschen. 1913 wurde er zum ersten Vorstand des neubegründeten Instituts für Anthropologie und Ethnographie der Universität Wien ernannt. Seine Beiträge zu den Problemen des Zwergwuchses, der Morphologie, Biometrie sowie einer genetisch fundierten Rassenkunde haben dem Erkenntnisfortschritt auf diesen Gebieten entscheidende Impulse gegeben.

20 *Martin Gusinde bei den Yupa-Indianern*
Der Ethnologe und Anthropologe Martin Gusinde (1886–1969) war wie Paul Schebesta Pater des Missionsseminars St. Gabriel. Er führte rassenbiologische, linguistische, aber auch meteorologische Untersuchungen bei den in Nord- und Mittelamerika sowie in Feuerland lebenden Indianern (1919), bei den Ituri-Pygmäen im Kongo (1934 zusammen mit Paul Schebesta) und bei den Papua in Neuguinea durch.

21 *Paul Schebesta bei den Bambuti-Pygmäen*
Der Ethnologe, Linguist und Anthropologe Paul Schebesta (1887–1967) war Pater des Missions-Seminars Sancti Verbi Dei in St. Gabriel, Mödling. Seine bleibenden Leistungen sind vor allem in der Erforschung der zwergwüchsigen Rassen Asiens und Schwarzafrikas zu sehen. Die Ergebnisse seiner ethnologischen und linguistischen Studien bei den Semang-Negritos in Malaya/Hinterindien (1924, 1938) und den philippinischen Aeta (1938) sowie bei den Pygmäen am Ituri-Fluß in Belgisch-Kongo (1929, 1934, 1949, 1954), sind in umfangreichen Bänden veröffentlicht.

22/23 Noch um die Jahrhundertwende gehörten neben rein wissenschaftlichen Aufnahmen auch »lebende Bilder« zur Dokumentation anthropologischer Forschung. Meist wählte man klassische Posen, wie z. B. die der drei Grazien.

24—26 *Beispiele kulturzentristischer Betrachtungsweisen in der älteren Anthropologie und Völkerkunde*
Dem Zeitgeist entsprechend bemühte man sich nicht um die objektive Darstellung von fremden Völkern, sondern orientierte sich an Vorlagen aus der bildenden Kunst (Allegorien) und den eigenen Schönheitsidealen. Herabsetzende Abbildungen »vertierter« Wilder waren jedoch nicht selten (26).
Hoppius, ein Schüler Linnés, stellte die höheren Primaten (Anthropomorpha) noch sehr vermenschlicht dar: Troglodyta, Lucifer, Satyrus, Pygmaeus (24).
Hans Burgkmair der Ältere schuf zu den Reisewerken des Balthasar Springer bereits sehr realistische Bilder, obwohl ihre Motive (z. B. Mann und Frau in Adam-und-Eva-Pose, Familie als stilisierte Gruppe, 25) der ikonographischen Tradition seiner Zeit entsprachen.

27/28 *Überhaarung*
Dem Erscheinungsbild der Hypertrichosis (Überhaarung) können sehr verschiedene Ursachen zugrunde liegen: Nebennierenrindentumore, die bei Frauen zu einer Vermännlichung führen, Tumore der Thymusdrüse, aber auch Mutationen, die die Ausbildung dieses stammesgeschichtlich alten Merkmals (Atavismus) zur Folge haben. Die Tatsache, daß Hypertrichosis familiär gehäuft auftritt (sogenannte »Haar-« bzw. »Hunde-Menschen«), deutet auf die Erblichkeit dieses Merkmales.

29 *Zwerg- und Riesenwuchs*
Als häufigste Ursache des Zwergwuchses können die Unterfunktion der Hirnanhangdrüse (Hypophyse), der Schilddrüse sowie die Mutation eines für das Wachstum »zuständigen« Gens angesehen werden. Während beim hypophysären Zwergwuchs die Körperproportio-

nen erhalten bleiben, ist dies bei den beiden anderen Ursachen nicht der Fall. Letztere sind meist mit einer beträchtlichen Intelligenzminderung verbunden. Riesenwuchs kann durch eine Überproduktion des Wachstumshormons in der Hypophyse, aber auch durch angeborene Unterentwicklung der Keimdrüsen (eunuchoidaler Riesenwuchs) bedingt sein.

30 *Geschwänztes Kind*
Kurze, stummelschwanzartige Kreuzbeinfortsätze beim Menschen sind sehr selten und werden, wenn es sich um eine Anomalie der Schwanzbeinwirbel handelt, »harte Schwänze« genannt. »Weiche Schwänze« sind ebenfalls äußerst selten und gehen meist mit anderen Mißbildungen einher, sie werden als krankhaftes Bestehenbleiben des Schwanzfadens der Chorda dorsalis (embryonal angelegtes Achsenskelett der Wirbeltiere) gedeutet.

31 *Mikrozephalie*
Von genetisch bedingter Mikrozephalie (Microcephalia vera) spricht man, wenn infolge einer angeborenen Entwicklungshemmung des Gehirns der Gehirnschädel im Wachstum zurückbleibt und nur eine abnorm geringe Größe erreicht. Dieser sehr seltenen Form wird eine häufigere, umweltbedingte Form (Microcephalia spuria) gegenübergestellt. Sie entsteht meist durch Sauerstoffmangel bei der Geburt.
Das Mißverhältnis zwischen dem normal entwickelten Gesichtsschädel und dem kleinen, zurückweichenden Hirnschädel hat früher zu der Annahme geführt, daß es sich um einen Rückfall in eine alte ausgestorbene Rasse (z. B. die Azteken) handeln könnte. Noch in unserem Jahrhundert wurden diese bedauernswerten (meist schwachsinnigen) »Vogelköpfe« als Zirkusattraktionen gezeigt. Der Manager der hier abgebildeten »Azteken« Bartola und Maximo gab an, das angebliche Geschwisterpaar unter Lebensgefahr aus den Tempelruinen von Yukatan entführt zu haben! Sie wurden 1849 als Kinder in New York ausgestellt, 1853 europäischen Kaisern und Königen vorgeführt, 1867 in London gar miteinander verheiratet. Als Erwachsene erreichten sie nur die Größe von Kindern. Maximo starb 1913.
Sogenannte »Abnormitäten« nehmen innerhalb der Vielfalt der menschlichen Erscheinungsformen eine besondere Stellung ein; sei es, daß Abnormitäten bestaunt und verehrt oder aber mißachtet und getötet wurden. Sicherlich sind zahlreiche mythologische Vorstellungen von Riesen, Zwergen, Einäugigen, Doppelköpfigen, Wolfsmenschen und ähnlichem auf Mißbildungen zurückzuführen.

32 *Weißhändiger Gibbon*
Die Familie der Hylobatidae (Gibbons) ist heute nur noch durch die sechs Arten des Genus Hylobates (Weißhändiger Gibbon, Unka, Silbergibbon, Black gibbon, Hulock, Zwerg-»Siamang«) vertreten. Während im Genus Hylobates die kleineren Arten der gegenwärtig lebenden Gibbons zusammengefaßt werden, enthält das Genus Symphalangus nur die Art des größeren, durch einen Kehlsack ausgezeichneten Siamang. Gibbons kommen in den Wäldern Hinterindiens und der Sunda-Inseln vor, der Siamang nur noch auf Sumatra und Malakka.

33–35 *Orang-Utan, Schimpanse, Gorilla*
Zur Unterfamilie der Ponginae (Menschenaffen) gehören die Arten der Orangs, Schimpansen und Gorillas. Können innerhalb des Genus Pongo (Orang) zwei Lokalrassen, eine auf Borneo und eine andere auf Sumatra, unterschieden werden, so wird das Genus Pan (Schimpanse) in zwei Arten (Pan troglodytes und Pan paniscus = Zwergschimpanse) gegliedert. Pan troglodytes (drei Rassen) lebt in den Waldgebieten West- und Zentralafrikas, der Zwergschimpanse nur in einer Region südlich des Kongobogens. Das Genus Gorilla schließt nur die Art Gorilla gorilla ein, die in zwei Rassen, nämlich den Tieflandgorilla (Niger-, Kongogebiet) und den Berggorilla (Bergwälder westlich des Tanganjika- und Albertsees) unterteilt wird.

36–41 *Australopithecus robustus und africanus, Homo habilis*
Vorder- und Seitenansicht der Schädel von Australopithecus robustus/boisei (Turkanasee), Australopithecus africanus (Sterkfontein) und Homo habilis (Turkanasee). Alle Schädel sind, orientiert in der Ohr-Augen-Ebene, in einem Drittel natürlicher Größe abgebildet.

42–47 Vorder- und Seitenansicht der Schädel von Homo erectus (Choukoutien), Homo erectus/sapiens neanderthalensis (Petralona, Griechenland) und Homo erectus rhodesiensis/sapiens neanderthalensis (Broken Hill, Südafrika).

als die klassischen Neandertaler. Sie lassen zahlreiche Ähnlichkeiten mit jenen Formen erkennen, die letztlich zum modernen Menschen führten (»Praesapiens-Typen«).
Der klassische Neandertaler ist durch einen langen, niedrigen Hirnschädel, eine flache, stark fliehende Stirn, ein ausladendes Hinterhaupt, starke bogenförmige Überaugenwülste, ein vorragendes, spitz zulaufendes Mittelgesicht ohne Eckzahngruben, große Nasen- und Augenhöhlen, ein kaum entwickeltes Kinn sowie ein grobknochiges Extremitätenskelett mit leicht gebogenen Oberschenkel- und Unterarmknochen gekennzeichnet. Seine Schädelkapazität übertraf im Durchschnitt die des derzeit lebenden Menschen (s. Tabelle 2), das für die intellektuelle Leistungsfähigkeit wichtige Stirnhirn scheint jedoch weniger ausgebildet gewesen zu sein. Verwandte des klassischen Neandertalers, der in West- und Mitteleuropa von zahlreichen Fundplätzen, wie Gibraltar, Spy, Engis bei Lüttich, Le Moustier, La Chapelle-aux-Saints (s. Bild 48/49), La Quina, Monte Circeo und Jersey, bekannt ist, lebten auch in Osteuropa (u. a. Subalyuk, Kii Koba, Teshik Tash), Asien (Mapa), Afrika (u. a. Djebel Irhoud, Temara) und im Vorderen Orient (Genezareth, Karmel). In Europa starb der Neandertaler gegen Ende der letzten Eiszeit aus unbekannten Gründen aus. Sein jähes Verschwinden trifft mit dem ebenso plötzlichen Auftreten des modernen Menschen zusammen. Funde aus Israel (Skhul, Tabun) und dem Irak (Shanidar) lassen vermuten, daß es zumindest in diesem Bereich zu Mischungen mit Homo sapiens sapiens gekommen ist.

Homo sapiens

Die vielfältigen Formen von Homo sapiens im oberen Pleistozän sind zweifellos der Grundstock, aus dem sich die Rassen der lebenden Menschheit entwickelt haben. Auf welche Weise und von welchen der fossilen Funde aber nun die heutigen Großrassen abzuleiten seien, liegt nach wie vor im dunkeln. Der amerikanische Anthropologe Carleton S. Coon etwa, der fünf Menschenrassen unterschied, nahm an, daß die Australiden (Ureinwohner Australiens), die Mongoliden (gelbe Rasse), Kaukasoiden (Europide, weiße Rasse) und Kapoiden (Buschmänner, Hottentotten) jeweils unabhängig voneinander zu verschiedenen Zeiten aus unterschiedlichen Entwicklungslinien von Homo sapiens hervorgegangen wären (polyphyletische Rassenentstehung). Fossile Funde, die diese Annahme stützen könnten, fehlen. Der deutsche Anthropologe Franz Weidenreich (1873–1948) sah Ähnlichkeiten zwischen den Homo-erectus-Funden von Choukoutien in China und den heute lebenden mongoliden Völkern.

Rassengeschichte

Eine besondere Schwierigkeit bei der Ableitung der rezenten Rassen besteht darin, daß diese vor allem durch Weichteilmerkmale, wie z. B. Nasenform, Lippenhöhe, Hautfarbe und Haarform, definiert sind, die man an fossilen Knochen nicht feststellen kann. Rassenmerkmale sollten erblich und sicher bestimmbar sein sowie innerhalb der menschlichen Gruppen deutliche Häufigkeitsunterschiede aufweisen. Waren in den Anfängen der Rassensystematik vor allem die Gestaltsmerkmale (z. B. Nasenform, Fingerbeerenmuster) und die metrischen Merkmale (Abmessungen des Körpers) von Bedeutung, so wurden später auch physiologische (Blut-) Merkmale berücksichtigt. Die für die Klassifikation besonders gut geeig-

Abb. 16 *Weichteilrekonstruktionen fossiler Hominiden*
a) Sinanthropus (Homo erectus)
b) Australopithecus robustus
c) Neandertaler

neten Gestaltsmerkmale sind aufgrund der vielen an ihrer Ausbildung beteiligten Gene weitgehend umweltstabil und verändern sich im Lauf der Evolution nur langsam. Leider macht eben diese komplizierte genetische Bedingtheit die Erforschung ihres Erbgangs sehr schwierig – im Gegensatz zu den evolutiv wenig stabilen, aber jeweils nur von einem Gen gesteuerten Blutmerkmalen.

Europa nimmt im Vergleich mit anderen Weltgegenden, sowohl was das Alter als auch was die Zahl und Kontinuität der Funde anbelangt, eine Sonderstellung ein. Schon zu Beginn der jüngeren Altsteinzeit treten uns hier mindestens zwei ausgeprägte, als mögliche Urformen der Europiden anzusprechende Typen entgegen: einerseits ein u. a. durch den »alten Mann« von Cromagnon, Frankreich, und die Skelette von Oberkassel bei Bonn repräsentierter hochgewachsener, robuster Typus mit gewölbtem Schädeldach, steiler Stirn, niedrigen, nahezu rechteckigen Augenhöhlen, schmaler, vorspringender Nase und ausgeprägtem Kinn (»Cromagnon-Typus«), anderseits eine kleinere, grazilere Menschenform, die durch einen langen, schmalen Hirnschädel, eine niedrigere Stirn, ein hohes, schmales Gesicht mit hohen, gerundeten Augenhöhlen und ein weniger markantes Kinn gekennzeichnet ist (z. B. Funde von Combe Capelle, Brünn, Předmost usw., s. Bild 54/55). Ob diese Typen Rassen im Sinn der Systematik darstellen, ist zweifelhaft, da sie nahezu zeitgleich in denselben

Gebieten auftraten. Die Formenmannigfaltigkeit der fossilen Funde hält in Europa bis in die Jungsteinzeit an, und es ist schwierig, die lebenden Rassentypen der Europiden (Nordide, Mediterranide, Dinaride usw.) auf sie zurückzuführen. Ihr gegenwärtiges Verbreitungsgebiet spricht für eine »Urheimat« der Europiden in den Ebenen des südöstlichen Rußland.
Funde, die eindeutig auf den mongoliden Rassenkreis hinweisen, sind in Ostasien erst aus der Jungsteinzeit bekannt. Ältere Funde in diesem Raum sind eher dem Cromagnon-Typus zuzuordnen. Ein Stirnbein-Nasenbein-Fragment aus Afontova gora am Jenissei, UdSSR, das etwa 20 000 Jahre alt sein dürfte, läßt jedoch bereits Anklänge an die typisch mongolide Gesichtsflachheit erkennen. Dies macht wahrscheinlich, daß die Entstehung der Mongoliden früher anzusetzen ist, als es die Fundsituation in Ostasien vermuten läßt. Darauf deutet auch die Körperform der heutigen Indianer und Eskimos hin: Die den Mongoliden in vielen Merkmalen ähnlichen Indianiden, die vor etwa 30 000 Jahren aus Nordasien in mehreren Wellen über die Beringstraße nach Amerika gewandert sein dürften, weisen die mongoliden Rassenmerkmale meist in abgeschwächter Form auf. Dies könnte ein Anhaltspunkt dafür sein, daß sie zur Zeit ihrer Wanderung noch nicht jenen Spezialisierungsgrad erreicht hatten wie etwa die heutigen Mongolen oder Chinesen. Die später – vor etwa 12 000 Jahren – nach Nordamerika eingewanderten Eskimos zeigen hingegen bereits eine voll ausgeprägte Variante der mongoliden Merkmalskombination.
Vieles spricht dafür, daß die Ureinwohner Australiens, die vor etwa 15 000 Jahren aus Indonesien in das heutige Australien gekommen sein dürften, als Vertreter einer ureuropiden oder noch nicht differenzierten mongoliden Altschicht anzusehen sind. Sie haben, bedingt durch ihre isolierte Lage, auf dem australischen Kontinent nicht nur kulturell, sondern auch in bezug auf ihre Körperform viele altertümliche Merkmale bewahrt (z. B. Funde von Keilor, Cowswamp).
Das vergleichsweise geringe Alter der wenigen Skelettfunde mit typisch negriden Merkmalen (z. B. Asselar, Mali; Karthum, Sudan – beide etwa 5 000 Jahre alt) veranlaßte viele Anthropologen, die Negriden als die »jüngste« Rasse der Menschheit zu bezeichnen. Die jungpaläolithischen Menschenformen Südafrikas (z. B. Funde von Cape Flats, Florisbad, Boskop, Springbok, Fischhoek) ähneln mehr den zur gleichen Zeit in Eurasien lebenden Cromagnon-Typen. Auch die hochgewachsenen, schmalhochgesichtigen Jungpaläolithiker von Olduwai und Elementaita in Ostafrika mit ihrer ausgeprägten Gesichtsprofilierung entsprechen eher einer europid-negriden Übergangsform, wie sie in den heutigen Äthiopiden gesehen wird. In neuerer Zeit zweifelt man jedoch das geringe Alter der negriden Rasse an und untersucht alte und neue Funde speziell der jüngeren Altsteinzeit im Hinblick auf mögliche negride Züge.
Da sich die Merkmale der Art Homo sapiens im Lauf der Evolution mit unterschiedlicher Geschwindigkeit verändert haben, sind bei einzelnen Unterarten, wie z. B. den Australiden oder den kleinwüchsigen »Altrassen« Afrikas (Bambutide, Khoisanide), ursprüngliche Merkmale wie etwa Vorschnäuzigkeit neben fortschrittlichen – z. B. relativ schwach profilierte

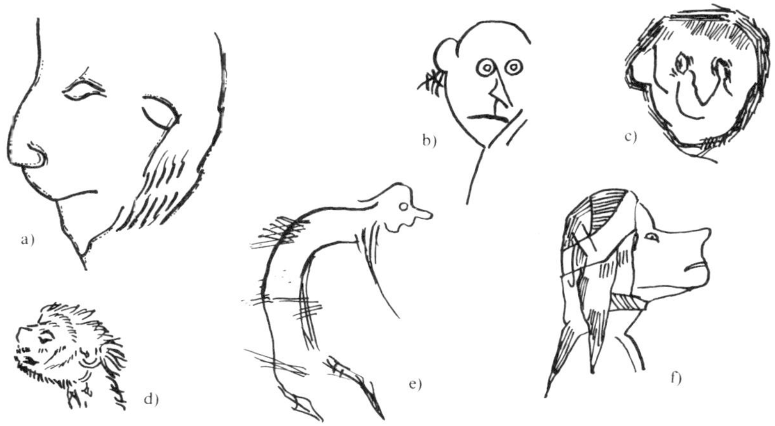

Abb. 17 *Darstellungen des frühen Menschen, Steingravierungen*
a) Isturitz
b) Marsoulas
c) Les Combarelles
d) Les Combarelles
e) Isturitz
f) Frauenkopf aus der Höhle von La Marche

Mosaikevolution

Überaugenregion – erhalten geblieben (Mosaikevolution). Dieser Umstand ist eine der Ursachen für unsere Schwierigkeiten, das Alter und die stammesgeschichtlichen Verwandtschaftsbeziehungen zwischen den menschlichen Rassen zu bestimmen. Sicher ist, daß die gegenwärtig lebenden Menschenrassen prinzipiell miteinander kreuzbar sind und daher alle der Art Homo sapiens angehören. Sie sind als Ergebnisse von Anpassungsvorgängen an unterschiedliche Umwelten durch die bekannten Evolutionsfaktoren Vererbung, Mutation, Selektion, sexuelle Rekombination, Isolation, Gendrift, Wanderungen, Mischungen usw. entstanden. Unter Rassen verstehen wir heute meist Fortpflanzungsgemeinschaften innerhalb einer Art, die sich in der Häufigkeitsverteilung ihrer Gene unterscheiden. Es gibt also keine Merkmale, die in einer Rasse vorhanden wären und in einer anderen nicht. Ausschließlich die relativen Häufigkeiten der Merkmale und ihre Kombinationen unterscheiden die Rassen voneinander. Die Bewertung der zweifellos vorhandenen Unterschiede ist allerdings bis heute subjektiv geblieben, das heißt, die Frage, wie groß der Gesamtunterschied zwischen zwei menschlichen Gruppen sein muß, um sie als verschiedene Rassen oder lediglich als zwei Unterrassen einer Rasse anzusprechen, kann nicht objektiv beantwortet werden. Es hängt vom Interesse des Forschers sowie von der Art und Zahl der von ihm untersuchten Merkmale ab, wie viele Rassen letztlich in seinem System enthalten sind. Dementsprechend viele Rassenklassifikationen sind seit Blumenbach aufgestellt worden. Aus verschiedenen – auch methodischen – Gründen müssen unsere Rasseneinteilungen eine Sache von Übereinkommen bleiben.

Wir sollten daher den Begriff Rasse immer im Sinn von »geographischer Rasse« oder »geographischer Variante« (Population) verstehen. Die Bilder 106–117 sollen anhand ausgewählter Beispiele die Vielfalt der menschlichen Erscheinungsformen in der Gegenwart veranschaulichen.

Tabelle 3

Einteilung der Menschenrassen (nach Egon von Eickstedt, 1934)

Großrassen	Unterrassen	Verbreitungsgebiet
EUROPIDE	Nordide	Nord-, West- und Mitteleuropa
	Dalonordide	Nordeuropa
	Osteuropide	Mittel- und Osteuropa, Rußland
	Alpinide	Mitteleuropa
	Dinaride	Mittel- und Südosteuropa
	Mediterranide	Südeuropa, Nordafrika
	Indide	Indien
	Orientalide	Iran, Naher Osten, Nordafrika
	Turanide	Turkestan
	Armenide	Armenien, Iran, östl. Mittelmeerraum
MONGOLIDE	Tungide	Zentralasien
	Sibiride	Sibirien
	Sinide	China
	Palämongolide	Südchina, Hinterindien, Indonesien
	Nordamerikanische Indianide	Nordamerika
	Zentralamerikanische Indianide	Mittelamerika
	Südamerikanische Indianide	Südamerika
	Eskimide	arktische Küsten, Grönland
NEGRIDE	Äthiopide	Nord- und Ostafrika
	Sudanide	Guinea-Küste, Sudan
	Kafride	Süd- und Ostafrika
	Nilotide	Sudan, Ostafrika
	Palänegride	Zentralafrika
SONDERGRUPPEN	Ainuide	Nordjapan, Kurilen
	Lappide	Nordeuropa
	Khoisanide	Südwest- und Ostafrika
	Bambutide	Zentralafrika
	Weddide	Indien, Ceylon, Indonesien
	Negritide	Andamanen, Malakka, Philippinen
	Melaneside	Melanesien, Neukaledonien, Neue Hebriden, Neuguinea
	Australide	Australien
	Mikroneside	Mikronesien, Marshall- und Gilbert-Inseln
	Polyneside	Neuseeland, Gesellschafts- und Tuamotu-Inseln

Der Prothesen-Gott

»Darin vor allem unterscheidet sich der Mensch von den Tieren: durch die Überlieferung seiner Techniken ... Der Körper ist das erste und natürlichste Instrument des Menschen ... Vor den Techniken mit Instrumenten steht die Gesamtheit der Techniken des Körpers.«

Marcel Mauss, »Die Techniken des Körpers«, 1934

Im Jahr 1877 erschien ein Buch mit dem Titel »Grundlinien einer Philosophie der Technik«. Sein Autor, der Geograph und Philosoph Ernst Kapp (1808–1896), vertrat darin die Ansicht, daß die Technik ihr Vorbild im Körper ihres Erfinders habe. Durch genaue Selbstbeobachtung übertrug bereits der frühe Mensch Tätigkeiten, die er mit Armen, Beinen und Händen ausführte, auf außerkörperliche (extrasomatische) Gegenstände. Mit dieser Theorie der »Organprojektion« versuchte der Autor nachzuweisen, daß das Werkzeugverhalten des Menschen von seinen körperlichen Merkmalen herzuleiten sei: Werkzeuge übernahmen die Funktionen der Körperglieder, ersetzten und verstärkten sie. Der Faustkeil beispielsweise übernahm die Funktion der Faust, die er an Härte und Schlagkraft übertraf. Grabstöcke und Schaufeln ersetzten die Fingernägel, Lanzen vervielfachten die Reichweite des Armes. Nach Kapp hatten die ersten Werkzeuge und Waffen des Menschen vor allem die Aufgabe, die leiblichen Organe zu verstärken, zu verlängern und schärfer zu machen.

Daß die Gliedmaßen des Menschen als Muster für die Herstellung von Geräten und Waffen dienen, zeigt sich heute noch bei den afrikanischen Nuern, die den Speer als Verlängerung der rechten Hand ansehen. Wenn ein Mann einen Speer wirft, ruft er ihm nach: »Meine rechte Hand!«

Die Möglichkeiten unserer Körperorgane wurden in der Geschichte des Menschen in natürliche Gegenstände projiziert, die so zu technischen Hilfsmitteln entwickelt wurden.

Wir sprechen dabei von

- Organersatz (z. B.: Die Kleidung des Menschen übernimmt die Schutzfunktion des Fells)
- Organergänzung (z. B.: Verstümmelte Gliedmaßen werden durch Prothesen ergänzt)
- Organverstärkung (z. B.: Optische Geräte steigern die Sehkraft des Auges)
- Organausschaltung (z. B.: Reittiere, Fahr- und Flugzeuge helfen uns, große Entfernungen zu überwinden, schalten dabei aber auch unsere natürlichen Fortbewegungsorgane, die Beine, aus)

Werkzeuge dienen, wie der deutsche Philosoph und Anthropologe Arnold Gehlen (1904–1976) sagt, zum großen Teil der »Organentlastung«.

Angesichts der Erfolge, die der Mensch bei der Beherrschung der Naturgewalten errungen hat, wird er auch als das »werkzeugschaffende Tier« bzw. als »homo faber« charakterisiert. Nicht der Werkzeuggebrauch an sich, sondern die *normierte* Herstellung von Werkzeugen aus Stein, Holz oder Knochen wird heute als wesentliches Kennzeichen des frühesten Menschen betrachtet. Die Vermittlung und Weitergabe von *Normen*, die z. B. die Form der Werkzeuge betreffen, setzt aber bereits eine Laut- und Körpersprache voraus, die mindestens soweit differenziert ist, daß man mit ihr Größenverhältnisse (»größer als« – »kleiner als«) ausdrücken kann. Die Entstehung der ältesten steinzeitlichen Werkzeugindustrien ist also ohne Symbol- und Traditionsbildung gar nicht denkbar.

Werkzeug und Sprache

Werkzeugverhalten an sich ist jedoch kein Privileg des Menschen. Organprojektion, Organverstärkung und -ersatz finden sich auch bei vielen Tierarten. Der Verhaltensforscher Klaus Immelmann weist auf ein kurioses Werkzeugverhalten von Insekten hin: »Weberameisen nehmen ihre mit Spinndrüsen ausgestatteten Larven zwischen die Kauladen und führen sie wie Weberschiffchen zwischen den beiden Rändern eines eingerollten Ta-

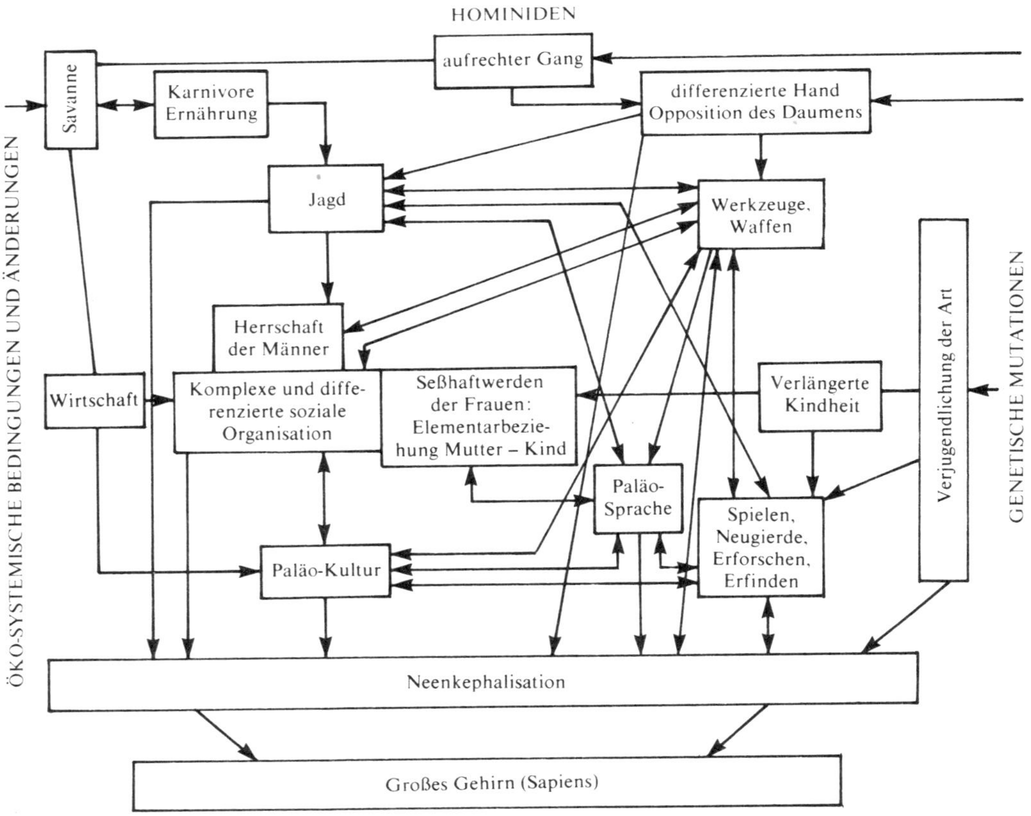

Abb. 18 *Schematische Darstellung von Hominisationsfaktoren (modifiziert nach E. Morin)*

bakblattes hin und her. Auf diese Weise ›nähen‹ sie die Ränder zum besseren Nestschutz zusammen. Sie benutzen also lebende ›Gegenstände‹ als Werkzeug.« Elefanten nehmen Stöcke mit dem Rüssel auf, um sich den Rücken zu kratzen. Schmutzgeier zertrümmern Straußeneier mit Steinen, um an das Innere heranzukommen. Der Spechtfink der Galapagos-Inseln (Cactospiza pallida) verwendet Kaktusstacheln oder Hölzchen, um Insekten aus den Baumritzen zu stochern. Der Fischotter schlägt, auf dem Rükken schwimmend, auf seinem Bauch liegende Muscheln auf, Schimpansen brechen Zweige ab, befreien sie von den Seitenzweigen, entrinden sie und fischen mit diesen Werkzeugen die begehrte Beute aus Termitenhügeln. Sie benutzen Blätter, um Wasser aus Baumlöchern aufzutunken, oder schützen sich mit diesen vor dem Regen. Werden sie von Feinden angegriffen, so werfen sie Steine und gebrauchen Stöcke als Waffen.

Tiere als Baumeister

Der Naturforscher Karl von Frisch hat die »Tiere als Baumeister« untersucht. Die Baukunst der kleinsten Lebewesen kann man im Mikroskop beobachten: Amöben (Difflugia pyriformis) bilden eine Schale aus Sandkörnchen. Die riffbildenden Arten der Korallen erzeugen große Kalk-Atolle, Termiten errichten meterhohe Bauten mit natürlicher Klimaanlage, mit Vorratsräumen, Grundwasserschächten und anderem mehr. Bienen haben ihre Waben, Wespen ihre federleichten Nester. Wohn- und Schutzbauten finden sich in den verschiedensten Formen bei Vögeln. Die Webervögel flechten mit großem Geschick ihre Nester, die Laubenvögel schmükken ihre Bauwerke mit Blumen und Früchten. Alle diese Leistungen sind durch Instinkte gesteuert.
Viele Tiergruppen haben ähnliche Lösungen für ihre Bauprobleme gefunden. Die Verhaltensforschung spricht hier von Analogie und Konvergenz. So produzieren beispielsweise Zikaden Schaumhüllen, Labyrinthfische Schaumnester für ihre Brut, und der Javaflugfrosch schafft sich eine Behausung durch »Schaumschlägerei« mit den Hinterfüßen. Auch Eingänge und Türen sind in den Bauplänen der Tiere berücksichtigt. Die afrikanische Beutelmeise besitzt eine verschließbare Haustür, die Falltürspinne hat einen Deckel für ihre Erdröhre, die Einsiedlerbienen verstöpseln ihr Heim.
Die Fähigkeit des Menschen, abstrakt zu denken (Logik) und durch assoziative Wahrnehmung Ähnlichkeiten von Formen und Funktionen festzustellen (Analogik), bringt es mit sich, daß ihn nicht nur seine Körperorgane, sondern die gesamte Natur zu technischen Erfindungen anregen. Die Höhle wird zur Wohnung, das Rohr zum Saugrohr, der entfleischte Schädel zum Trinkgefäß, die Muschelschalen zu Eßlöffeln, die Straußeneier zu Schüsseln, die Schildkrötenpanzer zu Resonanzböden für Musikinstrumente. Der hohle Stamm wird zur Trommel, die Liane zum Seil, zum Flechtwerk, zur Brücke. Sehnen und Gedärme dienen als Schnüre und Musiksaiten, Schwänze werden als Besen verwendet, Zähne als Pfeilspitzen, Samen von Früchten als Schmuck. Später werden die Formen dieser Gegenstände auch künstlich aus einem anderen Material hergestellt. So wurden z. B. auf den Nikobaren Muschel-Hautkratzer oder Schaber aus Holz nachgeahmt. In der Geschichte des Menschen wurde das Beil zunächst aus Stein, später aus Eisen und Stahl angefertigt. Boot und Truhe

haben ihr Vorbild im ausgehöhlten Baumstamm, Rad und Walze im rollenden Baumstamm und Stein. Das Netz der Spinne könnte den Menschen zur Konstruktion von Fallen, Vogelnester könnten ihn zur Herstellung von Körben angeregt haben. Astgabeln sind das natürliche Vorbild für den Haken, Dornen und Fischgräten für die Nadel, Stamm und Wurzelknollen für die Keule. Aus tierischen Gebissen, Hörnern, Klauen und Schnäbeln entstehen die verschiedensten Werkzeuge. Vor nicht allzulanger Zeit verwendeten die Eingeborenen des malaiischen Archipels bei der Kopfjagd noch die scharfkantigen Agavenblätter als Schwert.

Kultur als Werkzeug des Überlebens

Die menschliche Kultur wird daher auch als »Werkzeug des Überlebens und der Anpassung« aufgefaßt. Im Lauf der Evolution trat dabei im menschlichen Bereich das Phänomen der Traditionsbildung immer mehr in den Vordergrund. Das in einem Menschenleben Erlernte wird überliefert – »vererbt«. Daß es neben der Vererbung im genetischen Sinn auch schon bei Tieren Ansätze zu einer Weitergabe von Erfahrung durch die Generationen gibt, ist in den letzten Jahrzehnten nachgewiesen worden. Ein solches »proto-kulturelles« Verhalten konnten japanische Primatenforscher bei Rotgesichtsmakaken beobachten. Kartoffeln, die man den Makaken bei der Fütterung hinwarf, wurden von einer Jungäffin namens »Imo« aufgegriffen und nicht wie bisher umständlich abgewischt, sondern ins Wasser geworfen und gewaschen. Dieser erstmals im Jahr 1953 bei einem einzigen Individuum festgestellte Vorgang wurde im Jahr 1963 bei neunzig Prozent der zu diesem Trupp gehörenden Makaken gesehen: Sie alle wuschen ihre Süßkartoffeln nach der Methode von »Imo«, die übrigens im Jahr 1955 eine weitere »Erfindung« gemacht hatte. Die neue Technik fand ebenso weite Verbreitung: In den Sand gestreute Weizenkörner wurden von der Äffin zusammen mit dem Sand ins Wasser geworfen. Der schwerere Sand sank zu Boden, und der leichtere Weizen schwamm obenauf, die »Spreu wurde vom Weizen getrennt«. Meist waren es Jungtiere und Mütter, die neue Techniken übernahmen und weitergaben.

Den durch Lernen erworbenen Verhaltensweisen entsprechen nach Ansicht des österreichischen Biologen Hans Hass beim Menschen auch erworbene, künstliche »Organe«. Diese nicht mehr an den Körper gebundenen »Organe« sind bei Hass nicht nur handliche Werkzeuge, sondern auch so komplizierte Gebilde wie Berufsgruppen, Institutionen, Schulen, also »Organisationen«.

Obwohl ablegbare Werkzeuge verloren, vergessen oder gestohlen werden können, besitzen sie den Vorteil, daß sie repariert, ausgetauscht, geborgt, ausgewechselt und weitergegeben werden können. Zudem müssen künstliche Organe nicht selbst hergestellt werden, man kann sie kaufen, mieten, erweitern und verbessern.

Unsere Werkzeuge sind jedoch nicht völlig unabhängige Organe, sondern im Sinn der Systemtheorie »Körperausweitungen«, das heißt, daß Werkzeuge auf ihren Erzeuger zurückwirken. Wir stellen Autos her, gleichzeitig jedoch zwingen uns diese Konstruktionen bestimmte Verhaltensweisen auf. Aus diesem Grund ist der Mensch zugleich Schöpfer und Geschöpf von Kultur und Technik.

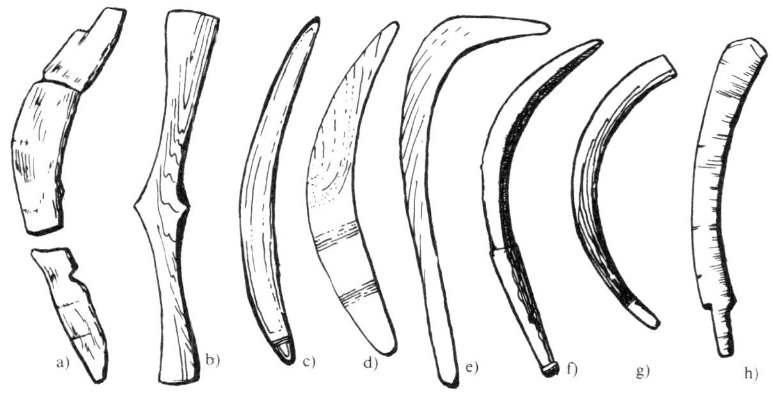

Abb. 19 *Wanderung einer »Geräte-Idee« am Beispiel des Bumerangs*
a) Bumerang aus der älteren Steinzeit (Fundort Brabrandsee bei Århus, Dänemark)
b) Ägyptischer Bumerang (ca. 2200 v. Chr.)
c, d) Australische Bumerangs
e) Bumerang des Tabi-Stammes, Oberer Nil
f) Gerät der Bagandu, Kongo
g) Bumerang aus dem indischen Sivaganga
h) Bumerang der Hopi-Indianer, Arizona

Der kanadische Medienforscher Marshall McLuhan (1911–1980) betrachtete alle Werkzeuge und die Gesamtheit unserer kulturellen Erzeugnisse als »Medien«, das heißt als Botschaften und Sinnträger, die unser Leben laufend verändern. Er bezeichnete etwa das Rad als eine Erweiterung des Fußes und die Kleidung als eine Erweiterung der Haut. Die Bibliotheken betrachtete er als eine Erweiterung unseres Gehirns. Jedes Organ, so behauptet McLuhan, habe seine spezielle künstliche Erweiterung erfahren. Ohne unsere Augen wären die bildenden Künste, Photographie und Film nicht entstanden, ohne unseren Geschmackssinn bestünde kein Interesse an einer verfeinerten Kochkunst, und ohne unseren Geruchssinn vermöchten uns die erlesenen Düfte kostbarer Parfums nicht zu betören. Unserem Gehör verdanken wir eine wunderbare Welt aus Tönen, die Musik. Die genannten Medien haben sich als Bestandteile unserer Kultur weitgehend verselbständigt und beeinflussen uns rückwirkend.
Als der Wiener Arzt und Begründer der Psychoanalyse, Sigmund Freud (1856–1939), den Menschen als »Prothesen-Gott« bezeichnete, meinte er ein Wesen, das sich im materiellen und geistigen Bereich künstliche Hilfen schaffen mußte, um überhaupt leben zu können. So wie Werkzeuge und Maschinen unsere körperliche Existenz erleichtern und entlasten, so ermöglichen es uns die geistigen Konstruktionen, wie Weltanschauungen, Religionen, Künste und Wissenschaften, besser und intensiver zu leben. Religionen und moralische Systeme sichern die Werte einer Gesellschaft, Künste schaffen die ästhetischen Normen, Politik und Wirtschaft erzwingen die Regeln unseres Gemeinschaftslebens. Nach Freud konstruierte sich die Menschheit Illusionen und Kultur-Krücken, die sich vervielfach-

ten, verfeinerten und schließlich zu einer Macht wurden. Viele Träume des Menschen, wie z. B. das Fliegen, konnten auf diese Weise verwirklicht werden, der Mensch wurde immer gottähnlicher, allerdings mit Hilfe von »Prothesen«.

Im Wort »Prothese« schwingt ein negativer Unterton mit, der eine heile, instinktgesicherte Welt der Tiere einer auf Krücken aufgebauten Welt des Menschen gegenüberstellt. Freud sah im Menschen ein triebgesteuertes, schwaches Wesen, das ein künstliches kulturelles Korsett benötigt, das seine Existenz sichert. Kultur, so Freud, hat den Menschen und seine Natur gezähmt. Heute wissen wir, daß es keine »Wildform« des Menschen gibt und daß die Natur des Menschen darin besteht, Kultur zu entwickeln. Von Geburt an wird der Mensch erzogen und mit den Techniken und Umgangsformen seiner jeweiligen Kultur vertraut gemacht. Wir können und müssen lernen, aus angeborener Neigung und Fähigkeit. In unserer biologischen Grundausstattung ist das »instrumentelle Verhalten« und das Verhaltensrezept des Dinggebrauchs und der Geräteherstellung in besonderem Maß einprogrammiert. Das hochentwickelte Gehirn und die damit verbundenen Handfertigkeiten haben die Entwicklung der Technik (griech.: techne = Kunstfertigkeit) ermöglicht und beschleunigt. Technik beinhaltet nicht nur das Herstellen von Geräten, Maschinen und Instrumenten, also den Umgang mit Dingen, sondern auch die mehr oder minder bewußte Konstruktion von Mustern des Denkens und Verhaltens.

Die verschiedenen Denk-Techniken, die auch als »Denk-Stile« (Arnold Keyserling) bezeichnet werden, führen zu geistigen Systemen, Weltbildern, die es uns ermöglichen, das Leben zu bewältigen. Der Buddhismus hat andere »Gedankengebäude« entworfen als unser abendländisches Denken, aber beiden ist – wie allen anderen Weltanschauungen auch – eine »geistig-sprachliche Maschinerie« gemeinsam. Sätze werden wie Werkstücke gedreht, umgeformt, wiederverwendet und aneinandergereiht. Grundlegende Ideen sind der »Motor« für diese Systeme. Wissenschaftliche Systeme enthalten meist weniger Glaubenssätze als vielmehr widerspruchsfreie Aussagen, die eine möglichst große Zahl von Phänomenen erklären sollen.

Mit den verschiedenen Körper-Techniken und Verhaltens-Stilen hat sich der französische Soziologe Marcel Mauss (1872–1950) beschäftigt. Er nahm als sicher an, daß der Mensch Techniken und Gewohnheiten entwickeln müsse, da es zwar biologische Grundbedürfnisse gebe, aber keine angeborenen Rezepte, wie diese zu befriedigen seien.

Bei einigen Naturvölkern ist es z. B. üblich, aufrecht stehend zu gebären. Bei anderen Völkern wie den Azteken kamen die Frauen hockend oder auf allen vieren nieder. In unseren Breiten entbindet die Schwangere in Rückenlage. Keine dieser Geburtstechniken ist »natürlicher« als die andere.

In vielen außereuropäischen Kulturen geht man in die Hocke, um sich auszuruhen, wir setzen uns, wenn wir müde sind. Mauss meint, daß man geradezu zwischen einer sitzenden und einer hockenden Menschheit unterscheiden könne. Jede Gesellschaft hat ihre eigenen Gewohnheiten zu gehen, zu stehen, zu schlafen und zu essen ausgebildet. Allen diesen Verhaltensweisen liegen biologische Bedürfnisse zugrunde, die je nach kulturellen Gegebenheiten auf verschiedene Weise bewältigt werden. Wir haben eine große Anzahl von Techniken entwickelt, um unseren Nahrungstrieb zu befriedigen. Wir bewegen uns nicht nur fort, sondern wir trippeln, schreiten, stolzieren, schlendern, schlurfen usw. Wir erfinden verschiedene Arten zu schwimmen oder Ski zu fahren. Diese Verhaltens-Stile zeigen, daß der Mensch die Bewegungen seines Körpers je nach Geschlecht, Alter, sozialer Herkunft und ästhetischen Idealvorstellungen »ordnet«. Die angeborenen Verhaltensweisen werden durch Lernprozesse beeinflußt. Nicht nur der Körper bewegt den Menschen, er selbst nimmt seinen Körper »in die Hand«.

Das Gedächtnis der Menschheit

»Die Sprache ist das bildende Organ des Gedanken. Die intellectuelle Thätigkeit, durchaus geistig, durchaus innerlich, und gewissermaßen spurlos vorübergehend, wird durch den Ton in der Rede äußerlich und wahrnehmbar für die Sinne, und erhält durch die Schrift einen bleibenden Körper.«

Wilhelm von Humboldt, »Über die Verschiedenheit des menschlichen Sprachbaues«, 1827

Bereits die großen Philosophen der Antike, wie Heraklit, Parmenides, Pindar, Platon und Sokrates, machten sich Gedanken über den Ursprung der menschlichen Sprache, der man bis dahin eine göttliche Herkunft zugeschrieben hatte. Die Sprache, so hatte es geheißen, sei den Menschen »geschenkt« worden, um die Welt zu benennen. Diese Idee der Allmacht des »göttlichen Wortes« fand schon in der Bibel ihren Ausdruck: »Am Anfang war das Wort . . .«

Die griechischen Philosophen lehnten die Vorstellung ab, daß die Sprache dem Menschen von höheren Mächten eingegeben worden sei. Sie unterschieden zwischen dem natürlichen Charakter der Sprache (physis) und dem kulturellen Aspekt der sprachlichen Benennung (nomos). Ein »wahres« Wort, z. B. »Regen«, bezeichnete ihrer Ansicht nach einen tatsächlichen Sachverhalt, während ein »Name« die willkürliche Benennung einer Person (z. B. mit einem Kosewort) oder eines Gegenstandes darstellte. Sokrates (470–399 v. Chr.) meinte, daß die verschiedenen Worte durch das Nachahmen von Geräuschen der belebten und unbelebten Natur entstanden seien. Ihre ursprüngliche Bedeutung sei jedoch im Lauf der Zeit verlorengegangen. Aristoteles (384–322/21 v. Chr.) vertrat die Auffassung, daß es keinen festen Zusammenhang zwischen den Worten und dem, was sie bezeichnen, gäbe. Die Bedeutung der Worte hinge allein von ihrer Anwendung ab. Epikur (342–271 v. Chr.) sah in der menschlichen Sprache eine körperliche Fähigkeit wie z. B. das Sehen, Hören, Schmecken oder Riechen, und Diogenes (um 450 v. Chr.) war der Ansicht, daß die Menschen die Sprache kraft ihrer Vernunft erfunden hätten. In allen diesen Theorien ging der Streit darum, ob der Mensch die Sprache bewußt konstruiert oder ob sich diese unbewußt aus tierischen Lauten entwickelt habe. Auch spekulierte man, ob der Mensch, nachdem er »vernünftig« geworden war, die Sprache geschaffen oder ob erst der Spracherwerb den Menschen vernünftig gemacht hätte. Man vermutete, daß das Tier weder vernunft- noch sprachbegabt sei. Eine weitere Theorie besagte, daß sich die Wortsprache aus Gesten und Gebärden der Körpersprache entwickelt habe bzw. mit dieser unmittelbar verknüpft sei.

Damit hatten die Denker der Antike bereits viele Fragen angesprochen, die in unserem Jahrhundert unter dem Einfluß der Evolutionstheorie und der modernen Sprachforschung (Linguistik) erneut gestellt wurden und teilweise beantwortet werden konnten. Mit dem Problem der Sprachentwicklung hatten sich seit dem Mittelalter vor allem Philosophen befaßt, die Ergebnisse ihrer Überlegungen blieben daher weitgehend spekulativ.

Die Suche nach der Ursprache

Herodot berichtet von einem Experiment mit Kindern zur Zeit des ägyptischen Pharao Psammetichos (7. Jahrhundert v. Chr.), die, von der Außenwelt abgeschlossen, ohne sprachlichen Kontakt aufwuchsen. Später soll auch unter Kaiser Friedrich II. (1194–1250) und dem schottischen König James IV. (1473–1513) die »natürliche Sprechfähigkeit« von Kindern untersucht worden sein. Die Frage, welche Sprache diese Kinder von sich aus entwickelten, blieb unbeantwortet. Psammetichos' Versuchspersonen sollen phrygische Worte von sich gegeben haben, Friedrichs Kinder sind gestorben, und für das Ergebnis von James' Experiment haben sich keine zeitgenössischen Belege finden lassen.

Durch die Ausbreitung des europäischen Kolonialismus begann das Interesse an fremden Sprachen zuzunehmen. Sprachentstehungstheorien wurden in großer Zahl entworfen, und man glaubte »weniger« und »höher« entwickelte Sprachen unterscheiden zu können. Besondere Aufmerksamkeit erregten die seit dem 14. Jahrhundert in Europa mehrfach entdeckten »wilden Menschen«, meist Kinder, die in der Wildnis ausgesetzt worden waren und deshalb auch »Wolfskinder« genannt wurden. Sie waren in ihrem Verhalten gestört, stießen »tierische Laute« aus und erlernten nur mühsam die Regeln zivilisierten Benehmens. Einige der Wolfskinder blieben stumm, andere stammelten oder erlernten die Sprache ihrer Erzieher. Berühmt wurde der Fall »Kaspar Hauser« 1828 in Nürnberg, von dem die Isolations-Experimente (»Kaspar-Hauser-Versuche«) noch heute ihre Namen haben. So versucht man bei Tieren das ererbte vom gelernten Verhalten zu trennen, indem man sie gegen äußere Einflüsse abschirmt. »Natürliche« Kaspar-Hauser-Situationen ergeben sich bei blind und taub geborenen Kindern, deren angeborenes Verhaltensrepertoire nicht kulturell beeinflußt ist. Wir wissen, daß Kaspar Hauser sogar versucht hatte, seine Lebenserinnerungen zu schreiben, vorher aber auf rätselhafte Weise ermordet wurde. Das Problem der Sprachentstehung konnte durch die genannten Versuche bisher nicht erhellt werden.

Johann Gottfried Herder (1744–1803) nahm an, daß die Sprache ihren Ursprung in tierischen Lauten habe, die Gefühle wie Schmerz und Freude ausdrücken. Erst später seien mit diesen Lauten Dinge oder Handlungen verbunden worden. Herder unterschied deutlich zwischen den beiden Hauptfunktionen der Sprache, nämlich Ausdruck (von Gemütszuständen) und Darstellung (sachliche Information). Im 19. Jahrhundert hatte die Beschäftigung mit Sprachtheorien so überhandgenommen, daß sich die Pariser Sprachgesellschaft 1866 genötigt sah, Spekulationen über die Sprachentstehung (»Glottogenese«) in ihrem Kreis zu verbieten.

Bevor man die Frage nach der Evolution der Sprache stellt, muß geklärt werden, was unter »Sprache« zu verstehen ist. Die Umwelt ist für Tiere und Menschen noch vor jeder Wortsprache voll von »Bedeutungen«. So

»bedeutet« Löwe Gefahr, Regen in der Dürreperiode Rettung, die Dinge »reden«. Der Informationsfluß geht aber nur in eine Richtung: Nicht die Natur »teilt etwas mit«, sondern Mensch oder Tier »nehmen Bedeutungen wahr«. Wir wissen, daß Botschaften zwischen Artgenossen auf akustischem Weg (Lautsignale), durch Gerüche (olfaktorische Kommunikation) oder Verhaltensbewegungen (Körpersprache) übermittelt werden. Man hat vielfach Denken und Sprechen gleichgesetzt und Denken als »inneres Sprechen« verstanden. Der Mensch denkt in Begriffen. Begriffe werden erst durch die sprachliche Formulierung fixiert und dadurch mitteilbar. Nicht nur das Denken beeinflußt die Sprache, die Sprache selbst, vor allem ihre Grammatik, bestimmt die Formulierung von Gedanken. Daher denken alle Völker ihrer jeweiligen Sprachstruktur entsprechend mehr oder minder verschieden. Die wichtigste Funktion der Sprache ist es, soziale Kontakte herzustellen und zu gestalten sowie kulturelle Erfahrung zu vermitteln.

Denken ohne Sprache

Ist Denken ohne Sprache möglich? Wenn Denken nur mit Hilfe von Wortsprache möglich wäre, hieße dies, daß Tiere nicht denken können. Ergebnisse von Tierversuchen weisen jedoch auf ein »unbenanntes Denken«, wie Otto Koehler es bezeichnete, auch bei Tieren hin. So wie sich in bezug auf den Werkzeuggebrauch viele Beispiele im Tierreich finden lassen, so können dort auch Vorstufen unseres abstrakten Denkens nachgewiesen werden. Säugetiere, Vögel und Fische wurden auf ihre Fähigkeit hin getestet, geometrische Figuren zu erkennen. Die Tiere unterschieden Kreise, geschwungene und gerade Linien, Sterne usw., obwohl sie sie nicht benennen können. Für die Sprachforschung blieb jedoch die Frage offen, wann und in welcher Form sich die Wortsprache im Lauf der menschlichen Evolution entwickelte. Solange eine Sprache nicht schriftlich festgehalten wurde, war sie für immer verloren. Von der Sprache besitzen wir keine »Fossilien«. Allerdings glaubte man der Lösung dieses Problems näherzukommen, wenn man die sprachlichen Vorformen bei unseren nächsten Verwandten, den Menschenaffen, sowie die Entwicklung der Kindersprache und die Eigentümlichkeiten sogenannter »primitiver« Sprachen von Naturvölkern studierte.

Die Amerikaner Yerkes und Learned unternahmen den Versuch, die akustischen Äußerungen von Schimpansen zu deuten. Sie gaben 1925 ein Wörterbuch der Schimpansensprache heraus. Daraus seien einige Beispiele angeführt:

GÄH-GÄH = Freude über nahendes Essen.
NGAK = Freude am Essen einer Birne.
NGAK-M = Freude am Kauen eines Birkenzweiges.

Diese Laute hatten freilich nicht die Präzision unserer Wörter und Begriffe. Dennoch glaubte der deutsche Sprachforscher Georg Schwidetzky durch umfangreiche Sprachvergleiche von Klang und Inhalt her Ähnlichkeiten mit menschlichen Sprachen feststellen zu können, so z. B. bei den Bezeichnungen für »Hunger und Durst«:

Schimpansisch: ÄGAHK.
Eskimoisch: KAG.

Altchinesisch: NGA.
Lateinisch: EGE-O.
Griechisch: KA-NKA-NEI.

Während Schwidetzky aufgrund äußerer Lautähnlichkeiten zwischenartliche Sprachforschung betrieb, verglich der deutsche Sprachforscher Richard Fester die Sprachen weit voneinander entfernter Völker. Er stieß dabei auf verblüffende Parallelen. So entspricht z. B. dem althebräischen KAPH = hohle Hand in der Maya-Sprache KABH = hohle Hand. Für das deutsche Wort »Tal« verwenden die Mongolen der Tsungarei das Wort »Tala«, einen »Bach« nennen sie »Baga«. Fester glaubt auf sechs Urwörter gestoßen zu sein (es sind dies eigentlich Ursilben, die man als Grundtöne bezeichnen könnte und die vom Bau des menschlichen Kehlkopfes abhängen dürften): BA, KALL, TAL, OS, ACQ und TAG. Er hat sie in den verschiedensten Sprachen ausfindig gemacht.

Urwörter

Gleichzeitig meint Fester auch die Bedeutungen dieser verbalen »Archetypen« angeben zu können. BA bezeichnet alles Menschliche, Häusliche, Fruchtbare, Handwerkliche, KALL alle Vertiefungen, Höhlen, Täler, den mütterlichen Leib. Auch TAL bedeutet Einschnitt, Senke und ist Symbol für Weibliches. OS bezieht sich auf Körperöffnungen, ACQ auf alles, was mit Wasser zu tun hat. TAG schließlich benennt den aufrecht stehenden Menschen, Hohes, Männliches, starke Tiere und Sexualität. Nach Fester haben sich aus Tausenden von Variationen dieser Laute (Tal, Taol, Taul, Tael, Tail, Tol, Toul, Toel, Toil, Tul, Tyl, Tel, Til ... Dzal, Dzaol, Dzaul, Dzael, Dzail, Dzol, Dzoul, Dzöl ... usw.) Urwörter gebildet, aus denen sich die verschiedenen Sprachen entwickelten.

Berühmt wurden Versuche, die Sprachintelligenz der Menschenaffen zu erforschen, um dadurch die Denkformen innerhalb der Sprache zu erkennen. Affen können sich aufgrund ihres Kehlkopfbaues nicht in einer Wortsprache ausdrücken. Während ein Kind im Alter von sechs Jahren etwa 2 000 Wörter beherrscht, können Schimpansen in diesem Alter etwa sieben Wörter artikulieren. Aus diesem Grund unternahm man den Versuch, Affen in einer Zeichensprache zu unterrichten.

»Sprechende« Schimpansen

Das amerikanische Ehepaar Gardner lehrte in den Jahren von 1966 bis 1970 die junge Schimpansin Washoe die amerikanische Taubstummensprache ASL (American Sign Language). In vier Jahren erlernte Washoe 132 Zeichen und wandte sie auch selbst und ohne Aufforderung an. So übertrug sie z. B. den abstrakten Begriff »offen/auf« auf alle offenen Türen, Schränke, Schubfächer, Taschen und schließlich sogar auf den geöffneten Wasserhahn. »Offen/auf« signalisierte sie, indem sie die Handflächen zunächst nebeneinander nach unten hielt und dann nach oben kehrte.

1971 begann der kalifornische Psychologe David Premack seine Versuche mit der Schimpansin Sara. Mit kleinen Plastiktäfelchen, auf denen jeweils ein Begriff dargestellt war und die an eine Magnetwand geheftet werden konnten, begann Sara zu lernen. Reichte man ihr einen Apfel, so nahm sie das Zeichen für »Apfel« und legte dazu das Symbol »ist-Name-von« zwischen den richtigen Apfel und das Täfelchen mit seinem Zeichen. Sara

lernte auch Dinge zu beschreiben, die ihrer unmittelbaren Anschauung entzogen waren. So kennzeichnete sie mit dem Wort »braun« eine Schokoladetafel, die sich nicht im Raum befand.
1972 unternahm es Duane Rumbaugh, die Schimpansin Lara in der nach dem Affenforscher Yerkes benannten Sprache »Yerkish« zu unterrichten. Auf einem Schaltbrett waren Knöpfe angebracht, die jeweils einem Wort bzw. einer Bedeutung entsprachen. Lara mußte nun mittels Knopfdruck Sätze zusammenstellen, die immer mit einem höflichen »Bitte« und einem »Punkt« zu enden hatten. Heute unterhalten sich am Yerkes-Primatenforschungsinstitut in Atlanta, Georgia, mehrere Affen mittels dieser Sprachtastatur miteinander.
Francine Patterson hat dem Gorilla-Mädchen Koko seit 1972 600 Zeichen der Taubstummensprache beigebracht. Seit einigen Jahren arbeitet Koko mit einer elektronischen Tastatur, so daß sie strenggenommen »zweisprachig« ist.
Die Ergebnisse dieser Untersuchungen beweisen, wenn auch auf »Umwegen«, die Fähigkeit der Primaten, abstrakt zu denken. Dies zeigen z. B. auch die häufigen Wort-Kombinationen der Versuchstiere:

Washoe:	Schwan = Wasser-Vogel
	Scharfes Radieschen = Weinen-weh-tun-Frucht
Lara:	Gurke = Banane welche-ist grün
Koko:	Tabak = Pfeifen-Futter
	Maske = Gesichts-Hut
	Ring = Finger-Armband
	Sprudelndes Sodawasser = Horchen-Wasser
	Feuerzeug = Heiß-Metall

Koko drückt Gefühle wie z. B. Langeweile, Wut oder Heiterkeit aus und scheint auch Selbstbewußtsein zu besitzen, denn als sie »gefragt« wurde, ob sie Tier oder Mensch sei (beiden Begriffen entsprachen eigene Zeichen), setzte sie: Koko-schönes-Tier-Gorilla.
Die Experimente zeigen, daß Primaten »Sprachen« erlernen können, die sie in freier Wildbahn niemals entwickelt hätten. Ihr Gehirn besitzt mehr Denk- und Sprachmöglichkeiten, als im »Normalfall«, das heißt in der Wildnis, ausgebildet werden.
Untersuchungen an Kleinkindern machten deutlich, daß diese in den frühen Stadien ihrer Sprachentwicklung selbsttätig schöpferisch sind und – wie dies Otto Koehler ausdrückte – eigentlich nicht die Sprache, sondern nur Vokabeln lernen. Das einfache Wörter-Lernen erklärt jedoch nicht die rasche sprachliche Leistungsverbesserung. Der amerikanische Linguist Noam Chomsky vertritt die Auffassung, daß im menschlichen Gehirn bestimmte Strukturen einer universellen Grammatik (allgemeine Regelsysteme, angeborene Ideen) existieren. Der Biolinguist Erik H. Lenneberg kam aufgrund seiner Forschungen zu dem Ergebnis, daß die Fähigkeit des Menschen, sprechen zu können, angeboren und artspezifisch ist.

Funktionen der Sprache

Die Verhaltensforschung unterscheidet vier wichtige soziale Funktionen der Sprache: das Stimmungssprechen drückt durch Lautsignale Gefühle (Affekte) aus; das Informationssprechen vermittelt durch Sprachzeichen

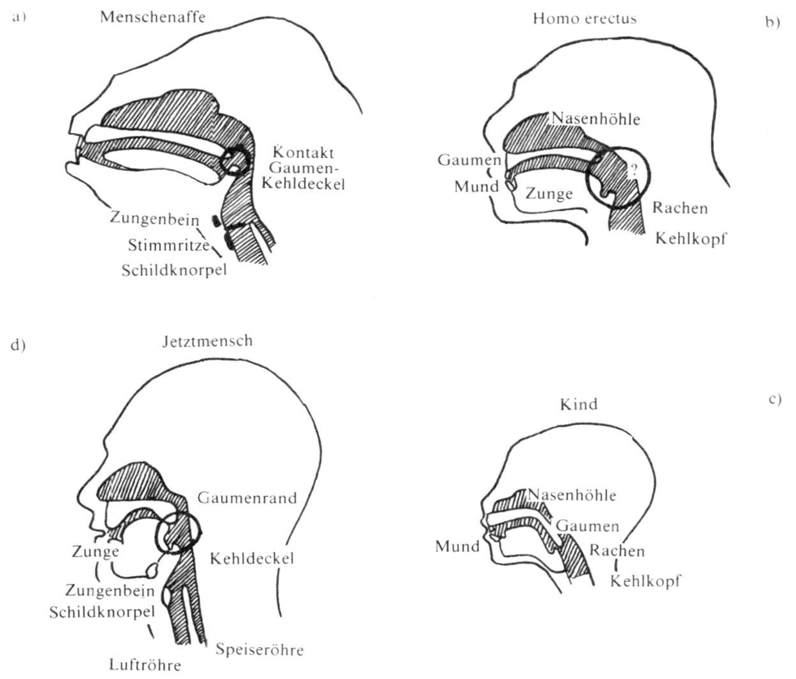

Abb. 20 *Evolution der Sprachfähigkeit*
Nicht nur die Gehirnentwicklung, auch die Beschaffenheit des Sprechapparats ist für eine artikulierte Sprache entscheidend. Für Lautbildungen genügt der Kehlkopf, doch die Wortbildung erfordert oberhalb des Kehlkopfs eine differenzierte Formung der Laute. Dies geschieht durch Rachen, Mund und Nasenhöhle, wobei die Zungenbewegungen die Form und Größe von Mund und Rachen verändern.

a) Der Kehlkopf des Affen senkt sich zeitlebens nicht ab, eine artikulierte Sprache ist nicht möglich.

b) Die Frage, ob Homo erectus und Neandertaler in unserem Sinn sprechen konnten, wird diskutiert. Herkömmliche Rekonstruktionen zeigen, daß ihr Kehlkopf höher als beim Jetztmenschen saß. Dadurch würde die darüberliegende Rachenhöhle verkleinert. Auf diese Weise könnte durch die Zunge nur die Größe der Mundhöhle, nicht aber die des Rachens verändert werden. Man schloß deshalb auf eine langsame, schwerfällige Sprache. Da jedoch nur wenige vollständige Schädel gefunden wurden, die eine genaue anatomische Rekonstruktion des Kehlkopfes oder Rachens kaum zulassen, gilt die Vorstellung eines vor- und frühmenschlichen Lallens als nicht bewiesen.

c) Beim menschlichen Säugling und beim Menschenaffen ist zwischen Gaumen und Kehldeckel noch kein Rachenraum ausgebildet. Die Voraussetzungen für das Sprechen sind erst gegeben, wenn am Ende des ersten Lebensjahres der menschliche Kehlkopf seinen Tiefststand erreicht.

d) Erwachsener

sachliche Mitteilungen; das explorative Sprechen formt die Sprache selbst, erfindet Wörter, bildet ästhetisch wirksame Lautfolgen in Literatur und Kult (heilige Wörter, Wortmagie, Wortzauber). Das Putzsprechen, von Desmond Morris »grooming talking« genannt, ist das inhaltsleere Geplauder, das verbale soziale »Lausen«, eine gegenseitige Körperpflege auf

Sprachebene. Nicht die Information ist hier entscheidend, sondern der gegenseitige Kontakt der Sprechenden mittels Floskeln, Redewendungen und beiläufigen Geschichten.
Nach G. Kafka (1950) besitzt die menschliche Sprache vier Urfunktionen:
Ingestion: »Her mit dir zu mir!« oder »Her zu mir!«
Ejektion: »Fort mit dir von mir!« oder »Fort von mir!«
Rezession: »Fort mit mir von dir!« oder »Weg von dir!«
Profusion: »Hin mit mir zu dir!« oder »Hin zu dir!«
In diesen Urfunktionen könnte man gleichsam so etwas wie die Ursignale der Sprache erkennen. Sie bilden das Grundgerüst der gefühlsbestimmten Kommunikation. Die genannten Befehlsformen könnten sich, so nehmen einige Anthropologen an, für die Verständigung während der Jagd als vorteilhaft erwiesen und im Lauf der Evolution verfeinert haben.
Zu einer typisch menschlichen Kommunikationsform wird die Sprache, wenn der Mensch sich selbst oder die Sprache als solche zum Gegenstand des Sprechens macht. Unsere Vorstellungskraft kann uns Erzähltes lebendig vor Augen führen. Diese suggestive Kraft der Sprache erklärt das Phänomen des Glaubens, das heißt das oft kindliche Vertrauen, das wir Geschichtenerzählern zunächst entgegenbringen. Schamanen, Zauberer und Priester haben sich dieser Macht der Sprache seit jeher bewußt bedient. Es ist charakteristisch für den Menschen, daß er auch bewußt schweigen kann, seine Aussagen durch Pausen wirkungsvoll unterstreicht. Das »beredte« und »vielsagende« Schweigen hat vor allem bei den sogenannten Naturvölkern große Bedeutung: Bestimmte Wörter, die unheimliche Kräfte oder heilige Dinge bezeichnen, dürfen nicht ausgesprochen werden (Wort-Tabus).

Männer- und Frauensprachen

Die Basutos in Südafrika, die Kasaja in Südamerika und die Creek-Indianer in Nordamerika sprechen eigene Männer- und Frauenmundarten. Bei den Karaiben auf St. Vincent beginnen Wörter, die in der Männersprache ein b am Anfang haben, in der Frauensprache mit einem h. In Rußland setzten junge Burschen, die mit den Mädchen kokettierten, noch um die Jahrhundertwende vor jede Silbe ein chyr, damit die Mädchen nicht verstehen konnten, was sie sagten. Die Tagalen auf den Philippinen vertauschten in ihrer Geheimsprache »Kawi« die Silben, ebenso machten es die Suaheli Ostafrikas in ihrem »Kinyume«. Sie sagten statt tanga (großes Segel) ngata oder statt schoka (Axt) kascho.
Eine besondere Funktion hat die Sprache in der Religion. Die Sprache der Priester und Zauberer ist feierlich und eindrucksvoll. Sie kann nicht mit den normalen logischen Maßstäben der Alltagssprache gemessen werden, sondern besitzt geheime kultische Bedeutungen. Ebenso wie heilige Gegenstände werden auch heilige Sprachen als Träger von Götterbotschaften angesehen. Neben dem »dunklen« Sinn solcher Redeformen dient auch die Verwendung toter Sprachen im Ritus dazu, der bedeutenden Vergangenheit auf »würdige« Weise Ausdruck zu verleihen. So sprachen bis vor wenigen Jahren die christlichen Priester während des religiösen Zeremoniells Latein, die indischen Sanskrit und die abessinischen das alte Gheez. Die Priesterinnen der Dajak auf Borneo bedienen sich ebenso wie die Fe-

tischpriester der Guineaküste einer eigenen Geistersprache. Die Basutos gebrauchen im Rahmen des Beschneidungsrituals Geheimsprachen.

Sprache ist also auch ein magisches Instrument. Durch die Macht des Wortes (Beschwörungen, Gebete, Litaneien usw.) wird versucht, das Schicksal der Menschen zu beeinflussen. Daß die Wörter selbst »Kraft« besitzen können, zeigen die altägyptischen Totenriten, bei denen bestimmte, in die Wand geritzte Schriftzeichen gelöscht wurden, um sie für Dämonen unleserlich zu machen. Die Sprache kann aber auch ein sehr profanes Instrument sein. Dies zeigt ein Bericht des Dichters und Weltreisenden Adelbert von Chamisso (1781–1838), aus dem hervorgeht, daß König Kamahameha von Honolulu im Jahr 1800 anläßlich der Geburt seines Sohnes eine neue Sprache einführen ließ. Hier sollte die Sprache nicht nur Ausdruck der Ehrung, sondern auch des Beginns einer neuen Epoche sein. Auf Siam und in Hawaii existierten eigene Hof- und Palastsprachen, die sich deutlich von der Volkssprache unterschieden und einen streng begrenzten Geltungsbereich hatten – ein Sprachrevier aufbauten!

So zeigt sich, daß das Kommunikationssystem »Sprache« nicht nur ein Vermittlungsinstrument ist, sondern daß im Gegenteil durch Sprach-Barrieren die Verständigung auch erschwert oder unmöglich gemacht werden kann. Sprache wird zwar vom Menschen geformt, wirkt aber ebenso auf diesen zurück. Der Medienforscher Marshall McLuhan schreibt: »Jede Muttersprache lehrt ihre Kinder, die Welt in einer ganz einmaligen Weise zu sehen und zu spüren und in ihr zu handeln.«

Die fließend gesprochene Sprache diente ursprünglich der Augenblicksinformation. Durch Wiederholung wurden wichtige Inhalte gelernt und weitergegeben. Diese »orale Tradition« der mündlichen Weitergabe von Wissenswertem von Generation zu Generation ist nicht nur bei schriftlosen Völkern verbreitet. So wird z. B. auch im Islam die Weisheit des Korans mündlich an die Schüler Sure für Sure weitergegeben.

Die Erfindung der Schrift

Durch die Erfindung der Schrift wurde es möglich, einmal Gedachtes oder Gesprochenes festzuhalten. Aus diesem Grund bezeichnet man die Schrift auch als das »Gedächtnis der Menschheit«. Die »Vererbung von Erworbenem« (Konrad Lorenz) wurde durch neue Medien wie Stein- und Tontafeln, Papyrusrollen und Bücher erleichtert und vervollkommnet. Bibliotheken sind Speicher unseres Wissens und gehören zu den wichtigsten Erfindungen innerhalb des Kulturprozesses. Zum ersten Mal wurde das Wissen von seinem Urheber und Träger getrennt und auch unbekannten Informationsempfängern zur Verfügung gestellt. Zum ersten Mal entstand anonyme Kommunikation zwischen unbekannten Sendern und Empfängern durch nichtmenschliche Überträger!

Während in frühen Kulturepochen »geheimes« Wissen durch Priester und Gelehrte gehortet wurde – der größte Teil des Volkes konnte weder lesen noch schreiben –, ist das heute »veräußerte« Wissen allgemein zugänglich. Diese Anhäufung und rasche Verfügbarkeit von Information verhalf den Schriftvölkern zu ungeheurer Macht. Derzeit kennt man etwa 400 Schriften. Für die Wissenschaft ist »Schrift« eines der wichtigsten unter unseren Kommunikationssystemen. Innerhalb dieser stellt sie ein Spezialgebiet der allgemeinen Zeichensysteme dar. Schrift ist durch zwei Merkmale gekennzeichnet: eine zeichnerische Tätigkeit, wie z. B. Malen, Kratzen, Ritzen und Kerben, und durch einen Mitteilungszweck.

Zu den Vorstufen der Schrift zählt die sogenannte Gegenstandsschrift. Ihre Zeichen stellen keine Bilder oder Buchstaben in unserem Sinn dar, sondern bestehen in der symbolischen Anordnung von bedeutsamen Gegenständen (s. Abb. 21 a). Kerbstöcke bzw. Kerbhölzer etwa wurden seit uralten Zeiten zum Zählen und als Gedächtnisstütze verwendet. Ziffern, die Termine, Zeitabläufe oder Schulden betrafen, wurden in das Holz geschnitten bzw. gekerbt. Daher stammt der Ausdruck »etwas auf dem Kerbholz haben«. Zwei gleiche Hölzchen, von denen das eine dem Gläubiger, das andere dem Schuldner gehörte, wurden aneinandergelegt, und durch einen Kerbschnitt über beide hinweg wurde die Höhe der Schuld gekennzeichnet. Kerbhölzer galten noch bis vor nicht allzulanger Zeit in England als gerichtliche Beweisstücke, in Deutschland wurden sie im 19. Jahrhundert noch von Bauern und Bergleuten verwendet. Auch Robinson Crusoe, der schiffbrüchige Held Daniel Defoes, zählte mit einem solchen Stock die Tage seines Inseldaseins. Das Prinzip des Kerbholzes war auch im »Wilden Westen« bekannt. Erfolgreiche Revolverhelden schnitten die Anzahl der erschossenen Gegner in den Holzgriff ihres Colts.

Die ältesten bisher bekannten Kerbstöcke bzw. Kerbknochen stammen aus der Steinzeit (s. Abb. 21 c). Sie wurden in Frankreich und Afrika gefunden. Auch die Knotenschrift, die schon Herodot erwähnt und die von den Ioniern benutzt wurde, diente als Gedächtnishilfe. Die Inkas in Peru besaßen ebenfalls eine Knotenschrift (Quipu), um Mandate zu verteilen, die Geschichte ihres Reichs aufzuzeichnen oder Rechnungen zu legen (s. Abb. 21 d).

Knotenschriften als Erinnerungszeichen sind bei den Stämmen von Hainan und Bengalen, auf den japanischen Riukiu-Inseln sowie in Polynesien, in Mittel- und Westafrika, in Kalifornien und Südperu anzutreffen. Botschaften werden aber auch in Form von Gegenstandsbriefen übermittelt, die aus den verschiedensten Materialien zusammengestellt sein können. Die nigerianischen Jorubas versenden ihre aus Kaurimuscheln bestehenden »arokos«, die sibirischen Yukaghiren fertigen Gegenstandsbriefe aus Birkenrinde an (s. Abb. 21 e). Auf dem Wampungürtel der Leni-Lenape-Indianer sind Figuren und Symbole mit Perlen aufgestickt.

Trotz der komplizierten Evolution der verschiedenen Schriften lassen sich, unabhängig von den einzelnen Kulturen, gemeinsame Entwicklungsstadien feststellen. Der Weg führt von einer ursprünglichen Bilderschrift (Piktogramm) über eine Ideenschrift (Ideogramm) zu einer Wort-Lautschrift (Logogramm), die sich schließlich zur Silbenschrift und zum phonetischen Alphabet, der Buchstabenschrift, wandelt (vgl. Abb. 22).

So wie der Faustkeil gewissermaßen den Faustschlag einschließt, so ist in der Schrift die Sprache enthalten, die nun als geschriebene Sprache auf die gesprochene Sprache zurückwirkt.

Ziffern und Zahlen

Betrachten wir heute Ziffern oder Zahlen, so denken wir kaum noch daran, daß diese abstrakten Zeichen ihr Vorbild im menschlichen Körper

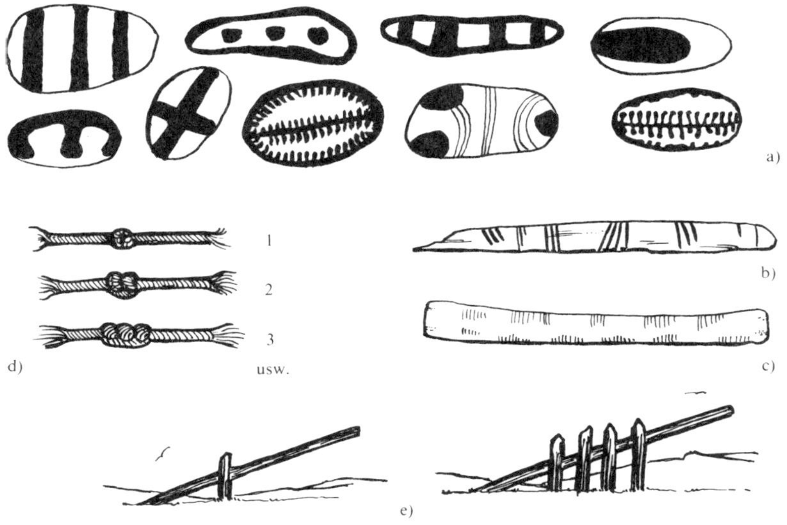

Abb. 21 *Vorformen der Schrift*
a) Sogenannte Schrift- und Zahlenkiesel, vielleicht auch Schmuck- oder Kultsteine aus Mas d'Azil, mittlere Steinzeit
b) Kerbstock
c) Steinzeitlicher Kerbstab, Knochenstück aus dem zentralafrikanischen Ishango, ca. 10 000 v. Chr. Multiplikation und Primzahlen waren bereits bekannt.
d) Altperuanische Knotenschrift (Quipu)
e) Gegenstandsschrift. Hölzerne Sprachzeichen der Abnaki-Indianer. Links: Ich bin nicht weit gegangen. Rechts: Ich bin vier Tage abwesend.

hatten. Wir haben bereits darauf hingewiesen, daß auch Tiere abstrakt und »unbenannt denken« (Otto Koehler) können. Die Entwicklung der Zahlensysteme hängt mit dem Bewußtwerden der Ich-Grenzen zusammen, das heißt mit der Unterscheidung zwischen dem »Ich« und dem »Anderen«. Die Zahl zwei ist daher vielfach das Symbol für das »Andere«. Der griechische Philosoph Platon (427–347 v. Chr.) entwickelte eine eigene Zahlensymbolik: 1 = Gott, 2 = das grundsätzlich Andere, 3 = Synthese von Eins und Anders, 4 = Symbol für Proportion und Harmonie. Sicherlich hat auch der symmetrische Aufbau unseres Körpers (2 Augen, 2 Ohren, 2 Arme, 2 Beine usw.) sowie die Trennung der Menschen in zwei Geschlechter das Symmetrie- und Symbol-Denken gefördert. Ursprünglich bestand der Sinn des Zählens darin, die Anzahl der Gruppenmitglieder festzustellen, die Jagdbeute aufzuteilen und die Menge an Wintervorräten zu überprüfen. In der Jungsteinzeit, als sich zum Jagen und Sammeln Viehwirtschaft, Ackerbau und Handel hinzugesellten, wurde das Zählen immer notwendiger und komplizierter. Bauten und Bewässerungsanlagen mußten geplant und die Anzahl der benötigten Arbeitskräfte sowie die Menge des benötigten Materials kalkuliert werden. Aus dem Tauschhandel entwickelte sich, begünstigt durch die Ausbildung allgemein anerkannter Wertmaßstäbe, zunächst das sogenannte Nutzgeld, das meist aus Vieh,

dauerhaften Lebensmitteln, Geräten, Waffen und Textilien bestand. Diese Geldform wurde durch das abstrakte Zeichengeld, z. B. Muschel-, Stein- und Münzgeld, abgelöst, das als Wertsymbol seinen Nutzwert bereits verloren hat. Die ältesten uns bekannten Zahlendokumente sind in Tontäfelchen geritzte Steuerlisten aus sumerischen Tempeln. Lange bevor man Zahlen niederschrieb, hat man sie wahrscheinlich schon verwendet.
Im indoeuropäischen Kulturbereich dienten offensichtlich die menschlichen Finger und Zehen als Bezugsgrößen. Indische Mathematiker erfanden im 4. Jahrhundert n. Chr. das heute gültige periodische Zehnersystem (Dezimalsystem), das im 12. Jahrhundert von den Arabern in Europa eingeführt wurde. Aber auch die Zwanzig – die Hände mit je fünf Fingern zusammen mit den Füßen mit je fünf Zehen – wurde zum Ausgangspunkt von Rechensystemen. So verwendeten die Priester-Astronomen der Maya für ihre Kalenderberechnungen ein Zwanziger-System (Vigesimalsystem). Der Begriff der Null und die Stellenwertsetzung war ihnen wie auch den Indern bereits bekannt.

Zahlensymbolik

Die uns durch unseren Körper »nahegelegten« Zahlensysteme kommen auch in der Zahlensymbolik der verschiedenen Völker zum Ausdruck. Die Römer sahen die Zahl 2 in den weiblichen Brüsten, die Zahl 3 in den männlichen Geschlechtsorganen (Hoden und Penis) symbolisiert. Eine Geschlechtssymbolik der Zahlen findet sich auch bei den Bambara im Westsudan. Diese halten die Zahl 3 für männlich, die Zahl 4 für weiblich. Die Zahlen 3 plus 4 sind das Zeichen für den vollkommenen Menschen! In der orientalisch-jüdischen Zahlensymbolik gilt die ungerade Zahl 1 als göttlich. Adam war der erste Mensch, daher sind die 1 und mit ihr alle ungeraden Zahlen männlich. Das Weibliche, verkörpert in der nach ihm geschaffenen Eva, wurde daher mit allen geraden Zahlen identifiziert.
Mit der heiligen Zahl 3 (Trinität) verbindet sich ein weitverbreitetes Denkschema. Möglicherweise liegt dieser nahezu bei allen Völkern anzutreffenden Dreiheit das Schema der Vater-Mutter-Kind-Familie zugrunde. Vielleicht läßt sich das Denken in Dreier-Zyklen (Anfang, Mitte, Ende – These, Antithese, Synthese), aber auch als eine dem biologisch-organischen Bereich entstammende Analogie begreifen (vgl. Tabelle 4). Die erste Phase des Dreier-Zyklus ist als Ausgangspunkt zu verstehen, die zweite Phase als Befruchtung, die dritte als Geburt, das heißt als Produkt von 1 und 2. Die christliche Dreifaltigkeit (Gottvater, Gottsohn, Heiliger Geist) sowie die Dreiheit Gott, Maria und Jesus wurden erst im Jahr 381 n. Chr. unter dem Einfluß der hellenistischen Philosophie zum Dogma erhoben. Der Hinduismus kennt die sogenannte »Trimurti«: Brahma, Wischnu und Schiwa, die als Schöpfer, Erhalter und Zerstörer der Welt meist als Götterbild mit drei Köpfen dargestellt werden. Im alten Ägypten wurden ebenfalls mehrere Göttertriaden verehrt, z. B. Aton, Re und Ptah. Von diesen heißt es im Leidener Amun-Hymnus (14. Jahrhundert v. Chr.): »Drei sind alle Götter. Amun, Re und Ptah, keinen gibt es ihresgleichen. Verborgen ist sein Name als Amun, als Re wird er wahrgenommen, sein Leib ist Ptah.« In Theben betete man vor allem zu Amun, dessen Frau Mut und deren Sohn, dem Mondgott Chons. Aber auch Isis, Osiris und Horus wur-

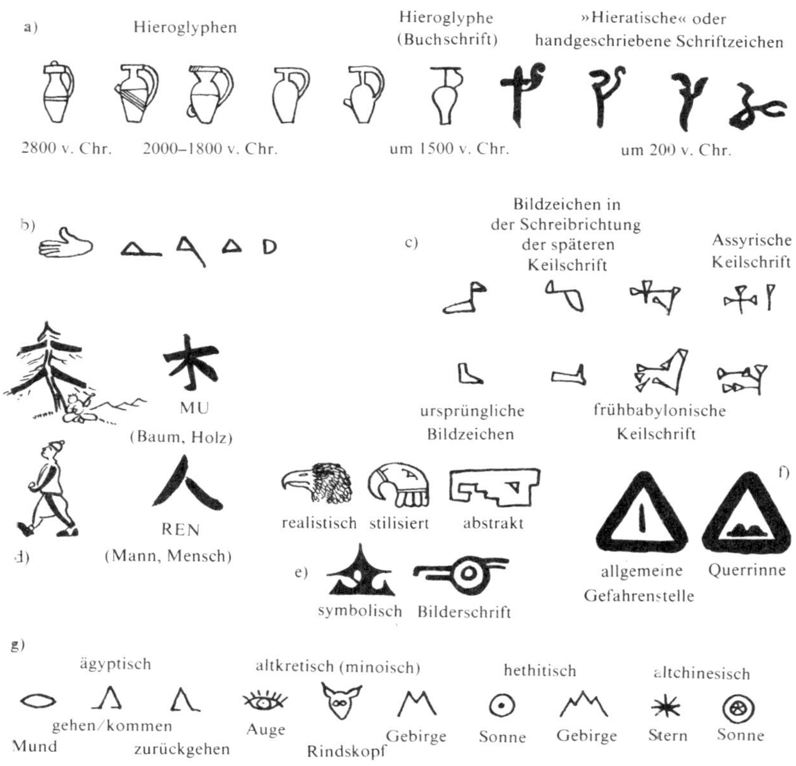

Abb. 22 *Schrift als Beispiel für Symbolbildung und Abstraktion*

a) Vom Bild zum Buchstaben. Ägyptische Hieroglyphen: der steinerne Henkelkrug als Zeichen »hnm«.

b) Entwicklung des Buchstaben D. Von links nach rechts: Ägyptische Hieroglyphe, ägyptischer Buchstabe, phönikischer Buchstabe, griechischer Buchstabe (»Delta«), lateinischer Buchstabe.

c) Die Bildzeichen der Sumerer, im Lauf von 2 400 Jahren von vorderorientalischen Schreibern zu kompliziert abstrakten Keilformen stilisiert. Sie erinnern nicht mehr an konkrete Inhalte.

d) Abstraktion in der chinesischen Silbenschrift

e) Schmuckzeichen und geheime Symbole als Kodex von Geheimgesellschaften der Pueblo-Indianer

f) Verkehrszeichen. Unterschied von Ideogramm (links), das Zeichen ist konstruiert, und Piktogramm (rechts), das Zeichen ist abbildend.

g) Naturgetreue Bildzeichen verschiedener Völker

den als heilige Familie durch die Seiten eines rechtwinkeligen Dreiecks symbolisiert. Der Symbolforscher Manfred Lurker berichtet von einer trinitären Formel auf einem dreieckigen Amulett ägyptischen Ursprungs (1. bis 2. Jahrhundert n. Chr.): »Einer ist Bait, einer ist Hathor, einer Achori, eins ist ihre Kraft. Sei mir gegrüßt, Weltvater, sei mir gegrüßt, dreigestaltiger Gott.«

Tabelle 4

Beispiele von 3-Stufen-Theorien der Menschheitsentwicklung nach den Vorstellungen der älteren Anthropologie und Philosophie			
Autor	erste Stufe	zweite Stufe	dritte Stufe
Dikaiarchos	Paradiesisches Urzeitalter der Sammler	Jäger und Hirten	Ackerbau
Gognet	Steinzeit	Kupferzeit	Eisenzeit
Forster	Wildheit (= Kindheit der Menschheit)	Barbarei (= Pubertät der Menschheit, Flegeljahre)	Gesittung der Menschheit (Reife)
Smith	Jäger	Hirten	Agrarier
Comte	Biologisches Stadium (Unwissen)	Metaphysisches Stadium (Spekulation)	Positives Stadium (Wissen)
Klemm	Wildheit	Zahmheit	Freiheit
Bachofen	Geschlechtliche Promiskuität	Mutterrecht	Vaterrecht
Morgan	Wildheit	Barbarei	Zivilisation
Engels, Marx	Urhorde	Klassengesellschaft	Klassenlose Gesellschaft

Zahlreiche Denker haben die menschliche Geschichte in drei Entwicklungsstadien eingeteilt. Man faßte die kulturelle Evolution meist als einen naturgesetzlich bestimmten, mechanischen Vorgang auf. Bei den antiken Schriftstellern, z. B. Ovid, waren die Weltzeitalter (Goldenes, Silbernes, Bronzenes, Eisernes Zeitalter) noch poetisch-symbolisch gemeint, bei den Denkern des neuzeitlichen Idealismus, z. B. Hegel, wurden sie philosophisch interpretiert (die Menschheitsentwicklung als Entwicklung des Weltgeistes in das Reich der Freiheit). Später versuchte man diese Dreiteilung nicht nur rein beschreibend, sondern auch »naturwissenschaftlich exakt« zu erfassen. Heute steht man solchen vereinfachenden Anschauungen, die dem organischen Bereich entlehnt sind (Geburt, Reife, Tod – Aufstieg, Höhepunkt, Fall einer Kultur), eher skeptisch gegenüber und begreift kulturellen Wandel als Veränderung komplizierter dynamischer Systeme.

In der Jungsteinzeit wird die Zahl 3 als Dreieck (Delta) dargestellt, nämlich als Symbol für die weibliche Scham, das Schamdreieck. Dieses steht im Hebräischen als Zeichen für »Ja«. Der griechische Philosoph Xenokrates (ca. 399–314 v. Chr.) sah im gleichseitigen Dreieck das Symbol für Vollkommenheit, also das Zeichen für Gott, im gleichschenkeligen Dreieck das Zeichen für das Dämonische und im ungleichseitigen Dreieck das Zeichen für den Menschen. In der griechischen Mythologie finden wir die dreigestaltige und dreiköpfige Hekate, die Göttin der Unterwelt, den dreiköpfigen Riesen Geryon und den dreiköpfigen Höllenhund Kerberos.

Zeus ist häufig dreiäugig dargestellt. Von den drei Grazien (s. Bild 22/23) über den keltisch-germanischen Dreijungfrauen-Kult (Aubet, Wilbet, Borbet), den Dreimatronenkult, die drei Nornen, Parzen und Moiren bis zu den Heiligen Drei Königen, den drei Marien und den drei Nothelferinnen reichen die Beispiele für die besondere Bedeutung der Zahl 3. Wir denken in diesem Zusammenhang auch an die letzten drei Worte Christi am Kreuz oder an das abergläubische Dreimal-auf-Holz-Klopfen. Diese Aufzählung ließe sich noch beliebig fortsetzen.

Aber auch die Zahl 4 (Tetrade) hat einen nicht unbedeutenden Platz in der Zahlensymbolik. Wir sprechen von 4 Himmelsrichtungen (Westen, Osten, Norden und Süden), 4 Jahreszeiten (Frühling, Sommer, Herbst und Winter), 4 Elementen (Wasser, Feuer, Luft und Erde) und 4 Weltaltern, von denen Ovid, Hesiod und Vergil berichten: Das Goldene Zeitalter, »aureum saeculum«, ist die paradiesische Urzeit, ihm folgen das Silberne, Bronzene und Eiserne Zeitalter. Auch im Alten Testament, im Buch Daniel, sind vier Weltperioden angedeutet: Das Traumbild zeigt eine Menschensäule mit goldenem Kopf, Brust und Arme bestehen aus Silber, Bauch und Oberschenkel aus Erz, die Füße aus Eisen und Ton. Selbst im persischen Mithraskult und bei den mittelamerikanischen Tolteken waren die vier Weltalter bekannt, manchmal sogar in Verbindung mit den vier Elementen. Die 4 Evangelisten (Markus, Lukas, Johannes, Matthäus), die 4 Temperamente (Choleriker, Sanguiniker, Phlegmatiker, Melancholiker), die 4 Körpersäfte (Blut, Schleim, Galle, Schwarzgalle), die 4 stofflichen Qualitäten (warm, kalt, feucht, trocken), die 4 Wendepunkte des Lebens (Geburt, Hochzeit, Tod, Wiedergeburt), die 4 Lebensperioden (Kindheit, Jugend, Reife, Alter), die astrale Vierergruppe Babylons (Kardinalpunkte des Zodiak) und schließlich der vierblättrige Glücksklee sind nur einige der traditionellen Vierersymbole.

Unter den ungeraden Zahlen spielt vor allem die Zahl 7 – z. B. in der Bibel – eine wichtige Rolle. Unsere 7-Tage-Woche, so nimmt man an, wurde aufgrund des Schöpfungsmythos eingeführt. Die große Bedeutung der Zahl 7 dürfte wohl auf die orientalische Astrologie mit ihren 7 Planeten zurückzuführen sein. Der christliche Denker Rupert von Deutz (1075–1130) zeigte den theologischen Zusammenhang der 3 mit der 7 auf. Oberste Instanz des heiligen Zahlensystems ist die göttliche 3 (Gottvater, Gottsohn, Heiliger Geist), mit der auch die drei Zeitalter korrespondieren: Gottvater entsprechen die 7 Schöpfungstage, Gottsohn die 7 Weltalter und dem Heiligen Geist die 7 Epochen der Kirchengeschichte. Auch unter den vielen im Märchen enthaltenen Zahlensymbolen nimmt die Zahl 7 einen besonderen Platz ein: die 7 Schwaben, die 7 Zwerge, die 7 Raben, die 7 Brüder usw. Glücks- und Unglückszahlen, z. B. die Zahl 13 (die Primzahl des babylonisch-dodekanischen Zahlensystems, die zerstörerische Zahl der Unterwelt), spielen im Volksglauben eine große Rolle.

Maßeinheiten wurden früher unmittelbar von Körpermaßen abgeleitet. Als »Elle« bezeichnete man im alten Ägypten den Abstand von der Ellenbogenspitze bis zur Spitze des Mittelfingers, mit der Maßeinheit »Finger« war die Breite eines Fingers gemeint, vier Fingerbreiten ergaben eine

»Handbreite«, zwei Hände waren eine »Spanne«, zwei Spannen ergaben eine »Elle«. In den Vereinigten Staaten und in England verwendet man diese Längenmaße noch heute. Ein »foot« ist die Länge eines Menschenfußes, ein »Zoll« die Breite eines Daumens, ein »Yard« der Abstand von der Nasenspitze bis zum Ende des ausgestreckten Armes. Allerdings sind diese »natürlichen« Maße genormt, da sie bei jedem Menschen verschiedene Werte annehmen können.
Viele der sogenannten Naturvölker, z. B. die Sedang in Hinterindien, verwenden das Körper-Schema als Maßeinheit. Die Körperdimensionen dienen ihnen als Richtlinien für die Messung und den Vergleich von Objekten ihrer Umwelt. Im Lauf der Zivilisation sind diese Maßeinheiten komplizierter geworden, der Zusammenhang mit dem Körper-Schema ist nicht mehr unmittelbar einsichtig. In der Meile findet sich noch das römische Wegmaß, nämlich 1000 (mille) Schritte zu je fünf Fuß. Die Einführung des metrischen Systems – es beruht auf unveränderlichen und gleichbleibenden Größen – im Gefolge der Französischen Revolution (1795) muß daher als eine große psychologische Leistung angesehen werden.
Der Meter wurde als ein Zehnmillionstel der Distanz definiert, die der Längenkreis der Erde vom Äquator bis zum Pol mißt – eine sehr unanschauliche Einheit. Wie kam man dazu? Man dachte sich einen Kreis, der auf der Erdoberfläche durch den Süd- und Nordpol verläuft, und nannte ihn Längenkreis (Meridian). Ein Viertel dieses Längenkreises heißt Quadrant. Seine Bogenlänge, die durch Paris verläuft, wurde in zehn Millionen gleiche Teile geteilt. Ein solcher Teil wurde als Standardmaß gewählt und Meter (m) genannt. Auf einem Platin-Iridium-Stab, dessen Länge bei verschiedenen Temperaturen nahezu unverändert bleibt und der in einer Stahlkammer aufbewahrt wird, wurde der sogenannte Urmeter durch zwei Einkerbungen markiert. Heute wird die genaue Länge des Meters nach den temperaturunabhängigen Wellenlängen des Lichts bestimmt. Die moderne Mathematik hat auch hier den Menschen als Maß der Dinge entthront. Genauigkeit, so müssen wir feststellen, geht stets auf Kosten der Anschaulichkeit. In einer von Zahlen und Rechenautomaten beherrschten Welt hat der Mensch die Reise in das Unvorstellbare längst angetreten.

Archäologie unseres Geistes

»Wir haben ein Gebäude zu beschreiben und zu erklären, dessen oberes Stockwerk im 19. Jahrhundert errichtet worden ist; das Erdgeschoß datiert aus dem 16. Jahrhundert, und die nähere Untersuchung des Mauerwerkes ergibt die Tatsache, daß es aus einem Wohnturm des 11. Jahrhunderts umgebaut worden ist. Im Keller entdecken wir römische Grundmauern, und unter dem Keller findet sich eine verschüttete Höhle, auf deren Grund Steinwerkzeuge in der höheren Schicht und Reste der gleichzeitigen Fauna in der tieferen Schicht aufgedeckt werden. Das wäre etwa das Bild unserer seelischen Struktur.«

C. G. Jung

Carl Gustav Jung (1875–1961), der Schweizer Psychotherapeut und Symbolforscher, gilt als einer der berühmtesten Vertreter der sogenannten »Tiefenpsychologie«, die sich, wie schon der Name sagt, mit den tiefen Schichten der menschlichen Seele befaßt. Das von C. G. Jung entworfene Modell der verschiedenen »Schichten des Bewußtseins«, wie z. B. des Unbewußten, Unterbewußten, Mitbewußten, Bewußten und Vorbewußten, findet sich bereits in Ansätzen bei Carl Gustav Carus (1789–1869), der auf die verschiedenen Bewußtseinszustände des Menschen, wie z. B. Traum, Hypnose und Wahnvorstellungen, hingewiesen hat. Der Gedanke, daß der Körper eine »Behausung« für den Geist sei, wobei unsere seelischen Zustände verschiedenen »Stockwerken« zugeordnet werden können, läßt sich bis in die Antike zurückverfolgen. Diese Modellvorstellungen sollen uns helfen, unanschauliche Dinge, wie z. B. Geist, Seele oder die verschiedenen Bewußtseinszustände, bildlich und räumlich zu erfassen. Der Sprachforscher Walter Porzig (1895–1961) hat in nahezu allen Sprachen diese »räumlichen Symbole« entdeckt: der Kopf als »Herberge« der Ideen, der Körper als »Gefäß« der Seele (und der Sünde). Porzig schreibt: »Bei seelischen Vorgängen sprechen wir nicht nur von außen und innen, sondern auch von über und unter der Schwelle des Bewußtseins, vom Unterbewußten, vom Vordergrunde oder Hintergrunde, von Tiefen und Schichten der Seele.« (Vgl. dazu auch Tabelle 5.)
Sigmund Freud, der Begründer der Psychoanalyse, entwarf sein »Schichtenmodell« der menschlichen Seele – Es = Unbewußtes, Ich = Bewußtsein, Über-Ich = gesellschaftliche Normen – in bewußter Anlehnung an Denkmodelle der Archäologie.
1816 legte der englische Geologe William Smith mit seinem Werk »Strata Identified by Organized Fossils« den Grundstein für die archäologische Methode der relativen Datierung auf Grund von Schichtprofilen (Straten). Im Verlauf der sich über Jahrmillionen erstreckenden Veränderungen der

Tabelle 5

Schichtmodell psycho-physischer Ebenen (modifiziert und erweitert nach W. V. Ruttkowski, Typen und Schichten, 1978)		
Progressive Cerebration Stammesgeschichte (Phylogenese)		(Darwin, Haeckel, Morgan, de Chardin)
früh (primitiv)	evolutionäres Stadium	spät (fortschrittlich)
unten	räumliche Vorstellung	oben
dunkel	Lichtsymbolik	hell
schlecht	moralische Analogien	gut
Leib	Seele	Geist (Hartmann)
(Organisches)	(Gefühl)	(Ratio)
Trieb	Wille	Vorstellung (Schopenhauer)
vegetativ	animalisch	vernünftig (Aristoteles)
Begierde (epithymia) Unterleib Sklaven Roß	Wille (thymus) Brust Krieger	Verstand (logistikon) Kopf Herrscher-Philosophen Reiter (Platon)
sinnlicher Fleischesmensch	natürlicher Seelenmensch	begnadeter Geistesmensch (Apostel Paulus)
Unbewußtes	Unterbewußtes	Bewußtes (Freud)
Es	Ich	Über-Ich
Thymopsyche		Noopsyche (Stransky)
Instinkt		Intelligenz (Scheler)
Somatopsyche		Holopsyche (Kleist)
endothymer Grund		noetischer Überbau (Lersch)
Tiefenperson		Kortikalperson (Kraus)
Leben in mir, Tier in mir	Kind in mir	Ich (Rothacker)
Propulsives	Impulsives	Prospektives (Thomae)
Vitalität	Empfindung	Verstand (Wellek)
Instinkt Stereotyp	Gewohnheit	Reflexion (Koestler) Improvisation
Unfreiheit		Freiheit (Hegel, Marx)
Rückenmark, Stammhirn	Zwischenhirn	Neuhirn (Cabanis)
Paläocortex	Mesocortex	Neocortex (MacLean)
Progressive Differenzierung Einzelentwicklung (Ontogenese)		(Bertalanffy)

Zahlreiche Typologien unterteilen die Psyche des Menschen, aber auch die Welt insgesamt in »Schichten«. Bereits im Alten Testament ist eine hierarchische Abfolge der Entwicklungsstadien von der Schöpfung der Materie bis hin zum Menschen erkennbar. Zum einen ist damit eine zeitliche Staffelung, zum anderen eine »wertmäßige« Abstufung vorgenommen. Die Annahme, daß die Materie »ungeistig, primitiv und vor dem Menschen«, der Mensch selbst aber »geistig und Endprodukt der Evolution« sei, verbindet sich auch mit räumlichen und moralischen Vorstellungen. Es entstehen auf diese Weise tatsächlich regelrechte Weltbilder. »Höherentwicklung« bedeutet in diesem Zusammenhang die Entwicklung von »tief unten in der Zeit liegenden«, »dunklen« Trieben zu den spät entwickelten, bewußten, »hellen« Eigenschaften des modernen Menschen. Dieser stammesgeschichtliche Prozeß scheint sich in der Kindesentwicklung (Ontogenese) zu wiederholen. Aus dem »primitiven, triebhaften« Säugling wird der klar denkende, vernünftige Erwachsene. Der griechische Philosoph Platon verwendete daher auch das Bild vom Reiter (Vernunft), der die Rosse (Triebe) zügelt. Sigmund Freud hat Ähnliches mit den Begriffen Es (Trieb), Ich (Wille) und Über-Ich (Ideale und Normen der Gesellschaft) beschrieben. Während z. B. Platon Leib, Seele und Geist mit sozialen Gruppen verglich – die Sklaven als ungeistiger, primitiver »Unterleib« der Gesellschaft, die Krieger als tapfere »Brust« des Staatskörpers und die Herrscher-Philosophen als »Kopf« der Gemeinschaft –, suchten Psychologen und Mediziner nach den gehirnphysiologischen Ursachen von Trieb und Geist, Unbewußtem und Bewußtsein. Zahlreiche Modelle zielen darauf ab, anatomische Entsprechungen (Äquivalente) der stammesgeschichtlichen Entwicklung von psychischen Qualitäten wie Trieb, Gefühl, Wille, Vorstellung auch in unserem Hirn nachzuweisen. Zwar lassen sich heute nach den Forschungen von MacLean und Eccles »Schichten« des Gehirns feststellen, die verschiedenen Funktionen jedoch erscheinen eng ineinander verzahnt. Zwar ist das Neuhirn (Neocortex) für das vernünftige Denken verantwortlich, doch wird es von zahlreichen Strukturen der »primitiveren« Schichten des Paläo- und Mesocortex beeinflußt. Aus diesem Grund kann es zu Konflikten zwischen den irrationalen Wunschregungen und der eigenen, rationalen Kontrolle kommen – »zwei Seelen wohnen ach in meiner Brust« (Goethe). Die »Schichtenlehre« kann als eine »Bildhypothese« verstanden werden, die komplizierte Zusammenhänge zu veranschaulichen sucht. Im abendländischen Denken hat sich das Entwicklungsdenken mit moralischen Vorstellungen verquickt. Die Triebe werden – im Sinn einer Lichtmetaphorik – als »dunkel und blind« sowie als unmoralisch und böse angesehen. Der »helle« Verstandesmensch wird zum »guten« Denker, die rationale »Selbstbeherrschung« zum Kulturideal.

Sosehr uns solche Modelle helfen, Strukturzusammenhänge zu begreifen, sosehr können sie gerade durch ihre suggestive, gleichnishafte Form zu unzulässigen Vereinfachungen führen. Tabelle 5 zeigt am Beispiel einiger historischer »Schichtmodelle« und ihrer »Erfinder«, wie die Vorstellungen von Oben und Unten, Hell und Dunkel, Früh und Spät, Gut und Böse, Trieb und Geist miteinander in Verbindung gebracht wurden. Im deutschsprachigen Raum ist vor allem Nikolai Hartmanns Schichtenlehre (Der Aufbau der realen Welt, 1940) von großem Einfluß auf die Kulturanthropologie (Rothacker, Scheler, Plessner) und die evolutionär orientierte Naturphilosophie (Lorenz) gewesen. Hartmann zeigte durch seine »Schichtungsgesetze«, daß eine Trennung der Welt in Materie und Geist sinnlos ist, daß sich sämtliche Schichten durchdringen und in jeder Schicht Altes weiterbesteht, Neues jedoch hinzutritt. Konrad Lorenz betont, daß die Hartmannschen Seinskategorien mit den bekannten Fakten über die Erd- und Stammesgeschichte übereinstimmen; die reale Welt ist als Schichtensystem zu begreifen. Dieses Modell hat Rupert Riedl in seiner evolutionären Erkenntnistheorie (Biologie der Erkenntnis, 1980) weiterentwickelt. Betrachtet man die bisherigen Schichtenlehren, so findet man eine verwirrende Fülle in der Namensgebung und komplizierte Konstruktionen neben relativ einfachen Typologien. Allen philosophischen, psychologischen, soziologischen oder biologischen Schichtenmodellen ist jedoch die Idee einer Evolution der psychophysischen Phänomene gemeinsam.

Erdoberfläche durch Witterungs- und Klimaeinflüsse sind nicht nur geologisch ältere Schichten freigelegt, sondern auch immer wieder alte Ablagerungen durch neue überschichtet worden. Auch menschliche Siedlungen, die aus den verschiedensten Gründen verlassen worden waren, wurden zugeweht oder zugeschüttet und auf ihren Fundamenten neue Bauten errichtet. Wenn nicht Verwerfungen die Schichten durcheinandergebracht haben, werden sowohl Geologen wie auch Archäologen um so ältere Funde bergen, je tiefer sie in die heutige Erdoberfläche eindringen.

Das Persönlichkeits-Modell Sigmund Freuds

Diese Methode der »relativen Chronologie« hat Sigmund Freud auf die menschliche Psyche übertragen, indem er deren unterste bzw. älteste Schicht, das »Es«, als die von unseren tierischen Vorfahren von uns übernommenen Triebregungen definierte. Dieser weitgehend unbewußte Bereich unserer Psyche wird vom »Ich«, unserer bewußten Kontroll-Instanz, überlagert. Die oberste Schicht des Freudschen Persönlichkeits-Modells, das »Über-Ich«, setzt sich aus den verinnerlichten und daher weitgehend unbewußten Normen der Gesellschaft zusammen. Der Psychoanalytiker, der sich mit den seelischen Problemen seiner Patienten auseinandersetzt, befindet sich nach Freud in der Situation eines Ausgräbers, der zunächst die oberen Schichten, die sozialen Wertvorstellungen, wegzuräumen, das heißt einsichtig zu machen hat, um die Inhalte tieferer Schichten, die vom Patienten vergessen oder verdrängt worden sind, aufdecken zu können. Hier findet er Träume, Kindheitserinnerungen und Wünsche, die von der Gesellschaft, der Moral und dem persönlichen Gewissen unterdrückt worden sind. Freuds Schüler, Mitarbeiter und späterer Gegner, C. G. Jung, glaubte sogar, in den ältesten Seelenschichten des Menschen nicht nur individuelle Kindheitserinnerungen zu entdecken, sondern auch »kollektive« Ur-Ideen (Archetypen), die allen Menschen gleichermaßen eigen seien. Diese konkret inhaltlich bestimmten religiösen und symbolischen Vorstellungen seien uns angeboren, das heißt von Anfang an in unserer Persönlichkeit enthalten, und fänden ihren Ausdruck in der oft überraschenden Übereinstimmung der Mythen und Sagen fast aller Völker (vgl. S. 88).

Während die Schichten, die den Geologen oder Archäologen interessieren, im Normalfall unbeweglich übereinandergelagert sind, hat man sich die Seelenschichten des psychoanalytischen Modells nur als Veranschaulichung eines an sich dynamischen Systems vorzustellen. Die Inhalte des Unterbewußtseins können in das Bewußtsein »aufsteigen«, und gerade noch bewußte Gedanken können ins Unterbewußtsein »absinken«. Während der Archäologe »versunkenes Kulturgut« ausgräbt, das auf die heutige Welt bis zu dem Tage, an dem es entdeckt wurde, keinen Einfluß hatte, wirken die tieferen Schichten unseres Geistes – wenn auch unbewußt – vielfach mit.

Das »dreieinige« Gehirn

Die moderne Gehirnforschung spricht ebenfalls von »Schichten« (vgl. Abb. 23). So bezeichnet der Neurophysiologe Paul MacLean unseren Denkapparat als das »dreieinige« Gehirn (»triune brain«), bestehend aus Paläo-, Meso- und Neocortex.

Genaugenommen ist unser Zentralnervensystem vierstöckig, wobei die

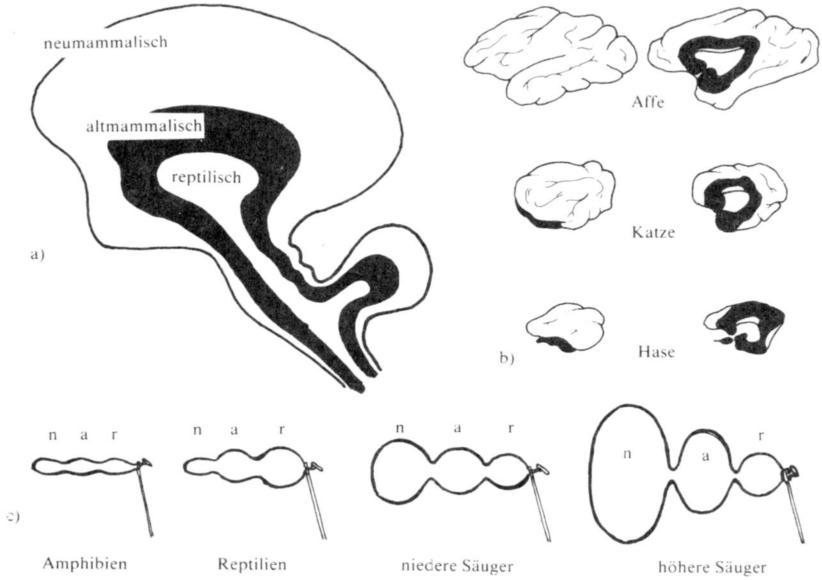

Abb. 23 *Evolutionäre Stufen der Gehirnentwicklung*
a) Die stark schematisierte Darstelllung nach MacLean zeigt in einem schichtenartigen Längsschnitt von außen nach innen den neumammalischen Neocortex (Neuhirn), das altmammalische, limbische System des Mesocortex (Mittelhirn) und den Reptilienkomplex (Archecortex).
b) Ein gemeinsames Merkmal aller Säugetiergehirne ist die Zusammenfassung der primitiven Hirnrinde (schwarz gezeichnet) im limbischen Saumwulst. Der in der späteren Phylogenese sich vergrößernde Neocortex kann als darübergestülpte »Denk-Kappe« interpretiert werden.
c) Zerlegt man die Evolution der einzelnen Gehirnteile in Phasen und zieht Luftballons als Modelle heran, wird nicht nur die Vergrößerung, sondern auch die Merkmalsverlagerung zugunsten des Neocortex deutlich.

einzelnen Etagen verschiedenen evolutionären Entwicklungsstufen entsprechen. Der erste Stock wird von Rückenmark, Hirnstamm und Mittelhirn gebildet, die vor allem die vegetativen Funktionen des Körpers, wie Atmung, Kreislauf und Sexualität, steuern, also für die elementaren Lebenstriebe verantwortlich sind. Der zweite Stock besteht aus dem ältesten Teil des Vorderhirns, dem sogenannten »Reptilienkomplex« (Paläocortex). Dieser ist vor etwa 300 Millionen Jahren auf der Stufe der Reptilien entstanden. Er bestimmt die genetisch festgelegten Verhaltensweisen der Tiere, wie z. B. die Wahl der Wohnstätten, die Abgrenzung des Reviers, Jagdinstinkt, Heimkehrvermögen bzw. Ortssinn, Paarung, Brutpflege und Bildung sozialer Rangordnungen (Hierarchien), und zeichnet auch für das Phänomen der Prägung verantwortlich. Überlagert wird dieser R-Komplex vom Limbischen System (Mesocortex), das sich vor etwa 150 Millionen Jahren bei den frühen Säugern entwickelte und für Geruchs- und Geschmacksreize sowie für Gefühle wie Angst und Zuneigung zuständig ist. Der Neocortex schließlich, der sich vor etwa zehn Millionen Jahren ausgebildet hat und sein heutiges Volumen beim Menschen vor etwa 100 000 Jahren auf der Stufe des Neandertalers erreicht hat, ist Sitz des abstrakten Denkens und Bewußtseins.

Man hat sich allerdings diese »Gehirne in einem Gehirn« nicht als isolierte Schichten vorzustellen, sondern, wie der Philosoph Edgar Morin meint, als äußerst kompliziert miteinander verwobene Untersysteme des Zentralnervensystems, die nur relativ autonom sind – sie funktionieren »polyzentrisch«. Aus diesem Grund ist es auch nicht möglich, bestimmte Eigenschaften genau zu lokalisieren. Es lassen sich nur »ungefähre Zonen« (vgl. Abb. 24), vor allem im Tierversuch, nachweisen.

Aus der experimentellen Neurophysiologie und Tierverhaltensforschung weiß man, daß bestimmte Gehirnpartien für das Trieb- und Instinktverhalten verantwortlich sind. Ererbte Mechanismen werden durch elektrische Reizung des Stammhirns aktiviert. Das Stammhirn gilt als der phylogenetisch älteste Teil und bildet die Grundlage von Instinkten und Emotionen. Durch die fortschreitende Vergrößerung des Stirn- und Scheitelhirns (progressive Cerebration) wurden die stammesgeschichtlich älteren, instinktiv-emotionalen Schichten durch die jüngeren, vorwiegend rationalkontrollierenden Gehirnteile überlagert. Dieser Prozeß läßt sich anhand der Gehirnentwicklung des menschlichen Säuglings (Ontogenese) deutlich verfolgen. Bei diesem sind zunächst nur die Reflexgebiete des Rückenmarks und das Stammhirn funktionstüchtig und ausgereift. Die Hirnrinde wird erst später aktiv. Man kann daher schematisierend von einer alten,

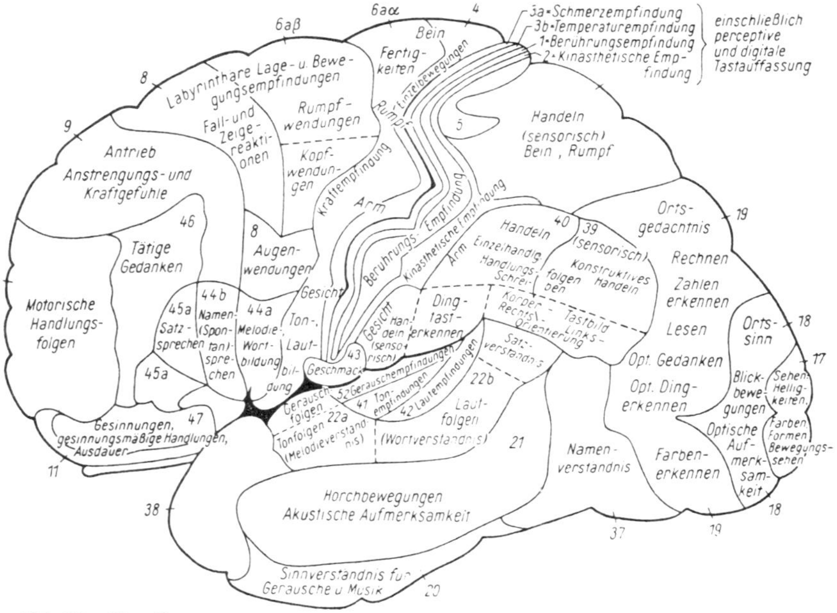

Abb. 24 *Hirn-Karte*
Lokalisation der Funktionen in der Großhirnrinde. Seitenansicht der linken Hemisphäre (nach K. Kleist, 1937).

paläoencephalen und paläopsychologischen Region des Seelenlebens (Tiefenperson, Biopsyche) und einer jungen, neencephalen und neopsychischen mentalen Region sprechen (Kortikale Person, Neopsyche) (s. Tabelle 5).

Wird eine Person durch Hypnose in Trance versetzt, so kann sie Fragen, die weit bis in ihre Kindheit zurückreichen, beantworten, ohne daß sie sich nach dem Erwachen daran erinnern kann. Wie und warum Hypnose funktioniert, ist noch immer nicht ganz geklärt. Fest steht, daß die in Trance befindliche Person von ihrem Hypnotiseur z. B. in verschiedene Lebensalter zurückversetzt werden kann. So ist ein Experiment bekannt, bei dem ein dreißigjähriger Mann systematisch immer jüngere Altersstufen zu durchlaufen und, seinem jeweiligen Entwicklungsstadium entsprechend, Zeichnungen anzufertigen hatte. Dabei zeigte sich ein deutlicher Zusammenhang zwischen der Qualität der Zeichnungen und den verschiedenen Altersstufen. Als der Hypnotiseur ein Lebensalter von vier Jahren

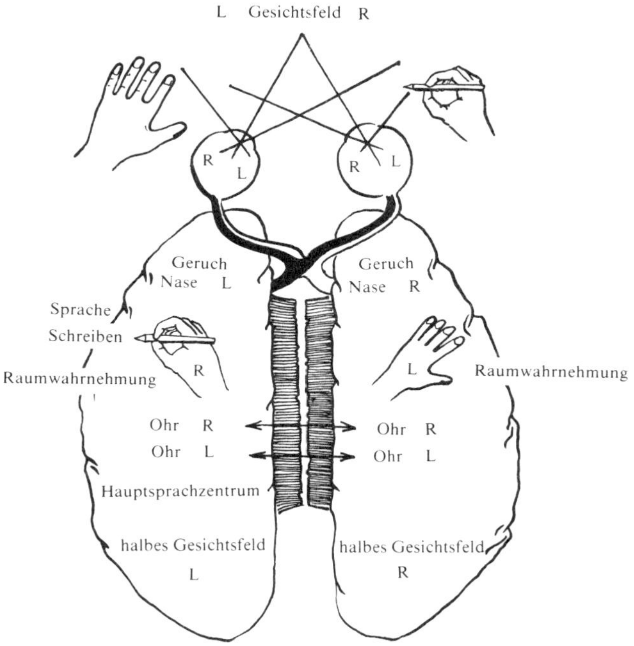

Abb. 25 *Schematische Darstellung der Aufgaben der beiden Gehirnhälften*
Die Trennung in zwei verschiedenartige Funktionskomplexe bedeutet nicht eine strenge Lokalisation einzelner Fähigkeiten, sondern beruht auf dem statistisch häufigsten Auftreten zuordenbarer Erregungsmuster. Mit Ausnahme der Geruchswahrnehmung sind die für die Sinnesleistungen verantwortlichen Bahnen im Hirn gekreuzt: die linke Hand wird von der rechten, die rechte Hand von der linken Gehirnhälfte gesteuert. Durch den Balken (lat. Corpus callosum) stehen die beiden Gehirnhälften in ununterbrochener Verbindung, keine von beiden arbeitet isoliert.

vorgab, zeichnete der Mann in groben Umrissen, im Alter von zwei Jahren kritzelte er nur noch ziellos herum.

Viele Versuche zeigten, daß es unbekannte Bereiche unseres Denkens gibt, die nur unter bestimmten Voraussetzungen »auftauchen«. Der Psychiater und Tiefenpsychologe Rudolf Bilz begründete eine der Verhaltensforschung nahestehende Paläopsychologie, die stammesgeschichtlich »alte« Verhaltensmuster untersucht. Derartige, auch den Tieren eigene, gleichsam vormenschliche Verhaltensformen zeigen sich häufig bei psychisch kranken, aber auch bei normalen Menschen, die in eine außergewöhnliche Situation gelangen und einen Schock erleiden. In Extremsituationen, z. B. Krieg, verlieren manche Menschen die Selbstkontrolle, das heißt, ihr vom Neocortex gesteuertes vernünftiges Denken bricht kurzzeitig zusammen, und affektive Verhaltensformen setzen sich durch. Schizophrene Patienten z. B. bauen kurz vor einem Anfall (Schub) ein Territorium mit einem Radius von ein bis zwei Metern um sich auf. Jeder, der in diese Zone eindringt, wird tätlich angegriffen. Diese »kritische Distanz« kennt man auch von Tieren, die bei Bedrohung angreifen, wenn sie nicht mehr fliehen können. Es wird auch von Soldaten berichtet, die bei feindlichen Angriffen in Schreckstarre verfielen, plötzlich einschliefen oder ohnmächtig wurden. Dies sind Zeichen der Ausweglosigkeit, die bei Tieren sogar zum Tod (Vagus-Tod) führen können. Angstgefühle führen häufig zu einem Versagen der Darmmuskulatur, ein Zustand, der auch bei verängstigten Tieren beobachtet werden kann. Umgekehrt können Angst oder dauernde Aufregung Stuhlverstopfung (Obstipation) verursachen, was man nicht selten bei anstrengenden Reisen feststellen kann. Rudolf Bilz führt noch zahlreiche andere Verhaltens-Parallelen zwischen Mensch und Tier an, z. B. das Anstoßnehmen (Mobbing) oder die Rangordnung bzw. Kontroll-Privilegien der Autorität (z. B. der Direktor als Alpha-Tier, seine Untergebenen als Beta- und Gamma-Tiere) und die verschiedenen Formen der Ritualisierung. Doch nicht nur Verhaltensformen, auch Wahrnehmungs- und Denkmuster sowie Auslösemechanismen vormenschlicher Herkunft scheinen in unser Denken »hineinzuragen«.

Urmuster des Verhaltens und Denkens

Rudolf Bilz versucht z. B. die »Elementargedanken des Seelengebäudes« oder die »Klischees seelisch-geistiger Schichten« durch unser Primaten-Erbe zu erklären. Der Mensch gehört wie auch viele Affen zu den Dämmerungs-Einschläfern. Er ist kein Nacht-Tier, sein Interesse an der Umwelt »erlischt« am Abend und wird erst wieder am Morgen geweckt. Körperlich drückt sich der Vorgang der Ermüdung durch ein Senken des Kopfes aus, die Augen fallen zu, die Beine werden schwer, wir legen uns nieder und sinken in Schlaf. Am Morgen »erhellt« sich unser Bewußtsein, in unsere Augen dringt Licht, wir erheben uns, wir sind bei wachem Verstand. Diese Formulierungen zeigen, daß das räumliche Oben und Unten unseres aufrecht stehenden Körpers gleichnishaft mit Helligkeit und Dunkelheit in Verbindung gebracht wird. Oben ist der Kopf, das Licht des Bewußtseins, unten die dunkle Bewußtlosigkeit. Oben ist das »Höhere«, das Licht, das Heil, die Vernunft, Gott. Unten sind die Gefühle, »niedrige« Triebe, Dämonen und Teufel. Auch im sozialen Bereich finden sich gleich-

Oben – hell Unten – dunkel

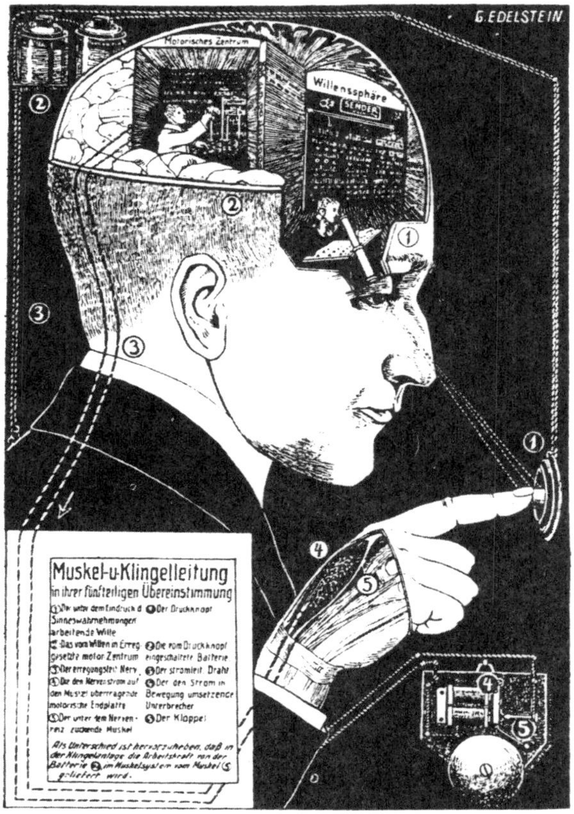

Abb. 26 *Mechanistische Vorstellung des menschlichen Gehirns*
Aus Fritz Kahn »Das Leben des Menschen«. Eine volkstümliche Anatomie, Physiologie und Entwicklungsgeschichte des Menschen, Stuttgart 1925.

nishafte Beschreibungen dieser Art. Wer »oben« ist, ein »großes Tier« ist, hat Macht, ist der »strahlende« Held. Götter und Heilige fahren in den Himmel auf, überirdische Wesen kommen als Helfer zu uns herab. So steht es in Mythen, Legenden und Märchen geschrieben.

Viele Religionen haben aus diesem urtümlichen und einfachen Oben-hell- und Unten-dunkel-Schema komplizierte Wert-Systeme entwickelt. Warum das »Heil« in der Flucht nach oben zu suchen ist, versucht Konrad Lorenz durch eine andere Hypothese zu erklären: Unsere baumbewohnenden Vorfahren waren, sobald sie die schützenden Baumkronen verließen, von am Boden lauernden Feinden gefährdet, so daß sie so schnell wie möglich das unheimliche Dunkel des Waldbodens zu verlassen trachteten. Noch heute haben wir das Gefühl, daß der fliegende Vogel »freier« ist als wir. Psychisch kranke Menschen berichten ihren Ärzten häufig, daß sie in ihren Träumen und Wahnvorstellungen, schwerelos und von irdischen Zwängen befreit, senkrecht über dem Boden schweben (Levitation). Dagegen kommt für viele Deckungstiere, wie z. B. die Schnepfe, die Gefahr in Gestalt eines Raubvogels von oben, so daß dieser sumpfbewohnende Stelzenvogel wohl – so Oskar Heinroth, der Lehrer Konrad Lorenz' – seinen »Gott« in die Erde, die Teufel und Dämonen jedoch in den Himmel projizieren würde.

»Höher« und »Tiefer« in der Evolution

Die Evolutionstheorie besagt, daß sich aus »niederen« Lebewesen »höhere«, das heißt komplexere Arten entwickelt haben. Die älteren Evolutionisten verbanden mit diesen Vorstellungen meist auch »Werte«, indem sie etwa die frühen Menschen als primitiv im Sinn von minderwertig, barbarisch und niedrigen Trieben gehorchend ansahen. Auch bei den Naturvölkern glaubte man Reste einer Lebensart zu finden, die es durch die fortgeschrittene Zivilisation zu verbessern galt. Tatsächlich ist es sehr schwer, Maßstäbe für ein »Höher« oder »Tiefer« in der Evolution zu setzen. Der französische Ethnologe Claude Lévi-Strauss bezog sich in diesem Zusammenhang auf die Geologie, für die die älteren Schichten der Erde auch nicht »wertvoller« sind als die jüngeren. In unserer Sprache sind sämtliche Vorstellungen von oben und unten, hoch und niedrig wertgetönt. Wir sprechen von »niedriger« Gesinnung, »niederer« Herkunft, »höheren« Werten, »höherer« Schule, von Kleingläubigkeit und Großzügigkeit, Niedertracht und Hochmut, primitiven Stämmen und Hochkulturen.

Betrachtet man – wie etwa der Schriftsteller Arthur Koestler – das menschliche Gehirn unter dem Gesichtspunkt der Systemtheorie, so zeigt sich,

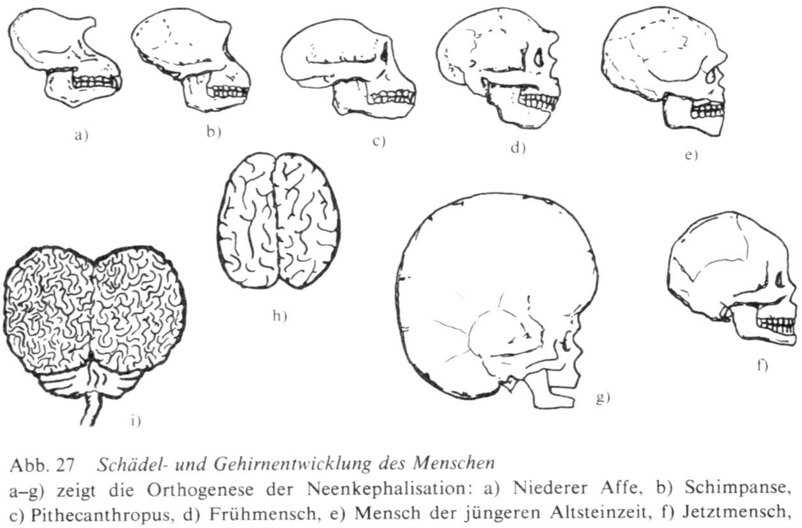

Abb. 27 *Schädel- und Gehirnentwicklung des Menschen*
a–g) zeigt die Orthogenese der Neenkephalisation: a) Niederer Affe, b) Schimpanse, c) Pithecanthropus, d) Frühmensch, e) Mensch der jüngeren Altsteinzeit, f) Jetztmensch, g) Hypothetisches Stadium des Menschen der Zukunft.
h–i) Vergleich zwischen dem Gehirn des Menschen (h) und dem des Delphins (i).
Größeres Gehirngewicht ist nicht ausschlaggebend für größere Intelligenz, wohl aber die Anzahl der Gehirnwindungen. Das Delphingehirn ist dem Menschen an Gewicht überlegen. Die Anzahl der Gehirnwindungen ist doppelt so groß, daher ist auch die Gehirnoberfläche größer. Der Delphin dürfte damit zu den intelligentesten Lebewesen gehören, obwohl seine Intelligenz anders geartet sein muß und ein direkter Vergleich nicht möglich ist.

daß unser Denkapparat hierarchisch organisiert ist. Dies bedeutet, daß unser Gehirn als ein System von unzähligen, einander über- und untergeordneten Einheiten beschrieben werden kann, die einander wechselseitig kontrollieren. Je »tiefer« wir in der Hierarchie dieser Untersysteme hinabsteigen, desto stereotyper und automatischer werden die Leistungen dieser funktionellen Einheiten (z. B. Reflexe, Instinkthandlungen). Von diesen »niederen Instanzen« gelangt man über Zwischenstufen zu den »höheren Instanzen«, die für immer komplexere und meist weniger vorausberechenbare Leistungen verantwortlich sind (z. B. rationale Entscheidungen, logische Folgerungen usw.). Die in der Evolution früher aufgetretenen niederen Instanzen sind, ihrem Alter entsprechend, auch in den älteren Hirnanteilen lokalisiert. Archetypische Vorstellungen, das heißt in Mythen und Sagen gekleidetes, allen Völkern gemeinsames uraltes Gedankengut, könnten hier nicht angetroffen werden, da solche Vorstellungen wahrscheinlich jüngeren Datums sind und im Neocortex verankert sein müßten. Abgesehen davon ist man heute der Meinung, daß das Genom (Erbgut), sowohl was die meisten körperlichen als auch was die psychischen Merkmale des Menschen betrifft, nur die Richtung der Entwicklung bestimmt, nicht aber die konkrete Ausformung festlegt. Aus diesem Grund können im Erbgut keine inhaltlichen Vorstellungen wie z. B. Archetypen im Sinn von C. G. Jung gespeichert sein.

Archetypus und Vererbung

Wenn unter »Archetypus« jedoch nicht nur »urtümliche Inhalte« (wie z. B. Sintflutsagen, jungfräuliche Geburt eines Gottes, Wiedergeburt usw.), sondern vor allem »urtümliche Denkformen« (wie z. B. Assoziation, Projektion, Analogie, Schematisierung, Phantomisierung, Subjektzentrismus) verstanden werden, so läßt sich eine systemtheoretische Deutung finden. Diese mit großer Wahrscheinlichkeit angeborenen Denk- und Empfindungsformen führten im Lauf der Menschheitsentwicklung zu ähnlichen, aber nicht identischen »Lösungen«, das heißt Märchen, Mythen, Legenden, Vorstellungen von Magie, Religion usw. Arthur Koestler hat in diesem Zusammenhang die Begriffe »Kanon« und »Strategie« geprägt. Der Kanon bildet die feste Struktur, den Kern, die Strategie die flexible Ausformung. Das durch unsere Biologie vorgegebene Oben-Unten/Hell-Dunkel-Schema bildet den Kanon und Ausgangspunkt. Welche Götter, Dämonen oder Naturkräfte damit verbunden werden, ist eine Frage der jeweiligen kulturellen Strategie.

Das wilde und das gezähmte Denken

»Ihr habt bemerkt, daß ein Indianer in allem, was er unternimmt, die Kreisform berücksichtigt, weil die Kraft der Welt sich stets in Kreisen auswirkt und jedes Ding danach strebt, rund zu sein. In den alten Tagen, als wir ein starkes und glückliches Volk waren, strömte uns alle Kraft aus dem heiligen Ring des Volkes zu. Solange der Ring nicht zerbrochen war, gedieh das Volk. Der blühende Baum war die lebendige Mitte des Ringes, und der Kreis der vier Weltteile nährte ihn. Der Osten spendete Frieden und Licht, der Süden die Wärme, der Westen Regen und der Norden mit seiner Kälte und dem mächtigen Wind begabt mit Kraft und Ausdauer. Dieses Wissen samt unserer Religion kam zu uns aus der anderen Welt. Alles, was die Kraft der Welt tut, vollzieht sich in einem Kreis. Der Himmel ist rund, und ich habe gehört, daß die Erde wie eine Kugel rund ist, und so sind alle Sterne. Der Wind, wenn er seine Macht entfaltet, bildet Wirbel. Die Vögel bauen sich runde Nester, denn ihre Religion ist die gleiche wie die unsrige. Die Sonne kommt hervor und geht wieder in einem Kreis nieder. Der Mond tut dasselbe, und beide sind rund. Selbst die Jahreszeiten bilden ihren wechselnden Gang in einem großen Kreis und kehren immer dorthin zurück, von wo sie gekommen sind. Eines Menschen Leben ist ein Kreis von Kindheit zu Kindheit, und so verhält es sich mit allem, darin Kraft sich regt. Unsere Tipis sind rund wie Vogelnester, und diese wurden stets in einem Kreis angelegt, die dem Ring des Volkes, einem Nest von vielen Nestern, wo der Große Geist wollte, daß wir unsere Kinder hegen.«

Black Elk (Hächaka Ssapa) von den Ogalalla-Sioux, »Ich rufe mein Volk«

»Wie immer eine Klassifizierung aussehen mag, sie ist besser als keine Klassifizierung. Jede Art der Klassifizierung ist dem Chaos überlegen.«

Claude Lévi-Strauss, »Das wilde Denken«, 1962

Seit der Entdeckung neuer Länder und Kontinente zeigten die europäischen Forscher starkes Interesse für das Aussehen, Verhalten und die oft seltsamen Sitten und Gebräuche der dort beheimateten exotischen Völker und »primitiven« Eingeborenen. Da man die Geisteshaltung dieser Menschen in vielen Fällen nicht begriff, entstand der Eindruck, daß neben der körperlichen auch eine seelische Andersartigkeit, ja womöglich auch eine andere Art des Denkens vorliegen müsse. Vielfach glaubte man sogar, daß die Eingeborenen sowohl körperlich als auch geistig den »wilden Tieren« näherstünden und in der Evolution steckengeblieben seien. Diese lebenden »Fossilien« müßten, so nahm man an, noch urtümliche Formen des Denkens besitzen, durch deren Studium man die Stammesgeschichte der menschlichen Denkmuster rekonstruieren könne.

»Vorlogisches« und »logisches« Denken

Rätselhafte Mythen und Legenden über die Entstehung der Welt, Geisterglaube, Ahnenkult, Menschenopfer und viele andere Gebräuche der fremden Völker veranlaßten den französischen Philosophen und Psychologen Lucien Lévy-Bruhl (1857–1939), von einem »vor- oder prälogischen« Denken der sogenannten Naturvölker zu sprechen. Er wußte zwar, daß diese Menschen in der Lage waren, sich durch die Jagd zu ernähren, Werkzeuge und Geräte herzustellen, glaubte aber, daß nicht so sehr das kausale (ursächliche) als vielmehr ein vorlogisches Denken ihre Handlungen bestimme. Die vielen Rituale, Kulthandlungen und Zaubertänze der sogenannten Primitiven schienen zu zeigen, daß sie sich auf geheimnisvolle Weise mit den Naturkräften und auch mit Geistern verbunden fühlten. Lévy-Bruhl nannte dieses Phänomen das »Gesetz der Teilhabe« (franz.: participation mystique): Die Menschen glaubten, durch Beschwörungen, Gebete usw. an den Vorgängen um sie herum »teilhaben« zu können. Durch magische Handlungen versuchten sie, glück- oder unglückbringende Kräfte zu beeinflussen. Lévy-Bruhls Theorie besagte, daß die Inhalte der primitiven Aussagen »mystisch« und die Form der verknüpfenden Gedanken »prälogisch« seien, weil es für die sogenannten Primitiven keinen »Zufall« gäbe, sondern alle Dinge in einem geheimen Zusammenhang stünden, der entschlüsselt und beeinflußt werden könne. Diese Theorie wurde von den Vertretern der neueren Völkerkunde kritisiert, da sie zu sehr den Aberglauben in den Mittelpunkt der wissenschaftlichen Betrachtung stelle und so den Eindruck eines völlig anderen, eines »wilden« Denkens hervorrufe, das sich vom »westlichen« Denken deutlich unterscheide. Die vergleichende Untersuchung der menschlichen Denkformen in unserem Jahrhundert zeigte, daß sich in jeder Gesellschaft, sei sie »primitiv« oder »zivilisiert«, gemeinsame Grundtypen von Weltanschauungen finden lassen, die man als »naiven Realismus« bezeichnen kann. Diese Art, die Welt zu erleben, finden wir schon bei den Tieren. Der Biologe Jakob Uexküll (1864–1944) stellte fest, daß Tiere auf arteigene und »schematische« Weise die Welt wahrnehmen, ordnen und »verstehen«. Sie sehen ihre Umwelt nicht neutral, sondern in »Bedeutungen« und immer in bezug auf sich selbst. Einen verletzten Hund zu berühren ist gefährlich, da er in vielen Fällen nach seinem Helfer schnappt, denn »Schmerz« bedeutet für ihn »Feind«, und auf Gefahr reagiert er, wenn er nicht flüchten kann, mit Angriff. Diese »Bedeutungsverleihung« finden wir auch im abergläubischen Denken der Menschen: Hinter Krankheiten werden Krankheitsdämonen, hinter Unglücksfällen böse Mächte vermutet, neutrale Naturkräfte und Zufälle werden personifiziert.

Der Mensch kann sich seiner Umwelt gegenüber nicht neutral verhalten, er versucht stets, eine Beziehung zu ihr herzustellen. Insgeheim hält der Mensch Zwiesprache mit der Natur, obwohl ihm diese nichts zu »sagen« hat. Georges Devereux, der Verhaltensforscher und Psychotherapeut, nennt den Menschen daher ein »ewiges Kind«: Wir wissen aus Experimenten, daß Kinder und auch höhere Primaten, die keine Antwort oder Reaktion auf ihre Signale (Rufen, Schreien, Berühren) von der Mutter erhalten, entweder krank werden oder sterben. Es ist auch bekannt, daß Kinder ohne Bezugsperson kein angepaßtes Sozialverhalten zeigen. Aufgrund ihrer Isolation beginnen sie zu »halluzinieren«, Wahnideen zu entwickeln und mit sich selbst zu reden. Gesunde Kinder sprechen mit ihren Spielsachen, als wären sie Partner. Auch der erwachsene Mensch, obwohl er die Gegenstände »versachlicht«, kann von der Natur nicht völlig unbeeindruckt bleiben. Wir sprechen von »majestätischen« Bergen, »drohenden« Gewitterwolken, »lauernden« Felsabgründen, »lieblichen« Wiesen und anderem mehr. Die Sterne »blicken« zu uns herab. Wir verlebendigen unsere Umwelt, obwohl wir nicht mehr einer animistischen (lat.: Animismus = Lehre von der Beseeltheit aller Dinge) Naturreligion anhängen.

Beseelte Natur

Die Stummheit der Materie – das »Schweigen« der Berge und die stille Weite des Alls – flößt uns »kosmische Angst« ein. »Mutter Natur« antwortet uns nicht. Und so entwickelt der Mensch einen künstlichen Dialog: Religion, Mythos, Magie, Poesie und Symbolik. Dies sind Systeme, die seine Angst abschwächen und seine Eindrücke formulieren sollen. Die biologische Verhaltensforschung (Ethologie) kennt die Gründe und Ursachen dieser menschlichen Technik, die wir »Beseelung« nennen. In der Tierwelt finden sich innerhalb der Arten Erkennungssignale (»mimische« Auslöser), die angeboren sind. Auch Säuglinge reagieren entsprechend auf lächelnde und drohende Gesichter. Nun ist aber dieser »Instinkt« beim Menschen nicht speziell auf bestimmte Personen, ja nicht einmal nur auf seine eigene Art gerichtet, sondern er ist erweitert (entdifferenziert). Durch Ähnlichkeitsdenken (Analogie) und Assoziationen (Vergleich von Ähnlichem mit Ähnlichem) sprechen wir auf viele Merkmale in der Umwelt an. Die Psychologie spricht hier von »Anmutungsqualitäten«. Ein tiefer, dunkler See mutet uns gefährlich an, er droht uns zu »verschlingen«. Der Anthropologe Arnold Gehlen meint daher, daß der Mensch mit der Natur »im Handgemenge« liege und daß der Animismus der Naturvölker aus dem modernen Denken keineswegs verschwunden sei. Dies äußere sich auch in ganz alltäglichen Dingen. Wenn wir z. B. einen Nagel in die Wand schlagen wollen und auf Widerstand stoßen, dann »will« der Nagel nicht hinein! Die Wand wird als Widersacher und der Nagel als unwillig empfunden.

Unsere Sprache, die für Gegenstände Hauptwörter und für die Bewegung von Gegenständen Tätigkeitswörter vorsieht, verleitet uns, die Dinge zu

a)

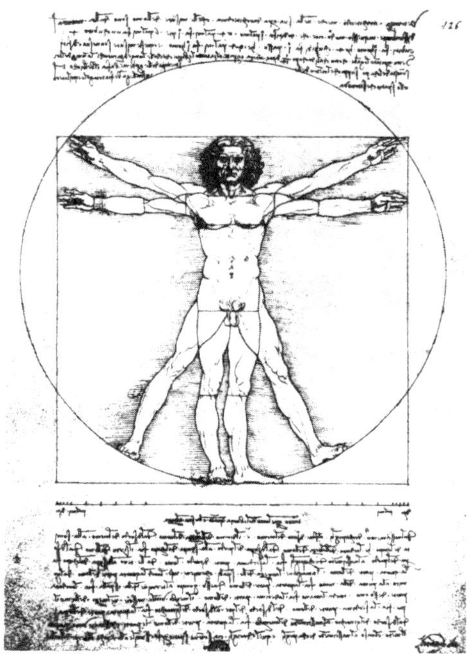

b)

c)

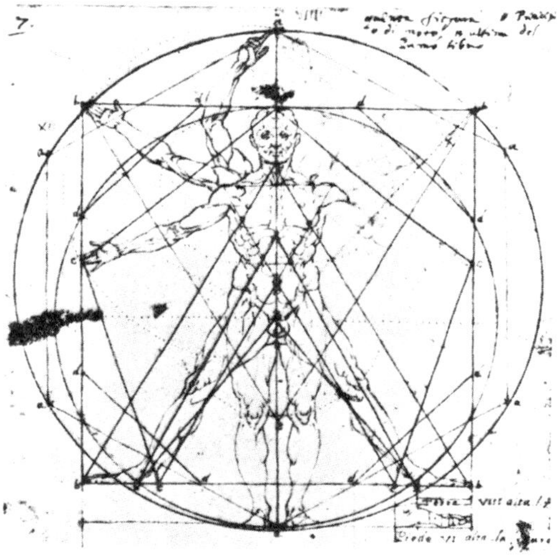

d)

Abb. 28 *Die menschliche Figur als Bezugssystem in Religion, Philosophie und Kunst*
Das Motiv des »Menschen im Kreis« findet sich bei Vitruv (»homo ad circulum«), der auch für die Säulenformen die menschliche Proportion als Maß angab (siehe Abb. 29). In

der frühchristlichen Symbolik ging man davon aus, daß die Gesetze (»Harmonien«) der Welt sich letztlich im Menschen widerspiegeln. Der Geist Gottes verkörperte sich nach damaliger Auffassung in der Gestalt des Menschen. Die Vitruvsche Figur verband sich mit der Kreuzigungsgestalt Christi. Während im Frühmittelalter vor allem die symbolische Aussagekraft des Bildmotivs wichtig war (z. B. der zentrale Mensch, umgeben von den Sphären und Elementen), trat während der Renaissance zunehmend der mathematische Aspekt der Proportionslehre in den Vordergrund.

a) Luftgott Aer als Erzeuger aller Harmonien, Federzeichnung aus Reims (um 1200). Aer wurde als Lebensodem Gottes, aber auch als Luft – die wie die Seele alles umgibt – interpretiert. Diese Gestalt gebietet über die vier Winde, Weltgegenden und Himmelsrichtungen. Der kosmische Kreis besteht im innersten Medaillon aus den drei antiken Meistern der Dichtkunst (Arion), der Musik (Orpheus) und der Mathematik (Pythagoras), umgeben von den neun Musen. Die mittelalterlichen Denkmodelle beruhten nicht auf der Beobachtung, sondern wurden auf Grund theologischer Systeme entworfen.

b) Leonardo da Vinci, Proportionsfigur nach Vitruv, Galleria dell'Academia, Venedig (1485–1490)

c) Vitruvs »Homo ad circulum« in der Ausgabe von Cesare Cesariano, Como (1521)

d) Mensch in Bewegung, eingeschrieben in Kreisbahn, Quadrat, Fünfeck, Sechseck und Oktogon. Die Zeichnung stammt aus dem Kreis um Leonardo da Vinci, Codex Huygens

»beseelen«. Der Mensch läuft – aus eigenem Willen; ein Bach rinnt – er hat keinen Willen. Dennoch sprechen wir davon, daß sich das Wasser einen Weg bahnt, Hindernisse wie z. B. einen Felsblock »überwindet« usw. Wir projizieren also einen Willen in Naturvorgänge, die ohne erkennbaren Zweck ablaufen. Das Ausstatten der Natur mit menschlichen Eigenschaften nennt man »Anthropomorphisierung«. Lévi-Strauss hat darauf hingewiesen, daß wir Bewohner des Abendlandes zwar symbolisch, metaphorisch und poetisch denken, sprechen und dichten, daß das »wilde« Denken sich aber nicht nur mit den Gegenständen befaßt, sondern auch mittels Gegenständen ausdrückt. In dieser »Ding-Sprache« haben z. B. Hütten, Bäume, Wege, Berge, Masken und Frisuren bestimmte Bedeutungen. Die Anordnung und Art der Häuser etwa oder die Frisuren zeigen, zu welchem Clan man gehört, Bäume und Berge sind der Sitz von Geistern. Auf diese Weise eignet man sich die Umwelt an, vermenschlicht und begreift sie als Partner, zu dem man in einer Beziehung steht. Die moderne Wissenschaft hat den Menschen gelehrt, daß die Natur keine Beziehung zu ihm sucht, sondern daß er diese herstellt. Seit alters her suchte der Mensch diese einseitige Beziehung aufzuheben, indem er seine Vorstellungen in die Natur hineinlegte und von ihr wieder empfing. Diese »Anthropomorphisierung« läßt sich anschaulich in jenen Bereichen verfolgen, in denen der Mensch seinen eigenen Körper als Modell für außermenschliche Phänomene nahm. In unserer zivilisierten Welt und innerhalb unseres »gezähmten« Denkens sind derartige Körpermodelle vor allem in der Sprache noch häufig anzutreffen. Wir sprechen vom »Ober-Haupt« der Kirche, dem »Kopf« einer politischen Bewegung und dem »Fuß-Volk«. Die Schlagzeile einer Zeitung nennen wir »Headline«, die Anmerkungen im unteren Teil einer Druckseite »Fuß-Noten«. Biomorphe Vorstellungen, nämlich die Welt oder den Staat als Körper und die Menschen als »Mit-Glieder« zu sehen, wurden in früheren Zeiten auch auf das Jenseits über-

Anthropomorphisierung

tragen. Der Götterhimmel war genauso in »Ober- und Untergötter« eingeteilt wie die irdischen Gesellschaften.
Besonders augenfällig ist die allegorische Verwendung des Körper-Modells bei den Ursprungs- und Entstehungsmythen der Welt. Im indischen Rigveda wird der Urmensch Purusha zerstückelt, aus seinen Körperteilen entsteht die Welt: aus seinem Kopf der Himmel, aus seinem Auge die Sonne, aus seinem Atem der Wind, aus seinen Füßen die Erde. Ähnliche Vorstellungen finden sich in der germanischen Edda. Aus der Hirnschale des Urriesen Ymir formt sich der Himmel, aus seinem Fleisch die Erde, sein Blut verwandelt sich in das Meer, aus seinen Knochen wachsen die Gebirge, aus seinem Haar die Bäume. Die australischen Eingeborenen bezeichnen in ihren Mythen die Erde als Fleisch und die Berge als Skelett. Die chinesische Mythologie berichtet von dem Urmenschen Panku, aus dessen Kopf Berge, aus dessen Augen Sonne und Mond, aus dessen Atem Wind, aus dessen Schweiß Regen und aus dessen Blut Flüsse entstanden. Die Mystik der griechischen Antike, z. B. die der Pythagoräer, projizierte auch die vier Elemente in den menschlichen Körper. Eine christliche Mystikerin des Mittelalters, Hildegard von Bingen (1098–1179), meinte, daß

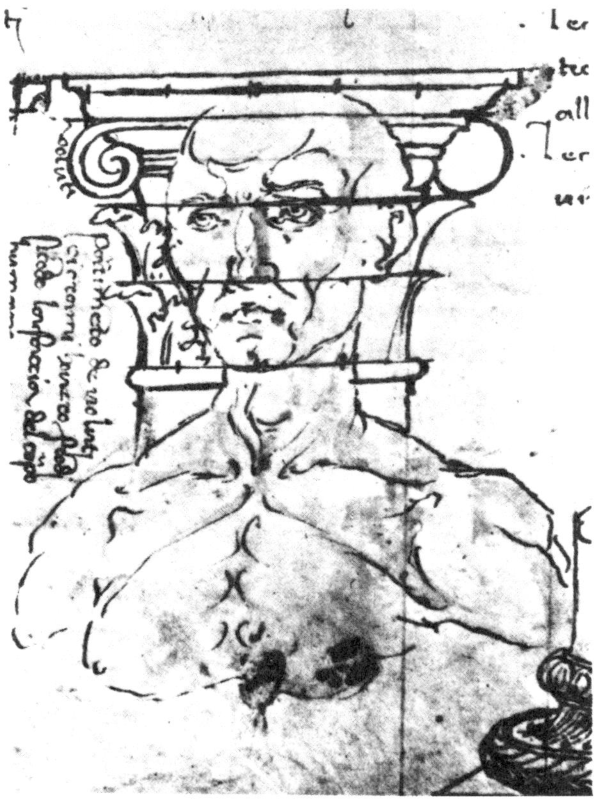

Abb. 29 *Säulenkapitell, nach den Proportionen des menschlichen Gesichts gestaltet (Codex Torinese Saluzziano)*

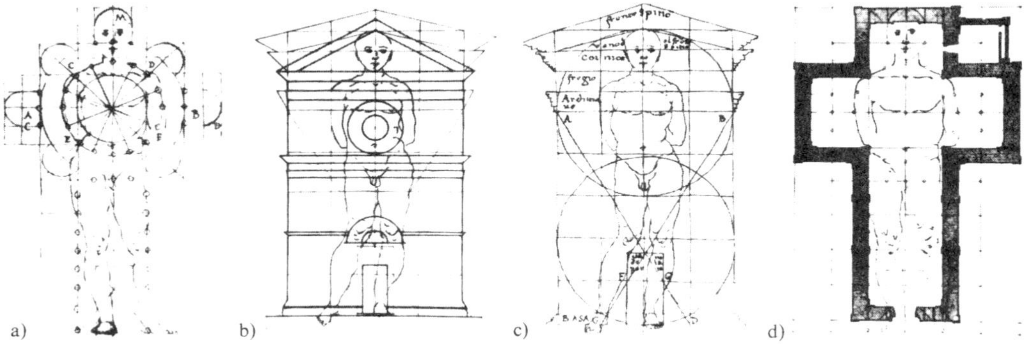

Abb. 30 *Projektion der menschlichen Gestalt in Formen der Baukunst*
Apostel Paulus sprach in seinen Briefen an die Römer von der Kirche als dem »Leib« Christi. Der hl. Augustinus hat diesen Gedanken auf die Konstruktion der Kirchengebäude übertragen. Durch die wissenschaftliche Wiederentdeckung der Proportionslehren des römischen Architekturtheoretikers Vitruvius Pollo begann man in der Renaissance diese Vorstellungen bildlich umzusetzen.
Francesco di Giorgo, »Trattati d'architettura civile e militare« (1480–1490)
a), b) Kirchengrundriß und Kirchenfassade nach den menschlichen Maßen (aus Codex Magliabecchiano, Florenz)
c), d) Plan und Ausführung in der Kirche S. Maria delle Grazie, Carcinaio bei Cortona

der Luft der menschliche Atem und das Geräusch, dem Feuer die menschliche Wärme und der Augenglanz, dem Wasser der Speichel und das Blut, der Erde Fleisch und Knochen entsprächen.

Im »Elucidarium« des Honorius von Autun (ca. 1080–1156) wird vom Menschen gesagt: »Sein Fleisch stammt von der Erde ab, seine Wärme vom Feuer. Sein Kopf ist rund wie die Himmelssphäre; zwei Augen glänzen in seinem Gesicht wie die beiden Lichtquellen am Himmel; sieben Öffnungen schmücken den Körper wie auch die sieben Harmonien den Himmel schmücken. Seine Brust wird vom Husten und vom Atem durchzogen und ist ein Abbild der Luft, in der sich die Winde und der Donner regen. Sein Bauch nimmt alle Flüssigkeiten auf, wie das Meer alle Flüsse der Erde. Seine Füße tragen das ganze Gewicht des Körpers und gleichen darin der widerstehenden Erde. Vom himmlischen Feuer hat er seinen Blick, von den höheren Lüften seinen Gehörsinn, von den niederen seinen Geruch, sein Geschmackssinn stammt vom Wasser und sein Tastsinn von der Erde. In seinen Knochen ist die Härte der Steine, in seinen Nägeln das Grünen der Bäume, durch seine Haare nimmt er teil an der Schönheit der Pflanzen, und durch seine Sinne ist er verbunden mit den Tieren. Dies ist die Beschaffenheit der körperlichen Substanz.«

Auf geheimnisvolle Weise spiegelt sich der Kosmos im Menschen und umgekehrt. Der Mensch ist Mikrokosmos (eine Welt im kleinen), die Welt Makroanthropos (ein riesiger menschenähnlicher Körper). Der menschliche Körper wird in Form und Größenverhältnissen in architektonischen Grundrissen nachgebildet. Schon der römische Architekt Vitruvius Pollo

bediente sich im 1. Jahrhundert n. Chr. solcher Schemata. Das Kirchenschiff wird als Leib Christi, die Apsis als Kopf, die Seitenschiffe als die ausgestreckten Arme und der Altar als Herz gedeutet (Abb. 30). Anthropomorphe Symbolik ist auch im tantrischen Yoga Indiens bekannt. Der menschliche Körper wird als Mikrokosmos begriffen, als Modell des Kosmos. So bildet die Wirbelsäule den Weltberg Meru, zwei Nervenkanäle symbolisieren Sonne und Mond. Sogar Städte werden in den Körper verlegt. Benares etwa befindet sich an der Nasenwurzel.
Der Sprachforscher Jakob Grimm schrieb in seiner »Deutschen Mythologie« (1854): »Unter allen die älteste und verbreitetste Vorstellung, welche man mit der Sonne und den übrigen Gestirnen verband, mag gleichwohl die des Auges gewesen sein. Die Kosmogonien der Vorzeit ließen sie aus Augen erschaffen werden. Den Parsen war die Sonne das Auge des Ahuromazda (Ormuzd), den Ägyptern rechtes Auge des Demiurgen, den Griechen Auge des Zeus, unseren Vorfahren Auge des Wuotans, und nach einer Fabel der Edda mußte Odin sein eigenes Auge dem Mimir zu Pfand setzen oder in dessen Brunnen werfen, und darum wird er einäugig darge-

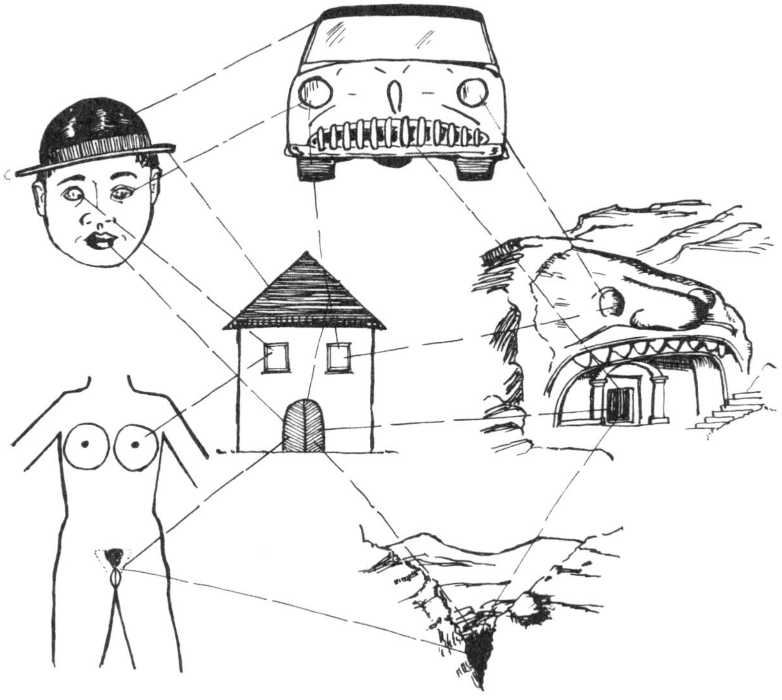

Abb. 31 *Attrappengesichtigkeit des Menschen*
Durch die »Verrechnung« von Merkmalsähnlichkeiten in unserer Wahrnehmung kommt es assoziativ zu Bedeutungsverschmelzungen und Sinnübertragungen. Dach/Hut, Fenster/Augen, Tor/Mund werden austauschbar. Augen/Brüste und Mund/Vagina/Höhleneingang geben Anlaß zu Vergleichen. Rechts Mitte der Eingang zur Tigerhöhle im Udayagiri-Hügel, Indien.

stellt. Mit diesen Augen überschaut die Gottheit die gesamte Welt, und nichts kann dem Spähenden verborgen bleiben, sie durchdringt alles; alle Gestirne blicken auf die Menschen hernieder. Die altnordischen Dichter gestatten aber nicht nur Sonne, Mond und Sterne Augen des Himmels, sondern auch, nach jener Umdrehung des Makrokosmos, das menschliche Auge die Sonne, den Mond oder das Gestirn des Schädels, der Stirne, Brauen und Wimpern zu nennen; ja das Auge darf ein Schild der Stirne heißen, was jenen Namen der Sonne bestätigt.«

Wie schon erwähnt, wird auch die Architektur in besonderer Weise zum Symbol des menschlichen Körpers oder der kosmischen Ordnung. Konrad Lorenz spricht in diesem Zusammenhang von der »Attrappensichtigkeit« des Menschen: »So ziemlich alle menschlichen Bauwerke, die Fenster haben, wirken stark physiognomisch, unter eindeutiger Bewertung dieser Öffnungen als Augen.« Sprachlich hat sich dies unter anderem im englischen »window« – Windauge – erhalten. Ähnliche äußere Merkmale lassen ähnliche Bedeutungen und Funktionen vermuten. Das Dach wird zum Hut und zur Frisur des Hauses, die Tür zum Mund und der Kühlergrill eines »Oldtimers« zum fletschenden Gebiß (vgl. Abb. 31). Leere, dunkle Fenster »starren«, eine Tür »gähnt«, und die Dunkelheit »verschlingt« uns.

Körper-Projektion und Geschlechts-Symbolik

Eine besondere Bedeutung in der Körper-Projektion und Geschlechts-Symbolik nimmt die Höhle ein. Wir wissen aus altsteinzeitlichen Funden, daß Höhlen, zu denen man mühsam hinuntersteigen mußte, dem Jagdzauber, aber auch dem Jugendweihe-Kult (Initiation) dienten. Der Initiand mußte die Höhle aufsuchen, in den Mutterleib zurückkehren, um sein früheres Leben, die Kindheit, abzulegen. Nach entsprechenden Zeremonien kehrte er, wiedergeboren, zu seinem Stamm als Erwachsener zurück. Dieser Gedanke ist auch heute noch weit verbreitet. Bei vielen Naturvölkern wird der Initiand in die Wildnis geschickt, um »wie die wilden Tiere« zu werden. Er muß sich von Pflanzen ernähren, muß Tiere jagen und darf erst heimkehren, wenn er bestimmte Prüfungen bestanden hat. Die Wiedergeburtsvorstellung könnte in der Altsteinzeit aber auch mit der symbolischen Darstellung des Geschlechtsverkehrs zusammenhängen. Das Hinabklettern in die Höhle durch die Erdspalte, das Eindringen in den Schoß der Mutter Erde, war stets ein Akt der Erneuerung, der Befruchtung. In den Tiefen der altsteinzeitlichen Höhlen finden sich Darstellungen von männlichen und weiblichen Geschlechtsteilen sowie einander begattender Tiere. Nicht nur der Jagdzauber, auch der Geburts- und Fruchtbarkeitszauber dürften hier stattgefunden haben.

Mit den Hügelgräbern der späteren Megalithkulturen verbinden sich ähnliche Gedankengänge. Der Tumulus (Ganggrab, Hügelgrab) wurde als Bauch einer Schwangeren und uterus mundi (Gebärmutter Erde) angesehen. Der Tote kehrte hier sozusagen in den Schoß der Mutter Erde zurück und wurde nach dem Glauben der Menschen jener Zeit wiedergeboren für ein anderes Leben. Die Hügelgräber (»Kurgane«) in der Ukraine werden »babi« genannt – von »baba« (Weib, Großmutter, Hebamme).

Das Taurobolium, der Initiationsritus des aus Persien stammenden Mi-

Tabelle 6

Majestas (das Übermächtige)	Energicum (das Zwingende)	Tremendum (das Schauervolle)
Alles Ragende, Gewaltige, Überwältigende, Mächtige. Hohe Erscheinung, in sich ruhend. Schreitende Kraft. Z. B. Berge, Wogendes, Riesenbäume, Schluchten, Reißendes.	Mitreißende Kraft, rasche Wandlung, Tanz, Raserei, Zorn, Drohung. Spannung und Dynamik, Aufbruchsstimmung, erregender Tatendrang, Orgie, Ekstase. In der religiösen Ikonographie: fletschende Götter mit quellenden Augen.	Gefühl von Macht, Gewalt und Ohnmacht. Seine Bilder sind: Dunkles, Zwielichtiges, Geister, Dämonen, die Patina der Zeit. Das Ergrauende, Gräber, Ruinen, Wüste, Einöde.
Fascinans (das Lockende)	Mirum (das ganz Andere)	Sanctum (das Unberührbare)
Betörender, bestrickender, prächtiger Glanz der Erscheinung. Schimmerndes, Buntes, Anziehendes, Sehnsüchtiges, Bezauberndes. Brokat, Edelstein, Glas, Licht.	Das Wunderbare, die Überraschung, das Seltene und die Abweichung. Verblüffend, abenteuerlich, absonderlich, ausgefallen, rätselhaft und unwahrscheinlich.	Das Allseitige, Unfaßbare, Unantastbare, Unangreifbare. Die Reaktion ist »heilige Scheu«, Tabu, Umzäunung, Umhüllung, Versteck, Absonderung und Berührungsangst.

Die hier angeführten »Urformen« und Grundtypen des mythischen und religiösen Erlebens stammen von dem Religionsforscher Rudolf Otto, er hat sie und ihre Misch- und Übergangsformen in seiner Arbeit über das »Numinose« (Das Heilige, 1917) beschrieben. Mit dem »Numinosen« versucht er ein Gefühl zu umreißen, das allen Religionen gemeinsam ist. Die Urformen des religiösen Erlebens und seine evolutionären Vorstufen bzw. Analogien zum animalischen Bereich lassen sich auch mit den Begriffen der Verhaltensforschung beschreiben: Majestas als vergeistigte Form des Imponierens, Energicum als produktive und kreative Form der Aggression, der ansteckenden »Flugstimmung«, Tremendum als Zeichen von Angst und Furcht, Fascinans als »überoptimale Reizattrappe«, Mirum als Aspekt des »Anstoßnehmens« an allem außerhalb der Norm Liegenden, Sanctum als vergeistigte Form von Territorium und Revier (»göttlicher Besitz«).

thraskults, der von römischen Legionären im 3. Jahrhundert n. Chr. auch nach Österreich gebracht wurde, schrieb dem Initianden vor, in das unterirdische Heiligtum hinabzusteigen. Dort mußte er sich unter eine Metallschale legen, über der ein Stier geopfert wurde. Nachdem er durch das Blut des Stieres in mystischem Dunkel von den Verfehlungen seines früheren Lebens gereinigt worden war, trat er neugeboren wieder in das Licht des Tages. In Neuguinea wühlen sich die Initianden aus Strohhaufen heraus, um zwischen den Beinen einer Frau symbolisch wiedergeboren und wie Kinder gefüttert zu werden. Dieser Hell-Dunkel-Effekt läßt auch die gotischen Kathedralen zu einem starken Gefühlserlebnis werden. Der Gläubige, der aus der Helle des Tages in das mystische Halbdunkel der Kirche tritt, wird nicht nur durch die himmelwärts strebende Innenarchitektur, die feierliche Stille, den Geruch von Weihrauch und die flackernden Kerzen beeindruckt, sondern vor allem durch das vielfarbige Licht, das durch die riesigen Fensteröffnungen im oberen Teil der Kathedrale hereinflutet. Aus der Dunkelheit und Bedrängnis des Alltags erhebt er seinen Blick in ein Erlösung (Wiedergeburt) verheißendes lichtvolles Jenseits. Goethes Faust schildert das Gefühl der Menschen, die nach langen, dunklen Winternächten zum Osterspaziergang ausschwärmen:

»... Denn sie sind selber auferstanden,
Aus niedriger Häuser dumpfen Gemächern,
Aus Handwerks- und Gewerbesbanden,
Aus dem Druck von Giebeln und Dächern,
Aus der Straßen quetschender Enge,
Aus der Kirchen ehrwürdiger Nacht
Sind sie alle ans Licht gebracht.«

Natürliche und künstliche Gebilde, wie Gebirge, Hügel, Türme und Steine, können aber auch als Ausdruck männlicher Zeugungskraft (erigierte Phalli mit Zeigecharakter) und Macht (s. Abb. 85) sowie als Abwehrsymbole gedeutet werden (vgl. die phallischen Wächterfiguren, S. 286). Daß Türme als phallische Symbole gelten, ist heute allen jenen geläufig, die sich mit der Traumsymbolik Sigmund Freuds beschäftigt haben. Auch die urzeitlichen Steinmale (Menhire) können als versteinerte männliche Kraft und Vorläufer der ägyptischen Obeliske gesehen werden (s. Bild 183). Hier seien auch die australischen und indianischen Totemstangen bzw. -pfähle genannt. Im alten Babylon galt der Stufenturm als Zeichen für die Vermählung von Himmel und Erde (Hierosgamos = heilige Hochzeit). Das Aufragende, Aufrechte in der Architektur erregt als Reizattrappe Aufmerksamkeit und kann als kulturelle Spielart des Imponiergehabens und damit als Ausdruck der Macht gelten.

Der Mond gilt bei den Kulturen des Mittelmeerraums als weibliches Symbol und Gottheit. Die amerikanischen Raumschiffe, die den Mond »eroberten«, trugen den Namen »Apollo«. Apollo verkörperte den Sonnen- und Lichtgott und vertrat das männlich-phallische Prinzip. Bei der Mondlandung im 20. Jahrhundert wirkten also noch uralte Mythen nach!

Wildes und gezähmtes Denken finden sich in der Baukunst vereinigt. Während die Architektur der modernen Zivilisation kaum mehr bewußt Symbole verwendet – die Form von Türmen, Fenstern, Toren, Balkonen, Gängen usw. ist vor allem durch ihre Funktion bestimmt –, hatten die Bauten vergangener Epochen eine über ihre Funktion hinausgehende Bedeutung. Vielfach waren unterirdische Kammern und Krypten als Zeichen der Toten- und Unterwelt zu verstehen, Säulen galten als Himmelspfeiler, die das Dach als Himmelskuppel trugen. Die Stufen der indischen Tempel entsprachen den Stufen der Meditation. Je höher man stieg, desto näher gelangte man zur Spitze des »Weltbergs«, dem Gipfel der Weisheit. Das Mausoleum als Totenhaus sollte ein sichtbarer Wohnort für die Seele des Verstorbenen sein. Auch Sarkophage und Altäre gestaltete man in Hausform, hatten sie doch seelische bzw. göttliche Kräfte zu beherbergen.

Das Motiv der »Umhüllung« liegt der Errichtung dreidimensionaler Bauten zugrunde, sie schützen und bergen wie ein Leib. Das »Wegmotiv« schließlich beeinflußt das Verhalten und die Fortbewegung des Menschen.

Viele Bauten zwingen den Besucher, Treppen zu steigen, Vorräume, lange Gänge und weite Säle zu durchschreiten, ehe sie zum »Allerheiligsten« gelangen, sei dieses religiöser oder profaner Natur (Gott oder Chef). Die Architektur unterstreicht das ritualisierte Verhalten des Menschen, sie ermöglicht Prozessionen, Rundgänge, auf- und absteigende Bewegungen der Besucher, schafft Zentren für Zeremonien, seien es Altar oder Bühne, und erweist sich hier ebenso wie die Kleidung als Erweiterung des menschlichen Leibes und seiner Bedürfnisse. Gemeinsam sind den Bauten aller Zeiten bestimmte architektonische Grundformen (Archetypen), die zeigen, daß das wilde und das gezähmte Denken nicht Gegensätze, sondern nur zwei Aspekte der menschlichen Psyche sind.

Der vernünftige Wahn

»Ein armer Hirnhund, schwer mit Gott behangen. Ich bin der Stirn so satt . . .«

Gottfried Benn, um 1915

»Gott ist seine eigene Erfindung. Das sich selbst Unerklärliche sagt aus Menschenmund Gott zu sich.«

Christian Morgenstern, »Stufen«, 1918

In der Wolke, die Menschen und Tiere in kalter Luft ausatmen, sahen die frühen Menschen den Lebenshauch, die Seele. Die Griechen sprachen von Pneuma (griech.: Hauch) und Psyche (griech.: Seele), die Lateiner von Animus (lat.: Seele), die Hebräer nannten die Seele ruach, im Sanskrit heißt sie âtman. Wer sein Leben »ausgehaucht« hatte, dessen Seele hatte seinen Leib verlassen.

Im Schlaf erlebt der Mensch seltsame Dinge. Er glaubt sich in eine andere Landschaft versetzt, sieht sich im Gespräch mit Verstorbenen oder hält noch lebende Verwandte bereits für tot. Im Traum scheint die Seele auf Reisen zu gehen, Raum und Zeit werden aufgehoben, Unmögliches wird wahr. Der Schlafende erinnert an den Toten: Im Schlaf sieht man den »kleinen Tod«, im Tod den »langen Schlaf«. So wie im Traum die Seele frei umherschweift, so tritt die Seele des Sterbenden nach dem letzten Atemzug ihre Reise in die Zeit- und Ortlosigkeit des Jenseits an.

In den Megalithkulturen des Mittelmeerraums war es üblich, ein »Seelenloch« in die Stirnwand des Grabes zu meißeln, damit der Seelenvogel entweichen konnte (s. Abb. 33). Auch Schmetterlinge galten als Seelentiere, im Neugriechischen heißt der Schmetterling heute noch »psychiari«. Selbst Maus und Wiesel, Eidechse und Schlange wurden als schattenhaft dahinhuschende Wesen zu Symbolen der Seele.

Die Atem- oder Organseele, die den Körper verließ, konnte auch Menschengestalt annehmen, daß heißt sich eines fremden Körpers bemächtigen, als geisterhafter Astralleib oder als Spukbild erscheinen.

Rudolf Bilz spricht hier vom »Mythologem der postmortalen Ich-Identität« und verweist auf die früher weitverbreitete Vorstellung der nächtlichen Wiedergänger, ruheloser Schattengeister, die aus dem Grab steigen, um vergangene Schuld zu rächen oder zu sühnen. Der Mensch sah auch in seinem Schatten, der ihn stets verfolgte und von dem er sich nicht lösen konnte, ein Symbol seiner körperlosen Seele oder die Bedrohung durch einen nicht greifbaren Doppelgänger. Wer wie Peter Schlemihl in der Geschichte von Adelbert von Chamisso seinen Schatten an den Teufel verkaufte, hatte seine Seele dem Satan überantwortet. In der antiken Mythologie wurde das Jenseits stets als Schattenreich beschrieben.

Neben rätselhaften Naturerscheinungen und oft als Realität erlebten Träumen sowie Sinnestäuschungen, z. B. der Fata Morgana, wurden sicherlich

Der Rausch als Quelle religiöser Vorstellungen

auch Fiebervisionen und vor allem Rauschzustände für den Menschen zu Quellen mythisch-magischer und religiöser Vorstellungen. Unabsichtlicher Genuß von Drogenpflanzen rief bei den frühen Jägern und Sammlern nicht nur gelegentlich zu Krankheit und Tod führende Vergiftungen hervor, sondern auch interessante Bewußtseinsveränderungen. Rauschzustände wurden als außergewöhnliche und bedeutsame Phänomene alsbald bewußt durch den Verzehr entsprechender Gewächse erzeugt. Die Geschichte der Menschheit ist auch gleichzeitig die Geschichte der Rauschmittel. Es existiert kaum ein Volk auf dieser Erde, das nicht Genußmittel oder Drogen verwendet. Der Rausch muß als ein grundlegendes »anthropologicum« betrachtet werden. Schon in prähistorischer Zeit scheint man entdeckt zu haben, daß kohlenhydrathaltige Flüssigkeiten im Gärungszustand ein berauschendes Getränk ergeben. Aus Honigwasser wurde Met, aus Traubensaft Wein, aus Getreideabkochungen Bier hergestellt. So dürfte der Alkohol einer der ältesten Begleiter des Menschen sein.

Der frühe Mensch, der, wie schon erwähnt, bei der Nahrungssuche neben den eßbaren, keine Nebenwirkungen hervorrufenden Pflanzen auch auf solche stieß, deren Genuß seltsame Erscheinungen zur Folge hatte, beobachtete sicherlich auch die Reaktion von Tieren auf die verschiedenen Pflanzen. Wir wissen heute, daß auch Tiere rauscherzeugende Pflanzen nicht ablehnen. In Afrika holen sich die Elefanten mit Vorliebe in der Mittagshitze gegorene Früchte von den Bäumen, um sich schließlich torkelnd davonzumachen. In Mexiko berauschen sich die Rinder an einer Pflanze mit Namen Chacquila, die sie gewohnheitsmäßig fressen und nach der sie schließlich süchtig werden.

Durch die Einnahme von Rauschmitteln wird die Kontrollfunktion der Großhirnrinde teilweise ausgeschaltet, und es kommt zu Bewußtseinstrübung, mit Glücksgefühlen verbundenen Erregungszuständen, aber auch zu schreckenerregenden Visionen und Angstzuständen. Die Pharmakologie unterscheidet zwischen Euphorika (Opium, Kokain, Morphium, Betel und Kawa) und Halluzinogenen (Haschisch, Marihuana, Soma, Meskalin, Psilocybin u. a.). Die Drogen der ersten Gruppe erzeugen seelisches und körperliches Wohlbehagen mit sowohl dämpfenden als auch erregenden Nebenwirkungen. Sie sind Suchtgifte. Die zweite Gruppe verändert das Zeit- und Raumgefühl, erzeugt Visionen und Illusionen, bei denen die Traumwelt als real erlebt wird, zeitweise kommt es auch zur Persönlichkeitsspaltung. Aufgrund ihrer sehr bildhaften, ver-rückenden Wirkungen werden die Drogen dieser Gruppe als »Phantastika« bezeichnet. Sie führen nicht unmittelbar zur Sucht, können jedoch als sogenannte »Einstiegsdrogen« suchtfördernd wirken. Zu einer dritten Art von Rauschdrogen, den Narkotika, zählen vor allem die Familien der Nachtschattengewächse (Solanaceae) und die Alkaloide der Tollkirsche, des Bilsenkrauts, des Stechapfels und der Alraune, im Mittelalter als »Hexenkräuter« bekannt. Der Genuß dieser Kräuter führt je nach dem Grad der Alkaloidvergiftung zu mehr oder minder starken Sinnestäuschungen.

Man nimmt heute vielfach an, daß religiöse Erlebnisse zumindest teilweise auf die bewußtseinsverändernden (psychotropen) Eigenschaften bestimmter Pflanzen zurückzuführen sind. Schon sumerische Keilschriftzeichen aus dem 3. Jahrtausend v. Chr. berichten, daß im Zweistromland Mohn kultiviert wurde. Auf Kreta wurde die Statue einer Mohngöttin aus dem Spätminoikum III (16. bis 15. Jahrhundert v. Chr.) gefunden, die geritzte Mohnkapseln als Kopfschmuck trägt (s. Abb. 32a). Opium und Mohnkapsel haben in den Sagen des Altertums eine große Rolle gespielt. Schon Homer berichtet in der Odyssee von dem Trank Nepenthes, »ein Mittel, Kummer zu tilgen und Groll und jeglicher Leiden Gedächtnis«. Die griechischen Zauberinnen, die Pharmakides (Giftmischerinnen) genannt wurden, verwendeten Mandragora (Alraune), Belladonna und andere Pflanzen. Bei den Mysterienspielen der Antike (z. B. in Eleusis) sollen die Teilnehmer in Trance gefallen sein, auch von ausschweifenden Orgien im Zusammenhang mit Rauschmitteln wird berichtet. Eine weitverbreitete Droge war der Fliegenpilz (Amanita muscaria). Durch seinen Genuß werden Raum- und Zeiterlebnis verändert und farbige Visionen erzeugt. Aufgrund seiner bewußtseinsverändernden (psychotropen) Wirkung wird er auch »Glückspilz« genannt. In unseren Breiten spricht der Volksmund auch heute noch von den »narrischen Schwammerln«.

Heilige Pilze

Die Tschuktschen, Korjaken, Jukagiren und Kamtschadalen in Sibirien verwenden den Fliegenpilz von alters her zur Herstellung eines magischen Trankes. Man nimmt an, daß der Fliegenpilz-Kult von den Ariern vor etwa 3 500 Jahren in Indien eingeführt wurde und auf den dort bestehenden geheimnisvollen Soma-Kult eingewirkt hat. Der »Heilige Trank«, ein

Abb. 32 *Religion und Rausch*
a) Kretische Mohngöttin, spätminoisch (16. bis 15. Jahrhundert v. Chr.)
b) Pilzstein aus Guatemala (zwischen 500 und 1250). Der Typus dieser Figur weist auf altmexikanische Rausch-Kulte.

berauschender Saft, der aus der als göttlich verehrten Soma-Pflanze hergestellt wurde, spielte bei den kultischen Handlungen der vedischen Religion eine große Rolle. Er wird in 120 ayurvedischen Hymnen gepriesen. Das Wort »Soma« scheint mit dem altpersischen »Huoma« identisch zu sein. Auch im abendländischen Bereich waren halluzinogene Drogen nicht unbekannt. Harald Schönhaar, der Begründer des norwegischen Reiches (872 n. Chr.), besaß eine ständige Leibwache, die sogenannten »Berserker« (altnord.: beri = Bär, serkr = Gewand). Diese sollen wild und mutig wie Bären und Wölfe gewesen sein. Agrippa von Nettesheim (1486–1535) berichtet von einem Trank, vermutlich Fliegenpilzabsud, mit dem sich die Berserker in »Bärenwut« versetzten.

Herodot berichtet 450 v. Chr., daß die Skythen in ihren Zelten Hanfkörner (Haschisch) auf glühende Steine warfen und den entstehenden Dampf gierig einatmeten.

Die Azteken und Mayas in Mittelamerika bedienten sich ebenfalls halluzinogener Drogen: Zu diesen gehörten Teonanacatl, das übersetzt »Fleisch Gottes« heißt, Peyote, das »Bote Gottes« bedeutet, Ololiqui u. v. a. Mit Peyotl bezeichneten sie eine Kaktusart (Lophophora williamsii), die den Wirkstoff Meskalin enthält. Man nimmt an, daß der Peyotekult bereits seit 2 000 Jahren gebräuchlich ist. Er ist heute noch nicht nur in Mexiko, sondern auch in Nordamerika bei den Prärie-Indianern verbreitet. 1918 war in Oklahoma sogar eine »Native American Church« gegründet worden, die diesen Kult wiederaufleben ließ.

Ekstase und Vision

Das Studium der verschiedenen Religionen zeigt, daß außergewöhnlichen Bewußtseinszuständen besondere Bedeutung beigemessen wurde. Epileptiker z. B., die vor ihren krampfartigen Anfällen zuweilen Visionen haben, wurden als Heilige verehrt (morbus sacer = heilige Krankheit). Noch heute versetzen sich die Schamanen bei den sogenannten Naturvölkern durch Tanz, Gesang und Narkotika in Ekstase (griech. »Aus-sich-Heraus-getreten-Sein«). In diesem Zustand treten sie mit mächtigen Geistern oder Dämonen in Verbindung und sollen in der Lage sein, Kranke zu heilen, die Zukunft vorauszusagen oder unheilbringende Einflüsse abzuwehren. Derartige seelische Ausnahmezustände sind aber nicht nur die Folge magisch-religiöser Handlungen, sondern können auch durch besondere körperliche Anstrengung, wie etwa ekstatische Tänze, hervorgerufen werden. Dabei bilden sich im Körper Giftstoffe, z. B. Milchsäure, die Halluzinationen oder Trance verursachen. Auch länger dauernde Enthaltsamkeit (Askese), völliger Abschluß von der Außenwelt oder eine bestimmte, durch Yoga entwickelte Atemtechnik können zu Kohlensäurerausch und Visionen führen.

In nahezu allen Religionen lassen sich Phänomene wie göttliche Visionen, Erleuchtungen und verschiedene Darstellungen der Himmelfahrt nachweisen. Die Botschaften der Überirdischen werden meist in Abgeschiedenheit und in einem Zustand des In-sich-selbst-Versunken-Seins empfangen. Die westlichen Religionen lassen meist nur Meditation, Gebet, Fasten bzw. Kasteiung als Vorbereitung auf die Askese zu. Viele Naturreligionen und östliche Weltanschauungen dagegen beziehen die Ekstase, das Außer-sich-

Sein, in ihren Kult mit ein. Ursprünge der Religionen sind jedoch nicht nur Angst, Traum, Rausch und Halluzination, ihre tragenden Pfeiler sind vor allem »magische« Denkformen und Techniken sowie kultische Handlungen, die in Form von Tänzen, rhythmischen Beschwörungen, Menschen- und Tieropfern, Prozessionen und Litaneien die Verbindung mit den Überirdischen herstellen und den Glaubensinhalten Gestalt verleihen sollen.

Technomorphes Denken

Der Philosoph Ernst Topitsch hat urtümliche Denkformen und Weltanschauungen vieler Kulturen erforscht und ihre typischen Muster aufgezeigt. Die Frage nach dem Ursprung der Welt und des Menschen erklären sich nahezu alle Völker »technomorph«, daß heißt, sie vergleichen den tätigen Menschen mit den Göttern. Ein Gott »schuf« die Welt und »formte« Menschen aus Lehm, wie dies etwa im Alten Testament der Bibel geschildert wird. Hier wird das Modell des menschlichen Handelns zum Modell der Welt- und Menscherschaffung. So wie das Leben aller Völker durch Gesetze und moralische Vorschriften bestimmt ist, so hat man auch den Begriff der übergeordneten Gerechtigkeit »soziomorph« gefaßt, daß heißt, man hat die Vorstellungen irdischer Gesellschaften von Rechtsprechung in die Welt der Götter projiziert. Übeltaten werden durch die »gerechte« Hand eines Gottes oder durch das Schicksal auf Erden oder im Jenseits bestraft. Ein Weltenrichter hat nicht selten das letzte Wort. Daß der Mensch sich gegen Seuchen und Katastrophen nicht schützen kann und nichtaufgedeckte Verbrechen niemals gesühnt werden, erscheint vielen Menschen unerträglich. Alle Religionen dienen dazu, im »Interesse der Ohnmacht« (Gehlen) durch Scheinwelten (Jenseits, überirdische Kräfte, gute Geister usw.) Angst zu bewältigen und den Gerechtigkeitssinn zu befriedigen.

Der französische Ethnologe Claude Lévi-Strauss untersuchte die verborgenen Ordnungsmuster von Mythen, Märchen, Legenden und Weltanschauungen. Er stellte fest, daß die Äußerungen des »wilden« Denkens von sogenannten Naturvölkern nicht immer so wörtlich zu nehmen sind wie etwa die um Rationalität und Logik bemühten Aussagen der Angehörigen westlicher Zivilisationen. Während letztere meist eindeutig und in vielen Fällen überprüfbar sind, bedienen sich die »Primitiven« einer symbolischen und poetischen Redeweise, wobei häufig Wissen und Glauben ineinander übergehen. Ob der Satz »Die Welt wird auf dem Rücken einer Schildkröte getragen« als kosmologische Aussage von den Eingeborenen als Tatsache aufgefaßt wird, ist zu bezweifeln. Diese glauben an ihre Mythen, nicht aber, daß die Bilder dieser Mythen ein »richtiges« Abbild unserer Welt liefern. Milliarden Menschen orientieren sich heute noch an den als heilig geltenden Texten einiger weniger Männer, wie z. B. Mohammed, Konfuzius, Christus und Buddha, ohne selbst zu einer eigenen Weltanschauung oder Meinung zu finden. Da sie nicht nach den »wahren« Ursachen unserer Welt und unseres Lebens, dem Ursprung unserer Sitten und Denkformen fragt, lebt die große Mehrheit der Menschen im weitesten Sinne »unvernünftig« und abergläubisch, dem »wilden« Denken unterworfen. Wir meistern das tägliche Leben, ohne immer eine vollständige und logische Erklärung für die Dinge zu benötigen, mit denen wir umgehen. Bilder und Symbole genügen im allgemeinen dem menschlichen Drang, die Welt zu benennen. Indem wir den Erscheinungen unserer Wirklichkeit Namen geben, glauben wir sie zu kennen und zu beherrschen. Die Behauptung, daß »der Mond der Sohn der Sonne« sei, wird allgemein verstanden, ohne daß damit die Stellung dieser Himmelskörper erklärt wird. Sicher gibt es unter den Angehörigen der Naturvölker und außereuropäischer Hochkulturen viele, die ein hochgeistiges Leben führen, ohne die Forschungsergebnisse der Neuzeit zu kennen.

Einige der modernen Wissenschaften wie die Psychologie, Kommunikationsforschung oder Verhaltensforschung suchen nach den Wurzeln von Glauben, Aberglauben, Überzeugung, Ideologie, Fanatismus, Vorurteil, Irrtum, Täuschung und Wahn. Es scheint, als steckten hinter diesen vielfältigen Erscheinungen des menschlichen Geisteslebens gemeinsame Mechanismen. Wie bereits erwähnt, ist das »wilde« Denken keine besondere Eigenschaft der »Primitiven«, sondern unterschwellig auch in unseren Denkformen enthalten. Im magischen Denken und im Aberglauben werden vielfach Ursache und Wirkung vertauscht, das Notwendige mit dem Zufälligen verwechselt. Der französische Soziologe Marcel Mauss schreibt, daß es tatsächlich den Anschein habe, als ob die Magie eine gigantische Variation des Themas Kausalitätsprinzip sei.

Glauben und Aberglauben

Die magischen Praktiken aller Völker haben seit jeher darauf abgezielt, der »natürlichen« Macht ihrer Umwelt eine »künstliche« Macht entgegenzusetzen. Man versuchte das Wetter, den Pflanzenwuchs, die Fruchtbarkeit der Tiere, Krankheiten oder den Zeitpunkt des Todes zu beeinflussen. Zauberei ist daher eine Technik, die mit den Wissenschaften zumindest die Ziele gemeinsam hat, und erst in unserer modernen Zeit erfolgte eine sorgfältige Trennung dieser beiden »Disziplinen«. Der Ritus ist die geeignete Form der Magie, er fixiert und bestätigt durch Wiederholung das einmal Erreichte. Während die Wissenschaft durch Experimente ihre Untersuchungsergebnisse überprüft, werden die magischen Techniken nicht wiederholt, um ihre Wirksamkeit zu kontrollieren, sondern sie werden im Gegenteil trotz etwaiger Mißerfolge kraft eines Glaubensakts fortgesetzt. Ein ein- oder zweimaliger Erfolg genügt, um für die Zukunft den Glauben an die Wirksamkeit des Rituals zu sichern. Dieses Prinzip, Zufallstreffer in der »Lotterie des Lebens« als Gesetzmäßigkeit zu interpretieren, konnte man auch in Tierversuchen feststellen. Tauben, die vom Versuchsleiter für eine bestimmte, jedoch zufällige Bewegung mit Futter belohnt wurden, lernten in der weiteren Folge diese Bewegung mit dem Erscheinen des Futters zu koppeln. Das zunächst zufällige Zusammentreffen von Futterabgabe und Bewegung läßt die Tauben eine ursächliche Verbindung zwischen diesen beiden Ereignissen annehmen. Sie »glauben«, daß sie nur dann Futter erhalten, wenn sie diese bestimmte Bewegung ausführen. Auf diese Weise züchtet man den Tauben künstlich »Aberglauben« an.

Personen, die ein- oder zweimal von Hunden gebissen wurden, »lernen« sich vor Hunden im allgemeinen in acht zu nehmen, obwohl die Wahrscheinlichkeit, gebissen zu werden, nicht größer geworden ist. In diesem

Falle blickt die Person auf Erfahrungen zurück, die sie in die Zukunft projiziert und verallgemeinert (Generalisation). Wenn aber jemand, um Glück herbeizuwünschen, dreimal auf Holz klopft, so steckt hinter diesem abergläubischen Brauch keine eigene Erfahrung. Die meisten rituellen Handlungen beruhen nicht auf eigenen Erfahrungen, sondern sind »Vertrauenssache« der Gläubigen. Magische Vorstellungen äußern sich vielfach auch darin, daß zwischen einem Gegenstand und der Person, die ihn verwendet oder berührt hat, ein geheimer Zusammenhang besteht. Der Sessel, auf dem ein Heiliger gesessen hat, ist »heilig« geworden. Das Prinzip des »pars pro toto« (der Teil für das Ganze) besagt, daß z. B. die Fußspur eines Heiligen diesen selbst verkörpert. Ein winziger Splitter vom Kreuz Christi hat die gleiche Kraft wie das ganze Kreuz. Bei einigen der sogenannten Naturvölker ist der Glaube verbreitet, daß es genügt, ein abgeschnittenes Haar eines Widersachers zu verhexen, um diesen selbst zu vernichten.

In der »sympathetischen Magie« werden ähnliche Dinge in einer notwendigen Beziehung zueinander gesehen. Ähnliche Handlungen haben ähnliche Folgen: beschädigt man das Bildnis eines Feindes, so verletzt man diesen selbst. Ähnliche Phänomene können einander beeinflussen: bei Gelbsucht werden dem Kranken gelbgefärbte Gegenstände und Geschenke gebracht. Gegen den »bösen Blick« helfen ebenfalls böse blickende Symbole oder Masken. Ähnliche Dinge ziehen einander an: die Indianer von Britisch-Kolumbien werfen holzgeschnitzte Fische in das Wasser, um Fische anzulocken. Daß Kräfte übertragbar seien, behauptet die »Übertragungs-Magie«. Zauberer berühren mit ihrem Stab einen Gegenstand: die Kraft des Zauberers geht auf diesen über und verwandelt ihn. Ähnlich verhält es sich mit dem segnenden Handauflegen des Priesters: die göttliche Kraft soll durch Berührung übertragen werden. Die »antipathische Magie« besagt, daß gegensätzliche Phänomene einander aufheben: So wie Wasser das Feuer löscht, kann z. B. aus christlicher Sicht Liebe den Haß besiegen.

Schon Johann Gottfried Herder forderte von der vergleichenden Religionswissenschaft, die menschlichen Mythen und Weltvorstellungen, Märchen und Legenden, diesen »vernünftigen Wahn«, systematisch zu untersuchen. Sigmund Freud sah in den Religionen dem Wahn nahestehende Abwehrsysteme: Ähnlich psychisch kranken Menschen bewältigten die verschiedenen Kulturen ihre Probleme nicht auf logisch-rationalem Weg, sondern mit Hilfe von komplizierten Ritualen und Wahnsystemen, die häufig zu Mißverständnissen und sogar zu Religionskriegen geführt hätten.

In der Verhaltensforschung weist man auf den »Zwangscharakter« vieler ritualisierter Gebärden in den Religionen hin: oftmaliges mechanisches Rumpfbeugen der Mohammedaner, rhythmisches Kopfsenken der orthodoxen Juden an der Klagemauer, rasches mehrmaliges Bekreuzigen frommer Christen, stereotype Wiederholung von Gebeten (Litaneien) usw. Viele Religionen bauen ihre Macht auf dem Prinzip der unwidersprochenen Autorität und des Gehorsams auf. Sie schirmen sich durch »ewige

Wahrheiten« gegen andere Weltanschauungen ab. Durch die oft mehrdeutigen heiligen Texte entstehen Leerformeln, in die sich neue, z. B. wissenschaftliche Erkenntnisse eingliedern und je nach Konfession uminterpretieren lassen. Viele der ursprünglich magischen oder religiösen Denkformen finden sich auch in politischen Glaubensbekenntnissen (Ideologien) sowie bruchstückhaft in wissenschaftlichen Systemen und im täglichen Leben.

Der große Bruder des Schlafes

»Seht, da sitzt er auf der Matte,
Aufrecht sitzt er da
Mit dem Anstand, den er hatte,
Als er 's Licht noch sah.

Doch wo ist die Kraft der Fäuste,
Wo des Atems Hauch,
Der noch jüngst zum großen Geiste
Blies der Pfeife Rauch?«

Friedrich Schiller,
»Nadowessiers Totenlied«

Die dieses Kapitel einleitenden Verszeilen von Schillers Lehrgedicht »Nadowessiers Totenlied« haben einen für die damalige Zeit ungewöhnlichen Inhalt. Schiller beschreibt nämlich die aufrecht auf einer Matte sitzende Leiche eines nordamerikanischen Indianers und dessen heldenhaftes Leben als Jäger und Krieger. Als Beigaben für seine letzte Reise werden dem Nadowessier – so das Gedicht – Kriegsbeile, eine fette Bärenkeule, das Skalpmesser und Farbe für die rote Kriegsbemalung mit ins Grab gegeben.

Diese Einzelheiten des indianischen Totenbrauchtums konnten Schiller nur bekannt sein, weil zu seiner Zeit bereits Nachrichten über die Neue Welt in Form von zahlreichen Reiseschilderungen vorlagen. Forscher wie Christoph Meiners (1747–1810) und Johann Gottfried Herder hatten lange vor Schiller viele von Ethnographen gesammelte Informationen über die sogenannten Naturvölker zusammengefaßt und einen weltumspannenden Vergleich gewagt. Wilhelm von Humboldt (1767–1835), mit dem Schiller in Jena in regem Gedankenaustausch stand, versuchte mit Hilfe von vergleichenden Sprachstudien eine »Psychologie der Völker« zu begründen.

Der Mensch ist das einzige Lebewesen, das um das Ende seines Daseins in dieser Welt weiß. Der Tod bzw. unser Schicksal danach hat den menschlichen Geist herausgefordert wie kein anderes Ereignis. Der Totenkult in seinen unzähligen Variationen gehört daher zu den zentralen Themen einer menschlichen Kulturgeschichte.

Gräber und die in ihnen gefundenen Skelettreste und Beigaben sind oft die einzigen Anhaltspunkte für die zeitliche und räumliche Verteilung längst ausgestorbener Völker und ihrer Kulturen. Dies gilt besonders dann, wenn es sich um schriftlose, nomadisch lebende Gruppen handelt, deren materielle Hinterlassenschaften nicht aus den Resten steinerner Bauwerke, sondern zum größten Teil aus leicht vergänglichem Leder, Holz oder aus Knochen bestehen. Einige Kulturen wurden sogar nach den für sie typischen Grabformen benannt, so z. B. die Hügelgrabkultur, Kurgankultur, Urnenfelderkultur und Tumulus-Bronzezeit.

Die uralte Vorstellung von einem Weiterleben nach dem Tode bzw. der

Glaube an eine Wiedergeburt veranlaßte die Menschen, ihre Verstorbenen mit vielen Dingen auszustatten, die sie auch zu Lebzeiten benötigt hätten. Dem Archäologen sind auf diese Weise in begrenztem Umfang Einblicke in die geistige und gegenständliche Alltagswelt versunkener Kulturen möglich.

Nach dem österreichischen Urgeschichtsforscher Richard Pittioni kann man im wesentlichen zwei über die ganze Welt verbreitete Haupttypen der Bestattung von toten Menschen annehmen:

1. Die *Körperbestattung*. Unter Körperbestattung ist hier das Niederlegen des Leichnams in einem Erdgrab oder Grabbau zu verstehen. Dies kann auf zweierlei Arten geschehen:
   a) In gestreckter Rückenlage. Die Orientierung des Leichnams kann je nach Jenseitsvorstellung unterschiedlich sein, ebenso die Haltung des Kopfes und der Arme.
   b) In Seitenlage. Arme und Beine sind mehr oder minder stark an den Körper gezogen (rechter und linker »Hocker«). Die Zuordnung der nach rechts gewendeten Hocker zum männlichen Geschlecht, die der linken zum weiblichen zeigt zu viele Ausnahmen, um als allgemeingültig bezeichnet zu werden.
2. Die *Brandbestattung*. Unter Brandbestattung versteht man in bezug auf die ur- und frühgeschichtlichen Epochen die Einäscherung des Leichnams auf einem besonderen Verbrennungsplatz (lat.: Ustrina) oder im Grab selbst (lat.: Bustum), wobei der Tote hockend, sitzend oder liegend auf dem Scheiterhaufen plaziert wurde. Heute erfolgt die Einäscherung in den Gasöfen der öffentlichen Krematorien. Werden die Brandreste in Urnen beigesetzt, so spricht man von »eigentlichen Urnengräbern«, findet der Archäologe in der Brandgrube nur ein Gemisch von Knochen, Asche und Scherben, so bezeichnet man dies als »Brandgrubengrab« bzw. als »Brandschüttungsgrab«. Die Urnen wurden auf den bloßen oder gepflasterten Boden der Grabgrube gestellt, zuweilen aber auch mit Steinplatten abgesichert oder in eigenen Grabbauten, z. B. Columbarien, beigesetzt.

Körper und Seele

Die *Körperbestattung* war bis in die Jungsteinzeit die wichtigste Bestattungsform. Der Tote behielt in der Vorstellung der Zurückbleibenden zumindest in Form seines Skeletts und hier besonders in Form seines Schädels einen »Kern«, in den die Seele von ihren Reisen immer wieder zurückkehren konnte, um sich auszuruhen. Das Grab war damit nicht nur Behälter für den Leichnam, sondern gleichzeitig ein Heim für die Seele des Verstorbenen, der dort aufgesucht und verehrt wurde, der von dort aus aber auch seinen Einfluß auf die Gemeinschaft der Lebenden ausübte.

Schon im eiszeitlichen Schamanismus, der in seinen letzten Ausläufern in Nordasien bis in unsere Zeit überdauert hat, gehört die Seele dem Reich der Schatten an. Sie ist unser eigentliches Ich, gestaltlos, und nur von Geistern verwundbar. Den Kopf, ihren Hauptsitz, verläßt sie beim Lebenden nur nachts im Schlaf oder bei jähem Erschrecken, bei Krankheit oder in Ekstase. Bleibt sie zu lange aus, wird ihr Besitzer krank oder stirbt. Auf ihren Ausflügen überschreitet die Seele wie selbstverständlich die Grenzen zwischen Diesseits und Jenseits, Vergangenheit und Zukunft. Aus dieser Beschreibung ist zu erkennen, daß für den Seelenbegriff des altsteinzeitlichen Menschen Traumerlebnisse eine wichtige Rolle gespielt haben dürften. Die Sorge um eine glückliche Rückkehr der Seele drückt sich in dem Vergleich aus, der Schlaf sei der »kleine Bruder des Todes«. Die frühen Christen Roms etwa nannten die Katakomben, in denen sie ihre Toten beisetzten, »Heumiterien« (griech.: Schlafstätten). Die ruhige, entspannte Körperhaltung des Schlafenden, sein flacher Atem und die geschlossenen Augen vermittelten dem entfernten Beobachter wahrscheinlich oft den Eindruck, daß es sich um einen Toten handelte. In der 39. Sure des Korans ist dieser Gedanke deutlich ausgesprochen: »Allah nimmt die Seelen der Menschen mit ihrem Tode zu sich; auch wenn sie noch nicht tot sind, nimmt er ihre Seelen während ihres Schlafes und behält die, über welche der Tod bestimmt ist, zurück und sendet die anderen, bis zu ihrer vorbestimmten Frist, wieder herab.«

Das Haus der Toten

Die ältesten Zeugnisse für eine konkrete Jenseitsvorstellung und für einen bereits entwickelten Bestattungsritus besitzen wir aus der Zeit der Neandertaler (Moustérien, mittlere Altsteinzeit). So zeigen die Funde von Le Moustier, La Chapelle-aux-Saints und La Ferrasie in Frankreich, daß die Toten in Höhlen oder unter vorspringenden Felsüberhängen (franz.: Abris) in flachen Gruben beigesetzt wurden. Vor allem die Höhle mit ihrer Dunkelheit, Stille und Zeitlosigkeit muß als Jenseits, als Ort der Wiedergeburtsmagie und damit als Begräbnisstätte auf die Menschen eine starke Anziehungskraft ausgeübt haben. Die Gräber waren häufig in Ost-West-Richtung orientiert, die Toten meist in Seitenlage mit unterschiedlich stark angehockten Beinen und angewinkelten Armen in »Schlafstellung« zur letzten Ruhe gebettet worden. In La Chapelle hatte man einen alten Mann an ein steinernes Kissen gelehnt, der Kopf des »Jünglings von Moustier« ruhte auf einem Haufen von sorgfältig angeordneten Feuersteinklingen. In allen Gräbern fanden sich Steinwerkzeuge, manchmal auch Schmuck und Ocker (La Chapelle) sowie die Reste einer tierischen »Wegzehrung« als Beigaben. Die Analyse von Bodenproben aus den Moustérien-Schichten der Shanidar-Höhle im irakischen Zagros-Gebirge ergab, daß den dort vor etwa 60 000 Jahren Bestatteten wahrscheinlich sogar buntblühende Blumen in großer Zahl auf oder in das Grab gelegt worden waren. Man fand Pollen von Malven, Lichtnelken, Traubenhyazinthen und vom Kreuzkraut, Arten, die auch heute noch in dieser Gegend vorkommen.

Unser Bild vom Totenkult der mittleren Altsteinzeit deckt sich im wesentlichen mit dem der jüngeren Altsteinzeit: Die Toten wurden häufig in Höhlen, die zuweilen auch als Wohnraum gedient haben dürften, einzeln oder zu mehreren beigesetzt. Orientierung und Haltung der Bestatteten scheinen nicht geregelt gewesen zu sein. Extreme »Hocker« kommen neben Skeletten in gestreckter Rückenlage vor. Werkzeuge, Schmuck, tierische Fleischteile, Eisenrötel und Ocker zählen zu den üblichen Beigaben. Vor allem Funde aus dem ausgehenden Jungpaläolithikum weisen auf Schädelkult und Kannibalismus hin. Diese Phänomene charakterisieren auch die mittlere Steinzeit (Mesolithikum) in Europa.

In der Jungsteinzeit (Neolithikum) werden größere Gräberfelder angelegt. Die Sitte der Höhlenbestattung ist aber immer noch lebendig und führt vor allem im Mittelmeergebiet zur Errichtung künstlicher Grabgrotten, als deren letzte Ausläufer die Katakomben geschichtlicher Zeit anzusehen sind. Die Vorstellung, daß das Grab ein »Haus der Seele« sei, das ihren Bedürfnissen entsprechend ausgestattet werden muß, hat ihre Wurzeln in dem Glauben, daß das Leben im Jenseits ein Spiegel des diesseitigen Lebens sei. In der Jungsteinzeit wird dieser »Hausgedanke« direkt in den Bestattungsritus umgesetzt, der alle Formen von der Bestattung des Toten im Haus bis zu den verschiedensten Arten von Grabhäusern umfaßte. Berühmt geworden sind die Megalithkammergräber (»Hünengräber«) West- und Nordeuropas, die heute als eigenständige Entwicklung verschiedener europäischer Völker betrachtet werden und daher mit den wesentlich jüngeren minoischen, ägyptischen oder sumerischen Großbauten nichts zu

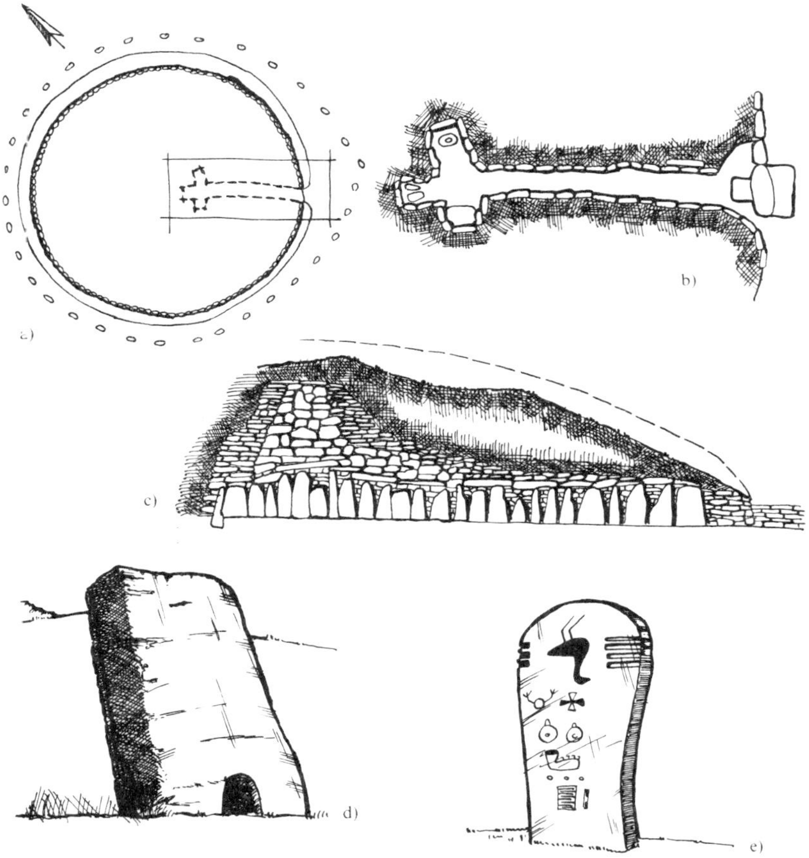

Abb. 33 *Grabformen*
a, b, c) Kuppelganggrab von New Grange, England
a) Grundriß der Kuppel, b) Grundriß des Ganges und der Kammer, c) Seitenansicht und Schnitt, d) Sogenanntes »Gigantengrab« mit Seelenloch, e) Grabpfosten der Sioux

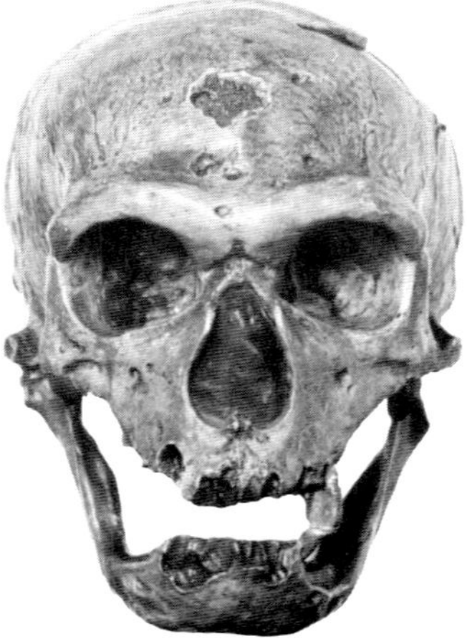

48

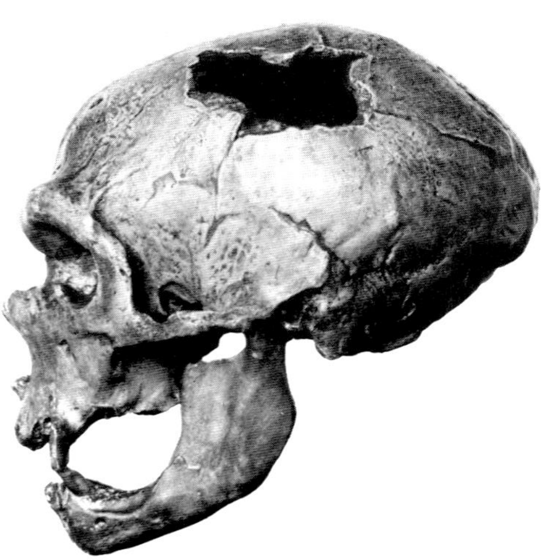

49

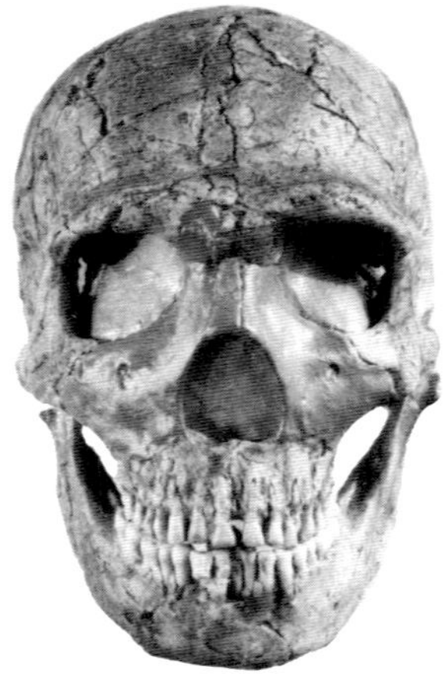

50

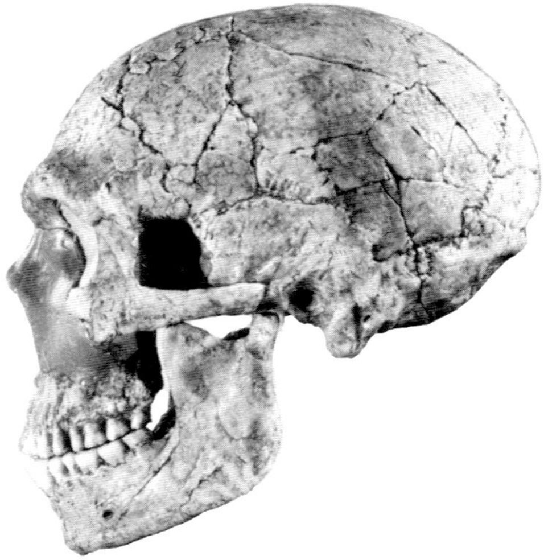

51

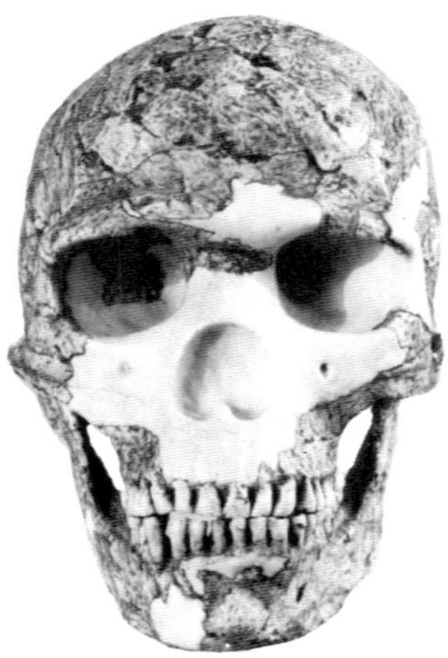

52

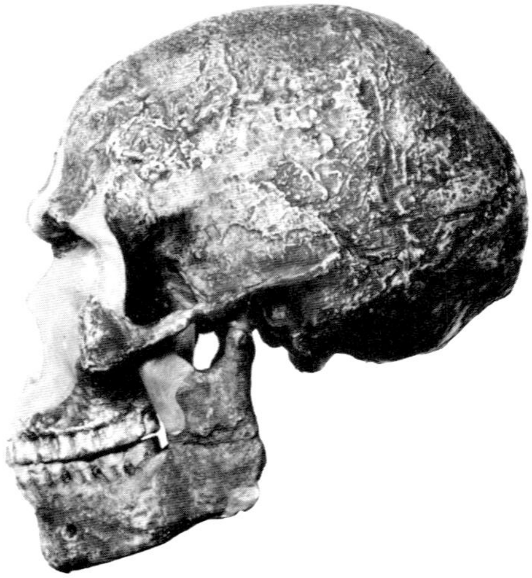

53

48/49 Homo sapiens neanderthalensis
(La Chapelle-aux-Saints, Frankreich)
50/51 Homo sapiens neanderthalensis (Amud, Palästina)
52/53 Homo sapiens neanderthalensis/sapiens
(Skhul, Palästina)

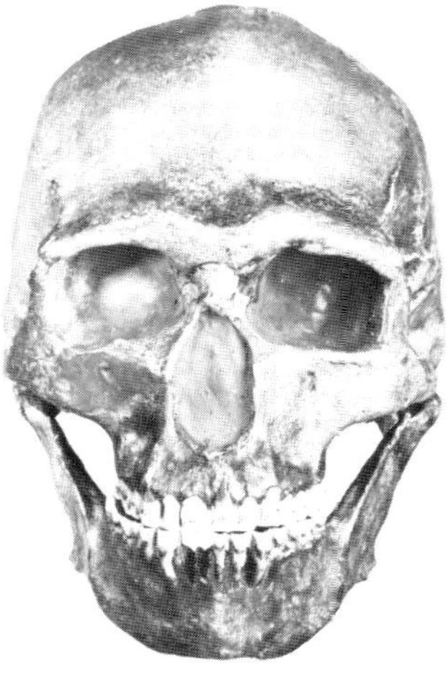

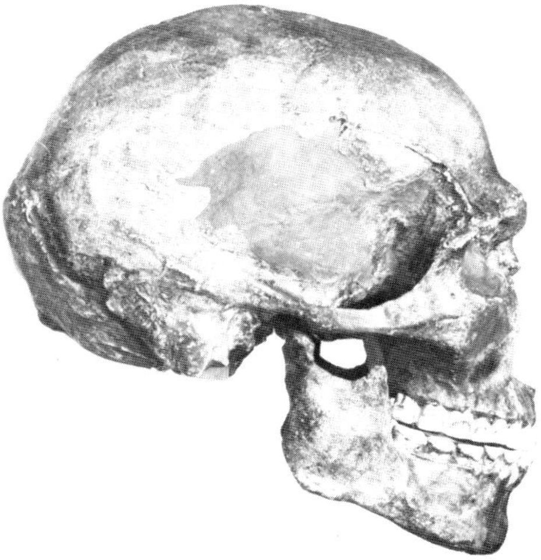

54 55

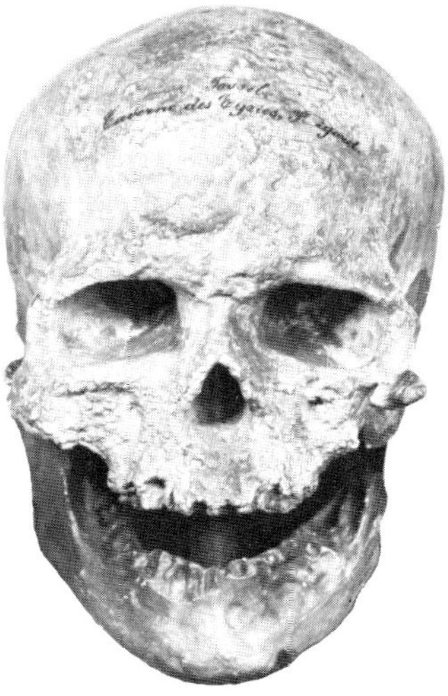

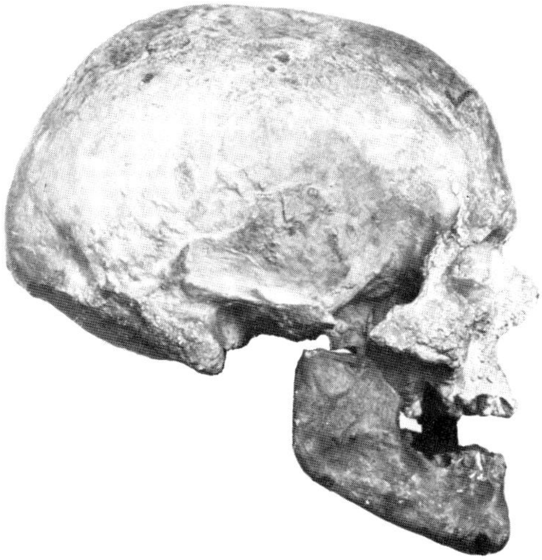

56 57

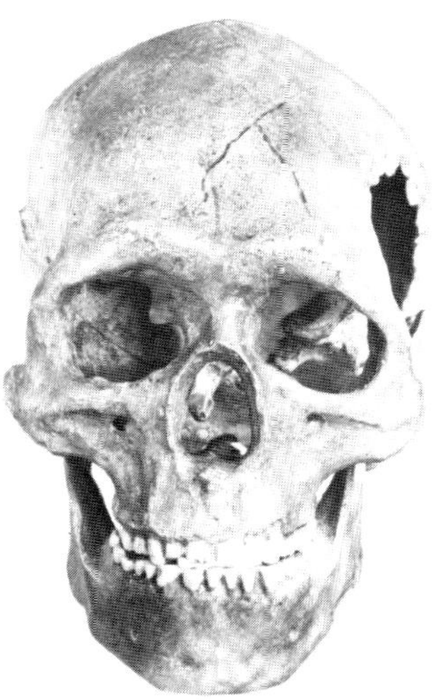

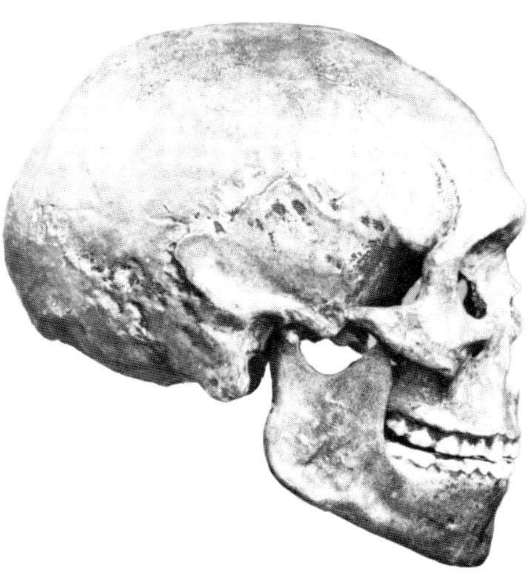

58 59

54/55 Homo sapiens sapiens (Předmost, ČSSR)
56/57 Homo sapiens sapiens (Cromagnon, Frankreich)
58/59 Homo sapiens sapiens (Combe Capelle, Frankreich)

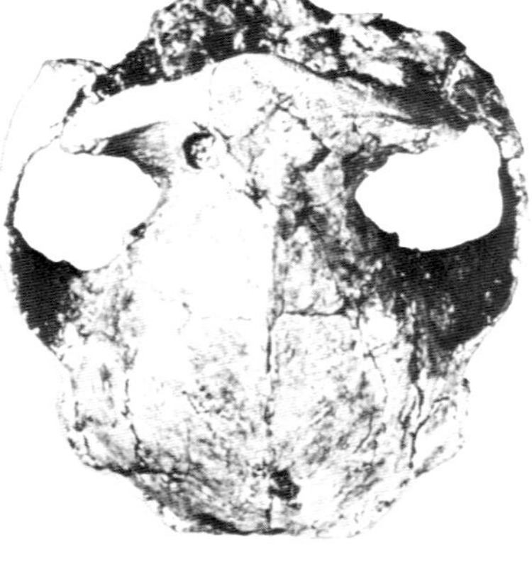

60

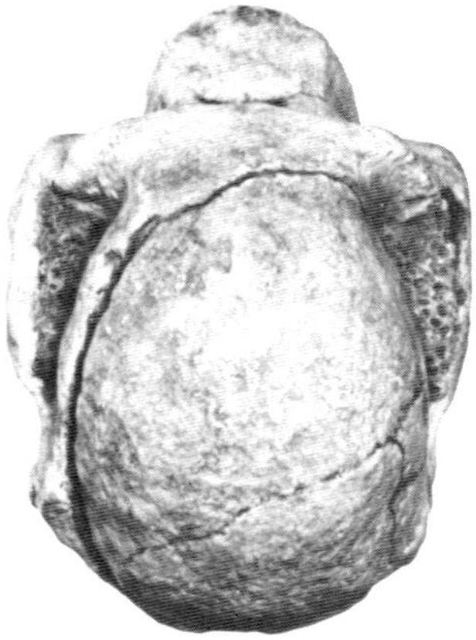

61

62

63

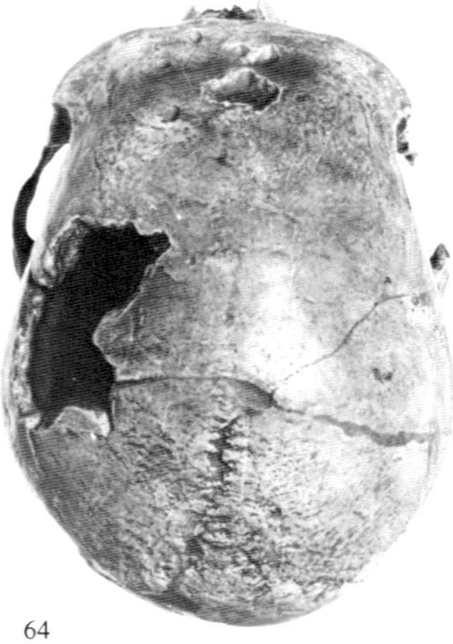

64

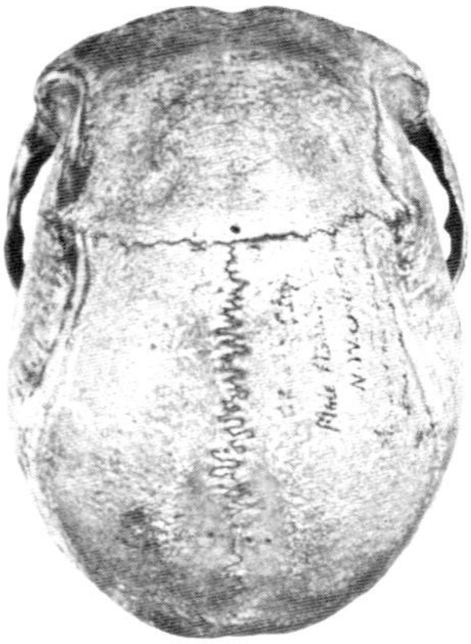

65

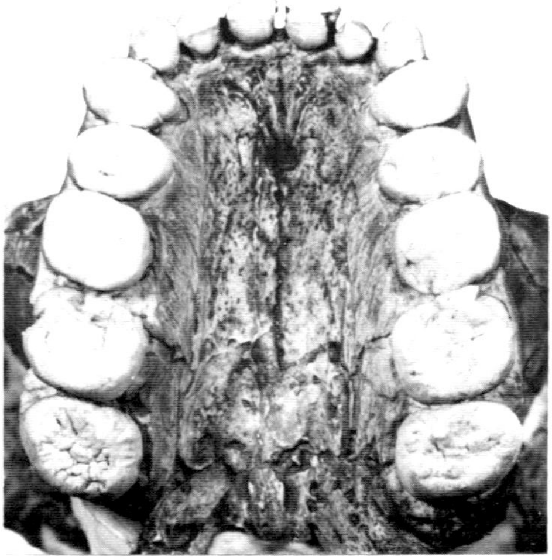

66

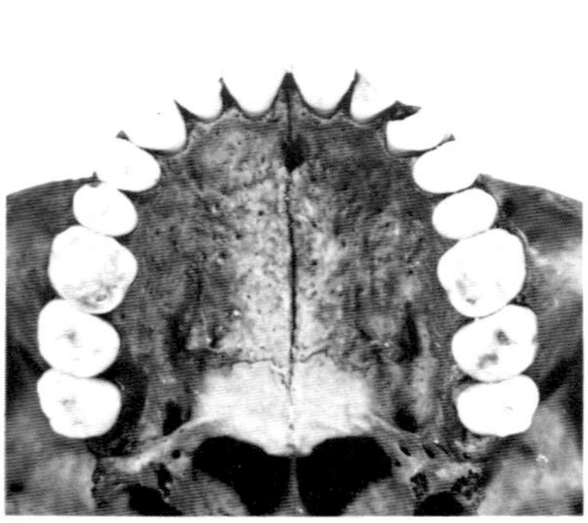

67

60–65 Oberansichten der Schädel von Australopithecus robustus/boisei, Australopithecus africanus, Homo habilis, Homo erectus, Homo sapiens neanderthalensis und Homo sapiens sapiens (Australier)

66/67 Oberkiefer von Australopithecus robustus/boisei und Homo sapiens sapiens

68

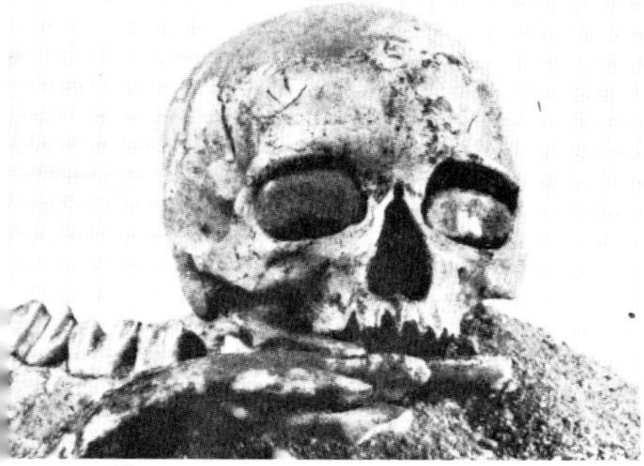
69

70

71

72

68 Schädelnest (Ofnethöhle)
69 Schädelbestattung von Mas d'Azil (Frankreich)
70 Junge Putumayo-Indianer mit erlegtem Feind (Südamerika)
71 Kopfjäger aus Taiwan
72 Katholischer Reliquienkult

73

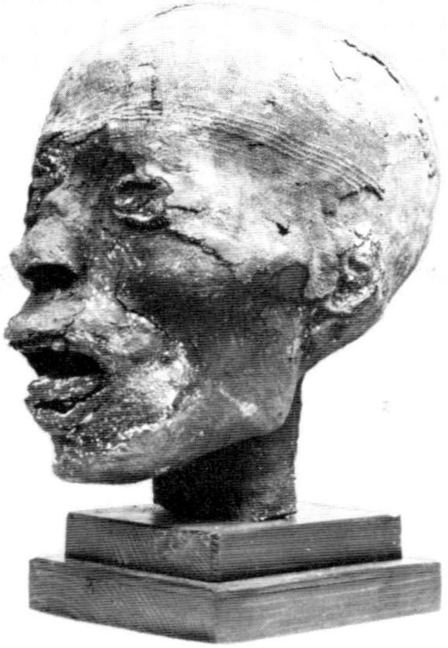

74

75

76

77

73 Indianerskalp
74 Ägyptischer Mumienkopf
75 Schrumpfkopf der Mundruku-Indianer (Südamerika)
76 Schrumpfkopf einer Wiener Köchin
77 Ahnenschädel aus Neuguinea

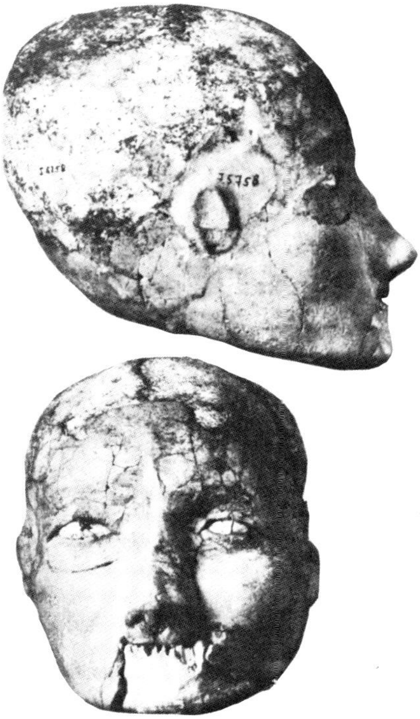

78/79

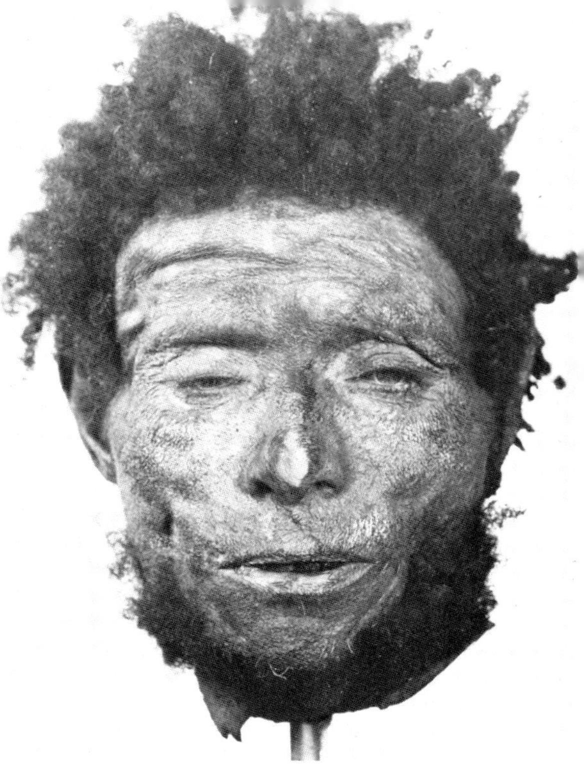

80

81

82

78/79 Schädel aus Jericho
80 Präparierter Kopf (Südsee)
81 Römerzeitliche Kopfurne
82 Münchner Festzug

83

85

84

86

87

83 Megalithgrab (Bretagne)
84 Australischer Begräbnisplatz
85 Canova-Grab (Wien)
86 Ägyptische Pyramiden (Gizeh)
87 Französischer Militärfriedhof

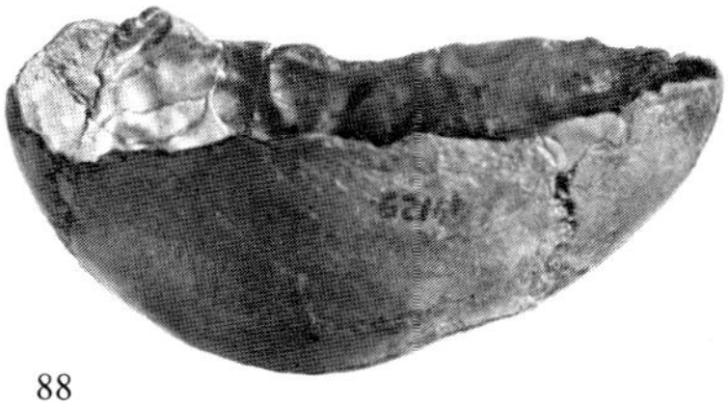

88

89

90

91

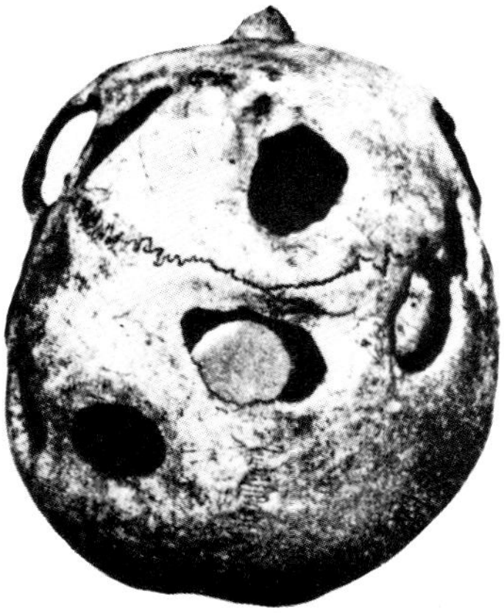

92

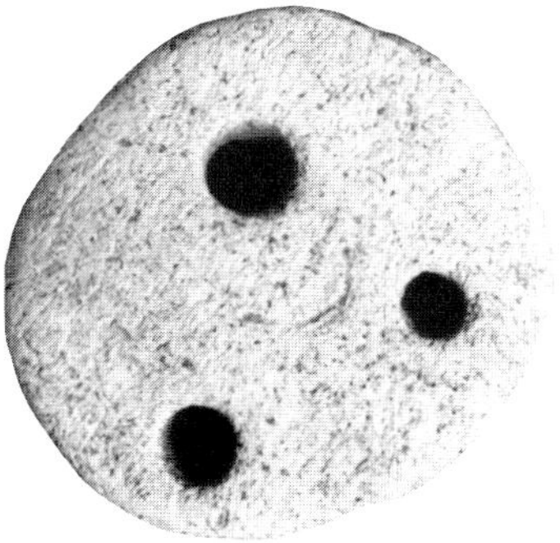

93

88 Jungsteinzeitlicher Schädelbecher aus Draßburg (Österreich)
89 Tibetischer Schädelbecher

90/91 Schädelbecher des hl. Sebastian zu Ebersberg
92 Trepanierter Inka-Schädel
93 Jungsteinzeitliches Schädelamulett

Zu den Photos des vorangehenden Bildteiles:

48–53 Vorder- und Seitenansicht der Schädel von Homo sapiens neanderthalensis (La Chapelle-aux-Saints, Frankreich), Homo sapiens neanderthalensis/sapiens sapiens (Amud, Palästina) und Homo sapiens neanderthalensis/sapiens sapiens (Skhul). Alle Schädel sind, orientiert in der Ohr-Augen-Ebene, in einem Drittel natürlicher Größe abgebildet.

54–59 Vorder- und Seitenansicht der Schädel von Homo sapiens sapiens (Předmost III, ČSSR), Homo sapiens sapiens (Cromagnon, Frankreich) und Homo sapiens sapiens (Combe Capelle, Frankreich).

60–65: Obere Reihe: Oberansicht der Schädel von Australopithecus robustus/boisei (Turkanasee), Australopithecus africanus (Sterkfontein), Homo habilis (Turkanasee).
Untere Reihe: Oberansicht der Schädel von Homo erectus (Choukoutien), Homo sapiens neanderthalensis (La Chapelle-aux-Saints), Homo sapiens sapiens (Australier).
Alle Schädel sind in einem Fünftel natürlicher Größe abgebildet. Man beachte die Größenentwicklung des Hirnschädels, die zunehmende Verringerung der Einziehung in der Schläfengegend und der Jochbeinbreite sowie den Formwandel der Überaugenregion.

66/67 *Oberkiefer*
Oberkiefer und Zähne von Australopithecus robustus/boisei (Olduvai, »Zinjanthropus«) und Homo sapiens sapiens (Bronzezeit, Stillfried an der March, Niederösterreich) sind nicht nur durch ihre Größe leicht zu unterscheiden (man beachte auch das Größenverhältnis der Schneide- und Backenzähne), sondern u. a. auch durch die Form des Zahnbogens (Australopithecus robustus/boisei: U-förmig, Homo sapiens sapiens: gerundet-paraboloid).

72 *Reliquienschrein* aus der Stiftskirche Mattsee (Salzburg)
Reliquiae bedeutet im Lateinischen Hinterlassenschaft, Überbleibsel. Die kultische Verehrung von Reliquien (Körper, Knochen, Organe, Kleider oder Geräte) von besonders geachteten oder heiligen Personen ist weltweit verbreitet. Reliquien sind nicht nur »Erinnerungsstücke«, sondern besitzen im Volksglauben eine besondere magische, vielfach heilende Eigenschaft. Ihre Berührung vermittelt Stärke und Gnade. Die christliche Kirche konnte den Reliquienkult sowie den damit verbundenen schwungvollen Handel trotz zeitweiligem Verbot kaum eindämmen. Ihrer Wunderkraft wegen waren vor allem Hirnschädel, Gerippe, Asche, Zähne, Arme, Hände, Daumen und Kleidungsstücke sehr beliebt. »Frommer Diebstahl« (pia fraude) war häufig Anlaß für regelrechte Reliquienkriege, die nicht selten dazu führten, daß die begehrten Reliquien zerstückelt und unter den Kontrahenten verteilt wurden. Vor allem in der Barockzeit wurden die Knochen verehrter Personen oft säuberlich umhäkelt, mit Edelsteinen besetzt und zu emblematischen Gebilden zusammengestellt.

74 *Ägyptischer Mumienkopf*
Mumien (arab. »mum« für »Erdpech«, »Wachs«) sind uns aus Altägypten, Altperu und der Südsee bekannt. Im allgemeinen versteht man darunter Menschen- und Tierleichen (z. B. Ibismumien), die aufgrund religiöser Vorstellungen durch Trocknen, Räuchern oder Füllen mit Harzen, Ölen oder Asphalt vor dem natürlichen Verfall bewahrt werden sollen. Die komplizierte Prozedur der Einbalsamierung wurde zumindest in Altägypten von eigens dafür ausgebildeten Personen ausgeführt. Da dies mit erheblichen Kosten verbunden war, sind uns meist nur die Mumien sozial hochstehender Persönlichkeiten überliefert. Die Mumien und das für ihre Präparierung verwendete Erdpech galten als heilkräftig und wurden bis in das 19. Jahrhundert als Arznei verwendet. In unserem Jahrhundert ist der Brauch der Einbalsamierung u. a. im bolschewistischen Rußland (z. B. Lenins Leiche) wieder zu Ehren gekommen. Neben diesen »künstlichen« Mumien sind allerdings auch »natürliche« Mumien bekannt, die ihre Erhaltung günstigen Boden- oder Witterungseinflüssen verdanken (z. B. der »luftgeselchte« Pfarrer von St. Thomas am Blasenstein).

76 *Schrumpfkopf einer Wiener Köchin*
Der etwa um die Jahrhundertwende nach der Sitte der südamerikanischen Jivaro-Indianer angefertigte Schrumpfkopf einer Wiener Köchin kann als Beispiel »experimenteller Anthropologie« betrachtet werden. Im Gegensatz zu anderen südamerikanischen Indianerstämmen, die die Köpfe ihrer Feinde getrocknet oder gekocht und gereinigt aufbewahren, haben die Jivaro-Indianer Ekuadors eine besondere Technik entwickelt, nach vorsichtiger Zertrümmerung der Schädelknochen diese durch die aufgeschnittene Kopfhaut zu entfernen. Die verbliebene Weichteilhülle des Kopfes wird zusammen mit gerbsäurehaltigen Kräutern gekocht und später mit heißem Sand angefüllt. Zusätzlich wird der »Tsantsa« mit einem heißen Stein von außen modelliert, so daß während des Schrumpfungsprozesses die ursprüngliche Form nicht verlorengeht. Anschließend wird die Mundöffnung vernäht, um sich gegen den schädlichen Zauber des Opfers zu schützen. Heute werden für Schrumpfköpfe hohe Preise bezahlt, und noch immer werden in den Regenwäldern Südamerikas Menschen getötet, nur um die Nachfrage weißer Sammler und Touristen befriedigen zu können. Die meisten »Mitbringsel« dieser Art sind allerdings täuschend echt präparierte Affenschädel oder Plastikimitationen.

77 *Ahnenschädel aus Neuguinea (1948, Graf Mörners Sammlungen, Ethnographisches Museum, Stockholm)*
Ihre Oberfläche ist mit Ton ausmodelliert und bemalt. Die Augen sind aus Kaurimuscheln, die schwarzen Perücken aus Textilien angefertigt. Das Holzgestell, auf dem sie befestigt sind, ist mit einem unheilabwehrenden Gesicht bemalt.

78/79 *Gipsüberformter Schädel (J 5758) aus Jericho (Tell el Sultan, National Museum, Amman, Jordanien)*
Dieser Schädel wurde zusammen mit zwei anderen in den Trümmern eines Hauses der vorkeramischen Periode der Jungsteinzeit B (etwa 6000 v. Chr.) entdeckt, wo sie offenbar an symbolträchtiger Stelle aufbewahrt waren. Unter dem Fußboden eines nahegelegenen Hauses derselben Zeitstufe, das ebenfalls zwei gipsüberformte Schädel enthielt, fanden sich 30 Skelette ohne Schädel. Die Überformung der Schädel – die Augen sind durch Muschelschalen dargestellt – sollte nicht die individuellen Züge des Toten abbilden, sondern erfolgte in typisierter Art und Weise. Die Sitte dieses Schädelkults reicht in Jericho bis ins 8. Jahrtausend v. Chr. (allerdings ohne Gipsüberformung) zurück, ihr Sinn wird heute in der Verehrung der Ahnen gesehen.

80 *Präparierter Kopf eines Mannes aus den Bainingbergen in Neupommern*
Von dem österreichischen Anthropologen Rudolf Pöch im Zug seiner Melanesienreise (1904–1906) für anatomische Studien erworben (Sammlung des Institutes für Humanbiologie, Wien).

81 *Römerzeitliche Markenurne aus Virunum, Zollfeld* (Kärnten)

82 *Festzug am »Tag der Deutschen Kunst«, München 1938*

83 *Dolmen von Mané-Kerioned in Carnac* (Bretagne, Frankreich)

85 *Antonio Canovas Grabmahl für die Erzherzogin Maria Christina in der Augustinerkirche in Wien, 1804*
Auch für das Grab Tizians in der Frarikirche zu Venedig – in dem Canova nun selbst begraben ist – verwendete er das Motiv der ägyptischen Pyramide.

87 Ein neunzigjähriger Veteran aus dem Ersten Weltkrieg posiert in seiner Infanterieuniform vor den Soldatengräbern des Militärfriedhofs Saint-Quentin.

88 *Jungsteinzeitlicher Schädelbecher*
In den Jahren 1932–1934 wurde in Draßburg (Burgenland) auf einem westlich der Ortschaft gelegenen Bergrücken, dem Taborac (Tabor, kroat. Berg), eine jungsteinzeitliche

Siedlung aufgedeckt. Im Verband mit donauländisch-bandkeramischer Tonware kamen zehn menschliche Schädelkalotten (Kalotte = oberer Teil des Hirnschädels) zutage. Josef Weninger zufolge stammen sie alle von männlichen Individuen und dürften mit scharfen Steinklingen in Becherform zugerichtet worden sein. Mit dieser Entdeckung konnte erstmals eine geistige Kontinuität zwischen der Altsteinzeit und der Jungsteinzeit hinsichtlich der künstlichen Formung von Schädeln nachgewiesen werden. Verwandte Funde stellen drei ebenfalls jungsteinzeitliche Schädelbecher aus den Pfahlbaustationen am Bieler See in der Schweiz dar. Aus den späteren Epochen seien hier nur die hallstattzeitlichen Schädelbecher der Byčiskálahöhle in Mähren, die skythischen Funde aus Rußland sowie die aus dem germanischen Kulturkreis bekannten Beispiele erwähnt.
Der christlich-katholische Brauch des Trinkens aus umgearbeiteten Schädelreliquien hat sich bis in unsere Gegenwart erhalten (90/91).

89 *Tibetischer Schädelbecher*
In den Reiseberichten Marco Polos wird erwähnt, daß die Tibeter aus den Schädeln ihrer Eltern Trinkbecher herstellten, um so ihr Andenken zu bewahren. Im lamaistischen Gottesdienst finden sich auch heute noch nicht nur reichverzierte Schädelkalotten, aus denen das Opfer dargebracht wird, sondern auch Zeremonientrommeln, die aus zwei menschlichen Hirnschalen bestehen. Trompeten aus Oberschenkelknochen und Rosenkränze aus Fingerknochen weiser und frommer Personen sind ebenfalls Kennzeichen der »gelben Kirche«. Schon die Almosenschale Buddhas soll ein Schädelbecher gewesen sein.

92 *Trepanierter Schädel der frühen Inkazeit aus Cuzco, Peru*
Alle sieben Trepanationsöffnungen zeigen Anzeichen eines weit fortgeschrittenen Heilungsprozesses.

93 *Jungsteinzeitliches Schädelamulett aus Sommerein, Niederösterreich*
Die Gewinnung von Knochenscheiben (franz. Rondelles) aus den Schädeln Verstorbener, aber auch Trepanierter, für die Herstellung von Amuletten gehört seit der Jungsteinzeit zu den typischen, weltweit verbreiteten Ausprägungen des Schädelkults. Wie bei den Schädelbechern sollte die Kraft des Toten den Träger des Amulettes vor Gefahren schützen.

tun haben dürften. Das Grabhaus wird später in kleineren oder unvollständigen Formen symbolisiert (z. B. im Steinkistengrab) bzw. beim Übergang zur Brandbestattung zu »Hausurnen« verkleinert. Der Hausgedanke ist bis in die Gegenwart im Grabritus, etwa in den europäischen Sargformen, wirksam geblieben.

Für die Gestaltung des Grabes dürfte aber nicht nur die Sorge um den Schutz und das Wohlergehen des Toten maßgebend gewesen sein, sondern auch die Furcht vor den unheimlichen Kräften, über die er verfügte. So könnten die schweren Steinplatten und Tierknochen, mit denen bereits die altsteinzeitlichen Gräber bedeckt wurden, nicht nur Schutz vor Raubtieren, sondern auch Hindernisse für eine eventuelle Wiederkehr des Toten gewesen sein. Manches spricht jedenfalls dafür, daß die extremen Hockstellungen in den Gräbern späterer Epochen zum Teil auf Leichenfesselungen zurückgehen, wie wir sie von den heutigen Naturvölkern kennen. Deren Motiv dürfte aber weniger in der Nachahmung der Stellung des Kindes im Mutterleib, als vielmehr in der Furcht vor den Toten liegen. Schon die »Verbannung« der Verstorbenen in Gräberfelder außerhalb der Siedlungen spricht für diese Annahme. Die verschiedenen »Totenhüllen« wie Särge, Tongefäße, Matten usw. gewinnen in diesem Licht eine zusätzliche Bedeutung.

Entwicklung altägyptischer Grabformen

Die einzelnen Stationen der Geschichte der Grabformen können hier nicht ausführlich erläutert werden, doch sei am Beispiel Alt-Ägyptens eine der historischen Entwicklungslinien kurz dargestellt: In prädynastischer Zeit wickelte man die Toten in Hockstellung in Matten oder Häute und setzte sie in flachen, nord-süd-orientierten Grabgruben verschiedener Form bei. Für die frühdynastische Zeit sind rechteckige Grabgruben charakteristisch, die später mit Holz verschalt oder mit Ziegeln ausgemauert wurden. Die Ziegelgräber der Vornehmen teilte man bald in einen Hauptraum für den Toten und Nebenräume für seine persönliche Habe. Der senkrechte Schacht, der zum Hauptraum führte, wurde oberirdisch durch niedrige Aufmauerungen verschlossen. Diese Aufmauerungen hat man später zu einem Überbau aus Lehmziegeln mit flachem Dach erweitert (sogenannte Mastaba). Dieser enthielt Zellen für Grabbeigaben, Statuen des Toten und seiner Diener sowie Kultnischen bzw. -kammern. Im Lauf der Zeit wurden die Mastabas immer größer und luxuriöser. Sie wurden mit Reliefs und Wandmalerei, oft sogar mit Aborten ausgestattet. Während der 3. Dynastie stockte man die Steinmastabas der Herrscher durch zusätzliche Ummantelungen und Aufbauten zu Stufenpyramiden auf. Die Stufen wurden später durch einen glatten Mantel verdeckt. Die in der 4. Dynastie erbauten Königsgräber von Gizeh repräsentieren schließlich den Höhepunkt der Pyramiden-Architektur (s. Abb. 34). Das größte der Gizeh-Gräber, die Cheopspyramide, war zusätzlich mit einem Totentempel, einer steinernen Umfassungsmauer und einer Auffahrtsrampe vom Nil her versehen. Sie wurde in 20 Jahren von schätzungsweise 100 000 Arbeitern erbaut, von denen etwa 4 000 ständig an der Baustelle beschäftigt waren. In der 12. Dynastie wurde wegen der zunehmenden Grabräuberei der Pyramidenbau aufgegeben. Die Pharaonen der späteren Dynastien ruhten in

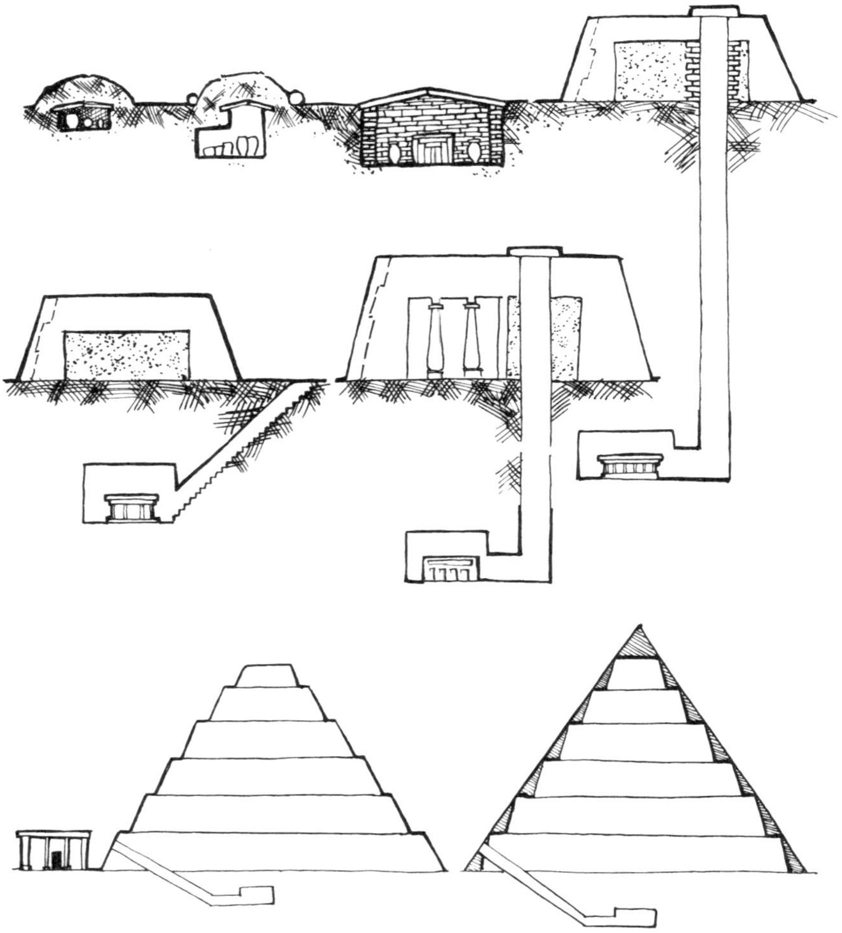

Abb. 34 *Begräbnis im alten Ägypten*
Entwicklung des Mastaba-Grabes

den Felsengräbern im »Tal der Könige«. Dort entdeckte der englische Archäologe Howard Carter 1922 das unversehrte Grab des Pharaos Tutenchamun mit seinen märchenhaften Schätzen.
Die Entwicklung der Grabformen verlief natürlich nicht überall gleichartig, sondern führte auch innerhalb einer Kultur je nach Jenseitsvorstellung, Lebensraum und sozialer Schicht zu verschiedenen Ausprägungen: Unbedeutendere Zeitgenossen wurden im Ägypten der Pharaonen in einfachen Erdgräbern beigesetzt wie ihre Vorfahren in vorgeschichtlicher Zeit.
Die *Brandbestattung* wird archäologisch zum erstenmal in der Jungsteinzeit faßbar. Sie war nie wie die ältere Körperbestattung weltweit verbreitet. Manche Völker, wie etwa die Ägypter oder die Juden, haben sie in keiner Phase ihrer kulturellen Entwicklung praktiziert. Andere wieder behielten sie – im guten wie im schlechten Sinn – nur besonderen Persönlichkeiten (Adeligen, Verbrechern usw.) vor. So war die Leichenverbrennung bei den

Brandbestattung

Römern vom Ende der Republik an bis zum 5. Jahrhundert nur für Patrizier reserviert. Eine solche Regelung scheint aber innerhalb einer Kultur nicht immer zwingend gewesen zu sein. Philipp, der Vater Alexanders des Großen, wurde nach seinem Tode verbrannt und seine Asche in einer kostbaren Schatulle gesammelt. Der Leichnam seines Sohnes hingegen soll nach ägyptischem Ritus einbalsamiert worden sein. Nachdem die Griechen zur Körperbestattung übergegangen waren, hielten sie noch einige Zeit an der Verbrennung von verstorbenen Kindern und Blitztoten fest.
Die Menschen müssen triftige Gründe für die Verbrennung ihrer Toten gehabt haben; schloß doch die Einäscherung des Leichnams viele Formen der traditionellen Ahnenverehrung aus. So könnte die Verbrennung ursprünglich als Maßnahme gegen das Ausbrechen von Seuchen in heißen Klimazonen gedacht gewesen sein oder um zu verhindern, daß die im Kampf Gefallenen von den Feinden ausgegraben, zur Schau gestellt oder gar verzehrt wurden. Nicht auszuschließen ist auch, daß man die Toten verbrannte, um ihre Überreste leichter mit sich führen zu können. Wahrscheinlich sind die Wurzeln dieses Brauchs aber eher in magischen Vorstellungen als in dem Glauben an die reinigende Kraft des Feuers oder in dem Wunsch nach vollkommener Befreiung der Seele des Verstorbenen zu sehen. Daß man sich mit der Einäscherung auch vom Toten selbst befreite, dürfte eine nicht unwesentliche Rolle gespielt haben.
Die christlichen Kirchen haben die Einäscherung lange Zeit abgelehnt, ähnelte diese Bestattungsweise doch den heidnischen Bräuchen der Antike. Erst in der zweiten Hälfte des vorigen Jahrhunderts konnten in Europa nach langwierigen Gerichtsverhandlungen und oft unter Polizeischutz die ersten offiziellen Einäscherungen stattfinden. Seit 1900 vergrößert sich die Zahl der Krematorien ständig, schon um dem akuten Mangel an Grabplätzen in den Millionenstädten abzuhelfen.

Abb. 35 *Mumifizierung*
Ägyptisches Grabrelief, Champollions »Monuments de l'Egypte et de la Nubie« (1847)

Wie die Bestattungsriten zeitlich und geographisch variieren, soll in stark vereinfachter Form am Beispiel des österreichischen Raums aufgezeigt werden. In unserem Land sind aus der Altsteinzeit, und zwar aus der jüngeren Phase (Jungpaläolithikum), nur sehr spärliche Funde bekannt. Dies, obwohl in den für die Erhaltung solcher Funde günstigen Lößgegenden Niederösterreichs mehrere eiszeitliche Jagdstationen entdeckt wurden, die Gräber erwarten ließen.

Bestattungsformen in Österreich

Im Jahr 1896 stießen die Bauern Anton Pichler und Josef Lagler in Spitz-Mießlingtal bei Spitz an der Donau beim Ausheben von Hausfundamenten auf eine Schicht, die »geschlagene Steine«, Tierknochen und ein vollständiges menschliches Skelett enthielt. Die Frau Pichlers veranlaßte aus abergläubischer Furcht, daß dieser unersetzliche Fund zerschlagen und in den vorbeifließenden Mießlingbach geworfen wurde. Erst 1914, als Pichler an derselben Stelle wieder Erdarbeiten durchführte, konnte eine planmäßige Grabung durchgeführt werden, in deren Verlauf der Unterkiefer eines Kindes entdeckt wurde.

Ein ähnliches Schicksal erlitten drei guterhaltene Skelette, die bei Ausgrabungen am Hundssteig bei Krems gefunden wurden. Nach den Angaben einiger alter Leute wurden auch sie weggeworfen. Daß diese Aussagen glaubwürdig sind, geht aus dem Umstand hervor, daß man später unter den Tierknochen dieser Grabung noch zwei menschliche Gliedmaßenknochen entdeckte. Nimmt man zu diesen Funden noch das in Willendorf in der Wachau geborgene Unterkieferbruchstück eines Kindes, so wird deutlich, daß man über die eiszeitlichen Menschen in Österreich wenig sagen kann. In allen Fällen handelt es sich wahrscheinlich um Körperbestattungen, über Orientierung und Haltung ist leider nichts mehr bekannt.

Aus der mittleren Steinzeit (Mesolithikum) gibt es in Österreich keine Grabfunde, doch müssen wir ebenfalls Körperbestattungen annehmen.

Die frühe Jungsteinzeit (»Bandkeramische Kultur«) ist bei uns durch Körpergräber (Hockbestattungen) gekennzeichnet. In der mittleren Jungsteinzeit (»Bemaltkeramische Kultur«) tauchen neben den Körpergräbern zum erstenmal Brandgräber auf. In der späten Jungsteinzeit (»Mondsee-, Badener und Glockenbecherkultur«) wurden neben Körpergräbern auch Brandgräber angelegt.

In der frühen Bronzezeit (»Aunjetitzkultur«) finden wir zum überwiegenden Teil Körpergräber. Die Toten wurden in Hockstellung beigesetzt, seltener in gestreckter Rückenlage, und das nur, wenn sie in Baumsärgen beerdigt wurden. So zeigt das Gräberfeld von Gemeinlebarn, daß die Toten mit dem Blick nach Osten beigesetzt worden waren, wobei die Köpfe der Männer im Norden, die der Frauen im Süden lagen.

In der mittleren Bronzezeit (»Hügelgräberkultur«) bestattete man in Flachgräbern und unter künstlich aufgeschütteten Erdhügeln. Im Gräberfeld von Pitten, Niederösterreich, etwa fand man eine Körper- und eine Brandbestattung in zwei Grabkammern unter einem Hügel.

In der späten Bronzezeit (»Urnenfelderkultur«) verschwinden die Körpergräber nahezu vollständig. Die Toten werden verbrannt und in großen Urnengräberfeldern beigesetzt.

Tabelle 7

Chronologische Übersicht der Kulturepochen für den österreichischen Raum

ALUMINIUM	NEUZEIT		Gegenwart 1500 n. Chr.
	MITTELALTER	Spätmittelalter	1250 n. Chr.
		Hochmittelalter	1000 n. Chr.
		Frühmittelalter	476 n. Chr.
	RÖMISCHE KAISERZEIT		0
EISENZEIT	LA-TÈNE-(KELTISCHE)KULTUR	Jüngere Eisenzeit	450/400 v. Chr.
	HALLSTATTKULTUR	Ältere Eisenzeit	750/700 v. Chr.
BRONZEZEIT	URNENFELDERKULTUR	Späte Bronzezeit	1300/1250 v. Chr.
	HÜGELGRÄBERKULTUR	Mittlere Bronzezeit	1500 v. Chr.
	(HOCKERGRÄBERKULTUR) AUNJETITZKULTUR	Frühe Bronzezeit	1800 v. Chr.
JUNGSTEINZEIT	GLOCKENBECHERKULTUR BADENER KULTUR MONDSEEKULTUR	Späte Jungsteinzeit (Kupferzeit)	3000 v. Chr.
	BEMALTKERAMISCHE KULTUR	Mittlere Jungsteinzeit	4500 v. Chr.
	BANDKERAMISCHE KULTUR	Frühe Jungsteinzeit	6000/5000 v. Chr.
ALTSTEINZEIT	MITTELSTEINZEIT (MESOLITHIKUM)		10000/8000 v. Chr.
	JÜNGERE STUFE DER ALTSTEINZEIT		40000 v. Chr.
	MITTLERE STUFE DER ALTSTEINZEIT		100000 v. Chr.
	ÄLTERE STUFE DER ALTSTEINZEIT		(1000000 v. Chr.)

(nach Neugebauer/Simperl, Als Europa erwachte)

Zu einem Wiederaufleben der Körperbestattung kommt es in der frühen Eisenzeit (»Hallstattkultur«) im Westen Österreichs. Die Regel ist die gestreckte Rückenlage, vereinzelt sind Hocker nachgewiesen. Im Osten ist weiterhin Brandbestattung üblich.
In der späten Eisenzeit (»La-Tène-Kultur«) werden die Toten meist in Körpergräbern in Rückenlage bestattet. Nur vereinzelt wurden Brandgräber nachgewiesen, so z. B. bei neueren Grabungen am Dürrnberg in Hal-

lein. In der späten La-Tène-Kultur überwiegt wieder die Brandbestattung. Die Sitte der Hockbestattung wird etwa um Christi Geburt aufgegeben.
Bei den keltisch-illyrischen und germanischen Völkerschaften in unserem Raum dominiert in der römischen Kaiserzeit ebenfalls die Brandbestattung.
Die Germanen der Völkerwanderungszeit gehen im 4. Jahrhundert zur Körperbestattung über, die Slawen erst um 700 n. Chr. Mit dem Ende des Frühmittelalters und dem Abschluß der Christianisierung wird die Körperbestattung in Österreich obligatorisch. Die Speisebeigaben verschwinden, Bestandteile der jeweiligen Tracht werden dem Toten noch einige Zeit mitgegeben.
War die Epoche seit dem Ende der römischen Kaiserzeit durch die Bestattung in Reihengräberfeldern gekennzeichnet – der Leichnam wurde west-ost-orientiert in Rückenlage mit seitlich angelegten Armen beigesetzt –, so ändert sich dies nach dem Beginn des Hochmittelalters. In bezug auf Orientierung und Haltung der Toten treten gegenüber dem Frühmittelalter bereits Abweichungen auf. Ab dem 11. Jahrhundert werden die Verstorbenen in engbegrenzten Friedhöfen um die Kirchen herum begraben. Der bald entstehende Platzmangel auf den Friedhöfen führt zur Errichtung von Karnern, in denen die Schädel und Oberschenkelknochen aus den älteren Gräbern aufbewahrt werden.
In der Barockzeit setzt als Ausdruck der sprichwörtlichen »barocken Frömmigkeit« der Rosenkranz- und Medaillenkult ein. Der Leichnam, der oft Bibel oder Rosenkranz umfaßt, hat nun die Hände meist über Bauch oder Becken gefaltet, manchmal auch über der Brust.
Ab der Biedermeierzeit zeigt die Orientierung der Toten keine Regelhaftigkeit mehr, die Hände sind über dem Becken oder der Brust gekreuzt, Kreuze und Medaillen werden seltener mitgegeben.

Der Weg allen Fleisches

Vor allem in bezug auf die Körperbestattung sind bei globaler Betrachtung eine Unzahl von Varianten bekannt, die von den dargestellten Haupttypen abweichen. So setzten die Moi in Indochina ihre Toten in offenen Särgen für zwei Jahre in Bäumen aus, danach wurden die Knochen begraben. Einige Stämme der australischen Ureinwohner trocknen die Leichen in der Sonne oder über einem Feuer und schließen sie danach in hohlen Bäumen ein, andere hängen ihre Toten für eine bestimmte Zeit in Bäume, stekken sie dann in Ameisenhügel und sammeln danach die entfleischten Knochen. Der letzte Teil des Bestattungsrituals besteht in einem zeremoniellen Zerbrechen der Vorderarmknochen, um den Geist des Dahingeschiedenen zu befreien. Die Anhänger der Zarathustra-Religion in Indien und Persien glauben, daß sowohl die Bestattung in der Erde als auch jene im Feuer oder im Wasser die heiligen Elemente vergiftet, und setzen ihre Toten in »Türmen des Schweigens« aus, wo diese von den Geiern verzehrt werden. Das Versenken des Leichnams im Wasser wird aber auch durchaus als ehrenvolle Bestattung betrachtet: Auf den Salomonen und in Neuguinea setzte man die Toten in durchsichtigem grünem Wasser in den verschiedensten Stellungen bei, indem man sie mit Steinen beschwerte. Auf See verstorbene Matrosen wurden noch bis vor kurzem feierlich dem

Meer überantwortet. Der alte Brauch der nordischen Seefahrervölker, ihre toten Häuptlinge auf Schiffen zu verbrennen, ist für die Schweden durch Ibn Fadtan, Botschafter des Kalifen von Bagdad, belegt: Der Tote wurde zunächst für zehn Tage in ein Grab gelegt, während dieser Zeit nähte man sein Leichenhemd und teilte seinen Besitz auf. Ein Drittel von diesem wurde für das Begräbnisfest zurückbehalten. Außerdem wurde ein Mädchen ausgewählt, das mit seinem Herrn sterben sollte. Man zog das Schiff des Häuptlings an den Strand und bereitete auf Deck eine Liegestatt, dazu golddurchwirkte Kleider, Bettzeug und Kissen vor. Rund um das Schiff stellte man menschenähnliche Figuren aus Holz auf. Am zehnten Tage wurde der Tote in seine kostbaren Kleider gehüllt und zusammen mit der Leiche des getöteten Mädchens auf die Liegestatt gelegt. Speisen und Getränke, die Waffen des Toten, geschlachtete Pferde, Ochsen, ein Hund, ein Hahn und eine Henne brachte man ebenfalls an Bord. Nachdem das Schiff in Brand gesteckt worden war, erhob sich ein starker Wind, der die Flammen anfachte. Er wurde als gutes Zeichen gewertet, beschleunigte er doch das Eingehen des Häuptlings ins Paradies. Seine Asche setzte man in einem Hügel bei und errichtete auf diesem einen hohen Birkenstamm mit dem Namen des Toten.

Eine besonders ausgefallene Art der Bestattung hängt mit dem rituellen Kannibalismus zusammen: In Sumatra verspeiste man die Verstorbenen, weil man glaubte, daß die Erdbestattung zum Entstehen von Würmern führt. Die Knochen sammelte man in einem Kästchen, das in einer Höhle hoch in den Bergen aufbewahrt wurde.

»Schlimme Tode«

Wie man schon aus den vorangegangenen Abschnitten ersehen kann, wurden und werden nicht alle Angehörigen eines Volkes auf gleiche Weise bestattet. Angehörige einer bestimmten Altersklasse, eines bestimmten Geschlechts, einer bestimmten sozialen Schicht, einer bestimmten Berufsgruppe, im Krieg Gefallene sowie solche, die eines »schlimmen Todes« gestorben waren, erhielten eine »Sonderbestattung«. Einen »schlimmen Tod« hatten jene erlitten, die durch ein Unglück, durch Selbstmord, als Opfer ansteckender Krankheiten, während der Schwangerschaft oder im Wochenbett aus dem Leben geschieden waren. Vor allem der Ort und die Art ihrer Bestattung unterschieden sie von den übrigen Mitgliedern ihrer Gruppe.

Einige Beispiele mögen dies veranschaulichen: So wurden ungetaufte (»unfröhliche«) Kinder in Deutschland noch im vorigen Jahrhundert in einer eigenen Friedhofsecke oder unter der Dachtraufe beerdigt, da der während eines Taufsegens fallende Regen als Taufersatz galt. In der Schweiz begrub man sie im Keller, in Schlesien unter der Schwelle und in Irland an Kreuzwegen oder bei heiligen Quellen. Die Hindu des südlichen Pandschab versenkten tote Säuglinge im Fluß. In Indonesien werden totgeborene oder nicht initiierte Kinder im Wald (Kei-Inseln), unter der Schlafstelle der Mutter oder unter der Treppe (Sika) beigesetzt. Die afrikanischen Arubo (Nord-Rhodesien) stecken Kinderleichen in den Bau eines Ameisenbären, in hohle Bäume oder Ameisenhügel, die Iteso Ugandas werfen sie einfach in den Busch. Bei den sibirischen Giljaken werden kleine Kinder begraben, Erwachsene verbrannt. Die Kamtschadalen bestatten Kinder in hohlen Baumstämmen, andere Personen setzen sie aus. Alte Männer und Frauen werden bei den Buschmännern und Hottentotten in die Wildnis gelegt, jüngere Menschen beerdigt. Die ostafrikanischen Tidinga begraben ihre Alten in Erdferkelhöhlen; sterben jüngere Stammesmitglieder, so ziehen sie weiter und lassen den Toten im Lager zurück.

Soziale Unterschiede der Bestattung

Männer und Frauen haben in vielen Kulturen gesonderte Bestattungsplätze. In Malekula (Melanesien) etwa begräbt man Frauen und Kinder im Busch, Männer hingegen auf einem besonderen Bestattungsplatz in der Nähe des Klubhauses. Während der Schwangerschaft oder im Kindbett verstorbene Frauen werden bei den indischen Ghond außerhalb des Dorfes beerdigt.

Häufig werden, wie bei den Imurana Perus, Männer verbrannt, Frauen »nur« begraben. Dies darf durchaus als Ausdruck der Ungleichheit von Mann und Frau in den menschlichen Gesellschaften gewertet werden; ist doch die Brandbestattung meist angesehenen Personen vorbehalten gewesen.

Auch in der Urzeit achtete man streng darauf, daß Männern und Frauen die ihnen von der Gesellschaft zugebilligte Behandlung zukam. In der südbayrischen Frühbronzezeit etwa wurden Männer als linke Hocker mit dem Kopf nach Nordosten, Frauen als rechte Hocker mit dem Kopf nach Südwesten begraben. Normalerweise scheint in der Bronzezeit jedoch eher »rechts« das männliche, »links« das weibliche Prinzip symbolisiert zu haben. Gräber mit Abweichungen von den an einem Ort gültigen Orientierungsregeln finden sich meist am Rand von Gräberfeldern. Sie deuten auf eine Sonderstellung dieser Individuen hin, zum Teil könnte es sich auch um sogenannte Perverse (Homosexuelle usw.) gehandelt haben. Wahrscheinlicher ist, daß sich in solchen Unregelmäßigkeiten ein Verfall des Ritus, Fremdeinflüsse oder ethnische Unterschiede ausdrücken.

Eine ungewöhnliche Bestattungsart kann aber auch Ausdruck einer bestimmten philosophischen Haltung, einer kritischen Einstellung gegenüber der Gesellschaft sein, in der man lebt. Die illustren Mitglieder des vom »Industrie-Ideologen« Serge Kirchhofer gegründeten »Klubs der Senkrechtbegrabenen« in Wien etwa wollen in aufrechtstehenden Särgen beigesetzt werden, um sich dadurch von den »horizontalen« Bestattungen ihrer bürgerlichen Zeitgenossen zu unterscheiden.

Soziale Unterschiede äußern sich aber auch in der Handhabung jener Techniken, die seit alters her angewendet werden, um den Leichnam zu konservieren. Dabei kann grob zwischen der Methode der Mumifizierung, die mit Hilfe von natürlichen Mitteln erreicht wird, und der Einbalsamierung, die mit künstlichen Mitteln bewerkstelligt wird, unterschieden werden. Von Mumifizierung sprechen wir dann, wenn der Leichnam an der Luft oder in heißem Sand austrocknet, bei niedrigen Temperaturen einfriert oder im sauerstoffarmen, sauren Milieu eines Moores gegerbt wird. Einbalsamierung dagegen verlangt das Entfernen der Eingeweide, das Einsalzen der Leiche usw.

Vor allem Könige, Häuptlinge und Priester hatten Anspruch auf besonders aufwendige Grabausstattungen und Konservierungsmaßnahmen. Ihre Körper sollten nach dem Tod erhalten bleiben, um als berührbares Objekt für den Ahnenkult den Zusammenhalt der Gemeinschaft zu sichern. Die peruanischen Inka etwa, bei denen sich diese Erhaltungsmaßnahmen nicht nur auf Vornehme erstreckten, glaubten, daß der, der die Mumien einer Familie in seinen Besitz brachte, Macht über diese besaß. Im Sonnentempel ihrer Hauptstadt Cuzco saßen die Mumien der männlichen Mitglieder der Königsfamilie rechts, die der weiblichen links der Großen Leuchte, in kostbare Gewänder gehüllt, auf goldenen Sesseln. Mit ihren gesenkten Köpfen vermittelten sie den Eindruck, als seien sie tief ins Gebet versunken. Die Mumie des als Gottkönig verehrten Inka selbst wurde wie ein Lebender behandelt, zwei Dienerinnen hielten mit Fächern die Fliegen von ihm fern. Bei wichtigen Anlässen wurden die Mumien in Prozessionen mitgetragen und saßen den Feierlichkeiten auf dem Zeremonienplatz vor.

Königliche Mumien

Die hochentwickelte Einbalsamierungstechnik der Ägypter könnte mit dem Übergang von den einfachen Grubengräbern zu den verschiedenen Grabbauten zusammenhängen (s. Abb. 34). Während im heißen Wüstensand die Leichen schnell austrockneten und damit erhalten blieben, liefen sie in den Grabkammern Gefahr zu verfaulen. Herodot hat uns einen anschaulichen Bericht über die Einbalsamierung hinterlassen, der mit geringen Abänderungen auch in unsere Zeit passen würde: »Es gibt besondere Leute, die dies berufsmäßig ausüben. Zu ihnen wird die Leiche gebracht, und sie zeigen nun hölzerne, auf verschiedene Art bemalte Leichname zur Auswahl vor. Wonach man die vornehmste der Einbalsamierungsarten benennt, scheue ich mich zu sagen. Sie zeigen dann weiter eine geringere und wohlfeilere und eine dritte, die am wohlfeilsten ist. Sie fragen dann, auf welche der drei Arten man den Leichnam behandelt sehen möchte. Ist der Preis vereinbart, so kehren die Angehörigen heim, und jene machen sich an die Einbalsamierung. Die vornehmste Art ist folgende. Zunächst wird mittels eines eisernen Hakens das Gehirn durch die Nasenlöcher herausgeleitet, teils auch mittels eingegossener Flüssigkeiten. Dann macht man mit einem scharfen aithiopischen Stein einen Schnitt in die Weiche und nimmt die ganzen Eingeweide heraus. Sie werden gereinigt, mit Palmwein und dann mit geriebenen Spezereien durchspült. Dann wird der Magen mit reiner geriebener Myrrhe, mit Kasia und anderem Räucherwerk, jedoch nicht mit Weihrauch gefüllt und zugenäht. Nun legen sie die Leiche ganz in Natronlauge, siebzig Tage lang. Länger als siebzig Tage darf es nicht dauern. Sind sie vorüber, so wird die Leiche gewaschen, der ganze Körper mit Binden aus Byssosleinwand umwickelt und mit Gummi bestrichen, was die Ägypter an Stelle von Leim zu verwenden pflegen. Nun holen die Angehörigen die Leiche ab, machen einen hölzernen Sarg in Menschengestalt und legen die Leiche hinein. So eingeschlossen wird sie in der Familiengrabkammer geborgen, aufrecht gegen die Wand gestellt.«
In Babylon konservierte man die Leichen durch Einlegen in Balsam, in China behandelte man sie bis zur Verbrennung mit Kampfer und Gewür-

zen. In Tibet entfernte man bei den Leichen der hohen Lamas die Eingeweide, bestrich die Körperhöhlen und die Außenseite mit einem speziellen Lack und umwickelte sie mit Seide. Danach fixierte man den Leichnam in der sogenannten Lotosstellung und trocknete ihn in einem mit Salz gefüllten Raum aus, indem man heiße Luft hineinblies. Die Mumie wurde anschließend mit Blattgold belegt und in der »Halle der Inkarnationen« auf einen goldenen Thron gesetzt.

Obwohl das Christentum die Einbalsamierung ablehnte, haben sich einige hochgestellte Persönlichkeiten wie Heinrich I. auf diese Weise »verewigen« lassen. Als man 1779 in der Kirche von Danbury/England die Gruft des Sir Gerard de Braybroke (gest. 1422) öffnete, fand man seine Leiche in einer Flüssigkeit schwimmend vor. Der Dorfarzt, der sie kostete, meinte, sie schmecke nach »mushroom catchup« und der Salzlake von spanischen Oliven.

Über »englische Mumien« berichtet im 19. Jahrhundert auch der österreichische Reiseschriftsteller Schweickhardt in seinem Buch »Schilderungen des Merkwürdigen aus allen Theilen des Erdballes« (VI. Band):

»Mit dem Worte Mumien bezeichnet man Leichname, die man vorgerichtet hat, um sie der Verwesung zu entziehen. Der Zweck dieser Erhaltung scheint von Liebe und Hochachtung eingegeben worden zu sein; denn die Erinnerung an theure oder verehrte Personen ward durch die Gegenwart ihrer sterblichen Hülle, deren Zerstörung man nun verhinderte, erhöht und befestigt. Was soll man aber von einem Erhaltungsmittel sagen, welches darin bestand, daß man den Körper, bei dem man es anwendete, in eine Flüssigkeit verwandelte, und somit alle Spuren seines organischen Baues verschwinden ließ? Und doch machte man auf diese Weise die Körper des letzten Grafen von Huntington und seiner Familie zu flüssigen Mumien. Im Schlosse Farley Castle, unweit Bath, sieht man sie vollkommen erhalten. Die Gräber, welche sie enthalten, bestehen aus sehr schönem weißem Marmor, der Deckel ist von schwarzem Marmor, auf dem man die Bildnisse des Grafen und der Gräfin erblickt, in liegender Stellung mit gefalteten Händen. Fünf andere Gräber, von denen zwei sehr klein sind und die Körper von Kindern sehr zarten Alters enthalten, sind in demselben Gewölbe beigesetzt. Die Flüssigkeit, die hinsichtlich ihrer Farbe mit Burton-Ale (einer Biergattung) verglichen werden kann, befindet sich in einem bleiernen Kasten, der oben ein Loch hat, so daß man in das Innere sehen und das darin Enthaltene genau untersuchen kann. Der Cicerone, welcher diese Merkwürdigkeiten zeigt, versichert, daß Beschauer derselben den Einfall gehabt haben, diese sonderbare Zubereitung zu kosten, die auf 200 Jahre alt ist; er berichtet aber nicht, welche Wirkung dieses hervorgebracht habe, das selbst Cannibalen mit Abscheu zurück stoßen würden.«

Make-up fürs Jenseits

Die Einbalsamierung unserer Tage unterscheidet sich nur in technischer Hinsicht von dem, was uns Herodot von den Ägyptern erzählte: Der Leichnam wird gereinigt, zwischen Zahnfleisch, Wangen und Lippen wird Baumwolle gestopft, der herabgefallene Unterkiefer wird am Oberkiefer festgenäht, die Augenlider werden in natürlicher Stellung geschlossen, eingesunkene Gesichtspartien werden mit Wachs ausmodelliert, man manikürt, schminkt, die Todesstarre wird durch Bewegen aller Gelenke gelöst, der Tote wird in eine würdige Haltung gebracht, man injiziert Formaldehyd, um das Gewebe zu härten ...

Evelyn Waugh hat in seinem Roman »Tod in Hollywood« die beklemmend nüchterne Atmosphäre dieses aus dem heutigen Amerika nicht mehr wegzudenkenden Metiers eingefangen:

»Das Stockwerk hallte wider vom Zischen und Gurgeln der Leitungshähne in den Balsamierungsräumen und vom Surren elektrischer Trocknungsapparate in den Kosmetikräumen. Aimée arbeitete wie eine Nonne, hingegeben, gelassen, methodisch. Zuerst kam die Einseifung, dann das Rasieren, dann die Maniküre. Sie scheitelte das weiße Haar, seifte die stacheligen Wangen ein und setzte das Rasiermesser an, sie schnitt die Nägel und glättete die Nagelhaut. Dann zog sie den Rolltisch heran, auf dem sich ihre Creme- und Schminktöpfchen und ihre Pinsel befanden, und konzentrierte sich atemlos auf den schwierigsten Teil ihrer Aufgabe. In zwei Stunden war die Hauptarbeit getan. Kopf, Hals und Hände hatten ihre volle Farbe wieder. In dem grellen Licht ihres Arbeitszimmers schien der Ton etwas zu hart, die Patina etwas zu dick zu sein, aber ihr Werk war für das bernsteinfarbene Licht der Kapelle bestimmt. Sie vollendete die Blautüpfelung um die Augenlider, trat dann zurück und betrachtete wohlgefällig ihre Leistung.«

Tod als Tabu

Was ist es, das den Menschen unserer »aufgeklärten« Zeit wünschen läßt, sein Körper möge nach dem Tod erhalten bleiben? Heute werden nicht nur einige wenige politische Gottkönige wie z. B. die Heroen des Sowjetstaats einbalsamiert, um auch nach ihrem Tod den Machtanspruch ihrer Nachfolger zu unterstützen. Tausende wohlhabende Bürger unseres modernen christlichen Abendlandes weigern sich, zuletzt zu dem Staub zu werden, aus dem sie angeblich gemacht sind. Sie nehmen hohe Kosten und lange Wartezeiten in Kauf, um sich in »Gefrier-Friedhöfen« beisetzen zu lassen, in denen sie einem goldenen Zeitalter entgegenschlafen. Die dezenten Kataloge der Einbalsamierungs- und Bestattungsinstitute, die bunten Musterbücher jener, die uns die individuelle Grabpflege abnehmen wollen, eine ganze Industrie möchte uns helfen, dem Tod, das heißt den Toten, möglichst selten zu begegnen, unsere Berührungsflächen mit den »letzten Dingen« problemlos zu gestalten. Haben wir den Tod verdrängt? Sterbekurse und Thanatologenkongresse können nicht darüber hinwegtäuschen: der Tod als letzte unüberwindliche Bastion der Natur, als krasses Ende unserer irdischen Anstrengungen ist in unserer fortschrittsgläubigen Gesellschaft zu einem Tabu geworden, man fürchtet ihn als willkürlichen, schicksalhaften Eingriff in unser Leben und versucht, ihm auf vielfältige Weise seine Bedeutung zu nehmen.

Dieses Nicht-Annehmen-Können des Todes kann aber nicht im eigentlichen Sinn als Verdrängung verstanden werden. Es zeigt vielmehr, daß bei diesem Kernproblem unseres Daseins urtümliche Vorstellungen lebendig geblieben sind. Wie in so vielen anderen Bereichen verschwimmen auch hier die Grenzen zu den sogenannten Primitiven: Bei den Naturvölkern ist der Tod kein zwangsläufig eintretendes natürliches Ereignis, sondern ein meist mit Zauberei verbundener Gewaltakt, der von Menschen, Geistern oder Göttern verübt wird. Er kann daher, so glaubt man, auch durch kluges, umsichtiges Verhalten, durch Opfer oder Gegenzauber vermieden oder hinausgeschoben werden. Tritt der Tod schließlich ein, so wird er nicht auf einen bestimmten Zeitpunkt beschränkt, sondern meist als Übergang von einer Lebensform in eine andere begriffen, ohne daß damit immer wie im Christentum der Glaube an Unsterblichkeit verbunden ist. Dieser Übergang, diese Reise in die andere Welt, dauert eine bestimmte, rituell festgelegte Zeit, während der der Verstorbene seine Rechte und Pflichten behält. Er wird in dieser Zeit oft in einem ersten Grab bis zur Entfleischung seiner Gebeine aufbewahrt. Erst durch ein »zweites Begräbnis« hält er dann endgültig Einzug ins Totenreich, er wird zum Ahnen.

Die Knochen des zum Ahnen Gewordenen werden häufig als zauberkräftige Amulette getragen oder, wie bei den Australiern, mit Ocker bemalt und als Fetische verehrt. Auf den Andamanen werden sie von den Angehörigen auch als Schmuckstücke verwendet. Ja der Glaube an die magische Kraft des verehrten Toten geht so weit, daß sich bei einigen Stämmen der australischen Ureinwohner die jungen Männer mit der Flüssigkeit, die von den auf Gerüsten aufgebahrten Leichen herabtropft, einreiben, um den Mut und die Stärke des Dahingeschiedenen zu gewinnen. Andere australische Stämme sammeln diese Flüssigkeit in Gefäßen als Zutaten für Zaubertränke. Diese enge Verbundenheit mit den Toten ist jedoch vor allem für bodenbebauende Völker charakteristisch. Viehzüchterkulturen setzen ihre Toten meist aus, bei ihnen herrscht die Totenfurcht vor.

Die Macht der Toten

Unsere Haltung gegenüber den Verstorbenen ist also widersprüchlich. Im allgemeinen überwiegt bei unseren Bestattungsriten die Angst vor der Macht des Toten. Schon die alten Ägypter enthaupteten den Leichnam häufig aus Angst vor dem Totengeist »Achu«; wichtige Organe wie Herz und Hirn wurden dem Körper des Toten entnommen. Das Einwickeln der Mumien in meterlange Binden, deren Enden mit besonderen Knoten verknüpft waren, geht vermutlich auf die Tradition der Leichenfesselung zurück. Auch die Tasmanier fesselten ihre Toten, und die Australier durchbohren zuweilen die hohlen Grabbäume mit Speeren oder brennen sie ab.

Auch in unserem ländlichen Brauchtum hat sich eine Fülle von Abwehr- und Reinigungsriten erhalten: Der Leichnam wird durch das Dach oder mit den Füßen voran aus dem Haus gebracht, damit er bei einer eventuellen Rückkehr den Weg verfehlt. Dem gleichen Zweck dienen symbolische Gräben zwischen Haus und Grab. Der Leichnam wird durch Beigaben beschwichtigt, verstümmelt, gefesselt, gepfählt, in Särgen eingeschlossen, durch Grabmonumente unter die Erde gepreßt. Man schreibt ihm also eine bestimmte Art von Leben zu. Im mittelalterlichen Europa war der Tote z. B. auch »Rechtssubjekt«. Er konnte daher mehrmals zum Tod verurteilt und mehrmals hingerichtet werden. Noch im 14. Jahrhundert saßen Leichen als Kläger oder Beklagte im Gerichtssaal, in England verweigerte

man noch im vorigen Jahrhundert verschuldeten Personen das Begräbnis und warf ihren Leichnam zuweilen ins Gefängnis.
Die Auffassung des Todes als gewalttätige Macht hängt bei den Naturvölkern mit dem häufigen Vorkommen von kriegerischen Auseinandersetzungen, aber auch mit der weitverbreiteten Sitte zusammen, Kinder, Kranke und Alte zu töten. Gewalt ist aber etwas, das uns von den »Primitiven« nicht unterscheidet, im Gegenteil.

Der wissenschaftliche Todesbegriff

Man hat in unserem Jahrhundert, beeinflußt durch die Erkenntnisse der modernen Naturwissenschaften, den urtümlichen Todesbildern, die in Religion und Brauchtum ihren Ausdruck finden, den Begriff des »natürlichen Todes« gegenübergestellt. Dieser wissenschaftliche Todesbegriff beinhaltet das ungestörte Verlöschen der Lebenskräfte, unser Ende ist, nüchtern betrachtet, nur die physikalisch beschreibbare Rückkehr in einen Zustand molekularer Unordnung. Seele und Jenseits haben in einer solchen Todesvorstellung keinen Platz. Genau diese Beschränkung unserer Existenz auf das Hier und Jetzt hat die Menschen jedoch offenbar überfordert. Der Verzicht auf ein Leben nach dem Tod kann, wenn überhaupt, nur von wenigen geleistet werden. Um den Tod als »Versöhnung mit der gütigen Natur« akzeptieren zu können, muß man etwas von den Kreisläufen und Ordnungsmustern der Natur verstehen und darf das Natürliche – und damit den Tod – zumindest nicht ablehnen. Der Begriff des »natürlichen Todes« hat aber auch noch einen anderen Aspekt: solange der Tod noch als Gott, Engel oder allmächtiges Prinzip angesehen wird, muß man ihn letztlich annehmen. Erkennt man ihn hingegen als etwas Natürliches, so muß er in einer Zeit, die an die unbegrenzte Machbarkeit glaubt, durch geeignete Maßnahmen der Medizin zu überwinden sein. Diese Möglichkeit bot Robert C. Ettinger in seinem Buch »Aussicht auf Unsterblichkeit?« (1965). Eine findige Industrie, die sich die simple Erfahrung zunutze machte, daß Kälte Verwesung aufhält, hat Tausende zahlungskräftige Amerikaner veranlaßt, sich nach ihrem Tod in elektrisch betriebenen »Gefriersärgen« beisetzen zu lassen. Sie sollen nach Ettingers großartiger Vision in 300, vielleicht auch 400 oder 500 Jahren aufgetaut werden, denn die Wissenschaften werden bis dahin Alter, Krankheit und Tod besiegt haben. Die Guthaben der Eingefrorenen werden sich, so Ettinger, inzwischen hoch verzinst haben, eigens dafür zuständige Institutionen werden ihre politischen Interessen wahrnehmen und familienrechtliche Probleme beseitigen ... Ja, und was dann? Die Menschheit würde an jenem Tag X in ein Heer von leicht erkältet wirkenden »Wiedererweckten« und in Menschen gespalten sein, die mit den Neuankömmlingen nicht viel anzufangen wüßten. Komödie oder Tragödie?
Der Wunsch des Menschen, sich zu »verewigen«, ist uralt. Als Erinnerungsstützen dienten und dienen Gemälde, Plastiken, seit Anfang des 19. Jahrhunderts auch die Photographie und in unserem Jahrhundert der Film, der Verstorbene sogar in Bewegung »konserviert« und sie so wahrhaft lebendig erscheinen läßt. Als der amerikanische Filmschöpfer Walt Disney (1901–1966), Meister des Zeichentrickfilms und Vater der Mickey Mouse, sein Ende nahen fühlte, ließ er sich filmen, während er Anweisun-

gen für den Ausbau der Disney-Corporation und künftige Arbeiten gab. Nach seinem Tod, als die Geschäftsleitung zur Beratung zusammentrat, wurde über dem leeren Sessel des Verblichenen dieser Film projiziert. Disney, höchst »lebendig«, bestimmte von der Leinwand herunter die Richtlinien für die Weiterführung des Unternehmens!

Noch arbeitet die Illusionsindustrie »Film« mit Zelluloid, zwei Dimensionen und unserer Einbildungskraft. Aber schon sind neben 3-D-Verfahren (dreidimensionaler Effekt beim Tragen spezieller Kinobrillen) Techniken entwickelt worden, die mit der Holographie (dreidimensionale Photographie) eine neue Revolution einleiten. Dabei wird mit Hilfe des Hologramms (eine Art Negativ) und von Laserstrahlen ein dreidimensionales Bild im Raum hergestellt. Auf diese Weise ist es möglich, den Verstorbenen zwar nicht greifbar, doch von allen Seiten sichtbar erscheinen zu lassen.

Immer wieder, auch in unserer entgötterten Zeit, begegnen wir dem verzweifelten Versuch des Menschen, dem Tod seinen »Stachel« zu nehmen, dem Vergessen und dem Verfall zu entrinnen. Dies ist letztlich der Ausdruck unseres Unvermögens, den Tod anzunehmen. Obwohl der Verstand sich mit dem Unvermeidlichen bereits abgefunden hat, rebelliert das Gefühl noch immer.

Der Schriftsteller Vladimir Nabokov (1899–1977) hat unser zwiespältiges Verhältnis zum Tod in seinen Erinnerungen treffend formuliert: »Die Wiege schwingt über einem Abgrund, und der Verstand sagt uns, daß unser Leben nur ein kurzer Lichtspalt zwischen zwei Ewigkeiten des Dunkels ist. Obschon die beiden identische Zwillinge sind, betrachtet man in der Regel den Abgrund vor der Geburt mit größerer Gelassenheit als jenen anderen, dem man (mit etwa viereinhalbtausend Herzschlägen in der Stunde) entgegeneilt.«

Menschen sind eßbar

»Ein Gastronom der alten Schule, der sich den einfachen Geschmack bewahrt hat und an der natürlichen Diät der vorschweinernen Periode festhält.«

Aus dem »Wörterbuch des Teufels«
von Ambrose Bierce, 1906

Kolumbus hatte sich verhört. Die Ureinwohner der Inseln, die wir heute Bahamas, Kuba und Haiti nennen, nannten sich nicht »Kaniben« (spanisch: Canibal), sondern »Karaiben«. Als dann der berühmte Sohn Genuas in der Heimat von der Gewohnheit dieser Heiden berichtete, die Leichen feindlicher Krieger zu verzehren und deren Schädel als Trophäen aufzubewahren, gab er ihr damit auch gleich den Namen, der sich von nun an im Bewußtsein der fassungslosen Europäer verankern sollte – »Kannibalismus«. Dem wissenschaftlich gebildeten Leser wird diese dunkle, ja scheinbar widernatürliche Seite menschlichen Wesens auch unter dem Namen »Anthropophagie« (griech.: anthropos = Mensch, phagein = essen) bekannt sein. Dennoch werden wir im folgenden von »Kannibalismus« sprechen (die Unvollkommenheit dieses Ausdrucks scheint uns durch den Vorteil seiner größeren Popularität bei weitem aufgewogen). Unter »Kannibalismus« verstehen wir hier allerdings hauptsächlich den »rituellen Kannibalismus«, das heißt die mit magisch-religiösen Vorstellungen verknüpfte »Sitte«, menschliches Fleisch oder Blut zu verzehren. Die auch heute noch häufig vorkommenden Fälle von Kannibalismus aus Hunger oder Geisteskrankheit (im weitesten Sinn) werden von uns nicht berücksichtigt. Daß die Grenze zwischen diesen Kannibalismen nicht immer eindeutig zu ziehen ist, liegt einerseits in der Vieldeutigkeit unserer archäologischen und historischen Quellen begründet, anderseits in der Verflechtung ihrer Ursachen in uns selbst.

Als der belgische Gelehrte A. Spring 1852 in einer der Höhlen von Chavaux bei Namur unter einer großen Anzahl fossiler tierischer Knochen auch solche von Menschen entdeckte, war dies ein Fund, wie er schon vorher bei ähnlichen Gelegenheiten zutage gekommen war. Die Tatsache jedoch, daß sämtliche menschlichen Röhrenknochen aufgebrochen waren, offensichtlich um das Mark entnehmen zu können, veranlaßte Spring, etwas auszusprechen, was man zu diesem Zeitpunkt schlicht als ungeheuerlich empfinden mußte: unsere Vorfahren waren Menschenesser!

Ein Landsmann von Spring namens Dupont bestätigte 1865/66 durch systematische Grabungen in der Höhle von La Naulette bei Dinant dessen These, und auch der Bonner Anatom Hermann Schaafhausen kam 1888 bei der Untersuchung einer urzeitlichen Wohnstätte auf dem Martinsberg in Andernach zu dem gleichen Schluß: Kannibalismus. Wie in Chauvaux handelte es sich bei den menschlichen Knochen vom Martinsberg um die Überreste von Jugendlichen bzw. von Kindern.

Die Fachwelt war in Aufruhr. Sollten auch die Ureinwohner des zivilisierten Europa ähnlich den aus der Völkerkunde bekannten überseeischen Völkern solche Greuel begangen haben? Nach der Überwindung der ersten gefühlsmäßigen Widerstände begann man sich ernsthaft mit der Frage eines urzeitlichen Kannibalismus auseinanderzusetzen. Die Knochenfunde alter Ausgrabungen wurden noch einmal überprüft, und bereits um die Jahrhundertwende ermöglichten erste zusammenfassende Arbeiten einen Überblick. Kein Zweifel: Aus allen Epochen der menschlichen Kulturgeschichte lagen Hinweise dafür vor, daß der Mensch dem Menschen fast immer und überall auch als Nahrung gedient hat. Ist der Kannibalismus so alt wie das Menschengeschlecht selbst oder erst eine relativ junge, eine »Degenerationserscheinung«? Besonders die Funde in der Höhle von Choukoutien in China heizten 1939 noch einmal die Diskussion an. Der deutsche Anthropologe Franz Weidenreich deutete die vorwiegend aus künstlich zerbrochenen Schädeln bestehenden Skelettreste dieses Fundortes als Überbleibsel von Kannibalenmahlzeiten des Sinanthropus (Homo erectus). Die Vertreter der vorwiegend christlich orientierten Völkerkunde in Wien verwiesen hingegen auf die Trauersitten einiger Naturvölker der Gegenwart und wollten die Schädelreste Choukoutiens lediglich als Sonderbestattungen verstanden wissen. Diese Einwände wurden jedoch kaum beachtet, und heute wird allgemein als sicher angenommen, daß schon der Mensch der Altsteinzeit Kannibalismus und Kopfjagd kannte.

Kannibalismus in der Urzeit

Der österreichische Prähistoriker Herwig Friesinger hat aus der großen Zahl der über die ganze Welt verstreuten prähistorischen und historischen Skelettfunde, die den Verdacht auf Kannibalismus nahelegen, die wichtigsten zusammengestellt. Unter ihnen sind überraschend viele »Klassiker« der menschlichen Stammesgeschichte. Sie hier auch nur auszugsweise zu erwähnen würde den Rahmen dieses Kapitels sprengen. Den meisten dieser Skelettreste sind neben einer auffälligen Lagerung, die gegen eine Bestattung spricht, auch Verletzungen verschiedenen Grades und Brandspuren gemeinsam. Viele der Langknochen sind aufgebrochen oder weisen Schnittspuren auf. Die Schärfe der Bruchränder zeigt, daß die Knochen noch in frischem Zustand zerkleinert worden sind.

Friesinger unterscheidet in dem von ihm zitierten Fundmaterial drei Gruppen: Neben den dem Bereich des Schädelkults zuzuordnenden Schädelbestattungen (1) und den Schädelbechern (2) sind es vor allem die planlos in prähistorischen Siedlungen bzw. in ehemaligen Wohn- oder Abfallgruben festgestellten Menschenknochen (3), die die Hauptmasse der Funde bilden. Sie sind zumeist mit tierischen Knochen vermischt und scheinen auch die gleiche Behandlung erfahren zu haben wie jene. Die Schädel sind in der großen Mehrzahl der Fälle zerschlagen bzw. zerbrochen, fehlende Stücke sind in der Umgebung nicht auffindbar. Auch die Tatsache, daß überwiegend Bruchstücke des Schädels und der Oberarm- bzw. Oberschenkelbeine erhalten sind, legt nahe, daß es sich um nicht mehr verwertbare »Speisereste« handelt. Die Opfer waren bis auf wenige Ausnahmen zu allen Zeiten Frauen, Jugendliche und Kinder.

Besonders in Siedlungsgruben, Kulthöhlen und brunnenähnlichen

Schächten der Jungsteinzeit wurden häufig zerschlagene und angekohlte Menschenknochen entdeckt, manchmal zusammen mit angeröstetem Getreide. Funde aus der frühjungsteinzeitlichen Kulturstufe der Bandkeramik in Deutschland deuten darauf hin, daß es neben kannibalischen Opferritualen in Höhlen (z. B. Jungfernhöhle im Fränkischen Jura) auch »Brunnenopfer« gegeben hat. Letztere sind offensichtlich zu einer Zeit niedergelegt worden, als die Brunnen bereits versiegt waren, andernfalls hätten die tierischen und menschlichen Leichenteile das Wasser verunreinigt. Tatsächlich gibt es Hinweise auf klimatische Schwankungen während der Jungsteinzeit und damit auf Trockenzeiten und Mißernten, von denen diese älteste bäuerliche Bevölkerung Mitteleuropas betroffen war. In deren Folge könnte es zu einem gehäuften Auftreten von Menschenopfern und Kannibalismus gekommen sein.
Aus der Jungsteinzeit Niederösterreichs und des Burgenlandes sind eine Reihe von Schädelnestern (Poigen, Bisamberg, Hankenfeld, Langenlois, Ossarn, Lichtenwörth) bzw. Schädelbechern (Draßburg) bekanntgeworden (s. Bild 88). Aus der frühen bis mittleren Bronzezeit dieses Raumes stammen vereinzelte menschliche Knochen, vor allem Unterkiefer, Oberschenkelbeine und auch Schädelbecher, die in Siedlungs- und Abfallgruben (Böheimkirchen, Groß-Weikersdorf, Poysbrunn, Gutenbrunn) entdeckt wurden. In die späte Bronzezeit (Urnenfelderkultur) wird eine größere Zahl von isolierten Schädeln und Unterkiefern datiert, die in der Wallburg von Stillfried an der March ausgegraben worden sind.
Nach einer jüngst erschienenen Zeitungsmeldung hat der amerikanische Archäologe J. F. Warren in der Umgebung des Palastes von Knossos Skelettreste entdeckt, die vermuten lassen, daß sogar die minoischen Kreter Menschenfleisch gegessen haben. Der Ausgräber hält sowohl rituelle Gründe wie auch eine katastrophale Hungersnot um 1500 v. Chr. als auslösendes Moment für möglich.

Abb. 36 *Darstellung von Kannibalen (Hereford-Karte, 13. Jahrhundert)*

Aber auch in den Mythen, Sagen und Märchen vieler Völker werden menschenfressende Götter und Fabelwesen beschrieben, die dem Kundigen Hinweise auf längst aufgegebene Lebensgewohnheiten geben.

Beispiele in Mythen und Märchen

In der griechischen Mythologie verspeist der Gott Kronos seine eigenen Kinder, der Riese Polyphem die Gefährten des Odysseus, und der Gott Dionysos wird als Knabe von den Titanen verschlungen, von Athene aber auf wunderbare Weise wiederhergestellt. Dämonen, die Fleisch und Blut lebender Menschen für ihre Existenz benötigen, waren vielfach die Ahnen unserer modernen »Vampire«. Die menschenfressenden »Ghule« der orientalischen und die »Vetalas« der indischen Mythologie haben ihre Entsprechung in den blutsaugenden »Lamien« der griechischen und den vogelgestaltigen »Strigen« der römischen Antike.

Den Märchen »aus Tausendundeiner Nacht« ist Kannibalismus nicht unbekannt, ebenso wie unseren deutschen Märchen: »Hänsel und Gretel«, »Seelenlos«, »Der Teufel mit den drei goldenen Haaren« und das auf die alte Werwolfsage zurückgehende »Rotkäppchen«-Motiv sind prominente Beispiele.

Historische Beispiele

Auf der Suche nach einer Erklärung des Phänomens »Kannibalismus« griff man zunächst auf die Überlieferungen der antiken und neuzeitlichen Chronisten sowie auf die zahlreichen Zeugnisse der Völkerkunde zurück. Schon Herodot sagte von den nordiranischen Derbikern, sie hätten ihre alten Männer mit Erreichung des siebzigsten Lebensjahrs verspeist. Starben diese vor dem ominösen »Siebziger«, wurden sie begraben. Ähnliche Bräuche schreibt Herodot in seinen »Historien« den Massageten am Kaspischen Meer zu: »Die Lebensgrenze setzen sie sonst nicht fest; wenn einer aber gar alt geworden ist, kommen alle seine Angehörigen zusammen, um ihn zu schlachten und sonst noch Vieh dazu; dann kochen sie das Fleisch und schmausen es auf. Das gilt ihnen für das größte Glück. Endigt einer an Krankheit, den essen sie nicht auf, sondern bergen ihn in der Erde, mit großem Leid, daß er nicht bis zur Schlachtung gekommen ist.« Das genaue Gegenteil, nämlich die Verspeisung von Kränkelnden oder Kranken, sagt Herodot den indischen Padaiern (Bihor) nach. Von den östlich des Aralsees wohnenden Issedonen erzählt er, daß sie ihre Verstorbenen, vermischt mit dem Fleisch von geschlachteten Tieren, zu sich nahmen. Nach Strabo waren die Skythen und Iren, nach Juvenal und Diodor auch die Ägypter nicht nur Menschenbluttrinker, sondern auch Menschenfleischesser.

Plinius der Jüngere schließlich überliefert uns, daß in der Regierungszeit des Kaisers Tiberius eine eigene Verordnung notwendig war, um die kannibalischen Menschenopfer der Gallier zu unterbinden: »Man kann es daher nicht hoch genug anschlagen, wieviel Dank man den Römern schuldig ist, daß sie Mißbräuche aufgehoben haben, nach denen es für eine der Gottheit wohlgefällige Haltung galt, einen Menschen zu morden, und für besonders heilsam gar, von ihm zu essen.«

Im 4. Jahrhundert n. Chr. werden zumindest der Oberschicht der in Nordchina lebenden Hunnen kannibalistische Praktiken nachgesagt. Etwa 100 Jahre später (ca. 437 n. Chr.) tranken die germanischen Burgunden bei

Abb. 37 Mittelalterliche Darstellung menschenfressender Dämonen. Luzifer verschlingt Judas Ischariot

ihrer durch das »Nibelungenlied« berühmt gewordenen letzten Schlacht in einem brennenden Saal das Blut der erschlagenen Hunnen, um wieder zu Kräften zu kommen.

In der um 507 n. Chr. verfaßten »Lex Salica«, dem Gesetzbuch des fränkischen Stammes der Salier, war eine Geldstrafe von nur 200 Solidi für jene vorgesehen, denen das Essen von Menschenfleisch nachgewiesen werden konnte. Eine Verordnung aus dem Jahr 643 n. Chr. hob diese Strafe jedoch auf, weil es Kannibalismus nicht mehr gab – oder vielmehr offiziell nicht mehr geben durfte. Noch im 8. Jahrhundert war jedoch in der »Lex Saxonum«, den Gesetzen, die Karl der Große für das eroberte heidnische Sachsenland erließ, ein eigener Passus enthalten, der »Hexen« und anderen, die Menschenfleisch zu sich nahmen, die Todesstrafe androhte. Bis in das hohe Mittelalter wird in Europa für die slawischen Wilzen, die finnischen Ersen sowie abgelegene Gegenden Schottlands und Arkadiens Kannibalismus bezeugt.

Im China des 10. Jahrhunderts schließlich soll nach arabischen Quellen Menschenfleisch auf den Märkten verkauft und im 11. Jahrhundert sogar als »zweibeiniges Hammelfleisch« in Restaurants angeboten worden sein. Gegessen wurden darüber hinaus alle durch das Richtschwert getöteten Verbrecher.

Als Jesus Christus beim Letzten Abendmahl das Brot brach und zu den Jüngern sagte: »Nehmet hin und esset, dies ist mein Leib«, und ihnen danach den Kelch reichte und sprach: »Dies ist mein Blut...«, *verglich* er das Brot mit seinem Leib und den Wein mit seinem Blut. Mehr als ein Jahrtausend wurde dieser Akt von der Christenheit auch so verstanden – nämlich als *symbolische* Wesensverwandlung. Erst 1215 verkündete Papst Innozenz III. auf dem 4. Laterankonzil das Dogma, daß »Leib und Blut Christi... wahrhaftig gegenwärtig im Brot und Wein des Altarsakraments« seien. Damit war nicht nur dieser Teil des christlichen Abend-

mahls »kannibalisch« geworden, sondern auch der Grundstein für die grausame Verfolgung Andersgläubiger in späteren Jahrhunderten gelegt.
Zu Beginn der europäischen Neuzeit, also der Epoche der Entdeckungsreisen und Eroberungen, war der Kannibalismus in Schwarzafrika, im australisch-ozeanischen Raum und in Nord- und Südamerika eine verbreitete Erscheinung. Unter den frühen, zum Teil übertriebenen Nachrichten aus diesen Gegenden finden sich aber vielfach auch Augenzeugenberichte, die durchaus als ernstzunehmende Informationsquellen gelten dürfen. Die Sitte, die verstorbenen Eltern zu verzehren, wird im 13. Jahrhundert durch den Franziskanermönch Wilhelm von Rubruk und durch Marco Polo für die Tibeter belegt. Marco Polo, der sich allerdings oft auf Nachrichten aus zweiter Hand stützte, berichtet auch, daß die damaligen Einwohner Sumatras Menschen, die erkrankt waren, töteten und aßen. Kannibalismus wirft er auch den »Hundemenschen« auf den Andamanen und den Eingeborenen des märchenhaften Landes »Zipangu« (Japan) vor.
Barthema von Bologna beobachtete um 1500 Menschenfresserei in Java, Amerigo Vespucci schildert 1501 in seinen Briefen an Lorenzo de' Medici die Kannibalen Brasiliens, und der spanische Hauptmann Bernal Diaz del Castillo beschreibt in seinen »Denkwürdigkeiten« aus Mexiko, wie die dem aztekischen Sonnengott Geopferten von den wartenden Gläubigen verzehrt wurden. Berühmt wurden auch die Berichte des Ulrich Schmidel (ca. 1510–1579) über die menschenessenden Charrua-Indianer Brasiliens sowie die »Indianische Historia« (»Wahrhaftige Beschreibung eines Landes mit wilden, nackten, grimmigen Menschenfressern, welches in der Neuen Welt Amerika gelegen ist«) des deutschen Landsknechts Hans Staden (ca. 1510–1557), der bei den ostbrasilianischen Tupinamba gefangen war. In der 1597 in Frankfurt am Main erschienenen deutschen Ausgabe des »Regnum Congo« von Eduardo Lopez stand zu lesen: »Sie haben ihre Metzigen oder Fleischhäuser von Menschen Fleisch, wie man bey uns von Ochsen, Schaff und ander Fleisch pflegt zu haben. Denn die Feinde, welche sie im Krieg gefangen, schlachten sie, und verkauffen auch ihre Leibeigene Knecht, wenn sie es können an höher Werth bringen, wo nicht, so geben sie dieselbige den Metzigern, mit dem stück zu braten oder zu sieden, außzuhauwen.«
Schilderungen dieser Art trugen natürlich dazu bei, die neu entdeckten Kulturen pauschal als »barbarisch« zu verurteilen, und lieferten den Vorwand für die rücksichtslose Unterwerfung und Ausbeutung der »Wilden« durch »christliche« Eroberer. Der bereits in der Einleitung zitierte spanische Bischof Bartolomé de Las Casas hat uns eine erschütternde Dokumentation über die »Verwüstung der westindischen Länder« durch die Konquistadoren hinterlassen. Unzählige andere Greuel blieben ohne Zeugen. Mit der verabscheuungswürdigen Sitte des Menschenessens verschwanden häufig auch die Menschenesser.

Im Namen Gottes

Die Völkerkundler, die sich um die Mitte des 19. Jahrhunderts auch des Phänomens Kannibalismus annahmen, stießen vielfach nur noch auf Kümmerformen oder trafen ihn gar nicht mehr an. Landhungrige Kolonisten und Missionare hatten ganze Arbeit geleistet.

Abb. 38 *Europäische Vorstellung des afrikanischen Kannibalismus in der Anthropologie des 19. Jahrhunderts (nach F. X. Zimmermann, 1864)*

Aber auch ohne fremdes Zutun war der Kannibalismus in Gegenden aufgegeben worden, wo er einmal bestanden hatte, wie z. B. bei den Inkas oder im größten Teil Polynesiens, wo er nur noch in symbolisch-ritualisierter Form existierte. In Melanesien hingegen hielt er sich zäh, trotz zum Teil sehr rigoroser Bekehrungsmaßnahmen. In Brasilien, wo er ebenfalls bereits erloschen war, wurde er von den westafrikanischen Sklaven der Portugiesen wieder eingeführt und im Rahmen des Woodoo-Kults bis vor kurzem auch praktiziert.

In der Gegenwart sind Fälle von rituellem Menschenfleischgenuß aus den unzugänglichen Waldgebieten im Inneren Neuguineas, des Indonesischen Archipels, Kambodschas und Schwarzafrikas bekanntgeworden. Besonders prominente »Menschenfresser« unserer Tage sind der ehemalige Diktator Ugandas, Idi Amin »Dada«, der, seinem geflüchteten Leibarzt zufolge, Herz und Nieren politischer Gegner gegessen haben soll, sowie sein ebenfalls entmachteter Kollege Jean-Bedel Bokassa I., ehemals Kaiser von Zentralafrika.

»Ich rieche, ich rieche Menschenfleisch, da muß ich einmal nachsehen.«

Aus dem Märchen »Der Teufel mit den drei goldenen Haaren« der Gebrüder Grimm

»Ein paar von den Gefangenen wurden alsbald getötet. Man teilte ihr Fleisch in kleine Portionen auf, wusch es mit Meerwasser, wickelte es in Bananenblätter und röstete es unter heißen Steinen. Zwei oder drei wurden im ganzen gebraten, ebenso wie ein Schwein.
Die Leiche wurde mit dem Saft des Bananenbaumes eingerieben und darauf für einige Minuten aufs Feuer geworfen. Sobald sie warm war, schabte man sie mit Muscheln oder Messern ab und wusch sie anschließend. Darauf wurde sie auf den Rücken gelegt, worauf der Koch den Hals aufschnitt, Luft- und Speiseröhre herauszog und dahinter einen Spieß durchschob ... Dann schnitt er aus der Bauchdecke ein kreisrundes Stück und zog die Eingeweide heraus, wobei er alles, was daran hing, abriß oder mit einer Bambusklinge ablöste. Nun durchschnitt er das Zwerchfell, und Speise- und Luftröhre, Brustinhalt, Magen und Leber wurden mit den Eingeweiden weggebracht. Die Leber, die man mit dem Rumpf kochen wollte, wurde beiseite gelegt, das übrige gewaschen und über Glutasche gedünstet, dann verteilt und als Vorspeise verzehrt. Als nächstes füllte man den Rumpf mit heißen Steinen, jeder in ein Brotfruchtbaumblatt gewikkelt, und verschloß mit Stöpseln aus zusammengedrehten Blättern rasch alle Öffnungen. Sodann wurde die Leiche bäuchlings in ein Loch in der Erde gelegt, das mit erhitzten Steinen ausgekleidet war ... Nun legte man einige Zweige auf den Rücken des Leichnams und streute oder vielmehr häufte über das Ganze eine große Menge Bananenlaub; darüber wurde Erde aufgeschichtet, damit kein Dampf entweichen konnte. Wie schon erwähnt, wurde die Leber neben den Rumpf gelegt und dazu auch einige Yams. Auf diese Weise war die Leiche in etwa einer halben Stunde gar.«

Aus dem Kochbuch der Kannibalen

Dieser Augenzeugenbericht des englischen Kapitäns William Mariner, der zu Beginn des 19. Jahrhunderts in die Gefangenschaft der Tonga-Insulaner geriet, ist in seinen 1819 in deutscher Sprache erschienenen »Nachrichten über die Freundschaftlichen oder die Tonga-Inseln« enthalten. Wie viele ähnliche Dokumente zeigen sie uns, daß Menschenfleisch nur selten roh oder formlos verzehrt wurde. Eine »Kochkunst« der Kannibalen? Kann man angesichts von Zubereitungsmethoden, wie sie uns Mariner überliefert, noch von Menschen*fressen* sprechen? Viele Fragen gibt es zu beantworten: Welche Menschen durften wann, wo und wie gegessen werden? Woher kamen sie, wie wurden sie aufbewahrt und getötet? Wie wurden sie gereinigt, zerlegt, zubereitet, gewürzt, und welches Besteck verwendete man? Welche Teile des menschlichen Körpers wurden bevorzugt, und schließlich – wie schmeckt Menschenfleisch?
Wie wir schon aus den zahlreichen urzeitlichen Knochenfunden ersehen können, die auf Kannibalismus hindeuten, war zumindest ab der Jungsteinzeit in Europa das Fleisch von Frauen und besonders das von Kin-

dern begehrter als das von Männern. Auch von den Naturvölkern der Gegenwart ist diese Bevorzugung des zarten Geschlechts bekannt. Frauen und Kinder selbst waren von Mahlzeiten dieser Art meist ausgeschlossen. Die große Mehrheit der Kannibalenvölker tötete und aß allerdings nur die Angehörigen fremder Stämme, denen ja auch vielfach der Rang von »Menschen« abgesprochen wurde. Die Völkerkundler sprechen in diesem Fall von »Exokannibalismus«. Das wesentlich seltenere rituelle Verzehren von Mitgliedern des eigenen Stammes wird »Endokannibalismus« genannt. Heute vertritt man die Ansicht, daß sich der Exokannibalismus aus dem Endokannibalismus entwickelt hat, und bringt dies mit der jeweiligen Wirtschaftsform in Zusammenhang: Beispielsweise zeigen jene Indianerstämme Südamerikas, die ihren Lebensunterhalt nur durch Jagen und Sammeln bestreiten, eine verhältnismäßig ursprüngliche Gesellschaftsstruktur und vorwiegend Endokannibalismus. Bei den relativ seßhaften Stämmen hingegen, die bereits Pflanz- und Landwirtschaft betreiben, findet man nahezu ausschließlich Exokannibalismus. Von einigen wenigen Stämmen ist auch das gleichzeitige Vorkommen beider »Kannibalismen« bekannt.

Exo- und Endokannibalismus

Tatsächlich unterschied der verwöhnte Gaumen »richtiger« Kannibalen auch zwischen dem Fleisch von Farbigen und dem von Weißen. So bevorzugten die australischen Ureinwohner von Queensland nicht die ins Land strömenden weißen Kolonisatoren, sondern deren chinesische Arbeiter, die sich vor allem von pflanzlicher Kost ernährten und deshalb offensichtlich besonders fein schmeckten. Dieses Vorurteil gegen »weißes« Fleisch war bei den meisten menschenessenden Völkern Schwarzafrikas, Südamerikas und der Südsee verbreitet. Wie Mariner berichtet, betrachteten die Tonga-Insulaner das Fleisch der Europäer als »giftig«, da einige von ihnen nach dem Genuß dreier weißer Matrosen aus ungeklärten Gründen verstorben waren. Ähnliches behaupteten auch die afrikanischen Fan, die südamerikanischen Botokuden und die Ureinwohner Neuseelands, wobei letzteren die Weißen einfach zu »salzig« waren. Dennoch hat so mancher Missionar die Ausnahme von dieser Regel mit seinem Leben bezahlt.
Daß »weißes« Fleisch nicht nur genießbar, sondern auch sehr schmackhaft sein kann, bezeugten die Kunden mehrerer in den Hungerzeiten während und nach den Weltkriegen tätiger »Metzger«, wie jene des »Vampirs von Hannover«, Fritz Haarmann, der zwischen 1918 und 1924 mindestens 27 junge Männer im Liebesrausch totgebissen und nachher verwurstet hatte.
Waren neben Europäern vielfach auch alte Leute (wegen ihrer Zähigkeit) vom Speisezettel der Kannibalen verbannt, so galt dies ebenso für Menschen mit ekelerregenden Krankheiten bzw. vor längerer Zeit Verstorbene. Wie immer gab es auch hier einige Ausnahmen. Der portugiesische Forscher A. de la Roche de Serpa Pinto erzählt von den afrikanischen Biheno: »Anscheinend ziehen sie bejahrte Leute vor, und ein weißhaariger alter Mann scheint ein passendes Geschenk für einen reichen Sowa zu sein, der ein Festmahl geben will.« Die ostbrasilianischen Tupinamba, so vermerkt der deutsche Landsknecht Hans Staden in seiner »Indianischen

Historia«, verschmähten zwar den Kopf und die Eingeweide eines kranken, einäugigen Sklaven, aßen aber den Rest. Die Fidschi-Insulaner, die unter den Kannibalen den Ruf besonderer Hemmungslosigkeit beanspruchen dürfen, scharrten nach einem Bericht des englischen Missionars David Cargill mehrere Tage alte Leichen aus ihren Gräbern und verzehrten sie. Vor ihrer Zubereitung wuschen sie diese Leichname im Meer, ebenso wie jene, die sie bei ihren Menschenjagden auf Nachbarinseln erbeutet hatten. Der Rumpf wurde, wie Gary Hogg berichtet, zuerst gegessen, da er unter den tropischen Klimaverhältnissen am schnellsten in Verwesung überging.

Fiel von der begehrten Menschenbeute zuviel an, um auf einmal gegessen zu werden, so wurde das Fleisch mit großer Erfindungsgabe konserviert. Während die mexikanischen Azteken, die Fidschi und Karaiben das Dörren bzw. Einsalzen des Fleisches bevorzugten, räucherten die brasilianischen Tupi und die afrikanischen Fan die besten Stücke über dem Herdfeuer. Die Maori trockneten das Fleisch oder legten es in ausgehöhlten Kürbissen in Fett ein, die afrikanischen Bafum-Bansaw pumpten in die für späteren Genuß bestimmten Leichen Palmöl. Auf Borneo schließlich wurden Bambusstücke mit Menschenfleisch angefüllt und danach sorgsam verschlossen. Diese ausgewählten Beispiele zeigen wieder die überraschende Ähnlichkeit in der Behandlung von tierischem und menschlichem Fleisch.

Aber nicht nur die Vorratshaltung von totem Fleisch, auch die Behandlung der noch lebenden Kannibalen-Opfer ähnelt stark der von Haustieren. Die mexikanischen Azteken mästeten ihre Kriegsgefangenen, bevor sie diese den Göttern darbrachten. Sebastian Münster berichtet in seiner »Cosmographia universalis« (Basel 1541) über die Art, wie die Karaiben mit der Beute ihrer Menschenjagden umgehen: »Die Knaben kastrierten sie und mästeten dieselben alsdann, bis sie fett würden, wie man mit Kapaunen verfährt.« Nach Hans Staden wurden bei den Tupi-Indianern die Kinder von bereits verspeisten Gefangenen sorgsam aufgezogen, um dann eines Tages von ihren Zieheltern geschlachtet und verspeist zu werden.

Regelrechte Marktwirtschaft für Menschen bzw. Menschenfleisch ist bei vielen Stämmen Afrikas und Südamerikas beobachtet worden: So erlangten zum Beispiel die »Fleischerläden« der kongolesischen Mangbetu und der Fan traurige Berühmtheit. Der spanische Bischof Las Casas schildert Ähnliches vom indianischen Gefolge des Eroberers Pedro de Alvaredo. Was immer an den vielen derartigen Berichten im einzelnen wahr sein mag, festzustehen scheint, daß es bei vielen Kannibalenvölkern ein ausgeklügeltes System der Beschaffung, Zulieferung, Mästung, Aufbewahrung und nicht zuletzt allgemein anerkannte Preise für lebendes und totes Menschenfleisch gegeben hat (z. B. bei den oben erwähnten Fan ein Elefantenstoßzahn pro Leichnam).

Geriet die begehrte Menschenbeute lebend in die Hände der Kannibalen, so mußte zunächst ihre Flucht verhindert werden: Auf den Marquesas brach man den Unglücklichen die Schenkelknochen, andere, vor allem Kinder, wurden lebend aufgehängt. Im Kongo, so erzählt der deutsche

Missionar Pater Johann Fräßle, mußten die zum Verzehr bestimmten Gefangenen mehrere Tage bis zu ihrer Schlachtung mit ausgerenkten Füßen gefesselt im Wasser stehen, um ihr Fleisch weich zu machen und das Abhäuten zu erleichtern. Letzteres scheint bei vielen Völkern zum Zubereitungsvorgang gehört zu haben. Hans Staden schildert mit bedrückender Unmittelbarkeit die Handfertigkeit, mit der die Tupinamba zu Werk gingen: »... dann schlägt jener ihm hinten auf den Kopf, daß das Gehirn herausspringt. Sogleich nehmen ihn die Weiber, ziehen ihn auf das Feuer, kratzen ihm alle Haut ab, machen ihn ganz weiß und stopfen ihm den Hintersten mit einem Holze zu, damit ihm nichts abgeht.«

Die Zerlegung der Leichen erfolgte bei den Maori Neuseelands mit Hilfe von Obsidianklingen, auf Neupommern und Neumecklenburg mit scharfkantigen Bambussplittern. In Kulturen, in denen der Kannibalismus eine besondere »Verfeinerung« erreicht hatte, wie etwa auf Hawaii und Neukaledonien, wurden eigens dafür konstruierte Schneidewerkzeuge verwendet, die keinem anderen Zweck dienen durften. Die Menschenesser der Marquesas-Inseln sollen ihren Opfern die besonders beliebten Eingeweide mit Stachelstöcken aus den unteren Körperöffnungen gezogen haben.

Unter den Zubereitungsarten war das eingangs geschilderte Dünsten des zerteilten Leichnams im Erdofen am weitesten verbreitet. Gekocht wurde Menschenfleisch zumindest im Fidschi-Archipel und auf den Neuen Hebriden. Das Braten auf Spießen konnte nur selten beobachtet werden, so etwa bei den Dajak-Kopfjägern auf Borneo. Aber auch das in der Sonne gedörrte Menschenfleisch fand, wie z. B. bei den Batak und den afrikanischen Mangbetu, seine Liebhaber. Die ebenfalls in Afrika beheimateten Mandja schnitten das Fleisch in kleine Portionen und brieten oder räucherten es über grünen Tabakblättern. Eine technisch besonders originelle Zubereitungsart schildert Christian Spiel in seinem unnachahmlichen Kompendium des Kannibalismus, »Menschen essen Menschen« (1974): »Die feinschmeckerischen Jawara in Afrika trennten den Kopf vom Körper und umhüllten ihn mit Lehm. Sodann buken sie ihn und schabten, wenn die Lehmkruste hart gebrannt war und barst, die Haare ab, ehe sie sich ans Mahl begaben, genauso, wie Zigeuner seit Urzeiten Igel zubereiten.«

Über eine Fidschi-Methode, Menschen im ganzen zu rösten, berichtet David Cargill um die Mitte des vorigen Jahrhunderts entsetzt nach London: »Wenn ein Mensch geopfert werden soll, wird das Opfer aus den Bewohnern einer fernen Gegend ausgewählt oder auf dem Verhandlungsweg von einem Stamm beschafft, der nicht mit jenen verwandt ist, welche die Opferung vorhaben. Das Opfer wird noch einige Zeit am Leben gelassen und zur Mästung reichlich mit Nahrung versorgt. Vor der Opferung muß es sich, Füße, Schenkel und Hände nach vorn gestreckt, auf die Erde setzen. Dann wird es gefesselt, so daß es kein Glied oder Gelenk rühren kann. In dieser Stellung wird es auf zu diesem Behufe erhitzte Steine gesetzt (welche zum Teil glühend rot sind) und sodann mit Laub und Erde bedeckt und dergestalt bei lebendigem Leibe geröstet. Wenn es gar ist, nimmt man es aus dem Ofen; man bemalt sein Gesicht und andere Teile schwarz, damit es einem Lebenden gleiche, für ein Fest oder einen Kriegszug geschmückt.« So wurde der Zubereitete zuerst den Göttern und später den Tafelgästen gleichsam »lebend« aufgetragen. Diese Kannibalenspezialität wurde »Boto-walai«, der verschnürte Frosch, genannt.

Gewürze und Beilagen

Was aber wäre unser kleiner Streifzug durch die kannibalische Küche ohne die Gewürze und Beilagen! Wieder müssen die nunmehr bereits als Erzkannibalen bekannten Fidschi-Insulaner als Beispiel herhalten: Von ihnen erzählt B. Seemann, der den Fidschi-Archipel 1860/61 besuchte, daß sie, da sie Verdauungsstörungen befürchteten, Menschenfleisch stets mit Gemüse, nämlich Yams und Taro, zu sich nahmen. Als verdauungsfördernde Gewürze verwendeten sie Solanum anthropophagorum, eine unserer Kartoffel verwandte Pflanze, sowie zwei Kräuter, Trophis anthropophagorum und Omalanthus pedivellatus. Diese Gewürzpflanzen wurden stets in der Umgebung der eigens für den Menschenfleischgenuß bestimmten »Freudenhäuser« angebaut.

»Roh zwar, aber doch nicht ganz ohne Verfeinerung«, so schreibt Christian Spiel, »verschlangen die Justizkannibalen von Sumatra ihre Opfer, wenn sie das Verbrecherfleisch in Zitronensaft und Salzwasser tunkten, und in Chochinchina riß man Hingerichteten Fleischstücke heraus, die man als Einlage in unreifen Melonen verzehrte. In Nicaragua war der Kopf Leckerbissen; man kochte ihn mit Salz und Pfeffer und nahm dazu Maisbrot und Kakao.« Die Batak zerstampften das Fleisch und aßen es zusammen mit Kräutern, spanischem Pfeffer und Salz als Haschee. Die afrikanischen Bangala hingegen entfernten nur die Eingeweide, füllten den Rumpf mit Bananen und rösteten ihn. Bananen, aber auch Maniok-Wurzeln und Sago, wie in Neuguinea, scheinen zu den beliebtesten Zutaten für Menschenfleischgerichte gehört zu haben. Häufig wurde auch Tierfleisch, z. B. das von Schweinen und Ziegen, daruntergemischt. Auf den Salomonen schließlich wurden als Beilage Pasteten mit Taro und Ignamen serviert, zum Nachtisch gab es Kokosnüsse.

Keine Feinschmeckerei ohne Leckerbissen. So verzehrten die afrikanischen Baluba zwar den ganzen Körper, den weiblichen Geschlechtsteilen aber gaben sie wegen ihres hohen Fettgehaltes den Vorzug vor allen anderen Körperteilen. Das männliche Glied wurde gesondert behandelt und als Fruchtbarkeitszauber verwendet.

Die brasilianischen Botokuden aßen – wenn sie keinen Mangel an Menschenfleisch hatten – nur die Waden und das besonders schmackhafte Fleisch der Handfläche. Die Papua Neuguineas schätzten die weiblichen Arme, Beine und Brüste, die australischen Ureinwohner in der Gegend des Lake Alexandria im nördlichen Queensland bevorzugten das Fleisch der Hüftgegend und hier vor allem das als zauberkräftig geltende Nierenfett. Unsere nunmehr sattsam bekannten Freunde auf den Fidschi-Inseln hätten folgende Reihung vorgenommen: Leber, Nase, Oberschenkel, Oberarme ... Wie man sieht, gibt es keinen Körperteil an uns, der nicht irgendeines Kannibalen höchste Gaumenfreude gewesen wäre (oder ist?).

Damit sind wir bei einer Frage angelangt, die wohl die wenigsten von uns beantworten können – wie schmeckt Menschenfleisch?

In der Zeit seiner Gefangenschaft auf Tonga mußte sich der eingangs zitierte William Mariner an einem Kriegszug beteiligen, in dessen Verlauf man die Gefangenen tötete und als Marschverpflegung verspeiste. Die sittliche Haltung des hungernden Kapitäns war zwar des öfteren in Gefahr, aber er lehnte das kannibalische Angebot schließlich doch ab, »obwohl der Geruch keineswegs abschreckend, sondern vielmehr sehr einladend war«. Ähnlich urteilte der belgische Ethnologe J. P. Hallet, der 1950 in Maniema (Kongo) Zeuge einer Beschneidungszeremonie im Urwald wurde und, verführt durch den appetitanregenden Duft, ohne sein Wissen Menschenfleisch aß: »Es waren große, unregelmäßige Klumpen feinfaserigen, rötlichgrauen Fleisches ohne Knochen, das ein bißchen nach Kalb und auch ein wenig wie Spanferkel, nur entschieden besser schmeckte.« Es riecht also gut, das Menschenfleisch, auch für den »zivilisierten« Europäer. Im Geschmack scheint es unübertrefflich zu sein. In Afrika wird es meist mit Affenfleisch, auf Neuseeland, Borneo und Neuguinea wurde und wird es meist mit dem Fleisch von Schweinen verglichen. Im polynesisch-melanesischen Raum hob man nicht nur seine Ähnlichkeit mit Schweinefleisch hervor, man bereitete es auch wie dieses zu. Konsequenterweise nannten die Fidschi ihre menschlichen Festtagsbraten »puaka balawa« – langes Schwein, seltener auch »ikalevu« – großer Fisch oder »lange Schildkröte«. Aber Vergleiche hinken bekanntlich.

> »Da ich gerade wieder darauf geführt bin, von Kannibalen zu sprechen, möchte ich diejenigen, die da behaupten, daß Nahrungsmangel die Menschen zuerst zur Menschenfresserei verführe, fragen: Was bringt die Fidschi-Insulaner dazu, sie mitten im Überfluß beizubehalten?«
>
> James Cook, »Entdeckungsreisen im Pazifik. Die Logbücher der Reisen 1768–1779«

»Als die beiden Weißen und der Daniträger getötet waren, schleppten wir sie auf den Tanzplatz und hängten sie an einen Baum, und zwar mit dem Kopf nach unten, damit das Blut ablaufen kann. Man holte die Frauen aus den Dörfern. Sie legten Äste und Zweige in die Kochgruben, entzündeten die Feuer und deckten sie mit Gras und großen Steinen zu. Alle waren überzeugt, daß der Sieg der ungeheuren Macht unserer Fetische zu verdanken war. In dieser Stimmung begannen wir den Kriegstanz. Dabei laufen und hüpfen wir um die Leiber der toten Feinde und rufen ihnen Schimpfworte zu. Je lauter wir rufen, desto ängstlicher werden ihre Geister. Vielleicht können wir ihnen solche Angst einjagen, daß sie von dem Ort gänzlich verschwinden und nie mehr wiederkommen. Einige von uns haben Holzkeulen, mit denen sie auf die aufgehängten Körper einschlagen, damit das Fleisch weich wird. Menschenfleisch ist ungenießbar, wenn es nicht eine Zeit abhängt und mürbe wird.

Erst am frühen Morgen, als die Steine in den Kochgruben glühend geworden waren, wurden die drei, jeder in seine Grube, gelegt. Zuvor hatte man ihnen aber den Bauch aufgeschnitten, die Eingeweide entfernt und die Bauchhöhle mit Süßkartoffeln angefüllt. Und zwei unserer Häuptlinge, Holonap und Sel, schnitten dann auch noch die Hoden von den Feinden ab, damit sie später in das große Penisfutteral zu den anderen gelegt werden. Kopf, Arme und Beine werden vom Körper getrennt und nebst der Leber, den Nieren und dem Herzen, die mit Bananenblättern bedeckt sind, neben den Rumpf gelegt. So kocht das Fleisch am besten. Die Sonne stand schon am Himmel, als die Mahlzeit begann.«

Dieser Bericht eines Wikbun-Kriegers, in dem die Ermordung und Zubereitung zweier weißer Missionare und einer ihrer Träger im Jahr 1974 geschildert wird, ist in dem faszinierenden Buch »Meine Freunde, die Kannibalen« des schwedischen Neuguinea-Forschers Arne Falk-Rønne enthalten.

Auf die Frage, welcher Teil am besten geschmeckt habe, antwortete der Wikbun-Krieger: »Die Handteller und das Fleisch an der Brust. Viele meinen auch, daß die Haut des Penis eine Delikatesse ist. Wahrscheinlich ist das der Grund, weshalb der Häuptling sie bekommt. Holonap bekam die Penishaut des einen weißen Mannes, Sel die des anderen.« Die Knochen der Verzehrten wurden üblicherweise im Männerhaus des Dorfes aufbewahrt.

Die erschreckend naturgetreue Schilderung dieses Kriegers macht neben interessanten Zubereitungsdetails auch deutlich, daß das Besondere und wahrhaft Unvergleichliche des Menschenessens nicht etwa nur im Geschmack des Fleisches, sondern vor allem in den damit verbundenen magischen Vorstellungen und rituellen Handlungen zu suchen sein dürfte. Dafür spricht auch, daß viele Kannibalenvölker, die sonst nur mit der Hand aßen, Menschenfleisch mit einem eigens dafür angefertigten Besteck zu sich nahmen (s. Abb. 39). Bei den Fidschi waren außerdem die für das Menschenessen verwendeten Erdöfen und Töpfe tabu. Auch waren meist nur besondere Personengruppen zum Genuß von Menschenfleisch berechtigt. In Afrika waren häufig schwangere oder stillende Frauen, noch nicht beschnittene Knaben oder verheiratete Männer ausgeschlossen. Besonders begehrte Fleischstücke wurden zuerst den Göttern und dann Priestern oder Stammesältesten dargeboten. Die Wertschätzung bestimmter Körperteile wurde dabei nicht nur von ihrem Geschmack, sondern auch von ihrem »Orenda« (irokesisches Wort für magische Kräfte, die in körperlichen oder unkörperlichen Objekten oder Organen wirksam sind) bestimmt. So erhielten auf den Marquesas-Inseln die Priester den Kopf des Opfers, das Herz wurde bei den afrikanischen Aschanti den Fetischmännern, bei den Maori Neuseelands den Häuptlingen überreicht. Ähnlich wie die eingangs erwähnten Wikbun-Häuptlinge aßen auch die Stammesführer der afrikanischen Baluba sowie einiger Gruppen auf den Salomonen zur Stärkung ihrer Sexualkraft die Geschlechtsteile der Getöteten.

»Orenda« und »Mana«

Aus dem Glauben an die magische Zauberkraft des Menschenfleisches hat sich bis in die Gegenwart eine Unzahl von kannibalischen Einzelmotiven

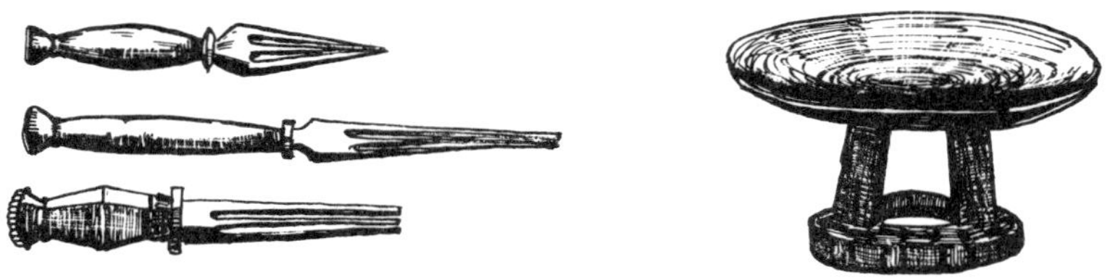

Abb. 39 *»Kannibalenbesteck« der Fidschi-Insulaner, Südsee*

entwickelt, die sich aber – manchmal nur mit sanfter Gewalt – einem Ur-Motiv, nämlich der Gewinnung von »Kraft« (»Mana«) unterordnen lassen. »Mana« (melanesisch: mana = wirksam), ein Begriff, der von dem englischen Missionar R. H. Codrington 1899 aus dem ozeanischen Kulturraum in die Völkerkunde eingeführt wurde, ist eine besondere, in allen Wesen und Dingen wirkende göttliche Kraft, die z. B. durch den Genuß von Menschenfleisch gesteigert werden kann.

Dieses Motiv des Machtgewinns wird besonders in der Legende von Thirithu-dhamma deutlich, jenem König von Burma, der 1634 auf den Rat eines moslemischen Weisen hin 6 000 seiner Untertanen töten und aus ihren Herzen ein Elixier brauen ließ, das ihm die Herrschaft über die buddhistische Welt sichern sollte.

Der Beweggrund für das Verzehren von feindlichen Kriegern, wie es z. B. von den Maori auf Neuseeland, den nordamerikanischen Dakota-Indianern oder den in Tongking gegen die Franzosen kämpfenden chinesischen Soldaten noch gegen Ende des vorigen Jahrhunderts überliefert wird, dürfte in dem Wunsch zu suchen sein, sich Mut und Stärke des Gegners anzueignen.

Nicht ganz zu trennen vom Motiv des Mut- und Kraftgewinns ist das Motiv der Rache, das unter anderem für die Kannibalen von Samoa, der Marquesas-Inseln und Australiens ausschlaggebend gewesen sein soll. Die vollkommene Einverleibung des Feindes ist zugleich die vollkommene Übernahme seiner Kraft und damit seine vollkommene Demütigung.

Auch Menschen, die sich durch einen Verstoß oder ein Verbrechen über die herrschenden Normen einer Gemeinschaft hinwegsetzen, werden wie Feinde behandelt und bei manchen Völkern nach ihrer Verurteilung rituell gegessen: Justiz-Kannibalismus als Rache der Gesellschaft. Dieses Schicksal erlitten z. B. bei den Batak auf Sumatra alle jene, die mit einer Frau des Königs Ehebruch begangen hatten oder Verräter, Spione, Deserteure und Kriegsgefangene waren. Die Familienangehörigen der Verurteilten beteiligte man an der Strafe, indem man von ihnen Salz und Gewürze verlangte. Damit schloß man eine spätere Blutrache aus.

Das endokannibalistische Verspeisen von verstorbenen oder getöteten Verwandten ist nicht nur als ein Zeichen der Verbundenheit mit dem Toten anzusehen, sondern zeugt auch von einem gewissen Ökonomiedenken hinsichtlich des in einem Stamm zur Verfügung stehenden »Mana«. So aßen die Frauen der Chavante-Indianer am Uruguay ihre toten Kinder, um zu verhindern, daß deren Lebenskraft dem Stamm verlorenging. Im östlichen Peru zerstampfen die Amahuaca noch heute die Knochen und Zähne ihrer Toten und verleiben sie sich mit einem besonderen Getränk ein. Ähnlich verfahren die Yanonamo-Indianer im Amazonasgebiet mit der Asche ihrer Angehörigen.

Eher die Ausnahme scheint das Verspeisen von Kranken gewesen zu sein, wie es bei einigen Stämmen Borneos und Sumatras vorkam. Auf Neukaledonien wurden auch überzählige oder mißgestaltete Kinder verzehrt. Dies ist erstaunlich, handelte es sich doch um Personen mit vermindertem oder verändertem »Mana«. Glaubt man diesbezüglichen Berichten, so waren es in jedem Fall Verwandte. Offensichtlich wogen also Appetit und Zusammengehörigkeitsgefühl die Angst vor einem unbekannten oder ekelerregenden Gebrechen auf.

Menschenfleisch als Medizin

Was lag näher, als menschliches Fleisch und Blut auch als Medizin zu verwenden, sei es nun gegen Krankheiten oder etwa um die Flammen erlöschender Liebe anzufachen. Nicht nur im Ägypten der Pharaonen, sondern auch in Europa bis in die Neuzeit, ja in China bis in die siebziger Jahre des vorigen Jahrhunderts wurde Menschenfleisch als Arznei gegen verschiedene Krankheiten wie z. B. Lepra gegessen, Menschenblut getrunken bzw. in letzterem sogar gebadet. In China soll die Kindesliebe so weit gegangen sein, daß Kinder ihren kranken Eltern Stücke ihres eigenen Fleisches zu essen gaben, damit diese wieder zu Kräften kamen. Nicht immer jedoch war man erfolgreich: Als Ludwig XI., König von Frankreich, 1483 im Sterben lag, gab man ihm Kinderblut zu trinken, er starb aber dennoch. Was die hohen Herren ungestraft taten, wurde beim gemeinen Volk grausam verfolgt. Im 16. und 17. Jahrhundert wurden Tausende von Hexen verbrannt, weil sie angeblich oder tatsächlich ungetaufte Säuglinge verspeist oder zu zauberkräftigen Pulvern und Salben verarbeitet hatten. Zur gleichen Zeit gehörten schwarze Messen und Blutopfer zu den beliebtesten Sensationen höfischer Kreise. Die Hofdamen und Mätressen Ludwig XIV. beispielsweise versuchten ihre Liebestränke durch die Beimengung destillierter Embryoneneingeweide unwiderstehlich zu machen. Die Rohmaterialien für derlei Kochkünste stammten meist aus entsprechend dunklen Quellen. Allgemein bekannt und geduldet war jedoch, daß sich die Henker in Deutschland und Ungarn bis ins 18. Jahrhundert ihr »Trinkgeld« durch den Verkauf des Blutes von Enthaupteten verdienten.

Zum Motiv der Gewinnung und Übertragung von »Kraft« gehört auch das Motiv von der »Erhaltung der ewigen Jugend«. So mußte König Harald der Strenge (1015–1066) seinen gerade zum Christentum bekehrten norwegischen Landsleuten durch einen Erlaß verbieten, Kindern einen Finger oder eine Zehe abzubeißen, um sich dadurch gegen das Älterwerden zu schützen. Schließlich sei noch unter anderen historischen Schrekkensfiguren die ungarische Gräfin Elisabeth Báthory erwähnt, die zu Beginn des 17. Jahrhunderts auf ihrem Schloß Csejte angeblich mehr als vierzig Jungfrauen getötet und deren Blut auch aus kosmetischen Gründen zum Trinken und Baden benützt hatte.

In den für Ackerbauernkulturen typischen Wiedergeburtsmythen geht es immer wieder darum, die Fruchtbarkeit des Bodens durch das Opfern von Menschen oder Göttern zu bewahren. Bei den nordamerikanischen Pawnee-Indianern oder den Gond im indischen Madhya Pradesh etwa wird Menschenfleisch und Menschenblut auf den Feldern vergraben bzw. versprengt. Die in diesen Opferritualen enthaltenen kannibalischen Gepflogenheiten sind vielleicht Ausdruck der Vorstellung, daß es der Pflanzengott selbst ist, der symbolisch geopfert wurde, an dessen Göttlichkeit man durch den Genuß des Fleisches teilhat.

Vampire und Werwölfe

Der Aberglaube, daß Menschen von Zeit zu Zeit die Gestalt von Raubtieren oder Vampiren annehmen können, um dann über ihre Mitmenschen oder deren Herden herzufallen, findet sich in nahezu allen Teilen der Welt. In Mittel- und Osteuropa waren es bis ins 17. Jahrhundert vor allem der Werwolf (siehe »Rotkäppchen und der böse Wolf«) und in Skandinavien der Bär, in deren Körper blutrünstige Hexen und andere Teufelsdiener schlüpften, um unerkannt ihre Verbrechen zu begehen.

Die Ursprünge dieser Sagen dürften in kannibalischen Tierkulten zu suchen sein, die möglicherweise auf prähistorische Initiationsriten bzw. Jagdzauber zurückgehen, deren letzte Ausläufer im 17. Jahrhundert durchaus noch wirksam gewesen sein könnten. Viele, die solcherart verdächtigt wurden, verloren auf dem Scheiterhaufen ihr Leben. Im vorigen Jahrhundert wurden unter anderem der Hamatsa-Kult der Kwakiutl-Indianer Kanadas sowie die angeblich noch bis heute aktiven Leopardenbünde Afrikas bekannt, bei denen der Initiand (der neu in die Kultgemeinschaft Aufgenommene) Menschenfleisch aß. Dies sollte das »Mana« des Stammes vermehren und ebenso wie das traditionelle Bluttrinken (Blutsbund) den Pakt mit der neuen Gemeinschaft besiegeln.

Von praktischer Bedeutung ist der Beitrag, den der Kannibalismus zumindest in der Vergangenheit zur Bevölkerungskontrolle leistete. 1922 führte Sir Alexander Carr-Saunders in seinem Buch »The Population Problem« aus, daß es wie im Tierreich auch bei den sogenannten Naturvölkern soziale Institutionen (Normen, Gewohnheiten) gibt, die zusammen mit anderen Faktoren wie z. B. Krankheiten als Regulationsmechanismen nur eine »optimale Zahl« von Menschen in einem bestimmten Lebensraum zulassen, um die vorhandenen Nahrungsquellen nicht zu gefährden. Zu diesen in ihrer letzten bevölkerungsregulierenden Konsequenz oft unbewußten sozialen Verhaltensweisen zählen die Muster territorialer Verteilung; ferner Kindesmord (meist weiblicher Säuglinge), erzwungener Abortus, Inzestverbot, Verbot des Geschlechtsverkehrs während des Stillens, Kopfjagd, Menschenopfer, ritueller Mord und Kannibalismus. Von einigen Stämmen der Ureinwohner Australiens wird beispielsweise berichtet, daß sie in Dürreperioden ihre Neugeborenen verspeist hätten, andere auch in besseren Zeiten jedes zehnte Kind.

Dies erinnert an den »bescheidenen Vorschlag« des großen Satirikers Jonathan Swift (1667–1745), die hungernde Landbevölkerung Irlands sollte ihre Kinder an die Grundbesitzer und Wirtshäuser verkaufen, um durch deren Fleisch die wirtschaftlichen und sozialen Schwierigkeiten des ausge-

beuteten, übervölkerten Landes zu überwinden. Swifts Zeitgenossen reagierten mit Schaudern und Empörung.
Wie stark unsere Einstellung zu diesen Dingen von wirtschaftlichen Gesichtspunkten bestimmt sein kann, geht aus einem Bericht von Dr. Magnus Pyke in der Londoner »Times« vom 15. November 1969 hervor: Da viele Briten während des Zweiten Weltkrieges für ihre verwundeten Soldaten freiwillig Blut spendeten, waren die Blutbänke gegen Kriegsende bereits übervoll. Die wissenschaftlichen Berater des Ernährungsministers Lord Woolton schlugen diesem daher vor, aus den Blutüberschüssen Blutwürste zu machen und diese gegen Lebensmittelkarten an die notleidende Bevölkerung zu verkaufen. Der Lord lehnte ab, da er einen Unterschied darin sah, ob man Blut durch die Vene oder den Mund zu sich nimmt.
Wie unsere kleine Auswahl zeigt, gibt es viele einander auf den ersten Blick widersprechende Beweggründe für die Sitte, Menschenfleisch oder -blut zu verzehren: Machtgewinn, Rache, Pietät, Krankheit, Liebeskummer, Sehnsucht nach ewiger Jugend und Fruchtbarkeit, Bindung an eine neue Gemeinschaft, Vermeidung von Übervölkerung und nicht zuletzt geschmackliche Gründe. Diese Einzelmotive sind natürlich in allen Kombinationen denkbar. Gemeinsamer Nenner ist die dem menschlichen Körper innewohnende Zauberkraft – »Mana«.
Das Ausmaß und die Verbreitung des Menschenessens dürften aber auch vom Angebot an Säugetierfleisch im jeweiligen Lebensraum der Menschenesser abhängig gewesen sein. So sollen auf den Fidschi-Inseln vor der Ankunft der Europäer, die später Schweine und andere Haustiere einführten, nur Ratten gelebt haben. Ebenfalls arm an größeren einheimischen Säugetieren waren und sind Neuseeland und Neuguinea.

Die Wurzeln des Kannibalismus

Worin hat nun aber der Kannibalismus seinen Ursprung? Was sind die Gründe für seine weltweite Verbreitung und sein Fortbestehen bis heute?
Die Ursachen des Kannibalismus wurden hauptsächlich in erblichen Faktoren, übergroßer Aggression, religiösem Wahn, Geisteskrankheit, Hunger oder in einer Art kultureller Pubertät der Naturvölker gesehen, deren unerfreuliche Symptome, so mutmaßte man, sich mit zunehmendem Heranreifen zu »Zivilisationen« verlieren würden. Anlage bzw. Umwelteinflüsse wurden je nach Weltanschauung meist einseitig betont, ohne daß ein Erklärungsmodell angesichts des umfangreichen archäologischen und ethnologischen Datenmaterials restlos überzeugen konnte.
Fest steht, daß das Verzehren von Artgenossen im Tierreich, auch unter den höheren Primaten, wie z. B. bei Pavianen und Schimpansen, des öfteren beobachtet wurde. Bei den Pavianen isolieren die Männchen ein Jungtier, töten und verzehren es dann mit sichtbaren Anzeichen freudiger Erregung. Auch bei den Schimpansen sind es ausschließlich die Männchen, die Jungtiere töten und fressen, wobei dem erfolgreichen Jäger meist die gesamte Beute zufällt.
Die frühen Belege für den menschlichen Kannibalismus – erstmals auf Homo-erectus-Stufe – bedeuten nicht, daß er irgendwann im Pleistozän »erfunden« wurde und sich dann »bewährt« hat, sondern nur, daß wir

keine älteren Spuren von ihm besitzen. Sein offensichtlich hohes Alter und seine vielfältigen kulturellen Ausprägungen sprechen dafür, daß er in den menschlichen Gesellschaften bis vor kurzem eine wichtige Funktion erfüllte, also nicht als »Verirrung« des menschlichen Geistes, sondern als Teil unserer Evolution betrachtet werden muß. Die Tatsache, daß die Opfer vor allem endokannibalistischer Praktiken in der Mehrheit Frauen und Kinder waren, läßt den Schluß zu, daß der Gewinn, den die Gemeinschaft aus dem Menschenessen zog, größer war als der »Aufwand«, eine mögliche Tötungshemmung (siehe »Kindchenschema« Abb. 52) und ihre psychischen Konsequenzen zu überwinden. Worin dieser Gewinn bestand – etwa in der Erlangung bzw. Festigung eines Rangplatzes, einer Stärkung der Gruppenbindung oder einer Identifikation mit der Gottheit –, können wir heute oft nur noch vermuten. Man wird auch nicht fehlgehen, in den Hungerperioden, die die Jäger- und Sammlergruppen der Urzeit bedrohten, zumindest ein »stimulierendes Element« für das Essen von Menschenfleisch zu sehen. Dieses wurde wahrscheinlich erst später mit sozialer Bedeutung beladen, damit auch gerechtfertigt, »entschuldigt«, und so zum Kannibalismus im heutigen Sinn.

Die amerikanischen Biologen Stanley M. Garn und Walter D. Block von der Michigan-Universität in Ann Arbor haben Untersuchungen über den Nährwert des menschlichen Körpers angestellt. Ihnen zufolge beträgt der Anteil der eßbaren Muskelmasse bei einem Mann von 50 Kilogramm Gewicht durchschnittlich 30 Kilogramm. Davon sind rund 90 Prozent verdaubar, was etwa 4 Kilogramm reinem Eiweiß entspricht. Von dieser Eiweißmenge könnten 60 Erwachsene einen ganzen Tag ernährt werden!

Die düsteren Zukunftsaussichten in bezug auf das unaufhaltsame Wachstum der Weltbevölkerung und die kaum zu bewältigenden politischen und ernährungstechnischen Probleme der Menschheit haben seit einigen Jahrzehnten auch ihren Niederschlag in der Kunst gefunden. Unter anderen wurde 1973 ein Roman des amerikanischen Schriftstellers Harry Harrison mit dem Titel »Soylent Green« (Regie Richard Fleischer) verfilmt. Der Schauplatz dieses Filmes ist das New York des Jahres 2022. Nur noch die Reichsten der auf 40 Millionen Einwohner angewachsenen Metropole können sich natürliche Nahrung leisten, die Masse lebt von roten und gelben Plankton-Keksen, die von der Soylent-Company hergestellt werden. Ihr neuestes Produkt, grüne, besonders wohlschmeckende Kekse (»Soylent Green«), wird im Lauf des Films von dem Kriminalbeamten Thorn als Eiweiß-Konzentrat aus den Leichen seiner freiwillig eingeschläferten älteren Mitbürger entlarvt. Zahlreiche Fälle von Hungerkannibalismus bis in unsere Gegenwart zeigen, daß wir offensichtlich keine angeborene Hemmung vor dem Essen von Menschenfleisch haben. Im Gegensatz zur organischen Evolution scheint in der Evolution unserer Kultur die Rückkehr zu alten, bereits aufgegebenen Verhaltensmustern im Bereich des Möglichen zu liegen. »Soylent Green« – Utopie oder Wirklichkeit von morgen?

Haupt-Sachen

»O du Falada, da du hangest.«
Die Gänsemagd aus dem gleichnamigen Märchen der Brüder Grimm spricht mit dem abgeschnittenen Kopf ihres Pferdes.

Als nach einem Krieg zwischen den Asen und den Wanen, den beiden streitenden Parteien im Götterhimmel der Germanen, Frieden geschlossen wurde, tauschte man Geiseln aus. Die Asen erhielten den Meeresgott Njörd und dessen Kinder Freyr und Freyja, den Wanen wurden Hönir, der Bruder Odins, und der allwissende Riese Mimir übergeben. Wegen seiner Weisheit erwählten die Wanen Hönir zu ihrem König. Als sie aber gewahr wurden, daß Hönir seine Weisheit ausschließlich Mimir verdankte, schlugen sie diesem das Haupt ab und sandten es Odin. Der zauberkundige Gott Odin behandelte Mimirs Haupt mit Kräutern und befragte es fortan über Geheimnisse, die den Asen unbekannt waren.
Heute würden wir sagen, daß Odin Kranio- bzw. Nekro-Mantie (lat.: cranium = Schädel; griech.: nekros = tot, manteia = Weissagung) betrieben hat, eine uralte Art der Totenbeschwörung und Wahrsagerei mit Hilfe von Köpfen oder Schädeln, wie sie uns bereits von den Völkern der Antike überliefert ist. Im Mittelalter wurde das Wort Nekromantie durch veränderte Schreibweisen zu »Nigromantie« (Schwarzkunst) und der Begriff auf Zauberei aller Art erweitert. Unter anderen soll Papst Silvester II. (940–1003) versucht haben, durch derartige Beschwörungen Gewalt über den Teufel zu erlangen. Aus den zahlreichen Abbildungen von Werkstätten der »Goldmacher« (Alchimisten) jener Zeit ist der menschliche Schädel als unentbehrliches Requisit nicht wegzudenken. Waren in der antiken Kunst Darstellungen des Schädels bzw. des Skeletts noch sehr selten, so treten sie ab dem Hochmittelalter, bedingt durch die sich häufenden Kriege und Seuchen, als Standard-Symbole des Todes und der Vergänglichkeit auf. Berühmt geworden sind die Schädelbilder Albrecht Dürers (1521) und das mit einem Schädel in der Hand meditierende Skelett aus der Anatomie des Arztes Vesalius (Basel, 1543; s. Abb. 40). Bis heute ist der menschliche Schädel auf Grabsteinen, Särgen, Heiligenbildern, aber auch Porträts von Privatpersonen Zeichen für die Nichtigkeit alles Irdischen, für Frömmigkeit, Lebensweisheit oder den Beruf (Arzt, Priester) geblieben. Auch in den außereuropäischen Kulturen werden figürliche oder bildliche Darstellungen des Schädels in vielfältigster Art und Weise verwendet: in Japan als Gürtelschmuck (Netsuke), in Tibet als Dekoration. In der Kunst Mexikos spielt der menschliche Schädel seit vorkolumbianischer Zeit als Skulptur, auf Reliefs sowie in der Malerei, Keramik und Bilderschrift eine so wichtige Rolle wie wohl in keiner anderen Kultur. Bekanntgeworden sind die aus Bergkristall oder Obsidian geschliffenen Schädel der Mixtek- oder Aztek-Epochen, die Mictlantecutli, den »Herrn über den Ort des Todes«, darstellen sollen. Aber auch echte Kranien wur-

den mit Türkisen, Obsidianen und anderen Edelsteinen geschmückt. Am 2. November, dem Tag der Toten, stellt der heutige Mexikaner seine enge, fremdartig anmutende Beziehung zum Tod zur Schau: Auf den Märkten werden Skelettnachbildungen als Kinderspielzeug, Backwaren und Zukkerwerk in Schädelform sowie Nester mit bunten, eßbaren Totenschädel-Eiern angeboten.

Kopf und Schädel als Symbol

Der hohe Symbolwert des Kopfes ist vor allem in der Signalfunktion des Gesichts und hier speziell der Augen begründet. Attrappenversuche mit Neugeborenen haben angeblich eine angeborene Bevorzugung der natürlichen menschlichen Gesichtszüge vor anderen »künstlichen« Konfigurationen schon wenige Stunden nach der Geburt ergeben. Nach Konrad Lorenz und Irenäus Eibl-Eibesfeldt ist auch das Verständnis der menschlichen Mimik größtenteils durch angeborene Auslösemechanismen bedingt. Die individuell ausgeprägten Gestaltsmerkmale des Gesichts ermöglichen uns erst Identität und rasche Orientierung in der Gesellschaft, in der wir leben. Nicht der »allgemeinere« Rumpf oder die Extremitäten werden auf unseren Paßbildern festgehalten, sondern unsere nicht so leicht verwechselbaren Gesichtszüge.

Erst in der Malerei des Mittelalters wurde mit dem wachsenden Selbstbewußtsein des aufstrebenden europäischen Bürgertums die typisierende

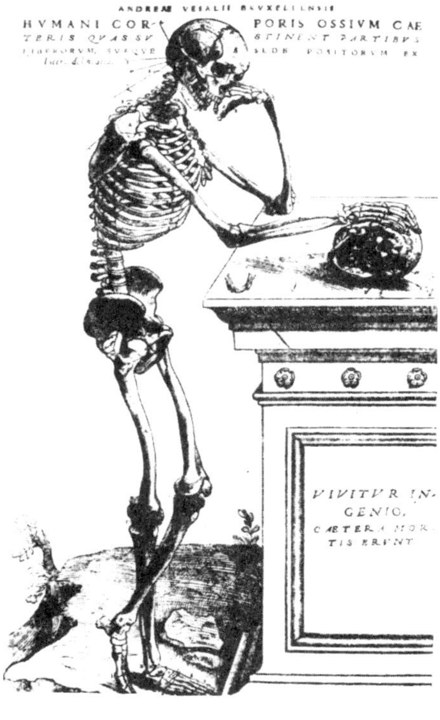

Abb. 40 *Andreas Vesalius, Skelett in meditierender Stellung mit einem Kranium. »De humani corporis fabrica libri septem«, Basel (1543)*

Darstellungsweise der vorangegangenen Jahrhunderte aufgegeben und durch naturgetreue Porträts bereichert, in denen vor allem das Gesicht das Wesen des Abgebildeten ausdrücken sollte. (Das erste Bild dieser Art dürfte das um 1360 von einem unbekannten Meister gemalte Porträt Herzog Rudolfs IV. von Österreich sein.) Im Gegensatz dazu bevorzugte der Adel, der sich eine hochritualisierte Körpersprache geschaffen hatte, Porträts, in denen neben dem Gesicht auch die Haltung und Kleidung Ausdruck der gehobenen Stellung des Abgebildeten waren.

Noch bis vor kurzem schmückten die »Gipsköpfe« und Totenmasken unserer verehrten Regenten, Dichterfürsten und Gelehrten die bürgerlichen Wohnzimmer. Die in der »Walhalla« bei Regensburg versammelten Büsten der Titanen deutschen Geisteslebens lassen an die sehr naturnah mit Ton überformten und bemalten Ahnenschädel einiger Stämme Neuguineas (s. Bild 77) denken. Hier wie dort geht es um das Wachhalten der Erinnerung an tatsächliche oder »geistige« Ahnen. Eine den Möglichkeiten des Normalverbrauchers entsprechende Fortsetzung hat diese Sitte in unseren eigenen Photoalben, Medaillons und Familienbildern gefunden.

Die Erkenntnis, daß unser Bewußtsein und Denken vom Funktionieren unseres Gehirns abhängig ist, scheint sehr alt zu sein und könnte unter anderem auf Beobachtungen an Schädel-Hirn-Verletzten zurückzuführen sein. Der Schädel ist mehr als alle anderen Körperteile von Lebenskraft und Macht erfüllt, er besitzt das stärkste »Orenda«. Dieses »Orenda« kann im wesentlichen zwei einander scheinbar widersprechende Bedeutungen annehmen: So wie die Götter der Menschen böse und gut zugleich sein können, so ist auch unser Gefühl für den Kopf oder Schädel unseres Vorfahren von Furcht oder Liebe bzw. beiden zugleich bestimmt. Als Hamlet auf dem Kirchhof der Schädel Yoricks, des Spaßmachers seines königlichen Vaters, vor die Füße rollt, drückt er aus, was die meisten heutigen Europäer auch empfunden hätten: »Mir wird ganz übel. Hier hingen diese Lippen, die ich geküßt habe, ich weiß nicht wie oft. Wo sind nun deine Schwänke? deine Sprünge? deine Lieder, deine Blitze von Lustigkeit, wobei die ganze Tafel in Lachen ausbrach? Ist jetzt keiner da, der sich über dein Grinsen aufhielte? Alles weggeschrumpft?...«

Ahnenkult und Totenfurcht

Während in Hirten- bzw. Nomadenkulturen die Todes- und Gespensterfurcht überwiegt, ist die sich in einem Ahnen- und Schädelkult äußernde Verbundenheit mit dem Toten eher in Pflanzer- und Bauernkulturen ausgeprägt. So wurden bei vielen ackerbautreibenden Völkern Afrikas bis zur Kolonialzeit die Toten unter dem Fußboden des Hauses oder in nächster Nähe beigesetzt. Für Afrika charakteristisch ist auch die enge Verbindung zwischen Schädelkult und Häuptlingstum: Nur wer im Besitz der »Insignien«, nämlich des Schädels seines Vorgängers, war, konnte hoffen, seine Herrschaft längere Zeit unangefochten auszuüben.

Das Bedrohliche, das von den starrenden Augenhöhlen und den bleckenden Zähnen des Schädels ausgehen kann, wird in vielen Kulturen als Abschreckungsmittel gegen Feinde und Dämonen eingesetzt. Bei einigen nordamerikanischen Indianervölkern, in Indonesien und Taiwan zum Beispiel wird das Stammesgebiet, insbesondere das Dorf und die Felder, durch Pfähle markiert, auf denen menschliche Schädel befestigt sind. Das Zurschaustellen der Köpfe von besiegten Feinden und Gesetzesbrechern war und ist weltweit verbreitet. Seien es die schwarzen Flaggen der Piratenschiffe früherer Jahrhunderte, Flaschen mit giftigem Inhalt aus unseren Apotheken, Warnschilder vor besonders berüchtigten Verkehrsfallen, Regimentsembleme wie das der Totenkopfhusaren des Generalfeldmarschalls von Mackensen oder der Schmuck von Lederwesten und Motorrädern, immer bedeutet das Schädel-Zeichen: Achtung! Hüte dich! Bleib fern! Diese unheilabwehrende Kraft kommt aber nicht nur menschlichen Schädeln zu. Auch der Tierkopf bzw. Tierschädel, besonders der des Pferdes, erfüllt diese Aufgabe.

Kopf und Schädel als Abwehrzauber

Bei den Nordgermanen wies ein auf eine »Neidstange« gespießter Pferdekopf in die Richtung, aus der man einen Feind erwartete. Tacitus schildert in bewegten Worten, wie der römische Heerführer Caecina im Teutoburger Wald an jener Stelle, wo Hermann der Cherusker die Legionen des Varus vernichtete, die abgeschnittenen Köpfe der römischen Streitrosse an Bäume genagelt fand. Schädelbäume besonderer Art entdeckte auch der deutsche Afrikaforscher Georg Schweinfurth (1836–1925) in den Dörfern der Niam-Niam: »Schädel von Antilopen aller Art, von Meerkatzen, Pavianen, Wildschweinen und Menschenschädel fanden sich bunt durcheinander an den Ästen der Votivpfähle aufgespießt, Weihnachtsbäumen nicht unähnlich.«

Unsere mittelalterlichen Kirchen und Burgen sind mit Menschen- und Tierfratzen, in Hessen und Baden auch alte Bürgerhäuser an Giebeln und Eckbalken mit neidabwehrenden Köpfen (»Bleckern«) ausgestattet. Die pferdekopfförmigen Giebelbretter an den Dächern unserer österreichischen Bauernhäuser sind noch ein Ausdruck dieses alten, wahrscheinlich indoeuropäischen Kulturerbes.

Nicht immer steht jedoch die abschreckende Wirkung des Schädels im Vordergrund: So spricht die zur Gänsemagd erniedrigte Prinzessin im Märchen »Die Gänsemagd« der Brüder Grimm mit dem über dem Stadttor angenagelten Kopf ihres Pferdes Falada und gewinnt dadurch letztlich die Hand des ihr versprochenen Königssohns. Der »Freischütz« erlangte im Volksglauben des süddeutschen Raumes die begehrte unfehlbar treffende »Freikugel« nur dann, wenn er um Mitternacht das geschmolzene Blei durch die Augenhöhlen des Schädels einer Wöchnerin goß.

Nicht nur dem ganzen Schädel, sondern auch Teilen desselben, wie z. B. den Zähnen, sprach man magische Eigenschaften zu. Von der heilkräftigen Wirkung der Zähne handelt ein 1732 in Deutschland erschienenes Werk mit dem Titel »Hundert acht und dreyßig neu-entdeckte und vollkommen bewährte Geheimnüsse«. Darin heißt es: »Wann einem die Männlichkeit benommen ist. Man stoße einen Zahn aus einem Todten-Kopffe von einem Menschen / der durch das Schwert ist hingerichtet worden / setze sich über einen Stuhl / der hohl ist / daß unten in einer Glut-Pfanne ein Glut seye / auf welche man nach und nach das Zahn-Pulver wirfft / und den Rauch unter dem Hemde ad pudenda empfängt.«

In der Kopfmantik schrieb man dem Kopf des lebenden Menschen die

Fähigkeit zu, warnen und prophezeien zu können. Die sogenannte Stirnprobe etwa bestand darin, daß man »verhexten« Kindern den Schweiß von der Stirn leckte. Schmeckte er salzig, so galt dies als Beweis ihrer Besessenheit. In Schwaben war es Brauch, Kranken den Stirnschweiß mit Brot abzuwischen und dieses dann den Hunden vorzuwerfen. Fraßen die Hunde das Brot, wurde der Kranke gesund. Eine ähnliche Sitte ist aus Westfalen bekannt. Dort rieb man dem Kranken die Stirn mit Brot und die Füße mit Speck ab. Verschlangen die Hunde zuerst den Speck, dann bedeutete dies Rettung für den Kranken.

Kopfmantik

Die für den Menschen wertvollen und angenehmen Eigenschaften des Schädel-»Orendas« kommen vor allem auch im Ahnenkult zum Ausdruck. Das Aufbewahren oder Mit-sich-Tragen der Schädel verstorbener Verwandter bezeugt die innige Verbundenheit der Lebenden mit den Toten. Der Schädel des Vorfahren ist ein magisches Kraftzentrum, das wohlwollenden Schutz gewährt und das Ansehen der Sippe erhöht. In Neuguinea werden Ahnenschädel als Kopfstütze benützt – der Ahne erteilt dem Schläfer im Traum Ratschläge. Die ackerbauenden Stämme Äthiopiens trennen nach dem Verfall der Weichteile den Schädel vom übrigen Skelett des Verstorbenen und legen ihn in heiligen Hainen, hohlen Bäumen oder im Gehöft selbst nieder. Bei wichtigen Ereignissen wie Saat, Ernte, Heirat und Geburt wird ihm Ehrfurcht bezeugt. Auf diese Weise sichert der Ahnenschädel die geistige Kontinuität und die Einheit der Gruppe.

Nicht selten werden Schädel auch geschmückt, beschnitzt und bemalt. Aus Jericho (ca. 6000 v. Chr.) stammt ein mit Meereszahnschnecken bedecktes Kalvarium. Die südamerikanischen Arara- und Mundurucu-Indianer schmücken ihre Schädeltrophäen mit Federn, Schnüren und glänzenden Tierzähnen. Ähnliches findet sich bei den Dajak-Stämmen Borneos sowie bei den Watam und Stämmen des Papua-Golfs in Neuguinea. In Oberbayern und in Hallstatt im Salzkammergut werden noch heute Karnerschädel bemalt und zur Schau gestellt (s. Bild 120).

Schädelkult in der Vorzeit

Fragen wir nun, wie weit die Sitte des Schädelkults in unsere Stammesgeschichte zurückreicht, so müssen zunächst die mittelpleistozänen Funde aus der Höhle von Choukoutien (»Locality I«) genannt werden. In der Masse der fossilen Knochen überwogen Schädel und Unterkiefer bei weitem, der größte Teil der über das gesamte Höhlenareal verteilten menschlichen Gliedmaßenknochen ebenso wie die mit ihnen vermischten Tierknochen zeigten Schlagspuren und absichtlich herbeigeführte Brüche. Bei den fünf am besten erhaltenen Schädeln konnte sogar eine künstliche Eröffnung der Schädelbasis festgestellt werden. Dies alles hat die Mehrheit der Forscher zu der Überzeugung gelangen lassen, daß man bereits auf der Homo-erectus-Stufe der Hominiden-Evolution mit Kopfjagd und Kannibalismus zu rechnen hat. Gegen diese Interpretation ist von seiten der Völkerkunde schon früh Stellung genommen worden. Der Ethnologe Pater Wilhelm Schmidt schloß von der Sitte einiger »Naturvölker«, speziell der Andamaner und Negritos, den Kopf bzw. Schädel Verstorbener lange Zeit mit sich herumzutragen und erst später zu bestatten, auf die Fundsituation

Choukoutiens. Er sah in den Knochenresten des Sinanthropus eher Zeugnisse einer Trauersitte.

Spuren von Gewalteinwirkung sowie eine Eröffnung der Schädelbasis lassen sich auch bei dem zeitlich in das Mindel-Riß-Interglazial zu stellende Kalvarium einer Frau vom Präsapienstypus aus Steinheim an der Murr feststellen.

Unter den »klassischen« Neandertalern Europas scheinen Kopfjagd, Kannibalismus und Teilbestattungen durchaus nicht unüblich gewesen zu sein. Bei den Funden von Gibraltar 1848 und 1925, Weimar-Ehringsdorf 1925, Saccopastore bei Rom 1929 und 1935 sowie Monte Circeo 1939 handelt es sich um Schädel oder Schädelreste ohne Unterkiefer und ohne zugehöriges Körperskelett. Vor allem der innerhalb einer Steinsetzung niedergelegte Schädel in einer Höhle des Monte Circeo (s. Abb. 41) weist

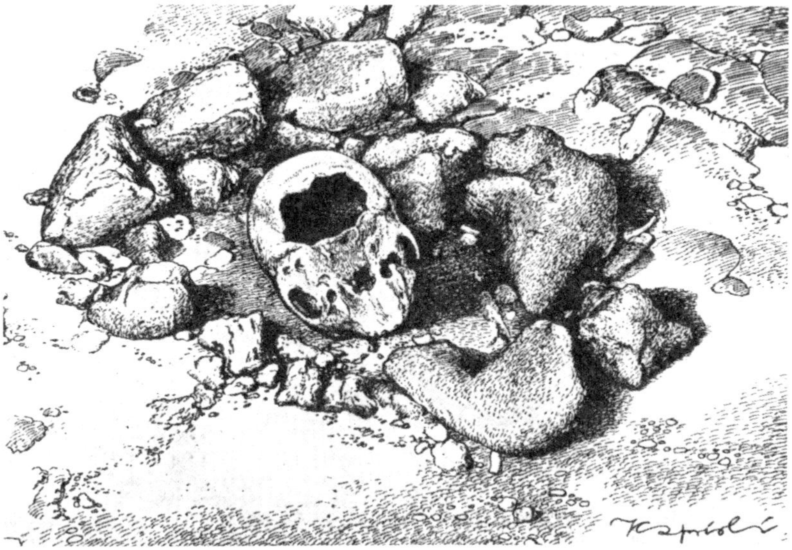

Abb. 41 *Schädelkult bei den Neandertalern (nach A. C. Blanc, 1956)*
Im Februar des Jahres 1939 entdeckte ein Arbeiter in einer verschütteten Höhle am Monte Circeo, Italien, zusammen mit den Knochen fossiler Tiere den Schädel eines eiszeitlichen Neandertalers ohne Unterkiefer. Der Schädel lag eingebettet in eine ovale Steinsetzung. Im Bereich der rechten Augenhöhle und Schläfe fand sich eine ausgedehnte Hiebverletzung, die Schädelbasis war künstlich eröffnet. Der italienische Prähistoriker Blanc deutete diese Befunde dahingehend, daß nach der Tötung und Enthauptung dieses Neandertalers sein Schädel aufgebrochen und nach Entnahme des Gehirns in der Höhle beigesetzt wurde. Er stützte sich bei dieser Interpretation auf gleichartige Spuren an rezenten Melanesier-Schädeln, die eröffnet worden waren, um an das Gehirn heranzukommen. Ob die Entnahme des Gehirns Teil einer Bestattungsfeier war oder, wie der deutsche Anthropologe W. Gieseler meint, zeremonieller Kannibalismus vorliegt, kann nicht eindeutig entschieden werden. Die vielen Funde dieser Art (z. B. La Chapelle, Gibraltar, Weimar-Ehringsdorf, Choukoutien) von der Altsteinzeit bis in unsere Gegenwart zeigen jedenfalls, daß Tötung von Menschen, Kopfbestattung, Kannibalismus und Schädelkult in unserer Geschichte eine große Rolle gespielt haben. Die dahinterstehenden Motive können jedoch im Einzelfall nur noch erahnt werden.

hinsichtlich der Erweiterung des großen Hinterhauptlochs zum Zweck der Gehirnentnahme erstaunliche Parallelen zu Schädeln von rezenten Melanesiern auf, die mit der gleichen Absicht aufgebrochen wurden. Von den jungpaläolithischen Funden seien hier nur die Hirnschädel von Ngandong sowie ein Schädel (Stetten I) vom Südwesteingang der Vogelherdhöhle im Lonetal und die Schädelfunde aus der »oberen« Höhle von Choukoutien erwähnt. Aber auch die jungsteinzeitlichen Kulturen Mitteleuropas haben eine stattliche Anzahl ähnlicher Fälle ergeben: Aus Österreich sind der lengyelzeitliche Schädel eines jungen Mädchens vom Bisamberg in Niederösterreich, fünf Schädel aus einer Siedlungsgrube der mährischen bemaltkeramischen Kultur in Poigen sowie sieben Schädel aus einer Siedlung der Badener Kultur aus Lichtenwörth bei Wiener Neustadt bekanntgeworden. Die meisten dieser Schädel zeigen Verletzungen, die auf einen gewaltsamen Tod schließen lassen.

Kopfjagd und Kannibalismus

Der Anthropologe Wilhelm Gieseler hat zu Recht bemerkt, daß Kopfjagd und Kannibalismus eine rituelle Beisetzung der Verspeisten nicht ausschließen, ja daß diese Phänomene aufgrund der Grabungsbefunde nicht getrennt werden können. Bei einigen gegenwärtig lebenden Naturvölkern Indonesiens, Taiwans, Neuguineas, Hinterindiens, Südamerikas und Westafrikas dient die Jagd auf Köpfe feindlicher Stämme nicht so sehr dazu, das soziale Ansehen zu heben, als vielmehr die Fruchtbarkeit der Menschen und der Felder zu fördern (s. Bild 71). So berichtet der Völkerkundler Robert Heine-Geldern über die Kopfjäger Hinterindiens und Assams, daß diese sich trotz ihrer unterschiedlichen Abstammung kulturell sehr nahestehen und durchwegs Hackbauwirtschaft betreiben. Interessant ist, daß die Jäger-und-Sammler-Völker Südostasiens keine Kopfjäger sind. Heine-Geldern hat sich besonders mit den »Wilden Wa« Hinterindiens beschäftigt. Diese waren das einzige Volk in dieser Region, das im Jahr 1917 noch der Kopfjagd nachging. Nicht Blutrache oder soziales Prestige sollen die Wa zur Kopfjagd inspiriert haben, sondern religiöse Vorstellungen: Sie opfern die Köpfe ihren Göttern, den mythischen Urahnen Ya-Htawn und Ya-Htai und dem Dorfgeist Hkum Yeng. Der auf Rache sinnende Geist des Getöteten, der in dem erbeuteten Kopf seinen Sitz hat, soll andere böse Geister vertreiben. Man will sich also vor allem den Schutz des Geistes des Getöteten verschaffen. Köpfe, die den gleichen Zweck erfüllen, können aber auch käuflich erworben werden. Der Kaufpreis entspricht der Tapferkeit des Getöteten. Ungefähr zwölf Mann starke Kopfjägertruppen überfallen meist zur Zeit der Feldbestellung aus dem Hinterhalt einzelne Menschen, wobei sie sich auch mit dem Kopf einer Frau oder eines Kindes begnügen. Dorfgenossen werden immer verschont. Mindestens einen frischen Kopf jährlich braucht jedes Dorf, da sonst schlechte Ernten oder Unheil für die Dorfbewohner drohen. Ist ein neuer Kopf erjagt worden, so wird ein Büffel geschlachtet und von der Dorfgemeinschaft verzehrt. Der erbeutete Kopf wird zunächst auf die große Dorftrommel gelegt und später auf eine hohe Stange gesteckt. Große Festlichkeiten begleiten, nachdem das Fleisch abgefallen ist, die Aufstellung des Schädels in der Schädelallee.

Heine-Geldern erwähnt u. a. auch eine »Sage« der Wilden Wa, wonach die Urahnen der Wa, Ya-Htawn und Ya-Htai, einst in Tiergestalt in einer Höhle lebten. Sie hatten keine Kinder und ernährten sich von Hirschen und Wildschweinen. Eines Tages fingen sie einen Menschen, töteten und aßen ihn. Den Kopf des Getöteten spießten sie auf einen Pfahl. In der Folge bekamen sie viele Kinder, die alle Menschen waren. Vor ihrem Tod befahlen sie ihren Kindern, den Wa, dafür zu sorgen, daß in ihren Dörfern ständig mindestens ein abgeschlagener Menschenkopf vorhanden sei, damit ihre Felder fruchtbar und sie selbst von Krankheiten verschont blieben. Außerdem müßten sie für Hochzeiten, Kriege, Todesfälle oder die Gründung eines Dorfes stets einen frischen Kopf beschaffen und Büffel, Schweine und Hühner opfern.

Die Angami- und Lhota-Naga in Assam glauben, daß nur dann eine gute Reisernte zu erwarten ist, wenn sie einen Menschen töten und Stücke von seinem Fleisch auf den Feldern vergraben. Kopf und Hände des Opfers werden auf den Feldern aufgestellt. Zu diesem Zweck werden Kriegsgefangene oder gekaufte Sklaven lebend in Stücke gehackt. Einige Naga-Stämme binden Gefangene oder Sklaven vor dem Abbrennen einer frischen Rodung an einen Baumstamm und lassen sie mitverbrennen.

Bei manchen Völkern, z. B. bei den Dajak Borneos, herrscht die Vorstellung, daß ein junger Krieger erst dann zeugungsfähig ist und heiraten darf, wenn er einen Kopf erbeutet hat. Sollte er vor dieser »Reifeprüfung« ein Kind zeugen, gilt er nicht als Vater. Bei den Marind-Anim Süd-Neuguineas bekommt ein neugeborener Knabe erst dann einen Namen, wenn der Vater einen Erwachsenen getötet und enthauptet hat, dessen Namen der Sohn übernehmen kann. Der Kopf des Opfers wird aufgebrochen, das Gehirn zusammen mit Sago gebacken und gegessen, um die Kraft des Getöteten auf das Kind zu übertragen. Solange der neue Träger des Namens lebt, ist der Schädel seines Namensvorgängers für ihn Gegenstand kultischer Verehrung.

Nach Ansicht von Heine-Geldern stellt die Kopfjagd einen Brauch dar, der mit fast allen wichtigen religiösen Belangen des sozialen Lebens, nämlich mit der Götterverehrung, dem Toten- und Jenseitsglauben, dem Fruchtbarkeitszauber, der Alterseinteilung, Eheschließung und sozialen Rangordnung, in Zusammenhang steht. Er vermutet, daß die Kopfjagd Südostasiens mit den Kopfjagdgebräuchen der europäischen Urzeit und Südamerikas zusammenhängt. Die »Tsantsas« (Schrumpfköpfe) der südamerikanischen Jivaro-Indianer sollen ebenfalls durch die Zauberkraft des Getöteten die Macht des Besitzers der Trophäen und die Fruchtbarkeit seiner Felder erhöhen.

Im Gegensatz zu Heine-Geldern sieht der Kulturmorphologe Adolf E. Jensen den Ursprung der Kopfjagd nicht im Geisterglauben, Ahnenkult und Fruchtbarkeitszauber, sondern bringt sie direkt mit der mythischen Naturauffassung der Wurzeln und Knollen pflanzenden Hackbauern in Zusammenhang. Bei diesen sind überall ähnliche Urzeitmythen festzustellen, in denen Urwesen, göttliche Ahnengestalten in Menschen- oder Tiergestalt – fast immer als Zwillinge oder in mehrfacher Anzahl – auftreten.

Die Marind-anim nennen sie »Dema«, Jensen hat daher den Begriff der »Dema-Gottheit« geprägt.
Die Dema erscheinen am Ende der Urzeit, in der es weder Geburt noch Tod gab und die Menschen kein Bedürfnis nach Nahrung hatten. Mit dem Auftreten dieser Gottheiten endet die Urzeit, und die neue, gegenwärtige Weltordnung tritt in Kraft. Die Dema bringen einander um, oder sie werden von den Menschen getötet, geköpft und zerstückelt. Ihre Körper und Körperteile verwandeln sich in Wurzeln, Knollen und Fruchtgewächse, die nun von den Menschen gegessen werden. Um den Fortbestand der neuen, von den Dema eingeführten Weltordnung zu sichern, muß der urzeitliche Vorgang ihrer Entstehung ständig wiederholt werden: das Töten, um Leben hervorzubringen.
Jensen berichtet von einer Urzeitmythe der Wemale in West-Ceram, nach der die ersten Menschen aus den reifen Früchten einer Bananenstaude entstanden. Eine unreife Banane verwandelte sich in »Satene«, die Herrscherin der Urzeit. Ein Mann mit Namen Améta tötete eines Tages ein Schwein, an dessen Hauern er die erste Kokosnuß entdeckte. Die Kokospalme, die er pflanzte, blühte nach drei Tagen. Aus einem Tropfen seines Blutes, der auf diese Blüte fiel, entstand die Göttin »Hainuwéle«, deren Exkremente Gebrauchsgegenstände waren. Die Menschen töteten Hainuwéle und warfen sie in eine Grube. Améta grub ihren Leichnam aus und zerschnitt ihn in viele Stücke, die er in der Erde vergrub. Die Leichenteile wurden zu damals auf der Erde noch unbekannten Dingen, vor allem zu Knollenfrüchten. Die Arme Hainuwéles hatte Améta nicht begraben. Aus ihnen fügte Satene das Tor zur Unterwelt, durch das die Menschen, die von diesem Zeitpunkt an sterblich waren, gehen müssen.
Wird die Kopfjagd hauptsächlich aus Prestigegründen oder aus Machtstreben (Mana, Orenda usw.) betrieben, sieht Jensen darin eine Entartung, ja sogar ein Zeichen für den Niedergang einer Kultur. Wie Heine-Geldern ist auch er »Diffusionist«, das heißt, er glaubt nicht an eine unabhängige Entstehung des Phänomens Kopfjagd an verschiedenen Orten der Erde, sondern nimmt eine urzeitliche Ausbreitung dieser Sitte von einem gemeinsamen Entstehungszentrum an.
Daß die Kopfjagd nicht der Vergangenheit angehört, soll ein dramatisches Beispiel illustrieren: Der reiche Weltenbummler Michael Clark Rockefeller hatte eine besondere Leidenschaft – er sammelte für amerikanische Museen Schnitzereien und Schädeltrophäen (kush) der Asmat Neuguineas. 1961 galt er als an der Küste Westirians verschollen. 1969 berichtete ein deutscher Reisender, er habe in einem Asmat-Dorf den präparierten Kopf Rockefellers gesehen. Nachforschungen ergaben, daß Rockefeller den Stämmen hohe Belohnungen für Kopftrophäen geboten hatte, obwohl die Kopfjagd von den dort ansässigen Missionaren streng verboten worden war. Eines der Opfer der daraufhin einsetzenden geheimen Kopfjagd bzw. der dadurch ausgelösten Stammesfehden war Rockefeller selbst. 1973 fand man die Gebeine des »weißen Kopfjägers« neben seinen fünf Gasfeuerzeugen. Seine Leiche, so berichtete ein Missionar, war offensichtlich von Papuas verzehrt worden.

Heilige Schädel

»Ich will den Kopf des Jochanaan!«
Salome fordert von ihrem Vater Herodes den Kopf des Bekenners.

Oskar Wilde, »Salome«

Die rituelle Teilbestattung oder Aufbewahrung des Kopfes (Schädels) *ohne* Kannibalismus dürfte schon in der Altsteinzeit bekannt gewesen sein. Es muß allerdings betont werden, daß urzeitliche Schädelfunde ohne zugehöriges Körperskelett keine Aussage darüber zulassen, ob Kannibalismus vorliegt oder nicht. Erst das Einsetzen schriftlicher Überlieferungen und Beobachtungen an sogenannten Naturvölkern erlaubten eine Abgrenzung dieses Brauches von anderen, meist mit Menschenfresserei verbundenen Formen des Schädelkults.
Der älteste Hinweis auf eine gesonderte Bestattung des Schädels dürfte das Kalvarium (Schädel ohne Unterkiefer) eines Mannes aus der Höhle von Petralona nahe Thessaloniki sein. Das unbeschädigte Kalvarium, dessen zeitliche Stellung ungeklärt ist (Holstein-Interglazial?), lag in einer Felsnische im Hintergrund der Höhle und war dort möglicherweise schon in entfleischtem Zustand niedergelegt worden. Ein weiteres Beispiel altsteinzeitlicher Schädelbestattungen ohne direkte Hinweise auf Kannibalismus dürfte das magdalenienzeitliche Kalvarium einer Frau aus der Höhle von Mas d'Azil (Frankreich) sein, dessen Augenhöhlen mit künstlich zugerichteten Knochenscheiben aus dem Wirbelkörper eines Hirsches ausgefüllt worden waren (s. Bild 69). Auch in diesem Fall liegt es näher, das Einsetzen der »Augen«-Scheiben für einen Zeitpunkt anzunehmen, an dem der Schädel bereits von Weichteilresten frei war.
Aus der mittleren Steinzeit stammen die »Schädelnester« der großen Ofnet-Höhle bei Nördlingen (s. Bild 68) und vom Hohlestein im Lonetal sowie eine Kopfbestattung aus dem Felsloch »Hexenküche« vom Kaufertsberg bei Lierheim. Diese Funde haben vieles gemeinsam: alle Individuen, meist Frauen und Kinder, waren durch Schläge mit Steinbeilen oder Keulen auf die linke Kopfseite getötet, ihre Köpfe danach vom Rumpf getrennt und in einer Mulde zusammen mit Rötel und Schmuck mit Blickrichtung nach Westen bzw. Südwesten beigesetzt worden. Da die Menschen der mittleren Steinzeit die genannten Höhlen nicht mehr als Wohnplätze benützt haben, werden diese heute als Kultstätten gedeutet. Ob es sich bei den Opfern um Mitglieder des eigenen Stammes oder Gruppenfremde handelt, wird wohl für immer im dunkeln bleiben.
Trotz grundlegender Veränderungen in der Lebensweise – die Jäger-und-Sammler-Kultur der Altsteinzeit wurde nach und nach durch eine bäuerliche Kultur abgelöst – finden sich am Beginn der Jungsteinzeit gleichartige Erscheinungen. Aus Europa sind neben vielen Funden des Adriaraums ein in einem Gefäß bestatteter Kinderschädel aus Quedlinburg und ein mit Keramik bedecktes Kalvarium eines Erwachsenen aus Taubach (beide

DDR) bekanntgeworden. Während der Kinderschädel mit Fruchtbarkeitsriten in Verbindung gebracht wird, sieht man in dem Taubacher Fund eher ein Zeichen der Ahnenverehrung. Im Zug der berühmten Ausgrabungen in Jericho kamen in den jungsteinzeitlichen Schichten dieses etwa 9 000 Jahre hindurch besiedelten »Tells« (Hügel aus Kulturschutt) ebenfalls Ansammlungen von Schädeln zutage, die offensichtlich von der dort lebenden bäuerlichen Bevölkerung mit Gips überformt und in eigens dafür bestimmten Häusern aufbewahrt wurden (s. Bild 78/79). Wird diese Sitte im Fall Jerichos als Ausdruck eines Ahnenkults interpretiert – die Geister der Vorfahren sollten wahrscheinlich wie die bereits erwähnten Ahnenschädel auf Neuguinea Haus und Felder beschützen –, so denkt man bei den Funden von isolierten Schädeln männlicher Erwachsener an regelrechte Kopfjagden, die die Macht und Fruchtbarkeit des eigenen Stammes bzw. Stammesgebietes vermehren sollten.
Von Herodot wissen wir, daß die Thaurier die Sitte der Kopftrophäen kannten: »Die Köpfe ihrer Feinde hauen sie ab und befestigen sie auf einer langen Stange, die sie aufs Dach des Hauses hoch über den Schornstein stecken; sie sagen, daß sie da oben als Wächter für das ganze Haus hängen.« Nach Herodot ließ auch der Perserkönig Xerxes dem Leichnam des heldenmütigen Verteidigers der Thermopylen, Leonidas, den Kopf abhauen und diesen auf einem Pfahl zur Schau stellen.
Der Kulturanthropologe Kaj Birket-Smith nimmt für die Naturvölker der Gegenwart einen Zusammenhang zwischen Ahnenverehrung und Schädelkult einerseits und Ackerbau, Mutterrecht, Zweiklassensystem und Geheimbünden anderseits an. Pflanzen und Menschen haben in den Vorstellungen primitiver Ackerbauern das gleiche Schicksal. Wie die verdorrten Pflanzen zu Erde werden und dadurch in neuen Gewächsen weiterleben, so stehe auch der Tod des Menschen im Dienst eines neuen Lebens. So wurden die Menschenopfer der indischen Khond zerstückelt und stellvertretend für die Erdgöttin auf den Feldern vergraben. In ähnlicher Weise

Abb. 42 *Abgeschlagene Köpfe als Siegestrophäen, Assyrien, 1. Jahrtausend v. Chr.*

werden bei einigen Völkern Indonesiens und Afrikas, ferner bei den Naga Assams sowie den Papua Neuguineas menschliche Köpfe als Zentren einer die Fruchtbarkeit der Felder fördernden Kraft verstanden und mit großer Sorgfalt aufbewahrt oder bestattet.

Die Beschützerfunktion des Schädels steht im Mittelpunkt des Denkens der Ifugao auf Luzon und der Wataita Kenias, die die Schädel ihrer verstorbenen Stammesangehörigen ausgraben und in Höhlen oder Felsspalten gesondert niederlegen.

Die Varran-Indianer Südamerikas geben die Körper ihrer Toten dem Verfall preis, die Schädel aber behalten sie und schmücken sie mit Federn und Goldblech. Auch im buddhistischen Tibet und Bhutan wird der Kopf des Verstorbenen von den Angehörigen als Reliquie (heilige Hinterlassenschaft) aufbewahrt, der übrige Leichnam jedoch den Geiern und Raubtieren überlassen.

Heilige Hinterlassenschaften

Unerreicht in bezug auf die Zahl und die prunkvolle Ausstattung von Reliquien ist die katholische Kirche (s. Bild 72). Der schwedische Pathologe Folke Henschen hat dies treffend formuliert: »Wer Gelegenheit gehabt hat, einen Blick in die oft kolossalen Schränke mit ihren vorgesetzten Glasscheiben zu werfen, die man in den inneren Räumen hinter der eigentlichen Kirche zu sehen bekommt, wird stark berührt von dem Reichtum an wundertätigen Skeletteilen und besonders Kranien. Zehntausende von Schädeln heiliger Männer, Frauen und Märtyrer hat diese Kirche, seitdem sie organisiert wurde, gesammelt und an das ganze Christentum verteilt. Das Heer von Heiligen und Märtyrern hat wohl kaum genügt, um alle Kirchen und Klöster mit diesen Reliquien in Form von mehr oder weniger authentischen Schädeln und Knochenstücken zu versorgen.«

Schädelreliquien von Heiligen oder deren Nachbildungen werden meist wegen ihrer heilkräftigen Wirkung verehrt. So soll z. B. eine Berührung des Schädels des heiligen Makarius zu Würzburg genügen, um »Kopfleiden« zu beseitigen. Die gleiche Wirkung erwartete man sich von der Opferung einfacher, gedrehter Holzköpfe, die die enthaupteten Heiligen St. Alban, St. Dionysius und St. Eusebius symbolisieren sollen. In Pleßnitz, Kärnten, legte der Leidende seinen Hut über den auf der »Johannes-Schüssel« liegenden geschnitzten Kopf Johannes des Täufers.

Auch im weltlichen Bereich wurde der Schädel zur Heilung von Krankheiten eingesetzt. Nach der Apothekerordnung des 16., 17. und 18. Jahrhunderts gehörte die pulverisierte menschliche Hirnschale zu den wirksamen »Arzneyen« gegen Fallsucht, Schwindel und Schlagfluß.

Betrachtet man die letzten zwei Jahrtausende unserer Geschichte, so erkennt man, daß Reliquien noch bis vor kurzem wesentlich zum politischen Aufstieg von Städten, Staaten und nicht zuletzt der katholischen Kirche selbst beigetragen haben. Zwei venezianische Kaufleute etwa entführten im Jahr 872 n. Chr. aus einer Kirche Alexandrias in Ägypten eine Reliquie, die sie als jene des Evangelisten Markus ausgaben. Als solche wurde sie vom Dogen am Rialto begrüßt und an einer heute unbekannten Stelle seiner Residenz beigesetzt. Das heilige Beutestück verschaffte Venedig nicht nur einen Staatspatron und den Profit aus dem aufblühenden Mar-

94

95

96

94 Geröllwerkzeuge der Oldovan-Kultur, Turkanasee, Kenia
95 Faustkeile des Jung-Acheuleen aus Tabelbala, Algerien
96 Klingenwerkzeuge und Steinbeile der späten Altsteinzeit und der Jungsteinzeit Nord- und Ostafrikas

97

99

100

98

101

97 Koobi Fora, Blick auf das berühmte Fundgebiet fossiler Hominiden am Ostufer des Turkanasees in Kenia

98 Archäologische Grabung am Turkanasee, Kenia

99 Das frühzeitliche Gräberfeld von Gemeinlebarn, Niederösterreich

100 Skelett in extremer Hockerstellung, Gemeinlebarn, Niederösterreich

101 Jungsteinzeitliches Venus-Idol aus Falkenstein

102

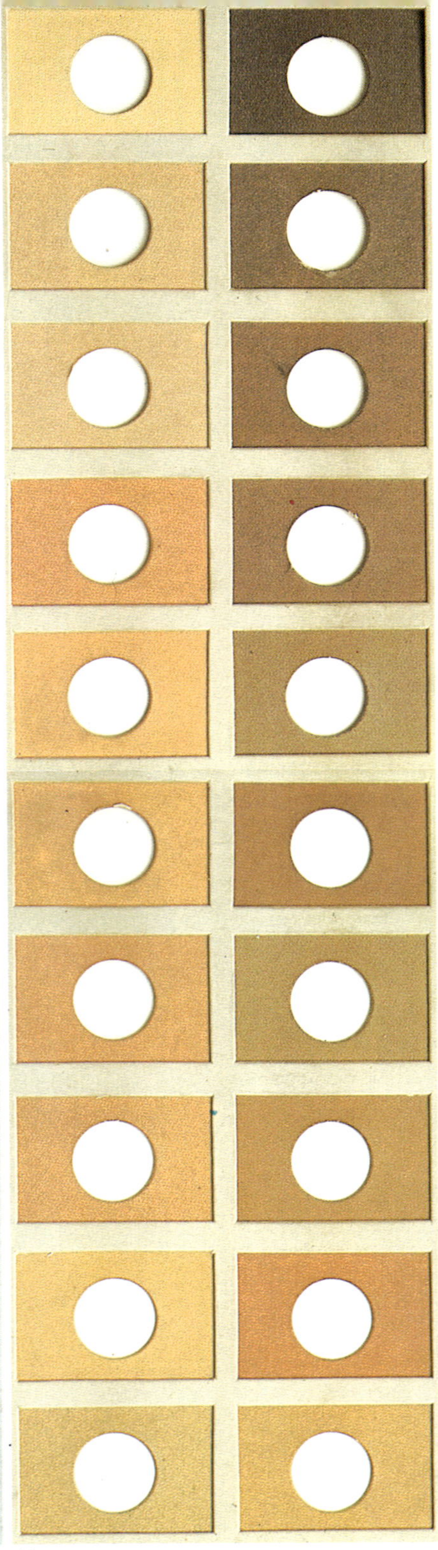

103

104

105

102 Augenfarben-Tafel (nach R. Martin und B. K. Schulz)
103 Hautfarben-Tafel (nach B. K. Schulz)
104 Haarfarben-Tafel (nach E. Fischer und K. Saller)
105 Pigmentationsunterschiede zwischen Europiden und Negriden

106

107

108

109

110

111

112

113

114

115

116

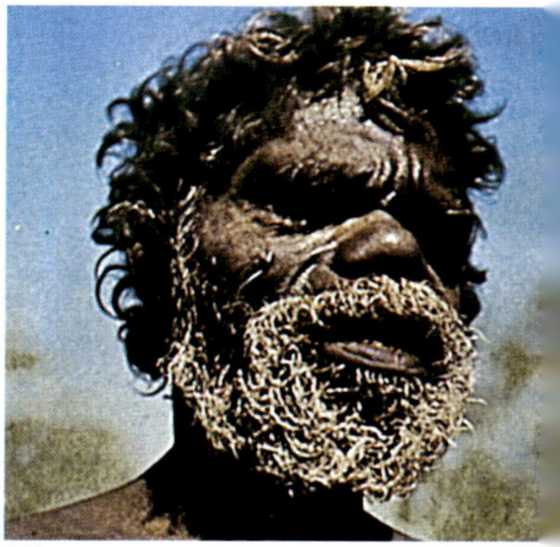
117

106 Österreicher (Kärnten)
107 Österreicherin (Wien)
108 Indischer Sikh (Pandschab)
109 Araber vom Persischen Golf
110 Polynesierin
111 Tibeterin
112 Indianer, Kanada
113 Amazonas-Indianer, Brasilien
114 Somali-Frau, Nordostafrika
115 Dendi-Frau, Benin, Westafrika
116 Ndani-Papua, Neuguinea
117 »Ureinwohner« Australiens

118

119

120

121

122

118 Prähistorische Höhlenmalerei aus Pech-Merle (Frankreich)
119 Rezente Höhlenmalerei aus Neuguinea
120 Bemalte Totenschädel aus Hallstatt
121 Australische Felsmalerei
122 Indische Göttin Kâli

123

124

125

126

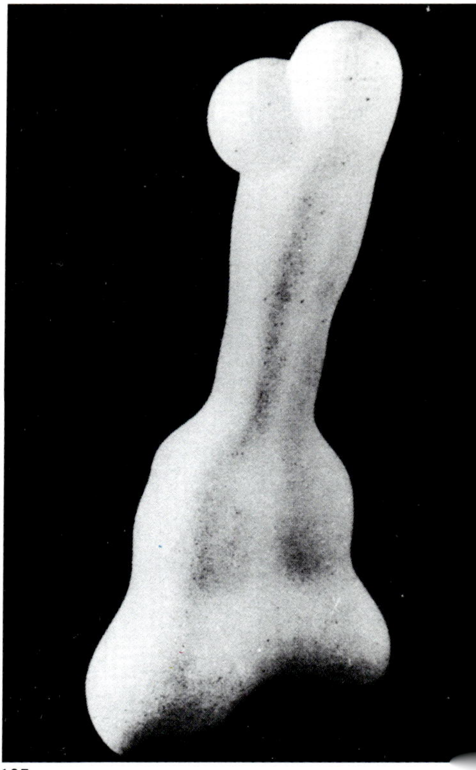

127

123 Die heilige Kümmernis (Österreich)
124 Venus von Savignano (Italien)
125 Venus-Idol aus Unterwisternitz (ČSSR)
126 San Andrés de Teixido (Spanien)
127 Skulptur von W. F. Poller

128

129

130

131

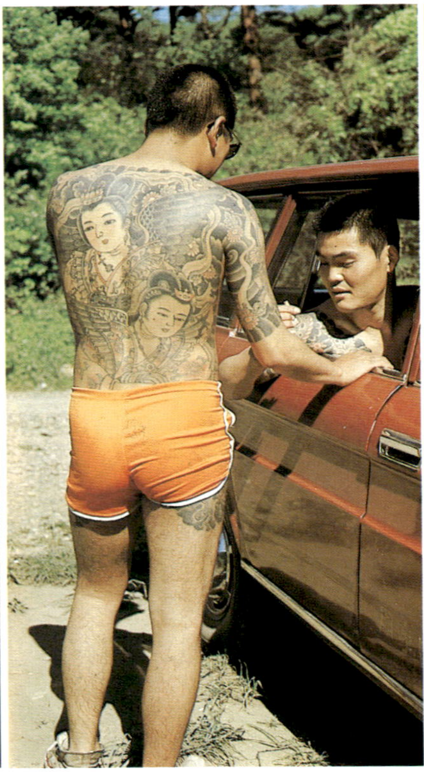

132

133

128 Idi Amin
129 Südtiroler Saltner
130 Papua
131 Nuba
132 Tätowierter Japaner
133 Tätowierter Europäer

134

135

136

137

138

139

134 Barongmaske aus Bali
135 Kopfschmuck bei den Papua
136 Alpenländische Perchten

137 Schauspielermaske der Pekingoper
138 Clownmaske
139 Gesichtsbemalung eines Atomgegners

Zu den Photos des vorangehenden Bildteiles:

Evolution der Steinwerkzeuge

Die Evolution der Steinwerkzeuge ist durch verschiedene Herstellungstrends gekennzeichnet. Stark verallgemeinernd kann man sagen, daß in der älteren und mittleren Altsteinzeit die sogenannte Kern- und Abschlagtechnik nebeneinander bestehen. Von der jüngeren Altsteinzeit an bediente man sich nahezu ausschließlich der Abschlagtechnik, in der Jungsteinzeit tritt die Schlifftechnik als wesentliche Neuerung hinzu.

94 *Geröllwerkzeuge*

Etwa eineinhalb Millionen Jahre alte Geröllwerkzeuge (Pebbles und Pebbletools) der altsteinzeitlichen Karariindustrie (»entwickeltes Oldowan«) aus der Fundstelle FX 20 vom Ostufer des Turkanasees, Kenia. Während man unter »Pebbles« unbearbeitete bzw. lediglich halbierte Geröllsteine mit Benützungsspuren versteht, sind »Pebbletools« bereits durch zwei oder mehrere Abschläge geformt und dadurch mit einer wirkungsvolleren Arbeitskante versehen.

95 *»Faustkeile«*

Beidflächig zugerichtete Steinwerkzeuge, sogenannte »Faustkeile« (engl. handaxe), des Jungacheuléen aus Tabelbala, Nordostalgerien. Der Ausdruck »Faustkeil« wird heute von manchen Fachleuten vermieden, da in vielen Fällen die oft beträchtliche Größe dieser Werkzeuge eine Verwendung mit einer Hand ausschließt. Rein beschreibende Bezeichnungen wie »Zweiseiter« (franz. biface) haben sich jedoch noch nicht allgemein durchgesetzt.

96 *Klingenwerkzeuge*

Klingenwerkzeuge des nord- und ostafrikanischen Aterien und Capsien (jüngere Altsteinzeit) sowie Pfeilspitzen und Steinbeile der nordafrikanischen Jungsteinzeit (Neolithikum in Capsientradition), Nordwestalgerien. Die Kulturen der oben erwähnten frühen und mittleren Altsteinzeit waren durch das Überwiegen von sogenannten »Kernwerkzeugen« gekennzeichnet, das heißt, die Werkzeuge (Pebbletools, Zweiseiter) wurden durch Abschlagen aus einem Geröllknollen »herausgeschält«. In der jüngeren Altsteinzeit treten allmählich sogenannte »Abschlagwerkzeuge« an ihre Stelle, das heißt, aus den von einem Kernstein (lat. nucleus) abgeschlagenen Klingen wurden die vielfältigsten Werkzeugtypen hergestellt. In der Jungsteinzeit kamen als weitere Neuerung geschliffene und durchbohrte Steinbeile und Keulen hinzu.

97/98 *Koobi Fora*

Die karge Landschaft um Koobi Fora am Ostufer des Turkanasees in Kenia ist neben Olduvai (Tansania) das wohl berühmteste Fundgebiet fossiler Hominiden Ostafrikas (Australopithecus robustus/boisei, Homo habilis). Die großangelegten Grabungen und Oberflächenuntersuchungen unter der Leitung von Richard E. F. Leakey, Sohn des bekannten Paläanthropologen Louis B. Leakey, haben aus den plio- und pleistozänen See-, Fluß- und Tuffablagerungen große Mengen an primitiven Steinwerkzeugen und Fossilien erbracht. 98 zeigt eine Grabung in der Nähe des Karariabbruchs bei Koobi Fora.

99/100 *Das frühbronzezeitliche Gräberfeld von Gemeinlebarn, Niederösterreich, während der Ausgrabung durch den österreichischen Archäologen Wolfgang Neugebauer (1978)*

Man beachte die deutlich an den Bodenverfärbungen erkennbaren Grabgruben. Sämtliche Gräber enthielten Skelette in Hockerstellung (»Hockergräber«) und waren schon in alter Zeit beraubt worden. Die Hockerbestattung war in der Urzeit neben der gestreckten Rükkenlage die häufigste Form der Körperbestattung. Der Tote wurde auf der Seite liegend mit angezogenen Beinen und meist angewinkelten Armen in der sogenannten »Schlafstellung« begraben. Obwohl sich keine eindeutigen Anhaltspunkte dafür finden lassen, wird von den Urgeschichtsforschern eine Fesselung der Toten angenommen, die deren Wiederkehr verhindern sollte (»Wiedergänger«).

101 *Jungsteinzeitliches »Venus-Idol«* (Photo Ludwig Neustifter)

Um die Mitte der Jungsteinzeit breitete sich in Ostösterreich und in Oberösterreich bis zur

Enns die nach dem ungarischen Fundort Lengyel benannte Variante der bemaltkeramischen Kultur aus. Neben vielen Siedlungsresten ist vor allem eine tönerne Frauenstatuette aus Langenzersdorf am Fuß des Bisamberges bekanntgeworden: sie wurde sogar im Rahmen der Weltausstellung 1958 in Brüssel gezeigt. Überraschende Formähnlichkeiten mit diesem »Venus-Idol« weist die 1977 in der lengyelzeitlichen Wallburg vom Schanzboden zu Falkenstein entdeckte mehrfarbig bemalte Statuette unserer Abbildung auf. Nach dem Ausgräber Wolfgang Neugebauer sind die Haut durch gelbe Farbe, das schulterlange Haar und das Schürzchen, das die Frau trägt, schwarz gekennzeichnet. Rote Punkte auf dem Kopf und der Brust sind möglicherweise als Schmuck, rote Linien um die Hüften als Gürtel zu interpretieren. Darstellungen dieser Art werden meist als Muttergottheiten, häusliche Schutzgeister oder Fruchtbarkeitsidole gedeutet.

105 *Pigmentationsunterschiede*
Pigmentationsunterschiede zwischen den Großrassen und innerhalb der Negriden (beide Frauen sind Angehörige des Bantu sprechenden Abakisastammes in Buluyia, Westkenia).

118 *Höhlenmalerei aus Pech-Merle*
Die prähistorische Felsmalerei aus Pech-Merle (Cabrerets, Frankreich) zeigt ein Wildpferd, dessen Mähne auf eine natürliche Felsbildung gemalt wurde, die zufällig einem Pferdekopf ähnelt. Die Darstellung ist von Handschablonen sowie aneinandergereihten, etwa faustgroßen schwarzen und roten Punkten bedeckt, für die man noch keine endgültige Erklärung gefunden hat.
Um das Jagdglück zu beschwören, legten die Jäger der Eiszeit auf die an die Höhlenwände gemalten Beutetiere auch des öfteren ihre Hände und besprühten sie mit Farbe. Die dadurch entstandenen Handschablonen werden heute als magische Eigentumszeichen gedeutet. Das Wild sollte durch Zauberhandlungen dieser Art gebannt werden. Die ältesten in Europa bekannten Handschablonen (etwa 20) stammen in der Mehrzahl aus den französischen Höhlen der Dordogne und Vézère (Aurignacien-Perigordien, ca. 30 000–16 000 v. Chr.). Weitere Beispiele finden sich in den zeitlich jüngeren Höhlenmalereien des frankokantabrischen Raumes, Nordafrikas und der Buschmannkunst Südafrikas bis zu den Darstellungen der gegenwärtig lebenden Jägerkulturen Australiens, Patagoniens und Neuguineas (Höhle von Kap Abba, Darembang, 119).

120 *Bemalte Schädel im Karner von Hallstatt*
Im oberösterreichischen Hallstatt ist seit dem 15. Jahrhundert die Sitte nachweisbar, die Schädel jener Skelette, die aus Platzgründen aus dem engen Bergfriedhof ausgegraben werden mußten, zu reinigen und zu bemalen. Die übrigen Knochen wurden in einer Krypta verwahrt. Neben dem Namen des Verstorbenen, seinem Geburts- und Todesjahr wurden vielfach passende Embleme aufgemalt, die mit dem Schicksal des Toten in Beziehung stehen, wie z. B. Kreuz, Buch, Rosenkranz, Schlange usw. Diese Arbeit wurde jeweils von einem Mann ausgeführt, der auf diese Art der Dekoration spezialisiert war. Der letzte Vertreter dieses unheimlichen Gewerbes war in unserem Jahrhundert der Hallstätter Karl Trausner.

121 *Australische Felsmalereien*
Delamare, im nördlichen Teil Australiens, gilt im mythischen Denken der australischen Ureinwohner (Aborigines) als Regenbogenzentrum. Die Regenbogenschlange, ein Geistwesen der Furchtbarkeit, spannt ihren Leib als Regenbogen um den Himmel. Ihr Aufenthaltsort wird in tiefen Felsteichen und Wasserlöchern gesehen. Elementargewalten wie der Regen, aber auch Donner, Blitz und Wolken werden als Kräfte der Wiederbelebung verehrt. Die Felsmalerei unserer Abbildung stellt die »Blitzbrüder« dar, Urwesen mit Zeremonialkopfputz. Die parallelen Streifen auf dem Körper symbolisieren den Regen. In den Stein ist ein Penis eingeschnitten. Vor diesem Heiligtum werden Initiationsriten, wie z. B. die Subinzision (Spaltung der männlichen Harnröhre) vorgenommen. Die oft dargestellte Axt der Blitzbrüder wird als Zeichen des einschlagenden Blitzes gedeutet. Wie viele mythische Wesen der australischen Ureinwohner sind auch diese mundlos.

122 In den indischen Veden ist Kâli, die schwarze Erdenmutter, eine grausame Göttin und Sinnbild der Zerstörung. Der blutbeschmierten, mit vier Armen ausgestattete Kâli wer-

den in obszönen Riten Menschenopfer dargebracht. In vielen Abbildungen trägt sie Ohrgehänge aus toten Kindern sowie eine Halskette aus den Köpfen ihrer Söhne und einen Gürtel mit abgeschlagenen Dämonenhänden. Während zwei ihrer Hände zur Segnung erhoben sind, hält sie in den anderen das abgeschlagene Haupt eines Riesen und die blutige Waffe. In dieser Pose mit zerzaustem Haar und furchterregend heraushängender Zunge setzt sie den Fuß auf Schiwa, um ihren kosmischen Tanz zu beginnen. Schiwa ist der zerstörende Aspekt der dreigesichtigen Gottheit Ischwara (Trimurti), mit Brahma, dem schöpferischen, und Wischnu, dem erhaltenden und schützenden Aspekt. Nicht selten werden Kâli und Schiwa als doppelgeschlechtliche, unzertrennliche Gottheit dargestellt. Da Kâli, die Zerstörerin, Schiwa, den »Zerstörer der Zeit«, besiegt, wird die Zerstörung zerstört, somit aufgehoben. Hier gewinnt auch die Idee der Fruchtbarkeit und damit des Schöpferischen Gestalt.

123 *Heilige Kümmernis,* Barockfigur aus der Steiermark
Um diese weibliche Kreuzigungsfigur ranken sich zahlreiche Legenden. Unter dem Namen Kumini, Comeria, Ontkommer, Liberata, Combre, Souci, Wilgefortis, Hülpe, Reginfledis u. a. ist die bärtige, in ein langes Gewand gehüllte Symbolgestalt in Europa seit dem Mittelalter bekannt. Ähnlich der heiligen Paula und der heiligen Galla soll die heilige Kümmernis von Gott einen Bart erfleht haben, um der Ehe mit einem Heiden zu entgehen. Das Bildmotiv des beschuhten Christus als Triumphator stammt aus dem Dom zu Lucca (»Volto santo«) und wurde mit verschiedenen Märtyrerlegenden, auch der von Sankt Kümmernis, verbunden. Für den Kulturanthropologen interessant ist das Motiv der Geschlechtsvertauschung oder gar Zweigeschlechtlichkeit. Die Herkunft der gelegentlich als anstößig empfundenen heiligen Kümmernis ist noch nicht restlos geklärt.

126 *San Andrés,* volkstümliche Heiligenfigur aus Galicien (Spanien)
Die Darstellung des hl. Andreas de Teixido ist ein Beispiel für die gewagten Kompositionen einer von akademischen Traditionen unbelasteten Volkskunst. Interessant ist die Betonung der Brustgegend durch spitz wegstehende Muscheln und der Scham durch eine Muschel mit der Öffnung nach außen.

128 Idi Amin »Dada«, der gestürzte Diktator Ugandas, hier mit freundlicher, »offener« Grußhand und bunten Orden behängt. Sie sind das sichtbare Signal für Ehre, Tapferkeit, Fleiß und andere Verdienste. Diese aus dem Abendland importierten Abzeichen haben ihren Ursprung in den Insignien der weltlichen Ritterorden des 13. und 14. Jahrhunderts. Heute gehören sie zum internationalen »Schmuck« von Politikern, Diplomaten und anderen VIP's (very important persons).

129 Handkolorierter Stahlstich aus dem Werk »Zur Geschichte der Costüme« (München, Braun & Schneider o. J.). Er zeigt die Tracht eines Südtiroler Weinhüters, des »Saltners«, mit ihrer Kette aus Bärenzähnen und der Federkrone.

131 *Bemalter Nuba* (Photo von Leni Riefenstahl)
Die Nuba von Kau werden von den Anthropologen zu den »Südostnuba« gezählt. Sie leben in den Tälern der Nubaberge im Süden der sudanesischen Provinz Kordofan von Jagd, Viehzucht und dem Anbau von Hirse, Sesam und Erdnüssen. Die Nuba von Kau betreiben einen ungewöhnlichen Körperkult. Neben ihrer wohl einmaligen phantastischen Gesichts- und Körperbemalung, auf die sie täglich besondere Sorgfalt verwenden, kennen sie die Tätowierung sowie Stempel aus Leder und Holz, mit denen sie ihre Körper bedrucken. Nur ein kleiner Teil der Farben und Muster ihrer Bemalungen hat kultische Bedeutung, ihr Sinn liegt offenbar in einer ästhetisch motivierten Steigerung ihres Aussehens.

132/133 Die alte Kunst der Tätowierung ist heute in vielen Teilen der Welt als gewerbliche Tätigkeit untersagt. Sie wird jedoch in gesellschaftlichen Randschichten häufig praktiziert und erlebt zur Zeit im Westen, vor allem in Amerika, bei Künstlern, aber auch sozial »höheren Schichten« einen Aufschwung.

134 *Barongmaske aus Bali*
Barong, ein tierähnlicher Dämon, ist eine der Hauptfiguren der balinesischen Tanzdramen

und Maskenspiele. Haarmähnen, überbetonte, rollende Augen, fletschende Münder und riesige Zähne finden sich bei den Masken der verschiedenen Völker.

135 *Geschmückter Wapenamunda*
Die papuanischen Gesichtsmasken, hier aus Federn des Paradiesvogels, sind ihrer Farbenpracht wegen berühmt. In die durchlöcherte Nasenscheidewand werden meist Federn, Stäbe, Wildschweinhauer und in neuester Zeit auch Kugelschreiber gesteckt.

136 *Perchten aus Kirchsee*
Sie treiben in den Rauhnächten um die Weihnachtszeit ihr Unwesen. Die Schiachperchten verkörpern Dämonen, Nachtgeister, Teufel und Ungeheuer. Quellende Augen und furchteinflößende Rachen kennzeichnen diese Masken.

137 *Schauspielermaske der Pekingoper*
Handlung, Sprache, Musik, Kleidung und Maske (hier der Figur des »Ching«) der Pekingoper werden in unseren Tagen in ihrer traditionellen Bedeutung nur noch in Taiwan (Nationalchina) verwendet. Bewegung, Form und Farbe unterliegen einem strengen Reglement.

138 *Grinsender Clown*
Typische Gesichtsbewegungen wie Lachen oder Heben der Augenbrauen werden durch die Gesichtsbemalung gesteigert und »überoptimal« als »komische Attrappe« fixiert: riesiger, aufwärtsgezogener Mund, überdimensionierte Augenbrauen, signalisierendes Rot der Ballonnase.

139 *Bemalter Atomgegner*
Die in roter Farbe symbolisierte Atomexplosion in der Augengegend wird zum Zeichen des Protests. Die Schminkmaske hat nun nicht mehr bloß eine spielerische Funktion im Rahmen des Theaters oder Tanzes, sondern wird in den Alltag, in die Öffentlichkeit getragen. Sie wird zum Mittel politischer Demonstration.

Abb. 43 *Aubrey Beardsley, »Der Lohn der Tänzerin« (1893). Illustration zu Oscar Wildes »Salome«*

kuskult, sondern auch ein machtpolitisches Gegengewicht zum deutschen Kaiser und dem Bischof von Aquileja. Ähnlich spielten die Venezianer den Gebeinen des heiligen Nikolaus, des »Beherrschers der Meeresstürme«, mit, den sie im Jahr 1100 aus der kleinasiatischen Stadt Myrna raubten. Diese Reliquie, die ebenso zweifelhafter Herkunft ist wie die des heiligen Markus, ist heute in San Niccolò di Lido verwahrt.
Auch das wechselvolle Schicksal des Schädels von Jakob dem Älteren soll das vordergründige, von politischen und wirtschaftlichen Überlegungen bestimmte Interesse der Mächtigen an Reliquien illustrieren. Nachdem man den Schädel im Jahr 813 in dem bis dahin völlig unbekannten galicischen Dorf Santiago de Compostela »entdeckt« hatte, vergrößerte sich dessen Reichtum und Bedeutung als Wallfahrtsort so sehr, daß es bald mit dem Petrusgrab in Rom konkurrieren konnte. Dennoch wurde der Schädel Jakobs zu Beginn des 12. Jahrhunderts an König Ludwig den Dicken von Frankreich verschenkt und von diesem später den Benediktinern in Arras gestiftet. Das Kloster, das ihn danach besaß, wurde von dem Grafen von Flandern erobert, der den Schädel nach der Aufforderung des Papstes, ihn dem Kloster zurückzuerstatten, in zwei Teile zersägte. Den vorderen Teil behielt der Graf selbst, den hinteren überließ er dem Kloster. Gleichsam als Ersatz wurde Santiago di Compostela von einer Königin Aragoniens ein Schädel vermacht, der Jakob dem Jüngeren gehört haben soll.

Phrenologie

Aber nicht nur die Überreste von Heiligen und Märtyrern wurden geraubt, verhandelt, zerstückelt, verteilt und gefälscht. Der Wiener Arzt Franz Josef Gall (1758–1828) hatte aufgrund von anatomischen Untersuchungen die menschliche Hirnrinde in eine Vielzahl von »Organen« und »Zentren« eingeteilt und ihnen bestimmte geistige Eigenschaften zugeordnet (s. Bild 142/143). Dieser prinzipiell richtige Ansatz wurde jedoch durch Galls Annahme, daß diese »Organe« mehr oder minder starke Ausbuchtungen an der Außenseite des Schädels hinterlassen, anhand derer man den Charakter, besondere Talente oder die Intelligenz des Betreffenden beurteilen könne, in das Reich der Phantasterei abgedrängt. Die »Phrenologie«, die in Europa durch Gall und seine Jünger zu einer pseudowissenschaftlichen Mode wurde, hatte eine regelrechte Jagd nach den Schädeln berühmter Männer zur Folge. Ein bekanntes Beispiel dieser seltsamen Art der Leichenschändung ist das Schicksal des Schädels von Joseph Haydn (1732–1809): Elf Jahre nachdem Haydn in Wien verstorben war, entdeckte man anläßlich der Überführung seiner sterblichen Hülle in sein jetziges Grabmal in Eisenstadt, daß sein Schädel fehlte. Die Untersuchung des Falles ergab, daß ein Mann namens Johann Peter sich Haydns Kopf kurz nach dem Begräbnis durch Bestechung angeeignet hatte. Peter gab den Schädel an einen Freund Haydns, Carl Rosenbaum, weiter, dessen Frau, ein Patenkind Haydns, ihn in der Matratze ihres Bettes versteckte. Als Fürst Esterházy, der langjährige Mäzen des Komponisten, Rosenbaum zwang, den Schädel auszuliefern, übergab ihm dieser ein anderes Kranium, das von da an als Schädel Haydns galt. Jahre später überließ Rosenbaum auf seinem Sterbebett Peter den echten Schädel mit der Auflage, ihn der Gesellschaft der Musikfreunde in Wien auszuhändigen. Peter erfüllte sein Versprechen jedoch nicht, und erst nach seinem Tod schenkte seine Witwe den Schädel einem Arzt, der ihn an ein anatomisches Institut weitergab. Von dort gelangte er 1895 endlich in den Besitz der Gesellschaft der Musikfreunde, wo er fast 60 Jahre in einem Schaukasten bestaunt werden konnte. Erst am Pfingstsonntag des Jahres 1954, nach achtjährigen Verhandlungen mit der Gesellschaft der Musikfreunde, war die »Odyssee« dieses berühmten Schädels zu Ende. Er wurde 145 Jahre nach dem Tod Haydns in einem feierlichen Akt mit den übrigen Resten des Meisters vereinigt.

Wie stark die Verehrung für die Reliquien musikalischer Genies früher ausgeprägt war, mag auch der Fall des österreichischen Komponisten Anton Bruckner illustrieren. Bruckner begab sich im Sommer des Jahres 1888 mit der Wiener Pferdetramway hinaus zum Währinger Friedhof, wo gerade die Leiche Ludwig van Beethovens exhumiert wurde, um in einem Ehrengrab auf dem Wiener Zentralfriedhof beigesetzt zu werden. Bruckner stürmte an den protestierenden Polizisten vorbei, drängte die eben mit anatomischen Messungen beschäftigten Mediziner weg und ergriff mit beiden Händen den Schädel Beethovens. Dabei soll er hervorgestoßen haben: »Is net wahr, lieber Herr von Beethoven, daß, wenn S' heut no' lebat'n, mir erlaub'n tat'n, daß i Ihna angreif? Und jetzt woll'n ma de Herrn da des vabiat'n!«

Als im Herbst desselben Jahres die sterblichen Überreste Franz Schuberts exhumiert wurden, war Bruckner wieder mit schwarzem Frack und Zylinder zur Stelle. Nachdem der Schädel Schuberts photographiert und von

Anthropologen kraniologisch untersucht worden war, erlaubte man Bruckner, den Schädel des Genies in Händen zu halten. So als sollte die ganze künstlerische Kraft des Verblichenen auf ihn übergehen, hielt Bruckner das Haupt Schuberts inbrünstig umklammert. Ein Vertreter des Bürgermeisters vermochte nur mühsam die Finger des Komponisten vom Schädel seines Idols zu lösen.

Der magische Trunk

»Die Köpfe deiner frisch getöteten Söhne hängen um deinen Hals wie ein Halsband. Deine Gestalt ist schön wie die Regenwolken, deine Füße sind voller Blut.«

Ein Hindu-Dichter über die Göttin Kâli, die in ihrer Hand eine mit Blut gefüllte Schädeldecke hält.

»Skål!«
(Schwedisches Wort für »Zum Wohl!« eigentlich »Schädel« oder »Schale«.)

Eine besonders interessante Form des Schädelkults ist die Herstellung und Verwendung von Gefäßen aus menschlichen Hirnschalen. Obwohl die künstliche Zurichtung dieser »Schädelbecher« nicht immer ohne Schwierigkeiten feststellbar ist, kann diese Sitte heute durch eine große Zahl von gesicherten Funden und schriftlichen Überlieferungen von der Altsteinzeit bis in unsere Gegenwart weltweit belegt werden.
Behält der durch seine Forschungen über Australopithecus und dessen »osteodontoceratische« Kultur bekannte südafrikanische Anatom Raymond Dart recht, so müssen wir annehmen, daß bereits auf der frühesten Stufe der Hominidenevolution Schädelbecher hergestellt wurden. Teile der oberen Hirnschädel von Antilopen und anderen geweihtragenden Tieren, aber auch ein Hinterhauptbein eines weiblichen Australopithecus aus Makapansgat sind seiner Überzeugung nach bereits vor fast 2 Millionen Jahren als löffelartige Schöpfgeräte oder Trinkschalen verwendet worden. Der Gebrauch dieser Schädelreste ist nach Dart damals aber noch nicht von Vorstellungen der »Kraftübertragung«, sondern schlicht der Nützlichkeit bestimmt gewesen. Viele Anthropologen haben sich Darts Meinung nicht anschließen können.
Die ältesten Hirnschalenreste, die »sicher« als Schädelbecher gelten können, stammen aus dem Aurignacien (Beginn der jüngeren Altsteinzeit) von Unterwisternitz in der ČSSR, zeitlich schließen sich die Funde aus der Höhle von Le Placard (französisches Solutreen und Magdalénien), Myzin (ČSSR), Laugerie Basse (Frankreich) sowie jene aus der Castillo-Höhle (Spanien) an. Die Funde vom Taborac bei Draßburg im Burgenland (s. Bild 88) sowie aus bronzezeitlichen Pfahlbaustationen am Bieler See in der Schweiz deuten darauf hin, daß dieser Brauch in der Jungsteinzeit und späteren Bronzezeit zumindest in Europa allgemein verbreitet gewesen zu sein scheint. So fand man 1868 in einem Dolmen im französischen Departement Lozère sechs aus Schädeln hergestellte Schalen, von denen eine durchlochte Scheiben aus Schädelknochen enthielt, die als Amulette gedeutet werden. Die Schädelbecher der bekannten »Fürstenbestattung« in der Byčiskála-(Stierfels-)Höhle in Mähren werden in die Hallstattzeit (frühe Eisenzeit) datiert.

Für die Interpretation dieser urgeschichtlichen Funde sind vor allem die Berichte der griechischen und römischen Ethnographen von großer Bedeutung. Herodot schreibt etwa 450 v. Chr. über die Skythen: ». . . Mit den Köpfen selbst aber, nicht aller, sondern nur der ärgsten Feinde, tun sie also: Ein jeglicher sägt alles ab, was unter den Augenbrauen ist, und reinigt es. Und wenn es ein armer Mann ist, so umzieht er es bloß von außen mit Rindsleder und braucht es so; ist er aber reich, so überzieht er es auch mit Rindsleder, inwendig aber vergoldet er es, und so braucht er es als Trinkgefäß. Eben das tun sie auch mit ihren Verwandten, wenn sie mit ihnen in Feindschaft geraten, und wenn er ihn überwunden hat vor dem Könige. Und wenn Gäste kommen, die etwas bei ihm gelten, so setzt er ihnen diese Schädel vor und erzählt dabei, wie dieses seine Verwandten gewesen und wie sie ihn befehdet und wie er sie überwunden, und das gilt für ein rechtes Heldenstück.«
Nach Plutarch stellten auch die Germanen aus den Schädeln ihrer getöteten Feinde Trinkschalen her, um sich durch deren Gebrauch den persönlichen Mut ihrer Gegner einzuverleiben.

Wielands Rache

Neben magischen Vorstellungen kann aber auch Rache eine entscheidende Rolle spielen: Wieland, der lahme Schmied der nordischen Heldensage, ermordete die beiden Söhne seines Peinigers Nidurd, fertigte aus ihren Köpfen Trinkbecher und schickte sie ihrem Vater. »In der Schlacht tötete Alboin den Kunimund«, überliefert Paulus Diaconus vom Langobardenkönig Alboin, der 567 n. Chr. das Reich der Gepiden zerstörte, »schlug ihm das Haupt ab und ließ sich daraus einen Trinkbecher machen. Kunimunds Tochter mit Namen Rosimunda führte er mit sich fort und machte sie (. . .) zu seiner Gemahlin, aber, wie sich nachmals zeigte, zu seinem Verderben.« Rosimunda, die Alboin dreieinhalb Jahre später bei einem Trinkgelage in Verona zwang, aus dem Schädel ihres Vaters zu trinken, ließ ihn kurz darauf durch Helmichis, seinen Schildträger und Milchbruder, ermorden.
Livius erzählt, daß die keltischen Bojer 216 v. Chr. den Kopf des besiegten römischen Heerführers Lucius Postumius zu einer in Gold gefaßten Opferschale verarbeiteten; das Trinken aus vergoldeten Schädelschalen ist außerdem durch Silvius Italicus für andere keltische Stämme und durch Ammianus Marcellinus für die thrakischen Skordisker bezeugt. Noch im Jahr 811 n. Chr. rühmte sich der Bulgaren-Chan Krum, den Schädel seines unterlegenen Feindes, des Kaisers Nikephoros I., zu seinem Tafelgeschirr zu zählen.
Das Christentum hat die heidnische Tradition des Trinkens aus Schädelbechern aufgenommen und weitergeführt. Klöster und Kirchen bewahren seit Jahrtausenden die Hirnschalen heiliger und besonders frommer Männer und Frauen in Form von kostbar geschmückten Reliquienschalen auf. Der Schädeltrunk verheißt dem Gläubigen Gnade und Erlösung von Sünde und Krankheit. Dieser Brauch ist durch zahlreiche Beispiele belegt. So trank man, wie der Mönch Antonius aus Placentia berichtet, schon im Jerusalem des Jahres 570 n. Chr. auf der Burg Sion im Haus des Bischofs Jakobus aus der Hirnschale der Märtyrerin Theodata. Im Benediktinerklo-

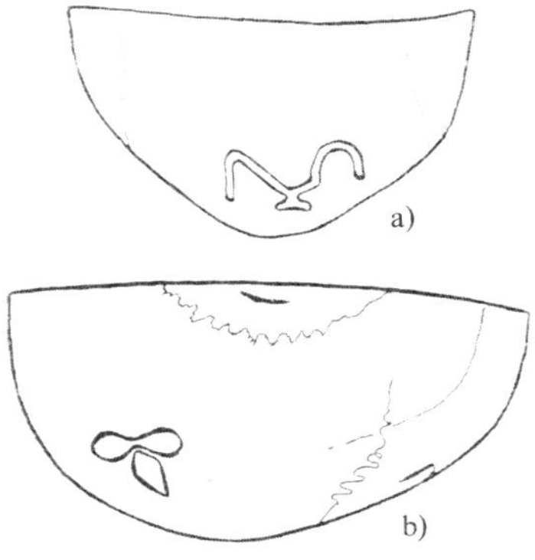

Abb. 44 *Sogenannter Schädel des Konfuzius*
a) Hinteransicht, b) Seitenansicht. Das im Oxforder Universitätsmuseum befindliche Exemplar stand auf einem Dreifuß und hatte eine aus Juwelen und Gold bestehende Fassung, die man noch 1862 auf der Londoner Weltausstellung bewundern konnte. Sie wurde später jedoch eingeschmolzen. Der fälschlich dem Konfuzius zugeschriebene Schädel mit seinen Relieffiguren stammt möglicherweise aus einem Lamatempel (Hih-Sze) in Peking.

ster zu Ansbach empfingen die heidnischen Wenden dieser Gegend aus dem Schädel des Gumpertus den Heilung verheißenden Trank. Regensburg ist Erbe der in Silber gefaßten Hirnschale des heiligen Ernhart, Trier jener des heiligen Theodulph. Im Frauenkloster des ehemaligen Novesium, des jetzigen Neuß am Niederrhein, trank man aus der Hirnschale des heiligen Quirin. Im bayrischen Ebersberg spendete man, um sich gegen die Pest zu schützen, den Wein aus der silberbeschlagenen Hirnschale des heiligen Sebastian (s. Bild 90/91), im Kloster Au am Inn aus der des heiligen Vitalis, in Altomünster aus der des heiligen Alto und in Rott am Inn aus der des Einsiedlers Marinus, der von den Vandalen erschlagen worden sein soll.
Wie sehr die wundersame Wirkung des aus den heiligen Hirnschalen gereichten Weines geschätzt wurde, geht auch aus einer Chronik des Jahres 1590 hervor, in der vom Besuch eines geistlichen Verwaltungsbeamten im Kloster zu Ebersberg die Rede ist. Empört stellte dieser fest, daß man in der Sakristei aus dem Schädel des heiligen Sebastian »bis in die 109 Maß« gezecht habe, und erließ folgende Verordnung: »Weil fürkhomen, dass in der Sakristey etliche Unordnung und Abusus als mit Zechen und andere Tractierung der Laihen beschechen, soll er darob sein, damit forderhin alle dergleichen Sachen abgestöllt und verhüetet werden.«
Aus dem weltlichen Bereich sind in Europa seit dem Mittelalter nur wenige Beispiele des Schädeltrunks bekanntgeworden: So schützte nach dem schottischen Volksglauben ein Trunk aus der Hirnschale eines armen Sünders vor Epilepsie. Dem Dichter Lord George Byron (1788–1824) wird nachgesagt, daß auch er sich ein Trinkgefäß aus einem menschlichen Schädel habe anfertigen lassen.
Von den außereuropäischen Völkern sind in diesem Zusammenhang neben den Chinesen (s. Abb. 44) vor allem die Tibeter zu erwähnen, die für

ihre religiösen Zeremonien nicht nur das Schädeldach, sondern nahezu das gesamte übrige menschliche Skelett zu Kultgegenständen umwandeln. Die Priester der Fidschi-Insulaner tranken bei ihren kannibalistischen Opfermahlzeiten aus Schädelbechern, Australier und Tasmanier benutzten den vollständigen Schädel sowie das Schädeldach. Die südamerikanischen Araukaner sowie die Bewohner des vorkolumbianischen Mexiko und Peru nahmen aus Schädelschalen Fleisch und Blut ihrer Feinde zu sich. Auch in Afrika war der Brauch, aus den Schädeln besiegter Gegner zu trinken, bis in die jüngste Gegenwart verbreitet. Die Bedeutung des Schädelbechers in der afrikanischen Fruchtbarkeitsmagie zeigt eine Schilderung des österreichischen Prähistorikers Karl Krenn (1936): »Bei den Bokko, in den Bergländern von Kamerun, nimmt der Vater eines heiratsfähigen Mädchens den Ahnenschädel seines Vaters, schlägt aus dem Dach eine Schädelschale zurecht, mischt darin Sorghummehl mit Wasser und streicht den Brei, von dem das Mädchen auch essen muß, diesem auf den Leib. Er spricht dabei: Du alter Vater, ich bitte dich, gib dem Mädchen ein Kind! Man glaubt, daß der Geist des Verstorbenen im Kinde wiedergeboren werde.«
Die Beziehung zwischen rituellem Kannibalismus und Schädelkult bzw. der Verwendung von Schädelbechern wird zunehmend unklarer, je weiter wir in die Vergangenheit zurückgehen. Kann für die eiszeitlichen Jäger und Sammler noch eine enge Verbindung dieser Phänomene angenommen werden, so dürfte sich in späterer Zeit zumindest in Europa die Sitte des Schädeltrunks immer mehr von kannibalistischen Praktiken gelöst haben und zu einer symbolischen Handlung geworden sein, die den Teil für das Ganze nahm. Eine rein funktionelle, von den Vorstellungen der Ahnenverehrung, der Fruchtbarkeits- und Gesundheitsmagie einerseits und der Demütigung von Feinden anderseits freie Verwendung von Schädelbechern, wie sie der indischen Sekte der Aghori zugeschrieben wird, scheint uns sehr unwahrscheinlich. Der Kopf oder Schädel des Menschen als Zentrum magischer Kräfte und Sender unserer wichtigsten sozialen Signale läßt sich kaum ausschließlich unter dem Gesichtspunkt der Nützlichkeit betrachten.

Kopf-Schmerzen

»Wer im Sommer 1894 das dem Bahnhofe von Schwarzfeld am Harz gegenüberliegende Hotel Schuster besuchte, konnte dort im Wirtszimmer zwei große Nägel, die durch zusammengewickelte Papiere gingen, eingeschlossen sehen. Das waren die Kopfschmerzen der beiden afrikanischen Reichskommissare Dr. Karl Peter und Major von Wießmann, die von Lauterberg aus mit schmerzenden Köpfen in jenem Hotel eingekehrt waren, wo der hülfreiche Wirt ihnen Papier über die Stirn legte und diese samt den Schmerzen nach landesüblichem Brauch einnagelte.«

Richard Andrée,
»Braunschweiger Volkskunde«, 1901

Da die beiden Reichskommissare erst Jahre später eines natürlichen Todes gestorben sind, dürfte es sich bei der ungewöhnlichen Behandlungsmethode des Schwarzfelder Wirts nur um eine symbolische Nagelung gehandelt haben. Die tatsächliche und die symbolische Nagelung wurde noch bis zum Ende des vorigen Jahrhunderts sowohl an Lebenden wie auch an Toten durchgeführt. Bei den Lebenden dürfte der »Erfolg« der tatsächlichen Nagelung allerdings nur im *Über*leben bestanden haben. Immerhin soll nach einem Bericht aus dem Paris des Jahres 1786 ein Arzt eine Dame von quälenden Kopfschmerzen erlöst haben, »indem er eine Öffnung in den Kopf machte, aus welcher drei Ohrwürmer herauskamen«. Auch von den Ureinwohnern Tasmaniens wissen wir, daß sie sich bei Erkrankungen Wunden zufügten, um »krankmachende Stoffe« mit dem Blut aus dem Körper entweichen zu lassen.

Nicht nur »medizinische« Gründe, sondern vor allem magisch-religiöse Vorstellungen dürften bei dieser Form der Schädelöffnung eine Rolle gespielt haben. Zahlreiche Beispiele aus der Volkskunde weisen allerdings darauf hin, daß die Nagelung auch dazu verwendet wurde, um auf andere Menschen einen schädlichen Einfluß auszuüben. So kennt man einen Fall von Bildzauber in Bayern, bei dem ein Schwarzkünstler einer anderen Person ein Kopfleiden anzaubern wollte, indem er einen langen Nagel durch einen Totenschädel trieb.

Aber auch aus Angst vor dem unheilbringenden Einfluß »lebender Toter«, die als »Wiedergänger« (Vampire) die Lebenden ins Grab »nachzehren« (nachziehen), wurde die Leiche gepfählt bzw. genagelt. Bei der Pfählung oder Nagelung wurde meist das Herz der Leiche mit einem Eichenholzpfahl oder Nagel durchstoßen. Andere Abwehrmittel waren die Enthauptung der Leiche, das Bestreuen des Toten mit Dornen oder das Versenken im Moor. Man achtete darauf, daß der Mund der Leiche fest geschlossen blieb, Blumen, Schleifen oder Zipfel des Totenkleides wurden vom Mund ferngehalten, sonst, so glaubte man, würde der Tote mit »schmatzenden« Geräuschen anfangen zu essen. Der deutsche Arzt Garman (1640–1708) hat uns in seinem Buch »De miraculis mortuorum« eine Sammlung all jener unheimlichen Erscheinungen hinterlassen, die zu seiner Zeit den Leichen zugeschrieben wurden. Den »schmätzenden Toden« und ihrer Bedeutung widmete er ein ganzes Kapitel: »... Vor einer drohenden unheilvollen und ansteckenden Seuche verschlingen die Toten in ihren Gräbern, vor allem die weiblichen Geschlechts, ihre Leichentücher oder Gewänder mit dem deutlichen Geräusch fressender Schweine (daher gewöhnlich auch schmätzende Tode) und saugen, schlucken, kauen und schlingen an ihnen, soviel sie nur können.«

»Schmätzende Tode«

Der deutsche Anthropologe Hugo Obermaier (1877–1946) stellte bei seinen Untersuchungen über die Leichennagelung in Altspanien fest, daß diese dort bereits einige Jahrhunderte vor Christus bis ins Hochmittelalter vor allem in den Provinzen Guadalajara und Soria durchgeführt worden war.

Unter den zahlreichen Abarten der Leichennagelung fand sich auch die Sitte, dem Toten einen großen Nagel senkrecht ins Schädelinnere zu treiben. Zuweilen waren sämtliche Skelette eines Friedhofs genagelt, auf anderen Friedhöfen entdeckte man Spuren einer Nagelung nur bei einzelnen Individuen (s. Bild 141). Obermaier nimmt an, daß diese zu Lebzeiten aus irgendeinem Grund besonders gefürchtet waren.

In Mittel- und Osteuropa hatte sich neben der Pfählung als Totenbrauchtum auch die Pfählung als Hinrichtungsart eingebürgert. Ihr Ursprung in unseren Breiten ist bis heute nicht genau bekannt. Zu Beginn des 13. Jahrhunderts taucht sie jedenfalls, zunächst immer im Zusammenhang mit dem Lebendig-Begraben, als eigene Strafe im deutschen Reichsrecht sowie in den »Gottes- und Landfrieden« auf. Sie wurde hauptsächlich für Kindesmord, Ehebruch und sogar Diebstahl verhängt.

Nagelung und Pfählung

In der Neuzeit traten nach und nach das Rädern und die Enthauptung an die Stelle des Lebendig-Begrabens. Die Pfählung und die Nagelung des Kopfes überdauerten. Die Nagelung diente in dieser Zeit jedoch wahrscheinlich nur noch der abschreckenden Zurschaustellung des Hingerichteten, indem man seinen abgeschlagenen Kopf auf einen Pfahl oder das Rad nagelte, auf das er geflochten worden war. Als eigentliche Todesursache ist die Schädelpfählung nur in Ausnahmefällen belegt. So wird im »Neuen Pitaval« (33. Teil) des Jahres 1872 die Hinrichtung der vierfachen Mörderin Götterich im Jahr 1770 mit dem Rad beschrieben: »Dann wurden nochmals – ohne endgültigen Erfolg – die Nackenstöße wiederholt. Jetzt beschloß man, ihr den großen, zur Befestigung des Kopfes auf dem Rade bestimmten Nagel in den Kopf zu treiben, um ihre Pein zu enden. Der Henker trieb den Nagel so weit in den Kopf, daß er eine Handbreit noch hervorragte. Da hob die Götterich noch beide Arme in die Höhe und faßte sich in die Haare nahe bei dem Nagel, als wolle sie ihn herausziehen. Mit der einen Hand wischte sie sich einiges aus der Nase nach dem Munde fließendes Blut ab. Einen Laut gab sie nicht von sich. Ihre Augen hatte sie offen, der Mund spuckte Blut. Neue Stöße mit dem Rad auf die

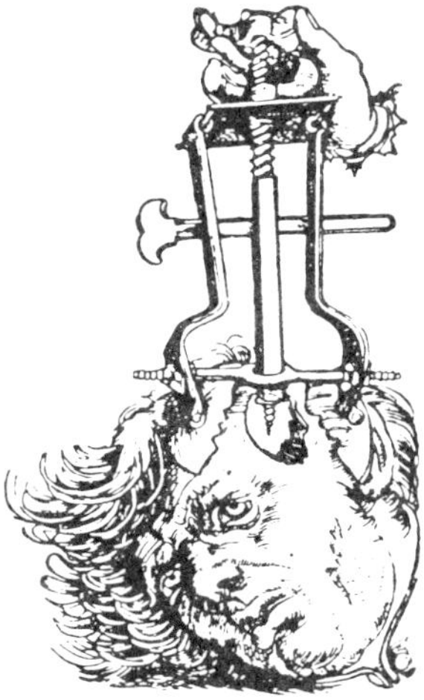

Abb. 45 *Trepanation, »Feldt-Buch der Wunderartzney« von H. v. Geersdorf, 1528*

Brust, nach deren jedem sie die Augen wieder öffnete. Endlich wurde der Nagel noch tiefer in den Kopf getrieben, so daß die Spitze nahe bei der Gurgel unter dem Kinn hervorkam. Jetzt veränderte sich die Gesichtsfarbe, sie lag stille...« Fälle dieser Art sind aus der deutschen Gerichtspraxis noch bis weit ins 19. Jahrhundert überliefert.

Trepanation

Die Sitte, Knochenstücke unterschiedlicher Größe und Form aus dem Schädeldach zu schneiden, zu sägen bzw. zu bohren, nennt man *Trepanation.* Diese Bezeichnung leitet sich von dem griechischen Wort Trýpanon (Drillbohrer) ab und wurde später auf alle anderen künstlichen Schädelöffnungen dieser Art übertragen. Die früheste Technik dürfte in diesem Zusammenhang wohl jene sein, mit einem Steinwerkzeug, einer Steinsäge oder einer scharfkantigen Muschelschale das Schädeldach in Form eines meist unregelmäßigen Vierecks zu durchschneiden (lineare Trepanation). In späterer Zeit ging man dazu über, zunächst mit einem scharfen Bohrer, dann mit einem Drillbohrer trichterförmige Löcher mit verschiedenem Durchmesser in den Schädel zu bohren (s. Abb. 45). Diese Methode war bereits dem griechischen Arzt Hippokrates bekannt. Im Mittelalter wurde die Trepanation nur sparsam angewendet, erst im 16. und 17. Jahrhundert erlebte sie durch die verbesserten Instrumente einen Aufschwung: Der »Trepan« der Ärzte und »Empiriker« (Bader, Kurpfuscher) der europäischen Neuzeit war ein Kronenbohrer mit zwei verschieden großen Kronen am oberen und unteren Ende. Er wurde vom Operateur zwischen den Handflächen gerollt und erzeugte ebenfalls kreisrunde Löcher (s. Abb. 46).

Eine interessante Kombination der linearen Trepanation und der Bohrung wurde in Peru angewendet: Man bohrte dicht nebeneinander kleine Löcher in Form eines Kreises in die Schädeldecke und durchschnitt anschließend die Knochenbrücken zwischen den Löchern. Wie eine figürliche

Darstellung aus präkolumbianischer Zeit veranschaulicht, lag der Patient bei dieser Prozedur auf dem Bauch, und der Medizinmann ritt auf seinem Rücken.
Im 18. Jahrhundert brach eine regelrechte Trepanationsmanie aus, man trepanierte selbst dann, wenn kein Schädelbruch vorlag. Demgegenüber war das 19. Jahrhundert aufgrund der hohen Sterblichkeitsraten eher pessimistisch, und der deutsche Chirurg Dieffenbach meinte 1848 zur Trepanation: »Sie ist mit in den meisten Fällen als ein sicheres Mittel erschienen, den Kranken umzubringen.« Danach kam die Trepanation langsam aus der Mode. Heute wird sie nur noch bei Schädelbrüchen, Hirngeschwülsten und Hirnabzessen angewendet.
Die Frage, ob der Patient in allen Fällen vor dem Eingriff betäubt worden war, läßt sich vor allem für die Urzeit nicht mehr mit Sicherheit beantworten. Da es jedoch kaum eine Kultur gibt oder gegeben haben dürfte, der Drogen unbekannt sind, ist zu hoffen, daß man den Patienten in irgendeiner Form »vorbereitet« hatte. Der Engländer Winifred Brooke wohnte im Jahr 1950 in Bolivien einer Trepanation bei, »die damit anfing, daß sowohl der Patient als der Chirurg-Medizinmann sich tüchtig berauschten. Die Operation wurde mit einem Stein und einer rostigen Nadel ausgeführt; der Patient erholte sich, blieb aber arbeitsunfähig« (Folke Henschen, 1966).
Die frühesten Beispiele trepanierter Schädel stammen nach Angaben russischer Archäologen aus einer mittelsteinzeitlichen Fundstelle (10 000 bis 8000 v. Chr.) im Dnjepr-Gebiet. Die ältesten gesicherten Trepanationen in Europa wurden unter anderem an jungsteinzeitlichen Schädeln (4000 v. Chr.) der französischen Seine-Oise-Marne-Gegend festgestellt. Aus der Bronzezeit Palästinas stammen zwei Schädel, an denen der englische Anthropologe Don Brothwell trichterförmige Bohrlöcher entdeckte. In die Eisenzeit datiert werden Funde aus Schweden, vor allem aber aus Südamerika, wo die Trepanation, ebenso wie auf einigen Südseeinseln, noch heute geübt wird. Aber auch aus dem niederösterreichischen Guntramsdorf sind trepanierte Schädel der La-Tène-Kultur (späte Eisenzeit) bekanntgeworden.
Einige Berberstämme Nordafrikas, die Guanchen der Kanarischen Inseln und die Bewohner einiger Gegenden Montenegros haben diesen Brauch bis in die Gegenwart bewahrt.
Fragen wir nun nach den Gründen für diese »Operation«, so erfahren wir, daß es sich in den meisten Fällen tatsächlich um einen medizinischen »Eingriff« handelt, der sowohl bei den sogenannten Naturvölkern als auch im Europa der Neuzeit bei Schädelbrüchen, Epilepsie, Neuralgien und »Geisteskrankheiten« durchgeführt wurde bzw. noch wird. In einigen Fällen mag er auch Erfolg gehabt haben. Schon der Hinweis auf »Geisteskrankheiten« macht deutlich, daß hier, wie bei den meisten Phänomenen, die kulturgeschichtlich mit dem Kopf oder Schädel in Zusammenhang stehen, magisch-kultische Vorstellungen eine Rolle spielen. So gelten bei den Naturvölkern die Befreiung von »bösen Geistern« oder, wie z. B. auf Neuirland, der Wunsch, ein langes Leben zu erlangen, als Motive für die

Abb. 46 *Trepanationsszene, 16. Jahrhundert (Chipault, 1894, nach Andrea a Cruce)*

Trepanation. Gerade jene Trepanationen, die *nach* dem Tod erfolgten, sprechen dagegen, daß es sich in allen Fällen um einen medizinischen Eingriff gehandelt hat. Der Kopf, der im Bewußtsein unserer Vorfahren und der sogenannten Primitiven Hauptsitz der »Seelengestalt« und von Geistern aller Art war, wurde geöffnet, um diesen das Ein- und Austreten zu erleichtern. Eine ähnliche Funktion dürften die bekannten »Seelenlöcher« an prähistorischen Steinkistengräbern und den Hausgiebeln europäischer, aber auch außereuropäischer Häuser gehabt haben.

Schädelamulette

Besonders häufig wurde trepaniert, um glückbringende Schädelamulette zu erhalten. Der französische Arzt Pruniere hatte 1873 zum erstenmal an Skelettfunden aus dem Tal der Lozère nachgewiesen, daß man schon in der Jungsteinzeit die Trepanation kannte. Gleichzeitig entdeckte er rundliche, durchbohrte Knochenscheiben (»rondelles craniennes«), die offensichtlich aus menschlichen Schädeldächern herausgeschnitten und als Amulette verwendet worden waren. Solche Amulette trug man in Europa noch im Mittelalter, und zwar wurden Schädelstücke von lebenden Menschen für wirksamer gehalten als solche von Toten (s. Bild 93).
Während für die ur- und frühgeschichtlichen Trepanationen neben therapeutischen auch magisch-religiöse Gründe, z. B. Ahnenkult, ausschlaggebend gewesen sein dürften, weiß man über die Verbreitung und die Motive dieses Brauchs im neuzeitlichen Europa nur sehr wenig. Die meisten dieser Berichte beziehen sich auf Trepanationen von Tierschädeln: So versuchten Hirten, vom »Blasenwurm« befallene drehkranke Tiere zu heilen, indem sie die Schädelstelle, an der sie den Sitz der Krankheit vermuteten, aufschabten und reinigten. Die überwiegende Anzahl aller bisher beobachteten Trepanationen beim Menschen wurde im Bereich der Scheitelbeine

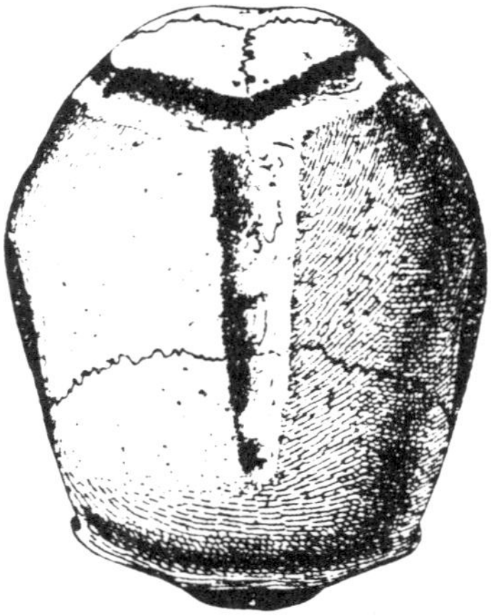

Abb. 47 *Kauterisation*

festgestellt, wobei die linke Kopfseite bevorzugt wurde. Vielleicht hängt dies mit der Beobachtung zusammen, daß von Rechtshändern im Zweikampf meist die linke Schädelseite getroffen wird. Dafür spricht auch die Tatsache, daß die Mehrheit aller trepanierten Schädel dem männlichen Geschlecht zuzuordnen ist. Weniger häufig wurde das Stirnbein, seltener das Hinterhaupt trepaniert.

Gewöhnlich wurde das Schädeldach nur an einer Stelle eröffnet. Dennoch sind Schädel mit mehreren Trepanationslöchern keine Seltenheit. So ist aus Neuirland der Schädel eines Mannes mit fünf, aus Cuzco in Peru ein präinkaischer Schädel (etwa 1000 n. Chr.) mit sieben Trepanationsöffnungen bekanntgeworden (s. Bild 92). Der letzte dieser nacheinander erfolgten Eingriffe dürfte zum Tod geführt haben.

Ein Fenster für die Seele

Die Beschaffenheit der Knochenränder der Trepanationsöffnung läßt Schlüsse darüber zu, in welchem zeitlichen Abstand vor dem Tod die Trepanation ausgeführt worden ist bzw. ob sie erst nach dem Tod erfolgte. Während im letzteren Fall das Trepanationsloch einen scharfen Rand aufweist, kommt es beim lebenden Menschen zu einer Neubildung von Knochengewebe, in deren Folge sich die Wundränder abrunden und das Loch ganz oder teilweise geschlossen wird. Fehlen deutliche Heilungsspuren, so ist man in bezug auf den Zeitpunkt der »Operation« allerdings auf Vermutungen angewiesen. An einem peruanischen Schädel glaubt man sogar die gelungene Einpflanzung eines neuen Knochenstückes in die Operationswunde feststellen zu können, in einem anderen Fall war das Trepanationsloch mit einer dünnen Goldplatte bedeckt. Nach Don Brothwell zeigen 50 Prozent aller bekannten Trepanationslöcher Heilungsspuren, was bei der großen Gefahr eines tödlichen Wundschocks bzw. einer Infektion verwunderlich ist. Aus Neu-Britannien wissen wir, daß der Operateur vor dem Eingriff seine Hände und später die Wunde mit dem Fruchtwasser einer unreifen Kokosnuß reinigt. Dieses ist zwar nicht antiseptisch, zumindest aber keimfrei.

Kauterisation Eine andere Art des Eingriffs stellt das *Brennen* (Kauterisation), also das Ausbrennen, Ausätzen oder Ausschaben von Teilen der Schädeldecke dar. Die Spuren solcher Manipulationen haben sich an prähistorischen und historischen Schädeln in Form einer T-förmigen Rinne (»T-sincipital«) erhalten, die dem Verlauf der Kranz- und Pfeilnaht folgt (s. Abb. 47). Die ältesten Funde stammen aus Gräbern der europäischen Jungsteinzeit in Frankreich. Beispiele für die Kauterisation sind aber auch von den Kanarischen Inseln, aus Nordwestafrika und Florida bekannt. In Peru, wo man die Zeichen des Brennens an vorspanischen Schädeln entdeckte, scheint diese sicher sehr schmerzhafte »Behandlung« vor allem bei Frauen und Kindern angewendet worden zu sein. Ob zwischen der Kauterisation und dem Trepanieren ein Zusammenhang besteht, ist nicht geklärt. Jedenfalls wurden in den genannten Verbreitungsgebieten zusammen mit Schädeln, die Kauterisationsspuren aufwiesen, auch solche mit Trepanationen gefunden. Über die wahren Motive der Kauterisation wird noch diskutiert. Therapie, Beschwörung, religiöse Handlung, rituelle Weihe, aber auch Bestrafung kommen als Erklärung in Frage. In einem so bedeutungsvollen Bereich wie dem des Kopfes oder Schädels lassen sich diese Beweggründe jedoch nur schwer voneinander trennen.

Mit Haut und Haar

»Erschreckt nicht, Mylady und Mesch'schurs! Es ist ja weiter nichts. Hatte meine eignen Haare mit vollem Recht und ehrlich von Kindesbeinen an getragen, und kein Rechtsverdreher wagte es, sie mir streitig zu machen, bis so ein oder zwei Dutzend Pawnees über mich kamen und mir die Haare samt der Haut vom Kopf rissen. War ein verteufelt störendes Gefühl für mich, habe es aber glücklich überstanden, hihihi!«

Sam Hawkens, in »Winnetou«,
Karl May, 1892

Willem Kieft, seines Zeichens Gouverneur von New York und Nachfolger Peter Stuyvesants, hatte mit den Ureinwohnern seines Landes nichts Gutes im Sinn. Indianer waren erst dann interessant, wenn sie tot waren. Im Jahr 1609 setzte Gouverneur Kieft Kopfprämien für die Ermordung von Indianern aus. Um seinen Kopfgeldjägern den Nachweis zu erleichtern, daß sie bei ihrem grausamen Geschäft erfolgreich gewesen waren, genügte es, die Kopfhaut des Getöteten samt den Haaren, also den »Skalp«, vorzuweisen.

Das Wort »Skalp« geht auf den indogermanischen Wortstamm skel = schneiden zurück (altnordisch: skalpr = Schwertscheide; dänisch: skalp = Schale; englisch: scalp = Kopfhaut). Das Skalpieren selbst wird heute meist mit der Sitte einiger nordamerikanischer Indianervölker in Verbindung gebracht, die Kopfhaut eines getöteten oder kampfunfähig gemachten Gegners als Trophäe zu nehmen. Nachdem über den Ohren ein kreisförmiger Schnitt um den Kopf des Opfers gelegt worden war, wurde die Kopfhaut mit den Haaren abgerissen. Die gereinigten Skalpe wurden auf Reifen gespannt, geschmeidig gemacht, geschmückt und in vielfältiger Weise als Siegeszeichen zur Schau gestellt bzw. als Abwehrzauber an Masken und Schilden befestigt (s. Bild 73).

Die Sitte des Skalpierens dürfte sich aus dem Schädelkult bzw. der Kopfjagd entwickelt haben. Für die Indianer stand der Teil für das Ganze; erlaubten es Zeit und Umstände, schnitt man dem Besiegten aber auch den ganzen Kopf ab.

Der Skalp spielte im Leben der Indianer eine große Rolle und wurde bei allen möglichen Anlässen hervorgeholt, um die Tapferkeit seines Besitzers zu beweisen. Je härter er erkämpft worden war, desto mehr Ehre trug er ein.

Das Schicksal dessen, der mit seinem Leben auch den Skalp eingebüßt hatte, war je nach den Glaubensvorstellungen der Indianervölker recht verschieden: Während ihm einmal nur die ewigen Jagdgründe versperrt blieben, verlor er ein anderes Mal durch das Skalpieren überhaupt seine Seele. Bei den Osage mußte er dem Sieger für immer dienstbar bleiben, die

Abb. 48 *Haaropfer der indianischen Timukuafrauen (nach de Bryn, America, 1591)*

Zuni glaubten, daß die Seele des Skalpierten zum Schutzgeist dessen wurde, der seinen Skalp besaß. Im Grunde fürchtete aber jeder Krieger, der skalpiert hatte, die Rache des Getöteten und versuchte ihn zu beschwichtigen, indem er ihm Speisen und Tabak opferte.
Vor der Ankunft der Europäer war das Skalpieren nur bei einigen wenigen Indianerstämmen üblich. Die Jagd nach Skalpen wurde vor allem durch die Europäer gefördert, die den Indianern ihre Eisenmesser verkauften und sie als Verbündete für ihre eigenen Machtkämpfe mißbrauchten. So ermunterten die Engländer im Amerikanischen Unabhängigkeitskrieg 1775–1783 die auf ihrer Seite kämpfenden Indianerstämme, gefangenen oder getöteten Siedlern, die es mit dem Rebellen George Washington gehalten hatten, die Kopfhaut zu nehmen. Für jeden »Yankee-Skalp« wurde eine Prämie bezahlt. Die Indianer hatten ihre grausigen Trophäen so zu kennzeichnen, daß zu ersehen war, ob sie von Kongreßsoldaten, Farmern, Frauen oder Kindern stammten.
Das Skalpieren blieb auch in den folgenden hundert Jahren bei weißen und roten Amerikanern ein beliebtes Mittel, den Gegner zu demütigen, und besonders in den Feldzügen gegen die Indianer erleichterte es den Überblick beim Abschätzen des »Erfolges« solcher Unternehmungen. Die gesetzgebende Behörde des Staates Idaho ließ noch 1860 bekanntgeben: »Es wird beschlossen, daß drei Männer beauftragt werden sollen, fünfundzwanzig Mann für die Indianerjagd auszusuchen, und daß diejenigen, die sich selber ausrüsten, eine bestimmte Summe für jeden mitgebrachten Skalp erhalten sollen. Diejenigen, die ihre Ausrüstung nicht selber bestreiten können, werden zu Lasten der Gesetzgebenden Versammlung ausgerüstet, und der Aufwand hierfür wird ihnen wieder abgezogen, wenn sie die

Skalpe abliefern. Für jeden Skalp eines ausgewachsenen Bockes (als ›Bock‹ bezeichneten die Leute von Idaho einen männlichen Indianer) sollen hundert Dollar, für jedes Weib fünfzig Dollar und für alle Indianer unter zehn Jahren fünfundzwanzig Dollar gezahlt werden. Außerdem muß jeder Skalp die Skalplocke besitzen, und jeder Mann muß eidlich erklären, daß der besagte Skalp von ihm persönlich erbeutet worden ist.« (Nach Herbert Wendt, 1966.)

Zur Geschichte des Skalpierens

Der französische Reisende Jacques Cartier hatte 1535 die ersten Nachrichten über das Skalpieren der Indianer, das er bei den Huronen-Irokesen in der Gegend des heutigen Montreal beobachtet hatte, nach Europa gebracht. Seither wurde Nordamerika häufig fälschlich für die Heimat des Skalpierens gehalten. Wenig bekannt ist, daß dieser »barbarische« Brauch schon seit der Urzeit weltweit verbreitet war und auch in Europa bis gegen Ende des 18. Jahrhunderts geübt wurde. Die ältesten Funde stammen aus jungsteinzeitlichen Moorsiedlungen Dänemarks (Dyrholmen) und Südschwedens (Alvastra). Sie dürften etwa 4 000 Jahre alt sein. Berichten Herodots (um 450 v. Chr.) entnehmen wir, daß auch die Skythen ihre erschlagenen Feinde köpften und skalpierten: »Sie ziehen den Schädeln die Haut ab, indem sie rings um die Ohren einen Schnitt machen, dann die Haare fassen und den Kopf herausschütteln. Mit einer Ochsenrippe wird das Fleisch abgeschabt, dann die Haut mit der Hand gegerbt und, wenn sie weich ist, als Handtuch gebraucht. Der Reiter bindet die Haut an den Zügel seines Pferdes und prahlt damit. Wer die meisten hat, gilt für den tapfersten Helden. Vielfach macht man sogar Kleider aus diesen Kopfhäuten. Sie werden zusammengenäht wie die Hirtenpelze.«

Nicht nur die Skythen haben menschliche Haut als Rohmaterial für Gebrauchsgegenstände verwendet. Zur Zeit der Französischen Revolution sollen die Frauen der Jakobiner aus der Haut hingerichteter Adeliger Handschuhe und Taschen verfertigt haben. Aus jüngster Vergangenheit wissen wir von Lampenschirmen und Buchrücken, die in Konzentrationslagern wie Buchenwald aus der Haut der Opfer hergestellt wurden. In allen diesen Fällen handelt es sich um den ungeheuerlichen Versuch, den unterlegenen Gegner selbst nach dem Tode noch zu erniedrigen.

Die Märtyrerberichte im 2. Buch der Makkabäer schildern die syrischen Unterdrückungsmaßnahmen, die Antiochus IV. Epiphanes 168 v. Chr. in Jerusalem anwendete, um den religiösen und politischen Widerstand der Juden zu brechen. Unter den Martern, die die aus aller Herren Ländern stammenden Söldner anwendeten, wird auch das Skalpieren genannt. Nachdem der römische Feldherr Marius die Teutonen in der Schlacht bei Aquae Sextae (Provence) besiegt hatte, schlug er im Jahr 101 v. Chr. bei Vercellae auch die Cimbern vernichtend. Die Römer nahmen den Gefallenen als Zeichen ihres Triumphes die Kopfhaut.

Die Lex Cnuthi II, ein angelsächsisches Gesetzbuch, das bis zum Jahr 1035 in Dänemark, England und Norwegen Gültigkeit hatte, schrieb vor, daß ein rückfälliger Dieb skalpiert werden sollte. Auch im norddeutschen »Sachsenspiegel« (etwa 1220) ist das Skalpieren als Rechtsbrauch erwähnt. Schon geringfügige Übertretungen wurden »zu hûte unde ze hâre«

Abb. 49 *Indianische Kriegsgreuel (nach de Bryn, America, 1591)*

geahndet, daß heißt, »das man einen zu der staupen schlegt und windet im die haar mit einer kluppen oder knebel aus dem heupt«. Verschiedene Rechtsquellen, aber auch Moorfunde von skalpierten und hingerichteten Gesetzesbrechern belegen, daß »behiuten unde behâren« (Freiburger Urkunde, 1275) während des ganzen Mittelalters zum Alltag der Rechtsprechung gehörten.

Noch 1683 war den gegen die türkischen Belagerer kämpfenden Wienern diese Sitte so vertraut, daß sie einen gefangenen tatarischen Spion skalpierten und dieses makabre Andenken an die Zeiten der Bedrängnis lange aufbewahrten.

Das letzte bekannte Zeugnis des Skalpierens zumindest als Foltermethode ist ein Brief des Johann Andreas Radespiel aus Breitenhagen (Innerböhmen) aus der Zeit des Österreichischen Erbfolgekrieges (1745). Darin schildert er, wie die Panduren des berüchtigten Obersten Franz Freiherr von der Trenck, um versteckte Wertsachen zu erpressen, Männern, Frauen und Kindern »die Haut über die Ohren und ebenfalls vom Nacken zum Gesäß abgezogen«.

Von den außereuropäischen Vertretern der Sitte des Kopfhautnehmens seien neben den Indianern Nord- (seltener auch Süd-)Amerikas der Stamm der Naga in Assam, ferner ein Frauenregiment des Königs von Dahomey, die malaiische Gruppe der Bataks in Sumatra sowie die malaiisch-papuanische Mischgruppe der Endamenes auf Celebes erwähnt.

Menschenhaut wurde vielfach auch als unheilabwehrendes Amulett bzw. als magisches Heilmittel verwendet: Beim Fest des aztekischen Frühlingsgottes Xipe Totex (»unser Herr, der Geschundene«) wie auch beim

Herbstfest der Göttin Tlazolteotl wurde den menschlichen Opfern, nachdem sie den Göttern dargebracht worden waren, die Kopfhaut abgezogen. Ein Priester streifte sie über, um solcherart den Gott darzustellen. Die Berührung der Haut des Opfers sollte gegen die dem Gott zugeschriebenen Krankheiten helfen. Nicht selten wurde auch den Kriegsgefangenen, die die Azteken den Göttern opferten, die Kopfhaut abgezogen und als Weihegabe im Tempel aufgehängt. Cortez war tief betroffen, als er in einem Azteken-Tempel die präparierten Kopfhäute einiger seiner Soldaten sah: »Die Gesichter waren mitsamt den Bärten abgezogen, die Häute gegerbt, und einige konnte man noch wiedererkennen, so daß ihre Freunde in Tränen ausbrachen.«

Hautamulette

Bei uns beschaffte man sich noch bis in die Mitte des 19. Jahrhunderts vor allem durch Leichenfledderei, die Ausplünderung Gefallener und Hingerichteter oder die »andächtige Beraubung« verstorbener Geistlicher wundertätige Hautteile, die man dann, in Silber gefaßt, am Körper trug.

Ein Beispiel für den Glauben an die magische Kraft solcher Hautamulette sind die sogenannten »Glückshauben«, das sind die bei der Geburt manchmal unverletzt gebliebenen Eihäute des menschlichen Embryos. David Copperfield, der Held in Charles Dickens' autobiographischem Roman, sagt von sich: »Ich wurde mit der Glückshaube geboren, die dann für den billigen Preis von 15 Guineen in der Zeitung zum Verkauf angeboten wurde.« Schon der heilige Chrysostomos (4. Jahrhundert n. Chr.) läßt uns wissen, daß die Hebammen mit unversehrten Eihäuten, den Aberglauben der Menschen ausnützend, einen schwungvollen Handel trieben. Die englischen Seeleute meinten, sich durch solche Amulette vor dem Ertrinken schützen zu können, und zahlten zur Zeit Admiral Nelsons bis zu 20 Pfund für diese. Als die Gefahren der Seefahrt geringer wurden, sanken auch die Preise, erst die Angst vor den deutschen U-Booten im Ersten Weltkrieg ließ die Preise wieder auf 3 Pfund ansteigen.

Kopf und Haare sind aufgrund ihrer engen Verbindung in der Vorstellungswelt aller Völker mehr als andere Organe oder Körperprodukte (Nägel, Schweiß, Kot, Urin usw.) mit einem »Orenda«, also mit lebensspendender Zauberkraft, erfüllt. Der Verlust der Haare wird als ernste Bedrohung des Kopfes und damit des Lebens aufgefaßt: Als Dalila Samson die Haare abschneidet, zerstört sie auch seine Stärke.

In Frankreich versuchte man die Widerstandskraft von Personen, die der Hexerei und Zauberei angeklagt waren, dadurch zu brechen, daß man ihnen vor der Folterung den gesamten Körper rasierte.

Der englische Gelehrte Sir James G. Frazer (1854–1941) schreibt in seinem Buch »Der goldene Zweig« (1890): »Einstmals wurde ein Häuptling von seinen Feinden gefangengenommen, und diese versuchten ihn zu töten, aber vergebens. Im Wasser ertrank er nicht, Feuer verbrannte ihn nicht und Stahl konnte ihn nicht durchbohren. Endlich enthüllte sein Weib sein Geheimnis. Auf dem Kopf hatte er ein Haar, das so hart wie Kupferdraht war, und an diesem Draht hing sein Leben. Da riß man ihm das Haar aus, und er gab seinen Geist auf.« Diese Geschichte vom »Leben, das an einem Haar hing« stammt von der Insel Nias, westlich von Sumatra.

Haar-Zauber

Laut Frazer waren die Eingeborenen von Amboyna früher der Meinung, daß sie mit dem Verlust ihres Kopfhaares auch ihre körperliche und psychische Stärke einbüßten. Dies machte sich die niederländische Kolonialverwaltung beim Verhör eingeborener Gesetzesbrecher zunutze. Um einen Angeklagten, der trotz Tortur schweigsam blieb, zu einem Geständnis zu bewegen, drohte man ihm mit dem Abschneiden seiner Haare. In den meisten Fällen zeigte diese Vorgangsweise sofort die gewünschte Wirkung.
In Indien wurden sowohl Männer als auch Frauen, die eines Vergehens für schuldig befunden wurden, geschoren. Ihr Haar heftete man an einen Baum und stellte es öffentlich zur Schau.
Bis auf den heutigen Tag haben die Kopfhaare des Menschen ihre besondere Bedeutung nicht verloren. In der Vergangenheit opferte man sie den Göttern in Zeiten der Not und raubte sie dem Feind als Zeichen des Triumphes. Man rauft sie sich in Verzweiflung und Trauer, verbirgt sie bei einigen Naturvölkern vor dem Zugriff böser Mächte, schließt sie in Europa in glückbringende Medaillons ein. Durch eine bestimmte Haartracht wird man zum vollwertigen Mitglied einer Gesellschaft (z. B. Initiation). Aber nicht nur im magisch-religiösen Denken, auch in der Erotik und als gruppen- und standeskennzeichnendes Merkmal spielen sie eine entscheidende Rolle.
Die Sagen und Märchen der Völker enthalten viele Hinweise auf den Zauber, den schönes und vor allem langes Haar auf uns ausübt. So beruht z. B. auch die verführerische Macht der Lorelei, die den Schiffer in den Abgrund lockt, nicht zuletzt auf ihrer Haarpracht. Der deutsche Dichter Heinrich Heine (1797–1856) schreibt:

»... Die schönste Jungfrau sitzet
dort oben wunderbar,
ihr goldnes Geschmeide blitzet,
sie kämmt ihr goldenes Haar.

Sie kämmt es mit goldenem Kamme
und singt ein Lied dabei,
das hat eine wundersame,
gewaltige Melodei ...«

Der Körper als Signalsystem

»Der Mensch hatte nur die nackte Haut, die, Sonne, Regen und Hagel preisgegeben, alsbald gefältelt und gegerbt und durchlöchert ward. Das Männchen auf unserem Kontinent war durch behaarte Glieder gekennzeichnet, was es häßlich machte, ohne es zu schützen. Sein Antlitz war ebenfalls von Haaren bedeckt; sein Kinn glich einem Stoppelfeld, in dem die Wurzeln oben staken. Das war also das bekannte Spiegelbild Gottes! – Das schwächere Weib war noch abstoßender und im Alter noch widerlicher. Das abscheulichste Ding auf der ganzen Welt muß ein zerfallendes altes Weib sein! Und ohne die Schneider und die Modistinnen hätte es der Mensch überhaupt nie wagen dürfen, sich vor den anderen Lebewesen zu zeigen. Dies noch unzivilisierte und sich selbst überlassene Tier muß das schmutzigste und ärmlichste von allen gewesen sein.«

Voltaire
über die Nacktheit

Die sarkastischen Bemerkungen des französischen Philosophen François Marie Arouet de Voltaire (1694–1778) sind deshalb interessant, weil hier noch vor dem deutschen Philosophen Johann Gottfried von Herder der Mensch als »Mängelwesen« und – bereits etwa 200 Jahre vor dem englischen Biologen Desmond Morris – als ursprünglich »nackter Affe« dargestellt wird. Wie wir wissen, war Voltaire selbst nicht gerade mit körperlichem Ebenmaß gesegnet. Für ihn war der menschliche Körper höchst unvollkommen und mußte nicht nur vor den Unbilden der Witterung geschützt, sondern auch in seiner gottgegebenen Unansehnlichkeit verhüllt werden. Voltaire sah in der Mode ein notwendiges Übel. Er erinnerte seine putzsüchtigen Zeitgenossen schonungslos daran, daß unter den oft kostbaren Stoffen ihrer Kleider immer noch der alte Leib Adams steckte.
Heute wissen wir, daß der menschliche Körper nicht »mangelhaft« ist, sondern ebenso wie der Organismus aller anderen Lebewesen einen Grad der Anpassung aufweist, der es uns ermöglichte, bis heute als Art zu überleben.
Gerade die verräterische Oberfläche der unbedeckten Haut gibt uns durch Erröten, Erblassen, Temperaturwechsel, »Gänsehaut« und das Absondern von Schweißtröpfchen Auskunft über die jeweilige Stimmungslage unserer Mitmenschen und ermöglicht es uns, Konflikte zu vermeiden oder Annäherung zu wagen. Sowohl durch Körperbemalung als auch durch Schmuck können die natürlichen Signale der Haut künstlich verstärkt werden.

Die vielfältigen Formen der Kleidung haben nicht zuletzt auch den Zweck, zu »verkleiden«. Was die Natur dem einzelnen an Schönheit vorenthalten hat, wird in phantasievoller Weise ersetzt, um in der menschlichen Gesellschaft bestehen zu können. Kleidung ist wie Körperbemalung und Schmuck Teil unseres Kommunikationssystems. Sie vermittelt uns unter anderem Informationen über Alter, Geschlecht, Berufszugehörigkeit, Stammesmitgliedschaft, den ästhetischen Geschmack und besondere Ereignisse im Leben des Trägers. Während zum Beispiel Make-up, Perlenkollier, Nerzcape und Abendrobe zu den festen (»statischen«) Bestandteilen dieses Systems zählen, werden das Lächeln, die Verbeugung des Grüßenden und das Händeschütteln zu den beweglichen (»dynamischen«) Bestandteilen unserer Körpersprache (engl. body language) gerechnet. Viele Signale der Körpersprache werden von uns bewußt eingesetzt, viele erreichen uns jedoch ohne Wissen des »Sprechers«.

Körpersprache

»Der Körper lügt nicht« sagen wir und meinen damit, daß uns das Gesicht oder das Spiel der Hände eines Menschen oft Dinge erzählen, die dieser wissentlich oder unwissentlich verbirgt. Wir behaupten z. B., eine Sache sei uns in keiner Weise peinlich, dabei erröten wir, ohne es verhindern zu können. Die Täuschung ist nicht gelungen. Wer freilich seine Körpersignale bewußt und gekonnt einsetzt, kann sein Gegenüber in die Irre führen. Der Schauspieler etwa zeigt auf der Bühne mit den Mitteln von Mimik und Gebärde Gefühle, die er nicht hat. Da er für dieses Verhalten von uns bezahlt wird, bezeichnet ihn Desmond Morris als »professionellen Verhaltenslügner«.

Während man im Theater oder im Film die »Illusion« hinnimmt, fordert man im Alltagsleben Offenheit und Aufrichtigkeit. Die Grenzen zwischen »echten« und »unechten« Gefühlsäußerungen gehen aber fließend ineinander über. Oft weiß man selbst kaum, wie man etwas gemeint, empfunden oder noch vor wenigen Sekunden ausgedrückt hat. Noch viel weniger können wir abschätzen, wie groß bei anderen Menschen die Kluft zwischen dem ist, was sie denken, und dem, was sie tun. Aus dieser Unsicherheit ergeben sich unsere täglichen Enttäuschungen und Mißverständnisse. Psychologie, Literatur, Theater und Film haben diese Konflikte zum Thema und Geschäft gemacht.

Was wäre der Arzt ohne das Signalsystem des Körpers, das ihm in vielen Fällen über pathologische Veränderungen im Körperinneren in Form von äußeren Krankheitszeichen (Symptomen) Anhaltspunkte für seine Diagnose gibt? Allerdings steht auch er zuweilen vor schwierigen Problemen. Nicht immer ist klar, was z. B. »Magenschmerz« beim jeweiligen Patienten bedeutet. Seine Beschwerden können sowohl »Ausdruck« einer Lebensmittelvergiftung als auch einer seelischen Krise sein. Streß »schlägt sich auf den Magen«, man spricht von einer »psychosomatischen« Erkrankung.

Wenn wir von »Ausdruck« sprechen, müssen wir stets zwischen »Ausdruck wovon« und »Ausdruck wofür« unterscheiden. Unser Beispiel aus der Medizin zeigt, daß Magenschmerzen zwar Ausdruck einer Erkrankung sein können, aber nicht äußerlich, wie z. B. Erröten oder Erbleichen, wahrgenommen werden. Bei Ausdruckserscheinungen dieser Art spricht man von »vegetativem Ausdruck«.

Ausdruck und Eindruck

Damit kommen wir zu der wichtigeren Unterscheidung von Ausdruck und Eindruck (= Ausdrucksverstehen). Tritt bei unserem Patienten als Folge der oben erwähnten Lebensmittelvergiftung statt der Magenschmerzen zunächst nur ein Hautausschlag auf, so werden seine Angehörigen beunruhigt sein – sie haben den »Ausdruck« richtig als Alarmsignal verstanden. Nicht immer jedoch macht uns der Ausdruck unserer eigenen Artgenossen oder der von Tieren »Eindruck«, obwohl sich Ausdruck meist »an der Oberfläche« zeigt: Es gibt auch einen unauffälligen Ausdruck. Nur jene Ausdruckserscheinungen, die – z. B. im Sinn einer besseren Verständigung – einen sozialen Zweck erfüllen, werden von uns aufgrund unserer eigenen Eindrucksmechanismen wahrgenommen. Da also nur ein Teil der Reize, die ein Ausdrucksmuster ausmachen, durch die »Filter« unserer Eindrucksmechanismen gelangen, wäre es falsch, diese als »Ausdrucksempfänger« zu bezeichnen. Es gibt nur Ausdruckssender und Eindrucksempfänger! Der menschliche Säugling beispielsweise lächelt Pappendekkel-Gesichter (»Attrappen«), auf denen nur die einfachsten mimischen Merkmale in Form eines Strichgesichts angedeutet sind, genauso an wie die Gesichter seiner Eltern. Nicht das ganze Gesicht wird ausgewertet, sondern nur die für »Lächeln« oder »Weinen« typischen nach oben oder unten gezogenen Mundwinkel. Werden die typischen Merkmale übertrieben, so reagiert der Säugling stärker auf diese als auf normale Gesichter.

Ist ein Merkmal einfach Bestandteil der Körperoberfläche, ohne daß ihm eine besondere Ausdrucksqualität zukommt, dann bezeichnen wir seinen Träger in bezug auf dieses Merkmal neutral als *Ausdrucksträger,* will er bewußt eine »Nachricht« verbreiten, nennen wir ihn einen *Ausdruckssender.* Da es für die Individuen einer Art vorteilhaft ist, sich über bestimmte lebenswichtige Dinge etwas mitteilen zu können (z. B. Gefahr, Sexualbereitschaft usw.), ist im Lauf unserer Stammesgeschichte ein Wechselspiel zwischen Eindruck und Ausdruck entstanden, und zwar in der Form, daß vom Eindrucksempfänger immer jene Merkmale bevorzugt wurden, die der Ausdruckssender in der einfachsten und auffälligsten Form produzierte. Durch diesen Prozeß der Ritualisierung wurden die Merkmale des Ausdrucksmusters schrittweise vereinfacht – zum »Signal« gesteigert –, um die Eindrucksfilter leichter passieren zu können. Gleichzeitig wurden auch die Eindrucksfilter geformt. Ausdruck und Eindruck haben einander durch wechselseitige Selektion »herausgezüchtet«.

Da die in der Evolution auf diese Weise herausgebildeten Signale meist auf Individuen einer Art abgestimmt sind, kann es bei Begegnungen mit anderen Arten zu »Mißverständnissen« zwischen Ausdruckssender und Eindrucksempfänger kommen. Aus dem Tierreich sei das Ausdrucks-Mißverständnis von Hund und Katze angeführt: Wenn Katzen sich fürchten oder drohen, machen sie einen Buckel. Sie »verstehen« auch das Buckeln anderer Katzen. Wenn nun ein Hund zum Spielen auffordert, so liegt er mit dem Vorderteil meist flach auf dem Boden, das Hinterteil ragt jedoch in die Höhe und erzeugt bei der Katze den Eindruck eines Buckels. Sie

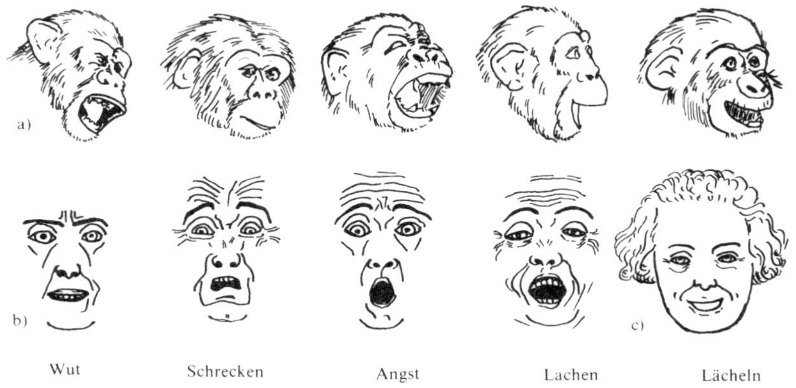

Abb. 50 *Elementare Gesichtsausdrücke von Schimpansen und Menschen*
a) Die russische Forscherin Ladygina-Kohts studierte das Mienenspiel eines jungen Schimpansen. Neben den oben abgebildeten Stimmungen unterschied sie außerdem Erregung, Ärger, Abscheu, Erstaunen, Aufmerksamkeit, Feixen und Heulen.
b) Charles Aubert (1927) studierte die Gesichtssignale der Pantomimen. Sie sind hier den entsprechenden Gesichtsausdrücken des Schimpansen gegenübergestellt. Allerdings beruht gerade die Kunst des Pantomimen darin, die urtümlichen und elementaren Signale zu verfeinern.
c) Für angehende Schauspieler wurden vielfach Lehrbücher mit Anleitungen für »klassische« Mimik geschrieben. Hier das »Lächeln« nach Karl Skraup, »Mimik und Gebärdensprache« (1908).

wird daher die Spielaufforderung des Hundes mißverstehen, aggressiv fauchen und buckeln.

Meerkatzen (Altweltaffen) grüßen »lächelnd« mit vorgezogenen Lippen. Wir verstehen diesen Gesichtsausdruck nicht unmittelbar, weil wir lächelnd mit zurückgezogenen Lippen grüßen. Die Meerkatzen wieder empfinden unser Lächeln als aggressives Zähnefletschen und reagieren mit Drohen. Zum Unterschied von Meerkatzen grüßt der Schopfmakak »lächelnd« mit zurückgezogenen Lippen – und erweckt damit bei uns den Eindruck aggressiven Zähnefletschens.

Gefühlsstimmungen bei Schimpansen und Menschen (Trauer, Freude, Angst, Wut) können homolog (ähnlich durch gemeinsame Abstammung) sein, durch die Verschiedenheiten der Gesichtsmuskulatur entstehen bei ähnlichen Stimmungen dennoch verschiedene mimische Ausdrucksbilder (s. Abb. 50).

Nicht nur die Mimik kann falsch interpretiert werden, sondern auch die Form bestimmter Körperregionen. Das Gesicht des Adlers ist in seiner Merkmalskombination »neutral«. Die Knochenwülste über dem Auge und die Lage des Schnabels sind ebensowenig ein Ausdruckssignal wie die typische Physiognomie des Kamels (s. Bild 165). Unser angeborener auslösender Mechanismus (AAM) verrechnet nur einzelne Merkmale, gleichgültig ob diese einer Knochenstruktur oder der Mimik angehören. Die Formähnlichkeiten verführen uns nicht selten, für verschiedene Merkmalskombinationen gleiche Ursachen anzunehmen.

Abb. 51 *Mimischer Ausdruck von Drohung, Wut, Aggression, aber auch Ohnmacht, Angst und Tragik – anthropologische Konstanten der Gesichtssprache*
a) Ursprünge der menschlichen Mimik. Drohender Mandrill, der die Lippenwinkel herabzieht, um die Eckzähne in voller Länge sichtbar zu machen. Die Eckzähne sind beim Menschen zurückgebildet, die Lippenbewegung ist geblieben.
b) Tragische Theatermaske aus sophokleischer Zeit
c) Durch kulturelle Ritualisation wird die Zeichensprache des Gesichts überdeutlich. Japanischer Kabuki-Schauspieler mimt Wut.
d) Wütendes Mädchen. Kinder zeigen noch ohne Stilisierung ihr angeborenes Mimikrepertoire.

Beim Menschen hat sich außerdem das »Schloß-Schlüssel-Verhältnis« von Ausdruck und Eindruck gelockert. Er spricht nicht mehr nur auf einen bestimmten Ausschnitt seiner Umwelt an, ihn »mutet« die ganze Reiz-Vielfalt der Natur an. Seine Wahrnehmung ist auf den schon bei den Tieren festgestellten angeborenen Grundlagen aufgebaut, jedoch durch Kultur bereichert und verfeinert.
Für uns »grollt« der Donner, wir empfinden Angst, er mutet uns »gefährlich« an, obwohl er nicht Ausdruck eines bedrohenden Wesens, wie etwa eines »Donnergottes« ist. Vor allem die sogenannten Naturvölker empfinden die »Natur« als Ausdrucks*sender*. Auch wenn wir solche Ereignisse nicht mehr als »Signale« von Göttern oder Dämonen begreifen, sprechen unsere Eindrucksmechanismen in den meisten Fällen »blind«, »unvernünftig« und »unbelehrbar« an. Unsere menschliche Vernunft ermöglicht es uns jedoch im Gegensatz zu den Tieren, die Ursachen solcher Ereignisse zu durchschauen und starres, zwanghaftes Reagieren zu vermeiden. Ihr verdanken wir letzten Endes auch die Unterscheidung von Eindruck und Ausdruck.

Kindchenschema

Konrad Lorenz wies 1943 auf menschliche und tierische Körpersignale hin, die er als »Kindchenschema« bezeichnete (s. Abb. 52). Er meinte damit die typische Körperform des Kleinkindes mit dem im Verhältnis zum Rumpf sehr großen Kopf, dem im Verhältnis zum Hirnkopf kleinen Gesicht, das durch eine vorgewölbte Stirn, Pausbacken usw. gekennzeichnet ist. Dazu kommen die »tolpatschigen«, kindlichen Verhaltensweisen, die wir in Verbindung mit den erwähnten Körpermerkmalen als »herzig«

Abb. 52 *Kindchenschema (nach Konrad Lorenz, 1943)*

empfinden. Die deutsche Verhaltensforscherin Bärbel Hückstedt wies 1965 mit Hilfe von Attrappen experimentell nach, daß wir auf diese Merkmalskombination besonders in ihrer übertriebenen Form, wie sie etwa bei Kinderpuppen anzutreffen ist, mit Zuwendung reagieren. Wahrscheinlich haben sich diese Signale und unser durch angeborene Auslösemechanismen bedingtes Ansprechen auf sie im Dienste der Brutpflege, der Eltern-Kind-Bindung und des sozialen Zusammenlebens entwickelt. Allerdings scheint die Wirkung dieser Schlüsselreize stark von kulturellen Einflüssen abhängig zu sein. Die aus der Völkerkunde bekannten Beispiele von ritueller Kindestötung, das Aussetzen von Säuglingen, Kinder-Kannibalismus und die leider bereits zu unserem Alltag gehörenden zahlreichen Kindesmißhandlungen sprechen hier eine deutliche Sprache.
Dagegen zeigt sich aber auch, welche Bedeutung der beschwichtigenden, Zuwendung auslösenden Wirkung des Kindchenschemas in den zwischenmenschlichen Beziehungen zukommt: Bei den Begrüßungszeremonien vieler Naturvölker spielen Kinder eine wichtige, aggressionshemmende Rolle. Der Verhaltensforscher Irenäus Eibl-Eibesfeldt etwa beschreibt, wie beim Palmfruchtfest der südamerikanischen Waika-Indianer ein Krieger aus einer benachbarten Siedlung in vollem Kriegsschmuck in ein Dorf eintanzt. Sein aufreizendes Imponiergehabe würde unweigerlich zu Streitigkeiten führen, wenn nicht ein Kind mit Palmwedeln hinter ihm hertanzte und dadurch die Situation entschärfte.
Auch die Politiker unserer Breiten umgeben sich seit jeher gern mit Kindern, um ihre Nähe zum Volk zu unterstreichen und Sympathien zu erwerben. Ein eindrucksvolles Beispiel, wie selbst hartgesottene Soldaten der Macht der kindlichen Signale erliegen können, stammt aus dem Dreißigjährigen Krieg: Noch heute feiern die Bürger der deutschen Stadt Dinkelsbühl alljährlich die »Kinderzeche«, ein Fest, zu dem die Kinder der ganzen Stadt in historischen Kostümen erscheinen. Im Jahr 1632 waren es die Kinder, die Dinkelsbühl vor der Plünderung und Brandschatzung durch die Schweden retteten. Der Feind hatte sich Einlaß in die Stadt erzwungen und drohte gerade, mit seinem Zerstörungswerk zu beginnen: »Da zieht es heran, mit Singen und mit Beten. Ein Heer von Engeln! Die Kinder der

Stadt, in Eile geschart von eines Türmers tapfrem Töchterlein, nahen in Demut und voll Gottvertrauen dem erzürnten Feinde. Auf den Knien flehten sie um Gnade für die bedrängte liebe Heimat. Dem Obristen der Schweden war nicht lange zuvor das einzige Söhnlein durch den Tod entrissen worden. Sein Blick haftet auf den Kindern. Lange aber auf einem der kleinen, blonden Knaben. Ihn läßt er sich auf das Roß reichen. Sein Auge umschleiert sich, seine Menschlichkeit gewinnt den inneren Kampf. Um der Kinder willen verschont er die Stadt vor der angedrohten Plünderung und vor weiterem Elend ...«

Die Sprache des Körpers

»Von der Chironomie der Alten, das ist von dem Inbegriff der Regeln, welche die Alten den Bewegungen der Hände vorgeschrieben hatten, wissen wir nur sehr wenig; aber dieses wissen wir, daß sie die Händesprache zu einer Vollkommenheit gebracht, von der sich aus dem, was unsere Redner darin zu leisten imstande sind, kaum die Möglichkeit sollte begreifen lassen. Wir scheinen von dieser ganzen Sprache nichts als ein unartikuliertes Geschrei behalten zu haben.«

Gotthold Ephraim Lessing,
»Hamburgische Dramaturgie«, 1767

»Die Oberlippe wird in einer derartigen Weise zurückgezogen, daß der Eckzahn allein auf einer Seite des Gesichts gezeigt wird. Die hier betrachtete Ausdrucksweise, mag sie der Ausdruck eines scherzhaften Hohnes oder eines wilden Fletschens sein, ist eine der merkwürdigsten, welche bei dem Menschen vorkommen. Sie enthüllt seine tierische Abstammung, denn niemand, selbst wenn er in einem tödlichen Kampfe mit einem Feind sich auf dem Boden wälzt und versucht, ihn zu beißen, würde es unternehmen, seine Eckzähne mehr zu gebrauchen als seine anderen Zähne.«

Charles Darwin,
»Ausdruck der Gemütsbewegungen«, 1872

»Die unterhaltendste Fläche auf der Erde für uns ist die vom menschlichen Gesicht.«

Georg Christoph Lichtenberg, 1778

Das Mädchen runzelt nachdenklich die Stirn, senkt die Augenlider, zuckt ratlos mit den Schultern und schüttelt schließlich den Kopf. Nervös trommelt ihr Gegenüber mit den Fingern auf die Tischplatte und wippt mit den Fußspitzen auf und ab. Das Mädchen lächelt verlegen, zieht die Mundwinkel ein wenig abwärts, nestelt an der Knopfleiste ihres Kleides und hüstelt hinter vorgehaltener Hand. Der weißhaarige Herr, der soeben eingetreten ist, nimmt den Hut ab, geht lächelnd auf einen Tisch zu, an dem eine ältere Dame sitzt. Sie reicht ihm die Hand. Er nimmt diese behutsam, nähert seinen Mund dem Handrücken, verharrt jedoch kurz davor mit gespitzten Lippen, ohne ihn tatsächlich zu berühren.

An der Schank kommt es zu einem lautstarken Wortwechsel. Ein Betrunkener schlägt wütend mit der Faust auf die Theke. Die Kellnerin zieht är-

gerlich die Brauen zusammen, stemmt abwartend die Arme in die Hüften. Die Umstehenden rümpfen die Nase, wenden sich ab.
Das zornige Kind stampft mit dem Fuß auf. Der salutierende General fährt mit der flachen Hand zum Kappenrand. In Reih und Glied paradierende Soldaten werfen die gestreckten Beine nach vorn, um sie mit der ganzen Sohlenfläche auf das Pflaster zu knallen (s. Bild 198). Ein Offizier brüllt ein Kommando, die Truppe erstarrt zu einer Wand. Bei einem Fußballspiel springen Tausende Menschen wie auf ein vereinbartes Zeichen von ihren Sitzen, schwenken jubelnd ihre Vereinsfahnen, denn bei der gegnerischen Partei ist ein Tor gefallen. Während des Gottesdienstes einer amerikanischen Negersekte tanzt und klatscht die Gemeinde rhythmisch, wirft von Zeit zu Zeit ekstatisch die Arme in die Höhe. Orthodoxe Juden bewegen während ihres Gebetes vor der Klagemauer in Jerusalem den Oberkörper unaufhörlich vor und zurück. Moslemische Pilger werfen sich zum Gebet zu Boden und verneigen sich in schneller Abfolge in Richtung Mekka. Christliche Wallfahrer bekreuzigen sich, knien nieder.
Aufgebrachte Demonstranten recken unter Sprechchören drohend die geballten Fäuste. Der Politiker unterstreicht den Schluß seiner Wahlrede, indem er die Arme ausbreitet. Er stößt die rechte Hand mit gespreiztem Zeige- und Mittelfinger in die Luft, stemmt schließlich die geballten Fäuste in die Hüften und nickt mit dem Kopf. Tosender Applaus.
Täglich können wir derartigen »Schauspielen« beiwohnen. Mimik, Gestik und Gebärde begleiten unser Reden wie eine zweite stumme Sprache, wie eine Pantomime. Diese uns allen eigene »Theater«-Kunst ist uns zwar von Kindesbeinen an geläufig, doch wir fragen uns kaum, wie sie zustande gekommen ist. Nur manchmal, wenn etwa während einer Fernsehsendung

Abb. 53 *Kopfstudien von Albrecht Dürer (Federzeichnung, um 1513)*
Auf der Suche nach dem Typischen und Individuellen sowie nach dem Häßlichen und Schönen schuf er eine zehnköpfige Stufenfolge zwischen zwei Formextremen – dem Kopf eines Negers und dem eines Europäers.

Abb. 54 *Analogiedenken in der frühen Physiognomik. Okkulte »Wesensverwandtschaft« zwischen Mensch und Tier, nach Giambattista della Porta (1538–1615)*
Der italienische Arzt stellte in seiner »Magia Naturalis, de humana physiognomia« (1593) die gestaltmäßigen und daher wesensverwandten Ähnlichkeiten zwischen Tier und Mensch dar.

der Ton ausfällt, entdecken wir, welches Eigenleben die Gesichtsoberfläche und die Hände der Schauspieler, Sprecher und Studiogäste führen.
Die wissenschaftliche Beschäftigung mit den Formen und Bedeutungen der menschlichen Körperbewegungen hat eine lange Tradition. Der deutsche Schriftsteller Cludius verweist in seinem 1792 erschienenen »Grundriß der körperlichen Beredsamkeit« bereits auf 73 griechische, römische, deutsche, englische und französische Forscher, die sich seit der Antike mit Gesten und Gebärden, Mimik und Physiognomik sowie den allgemeinen körperlichen Ausdrucksformen und Haltungen beschäftigt hatten. Viele dieser Autoren befaßten sich mit der Redekunst (Rhetorik) und den sie begleitenden Handbewegungen, die ihre Wirkung erhöhen. Sie stellten Regeln auf, nach denen die Sprache der Hände gestaltet werden sollte (s. Abb. 55).

Mimik und Gestik

Unter Gesten verstehen wir hier vor allem Arm- und Handbewegungen, die den gefühlsmäßigen Hintergrund unserer gesprochenen Sprache deutlich machen. Gebärden vermitteln ebenfalls Stimmungen und Absichten, allerdings nicht nur in Form von unbewußt natürlichen, sondern auch willkürlich geformten Ausdrucksbewegungen. Die Mimik umfaßt die spontanen und theatralisch gewollten Ausdrucksbewegungen unseres Gesichts, die Physiognomik gilt als die Lehre von der Form und Bedeutung unserer Gesichtszüge.
Fremde Völker und ihr Verhalten bei religiösen und weltlichen Festlichkeiten sowie im alltäglichen Umgang erregten seit jeher das Interesse des gebildeten Beobachters. Im Mittelalter und in der Renaissance beschäftigte man sich zwar auch bereits mit den Ausdrucksmöglichkeiten des menschlichen Körpers, stand dabei aber unter dem Einfluß der damals herrschenden Geheimwissenschaften wie z. B. der »Schwarzkunst« (Nigromantie). Besonders deutlich zeigt sich dies in der auf den antiken Philosophen Aristoteles zurückgehenden Lehre von den Gesichtszügen, der Physiognomik. Man versuchte z. B. aus der Stellung der Augen, der Form von Nase, Mund, Zähnen und Ohren, der Art der Stirnfalten und des Haares Charaktereigenschaften eines Menschen herauszulesen. Derartige Systeme entwarfen später z. B. Johannes de Indagine aus Nürnberg in seiner »Chiromantia« (Straßburg 1531) oder Bartolomeo Cocle della Rocca (1476–1504). In den Werken dieser Schriftsteller ist die Rede von »einfältigen Augen«, »törichten Ohren«, »dummen Nasen«, »streitsüchtigen Zähnen« und vielem anderen mehr. Der Arzt und Gelehrte Giambattista della Porta (1538–1615) beschäftigte sich als umfassend gebildeter Renaissancemensch nicht nur mit wissenschaftlicher Forschung, sondern auch mit okkulten Geheimlehren. Er verglich Gesichtsbildungen von Tieren mit denen von Menschen und leitete aus äußerlichen Ähnlichkeiten innere Wesensverwandtschaften ab (s. Abb. 54). In seiner Nachfolge war es vor allem Charles Lebrun (1619–1690), der Hofmaler Ludwigs XIV., der diese Anschauungen auch für die bildende Kunst und Malerei fruchtbar machte und so den Grundstein für die spätere Entwicklung der Karikatur legte, die sich mit Vorliebe der ironischen Tier-Mensch-Vergleiche bediente. Noch heute finden sich in unserer Umgangssprache Ausdrücke

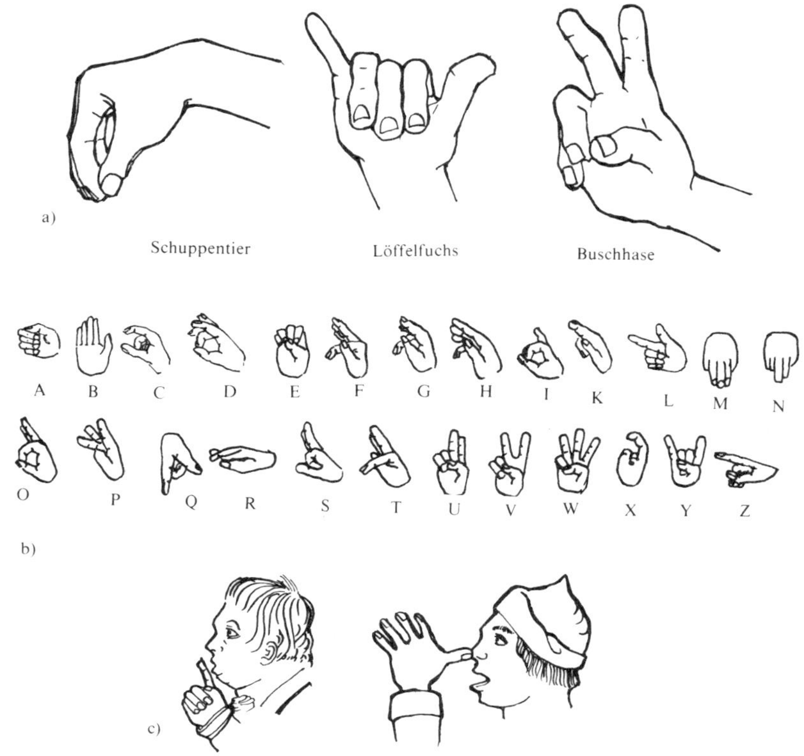

Abb. 55 *Zeichensprache der Hände*
a) Zeichensprache jagender Buschmänner. Meist werden auffallende Körpermerkmale der Tiere durch Gebärden symbolisiert.
b) Handzeichen der Taubstummen. Im Lauf der Zeit haben sich unterschiedliche »Hand-Alphabete« entwickelt. Das »Vokabular« dieser »Sprachen« beruht auf Übereinkunft und weist nur selten Ähnlichkeit mit den realen Vorbildern auf.
c) Handgebärden in Kombination mit dem Gesicht hat Andrea de Jorio (1832) bei Neapolitanern studiert. Links das Zeichen für Ruhe (auch bei uns heute noch »Psst!«) und rechts das Zeichen für Verspottung, das Drehen einer »Nase«.

wie »schlauer Fuchs«, »dumme Gans«, »blöder Hund« oder »faules Schwein«. Charaktereigenschaften, die man bestimmten Tieren oft ungerechterweise zuschreibt, werden auf den Menschen übertragen.
Im Jahr 1775 löste der Schweizer Philosoph und Schriftsteller Johann Kaspar Lavater (1741–1801) mit seinem Buch »Physiognomische Fragmente zur Beförderung der Menschenkenntnis und Menschenliebe« in Europa eine wahre Modewelle aus, die über hundert Jahre andauern sollte. Selbst Goethe zeigte sich nach einem Gespräch mit Lavater von dessen »Menschenkenntnis« beeindruckt. Man faßte die Körperform des Menschen als Symbol der Eigenschaften seiner unsterblichen Seele auf und meinte so, den in allen Dingen wirkenden Gesetzen näherzukommen.
Verhaltensstudien an Tieren waren die ersten Ansätze, die Körpersprache wissenschaftlich zu untersuchen. A. Pernau veröffentlichte 1716 sein Buch

»Unterricht, was mit dem lieblichen Geschöpff denen Vögeln, auch außer dem Fang, nur durch Ergründung Deren Eigenschafften, und Zahmmachung, oder anderer Abrichtung, Man sich vor lust und Zeit-Vertreib machen können«. Der Gesang der Vögel diente ihm zur Unterscheidung angeborener und erworbener Eigenschaften. In den Jahren 1737 bis 1742 berichtete René Antoine Ferchault de Réaumur über die angeborenen Verhaltensweisen von Insekten, Rösel von Rosenhof gab in der Zeit von 1746 bis 1761 seine »Insekten-Belustigungen« heraus. Im Jahr 1773 erschienen in Hamburg die »Allgemeinen Betrachtungen über die Triebe der Thiere, hauptsächlich über ihre Kunsttriebe« von Hermann Samuel Reimarus. Damit waren die ersten Schritte in Richtung einer beobachtenden, nicht nur spekulativen Verhaltensforschung getan.

Etwa hundert Jahre später (1872) veröffentlichte Charles Darwin »The Expression of Emotion in Man and Animals« (»Ausdruck der Gemüthsbewegungen bei dem Menschen und den Thieren«). Zwar hatte Johann Jakob Engel 1785/86 mit seinen »Ideen zu einer Mimik« einen

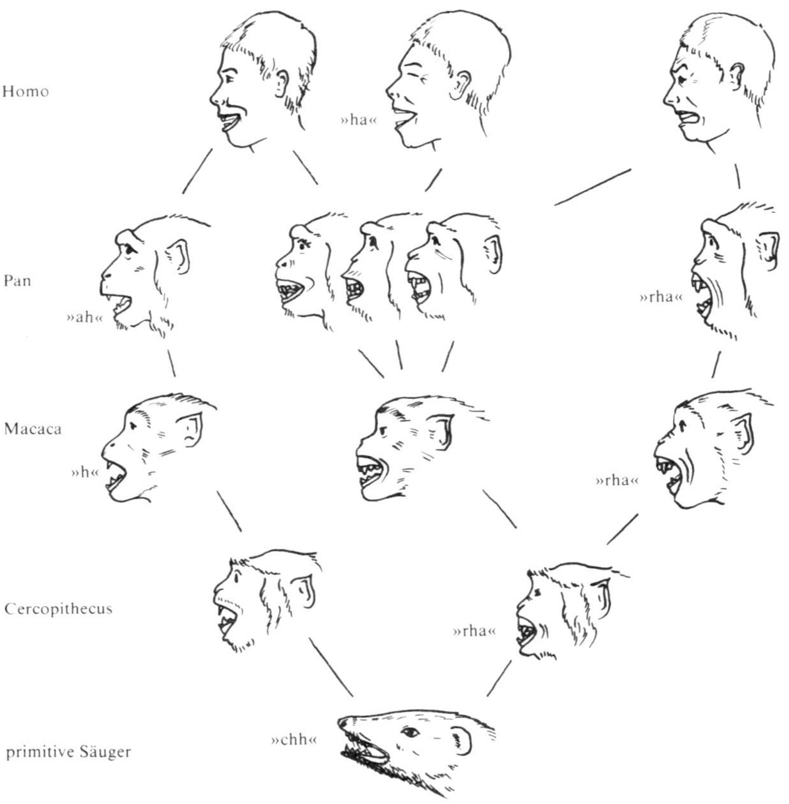

Abb. 56 *Stammbaum der freundlichen und aggressiven Mimik (nach de Hoof)*
Beim Menschen verwandelte sich der Signalkomplex der elementaren Ausdrucksweisen zu einem verfeinerten System mit konventionellen Regeln.

wichtigen Beitrag zur Erforschung der Körpersprache geleistet, ein Unternehmen, das von Theodor Piderit 1858 in seinem »Wissenschaftlichen System der Mimik und Physiognomik« erweitert wurde. Aber erst seit Darwin und den Experimenten der Physiologen Guillaume Duchenne und Alexander Bell begann sich die Naturwissenschaft mit dem Phänomen der körperlichen Beredsamkeit bei Tier und Mensch zu befassen. In seinem 1862 erschienenen Werk »Mécanisme de la physiognomie humaine ou analyse electrophysiologique de l'expression des passions« schildert Duchenne die durch Stromreizung hervorgerufenen mimischen Reaktionen im Gesicht von Versuchspersonen.

Moderne Methoden der Ausdrucksforschung

Die Erfindung der Photographie und später des Films (Kinematographie) eröffneten für die »Ausdrucksforschung« neue Möglichkeiten. Diese technischen Hilfsmittel machten manche Körper-Signale erst sichtbar und erlaubten es, Bewegungsabläufe in der Wiederholung genauer zu studieren.

Menschen, die bemerken, daß eine Kamera auf sie gerichtet ist, ändern ihr gewohntes Verhalten. Meist starren sie neugierig in die Richtung des Filmenden, bewegen sich verkrampft oder halten plötzlich irritiert inne.

Schon der österreichische Anthropologe Rudolf Pöch (s. Bild 19) verwendete bei seinen Forschungsreisen in Neuguinea (1904–1906) und durch die südwestafrikanische Kalahari-Wüste (1907–1909) eine Bioskop-Kamera mit einem frontalen Sucher, der es ihm erlaubte, Personen unbeobachtet zu filmen, während er ihnen den Rücken zukehrte. Erst sechzig Jahre später wurde von den Biologen und Verhaltensforschern Hans Hass und Irenäus Eibl-Eibesfeldt die Feldforschung als unauffällige Menschenbeobachtung fortgesetzt. Sie arbeiteten mit einem nach vorn durch eine Attrappe abgeschlossenen Spiegelobjektiv. Ein in diese Objektiv-Attrappe eingebautes Prisma gestattete es, nach der Seite zu filmen, ohne den Menschen das Gefühl zu geben, beobachtet zu werden.

Gleichzeitig veränderten Hass und Eibesfeldt die Aufnahmegeschwindigkeit ihrer Kameras. Belichtete man im Normalfall den Film mit 24 Bildern pro Sekunde, so verringerten sie nun mit Hilfe der »Zeitraffer«-Technik die Anzahl der Bilder auf ein bis sieben Bilder pro Sekunde. Auf diese Weise konnten langdauernde Verhaltensabläufe dokumentiert und Gesetzmäßigkeiten, die sonst verborgen geblieben wären, aufgedeckt werden.

So filmte Hans Hass in der Wiener Kärnter Straße einen auf und ab gehenden Zeitungsverkäufer. In der Zeitrafferaufnahme offenbarten sich die Grenzen eines »unsichtbaren Territoriums«, die den Bewegungsradius des Mannes bestimmten.

Die Fußgängermassen, die scheinbar regellos unsere Straßen bevölkern, entpuppten sich in der Vogelperspektive plötzlich als pulsierende Teilchenströme, die wie »ferngelenkt« in immer wiederkehrenden Mustern vor Ampeln anhielten, entgegenkommenden Gruppen auswichen oder an bestimmten Stellen die Gehsteige wechselten. Bei Nahaufnahmen verwendete Hass die Technik der »Zeitlupe« (Zeitdehnung), bei der der Film mit 48 Bildern pro Sekunde belichtet wird. Menschliche Gesichter wurden zu bewegten Oberflächen, auf denen sich das faszinierende Spiel unserer Mi-

Abb. 57 *Imponiergehabe*
Tiere sträuben Fell und Gefieder, wenn sie imponieren oder drohen. Auf diese Weise vergrößern sie ihren Körperumriß. Paul Leyhausen verweist auf den Haarstrich von Primaten und des heutigen Menschen. Hätte dieser noch das dichte Haarkleid seiner Vorfahren, würde sich die Schulterkontur beim Imponieren vergrößern.
a) Hypothetischer Vorfahre
b) »Bittsteller und hoher Gönner« (Detail), Karikatur, gezeichnet von Franz Kafka
c) Modekarikatur, 18. Jahrhundert
d) Bodybuilding. Sportliches Training verändert die Körpersilhouette im Dienste eines beeindruckenden Schönheitsideals.
e) Bei den südamerikanischen Waika-Indianern werden durch Palmbüschel die Schultern betont (nach I. Eibl-Eibesfeldt).
f) Japanischer Kabuki-Schauspieler
g) Schultervergrößernde »Epauletten« der militärischen Uniform

mik langsam entfaltete. Flüchtige, kaum merkbare Veränderungen der Gesichtsmuskulatur wurden deutlich.
Paradebeispiel für ein solches, erst jüngst nachgewiesenes Verhaltensmuster ist der in den Begrüßungsformen aller Völker enthaltene »Augengruß«: Erregt ein Umweltreiz unsere Aufmerksamkeit oder unser Erstaunen, so heben sich etwa für ein Sechstel einer Sekunde unsere Augenbrauen, die »Denkfalten« unserer Stirn wogen sichtbar auf und ab. Nur wenn Überraschung oder Aufmerksamkeit bewußt signalisiert werden sollen, werden die Brauen länger angehoben (s. Bild 172).

Die größte Schwierigkeit der Verhaltensforschung beim Menschen liegt nach Hans Hass darin begründet, daß beide, Beobachter und Beobachtete, der Art »Mensch« angehören. Da wir von Jugend an von unseresgleichen umgeben sind, erscheinen uns die Menschen zu vertraut, zu selbstverständlich, als daß wir uns noch unbeeinflußt ein Urteil über unser eigenes Verhalten bilden könnten. Hass fordert daher vom »Menschenforscher«, aus sich selbst herauszutreten, dem Menschen »fremd« zu werden, indem er ihn aus einer gleichsam außerirdischen Perspektive betrachtet. Dies suchte er vor allem durch die geschilderte Änderung der Filmaufnahmegeschwindigkeit zu erreichen.
Hass und Eibl-Eibesfeldt untersuchten neben jenen Elementen der Körpersprache, die unmittelbar als soziale Signale wirken (z. B. Lächeln), auch solche Verhaltensweisen, die nicht direkt für einen Beobachter gedacht sind (z. B. Essen), sowie jene, die Gefühle ausdrücken (z. B. Erröten). Sie filmten Alltagsverhalten wie Kinderspiele, Begrüßungszeremonien, zärtliches und aggressives Verhalten sowie religiöse und weltliche Festlichkeiten.

Abb. 58 *Demutsgebärde und Begrüßung*
a) Schimpansenmännchen wird von einem sich duckenden Weibchen begrüßt und fordert in ritualisierter Weise zur Fellpflege auf (nach I. Eibl-Eibesfeldt).
b) Begrüßung eines ägyptischen Würdenträgers
c) Gruß im alten Laos
d) Ifeleute (Yoruba) begrüßen ihren Herrscher.

Grundmuster sozialen Verhaltens

Hinter diesen vielfältigen Verhaltensformen verbergen sich biologisch programmierte soziale Grundmuster wie bandstiftende Riten (z. B. Grüßen, Schenken), Imponieren, Drohen, Territorialverhalten und Signale, die den sozialen Rang eines Individuums kennzeichnen (s. Abb. 58). Diese »Grundfaktoren« menschlichen Sozialverhaltens sind je nach Kultur in sehr verschiedenen Ausprägungen zu finden. So schüttelt man in unseren Breiten, wenn man verneint, seitlich den Kopf und senkt dabei gelegentlich die Augenbrauen. In Griechenland hingegen nimmt man ruckartig den Kopf zurück und hebt die Augenbrauen. Trotz dieser Unterschiede ist den verneinenden Gebärden das gleiche Muster des Zurückweisens und Verweigerns gemeinsam: Unser Kopfschütteln ist eine geruchlich-geschmackliche Verneinung (Ekelreaktion), das griechische »Ananuoein« (»Verneinen«) eine optisch-geruchliche Verneinung (Abwehrreaktion).
Angeboren sind das nach dem dritten Lebensmonat einsetzende Erkennungslächeln und die Ekelreaktionen. Weinen, Lachen, Lächeln, aggressives Verhalten wie z. B. Wutmimik, Angstreaktionen wie z. B. das Schreckgesicht gehören zu den ererbten Programmen unserer Körpersprache. Viele von diesen Programmen konnten auch aus dem Verhalten von blind und taubstumm geborenen Kindern erschlossen werden, die keine Möglichkeit hatten, diese Verhaltensweisen durch Schulung oder Nachahmen zu erlernen. Man bezeichnet daher diese typischen Ausdrucksbewegungen als »Erbkoordinationen«. Diesen liegen beim Menschen nicht starre genetische »Befehle« zugrunde, sondern genetische »Vorschläge«. Diese angeborenen Dispositionen erhöhen die Wahrscheinlichkeit des Auftretens bestimmter Verhaltensmuster. Man kann daher im strengen Sinn nur von Verhaltenstendenzen sprechen. Das menschliche Lachen beispielsweise muß nicht erst erlernt werden, es ist angeboren. Es scheint sich zum Teil aus dem aggressiven Zähnefletschen der höheren Säuger abzuleiten (s. Abb. 56), tritt jedoch nicht nur spontan auf, sondern kann z. B. aus Gründen der Höflichkeit unterdrückt werden. Auch der Ausdruck von Haßgefühlen unterliegt unserer willentlichen Beeinflussung und wird manchmal durch ein Lächeln maskiert. Unsere Gefühle und die damit verbundenen körperlichen Äußerungen können bei höchster Erregung unkontrolliert hervorbrechen (expressive Gesten), bereits im Ansatz gezügelt (Intentionshandlungen) oder ganz unterdrückt werden. Während expressive Gesten auch unbewußte Gefühle ausdrücken, stehen die Gebärden eher im Dienst einer gezielten Informationsvermittlung. Organisieren sich Gebärden zu einer Zeichensprache, so kann diese mehr oder weniger anschaulich sein. Symbolische Gebärden kennzeichnen meist die Situation, in der sie entstehen. Wir bitten z. B. um Ruhe, indem wir den Zeigefinger an die Lippen legen (»Pst!«) und damit das Verschließen des Mundes andeuten. Konventionelle Gebärdensysteme wie z. B. die Taubstummensprache zeigen viele Übereinstimmungen mit der Wortsprache. Sie haben in bezug auf ihre Form keine Ähnlichkeit mehr mit den Dingen, die sie bezeichnen (s. Abb. 55).
Gestik und Gebärde werden von einigen Forschern auf sieben Ur-Gefühlshaltungen (Primäraffekte) zurückgeführt: Freude, Überraschung,

Primäraffekte Angst, Trauer, Wut, Abscheu und Interesse. Diesen Gefühlshaltungen entsprechen schon bei den Primaten ein bestimmter Gesichtsausdruck (s. Abb. 56). Man kennt bei ihnen Signale der Freude (fröhliches Glukkern, mundoffenes Spielgesicht, »Jolken«, das Zahnentblößungsgesicht mit geschlossenem Vollgrinsen) und der Aggression (Brauenrunzeln und Zähnezeigen), aber auch Zwischenformen. Diese Stimmungen werden nicht nur durch Mimik signalisiert, sondern auch von bestimmten Körperhaltungen sowie Arm- und Beinbewegungen begleitet. Menschenaffen verwenden zuweilen Gegenstände, um ihre Körpersprache zu unterstreichen. Ein Beispiel hierfür ist das Imponiertrommeln von Schimpansen und Gorillas mit abgerissenen Zweigen, wenn sich ein Freßfeind oder Rivale nähert.

Auch bei den Kriegstänzen der sogenannten Naturvölker schlagen die Männer mit ihren Waffen auf den Boden und an die Schilde, stampfen mit den Füßen, bewegen ihre Körper unter rhythmischen Schreien usw. Diese Imponiergebärden sind Bestandteile des »ritualisierten Angriffsverhaltens«.

Ritualisierung Der Ausdruck »Ritualisierung« wurde zum ersten Mal 1914 von dem englischen Naturforscher Julian Huxley in bewußter Anlehnung an die menschlichen Riten geprägt, als er das Balzverhalten von Haubentauchern studierte.

Ritus wird im allgemeinen Sprachgebrauch als religiöse Zeremonie verstanden. Ein Beispiel aus dem christlichen Kult ist die Firmung (Konfirmation). Für die Völkerkunde sind Riten alle Zeremonien, die wichtige Ereignisse im Leben der Völker symbolisieren wie Geburt, Hochzeit, Tod, Jahreswechsel und andere sozial bedeutsame Anlässe. Diese werden durch feierliche Kleidung, besonderen Schmuck, traditionelle Tänze und Lieder im Gedächtnis der Menschen festgehalten. In der Psychiatrie, der Lehre von den seelisch-geistigen Erkrankungen, spricht man von »Ritualisierungen«, wenn sich im Krankheitsbild der Patienten zwanghafte Verhaltensweisen zeigen wie z. B. Waschzwang, Bewegungsstereotypien oder immer wiederkehrende »Ticks«. Unser Alltag wird ebenso durch Rituale und Gewohnheiten bestimmt: Feststehende Essenszeiten, Kaffeepausen, pünktlicher Arbeits-, Unterrichts- und Freizeitbeginn usw. garantieren das reibungslose Funktionieren unserer Gesellschaft.

Für den Verhaltensforscher bezieht sich der Begriff der »Ritualisierung« auf Bewegungen und Körpermerkmale, die im Lauf der Stammesgeschichte ihre ursprüngliche Funktion verloren haben und zu sozialen Signalen geworden sind. Diese Signale dienen der besseren Verständigung mit den Artgenossen und zeichnen sich durch große Deutlichkeit (Prägnanz) aus. Die Bewegungen werden sowohl in ihrer Häufigkeit als auch in ihrer Intensität »mimisch übertrieben« (Konrad Lorenz) und gelegentlich zu »Stellungen« eingefroren.

Übersprungsbewegung Das Balz-, Droh- und Imponiergehabe vieler Tiere beinhaltet Bewegungen, die ursprünglich nicht unmittelbar mit Balzen, Drohen und Imponieren zusammenhingen. Diese »Übersprungsbewegungen« gehören meist dem Bereich des Putz-, Brut- und Aggressionsverhaltens sowie der Nah-

Abb. 59 *Zwei Männer, einander in höherer Stellung vermutend, begegnen sich. Radierung von Paul Klee (1903)*
Im österreichischen Sprachgebrauch bezieht sich der Ausdruck »Buckerln« (einen untertänigen Buckel machen) vor allem auf den Bereich der Behörden und Ämter, wo man durch übertriebene Höflichkeitsbezeigungen und geheuchelte Unterwürfigkeit Vorteile zu erwirken trachtet. Untertänigkeit kommt auch im wienerischen »Servus!« (lat. Ich bin dein Sklave) und im altösterreichischen »Gschamster Diener!« (Ich bin Ihr gehorsamster Diener!) zum Ausdruck. Das italienische »Ciao!« leitet sich von esciavio (ital. Sklave, lat. servus) ab.

rungsaufnahme an: Kämpfende Hühner beginnen plötzlich nach unsichtbaren Körnern zu picken, Rehe beginnen während des Kampfes zu äsen. Bei Wölfen und Hunden wirft sich der schwächere Gegner auf den Rükken, spreizt die Beine und signalisiert »kindliches« (schutzloses) Verhalten. Beim Gegner entsteht eine Beißhemmung. Die Ritualisierung von aggressiven Verhaltensweisen ist deshalb von großer sozialer Bedeutung, weil sie dazu dient, tödliche Kämpfe zwischen Artgenossen zu vermeiden. Der »Beschädigungskampf« wird zum »Scheinkampf« (Komment), der dann beendet ist, wenn der Verlierer Demutsgesten zeigt oder sich zurückzieht.

Nicht nur die tierischen »Zeremonien«, sondern auch die dafür herausgebildeten Organe sind Ergebnisse der Ritualisierung (auffällige Körperstrukturen wie Mähnen, Schwellkörper oder Schmuckfedern). Die Wirkung der prachtvollen Schwanzfedern des Pfauenmännchens wird noch dadurch gesteigert, daß dieses sie in Form eines Rades spreizt und schüttelt.

Neben dieser stammesgeschichtlichen Ritualisierung, die sämtliche »Zeremonien« der Tiere sowie die entsprechenden »Zeremonienkleider« hervorgebracht hat, kann auch eine auf dem gleichen Prinzip beruhende ontogenetische (sich während der Lebensspanne eines Individuums entwickelnde) Ritualisierung unterschieden werden. In diesem Fall wird eine vorhandene Ausdrucksbewegung durch Belohnung verstärkt. Überflüssige

(nicht belohnte!) Bewegungen werden »abgeschliffen«. Ein Beispiel dafür sind die Bettelbewegungen von Zootieren.
Für den Menschen ist die kulturelle Ritualisierung kennzeichnend. Sie verläuft nach ähnlichen Regeln wie die stammesgeschichtliche. Nahezu alle kulturellen Ausdrucksformen des heutigen Menschen können als Ergebnisse von Ritualisierungen aufgefaßt werden. So interpretiert man unsere Höflichkeitsformen als stilisierte Beschwichtigungs- und Demutsgebärden (s. Abb. 58).
Bettelgesten hat man u. a. bei Schimpansen beobachtet. Die menschlichen Bitt- und Betgebärden, wie etwa gefaltete Hände, das Händeringen oder nach oben geöffnete Handflächen, können als ritualisiertes Greifen nach einem »rettenden Anker« bzw. als beschwichtigende Gebärde angesehen werden. Auch beim Gruß spielt die offene Hand als Signal der friedlichen Absicht eine große Rolle (»Ich bin unbewaffnet!«). Begegnet in unserer Kultur ein Mann einem Bekannten und lüftet grüßend seinen Hut, so glauben einige Verhaltensforscher, diese Gebärde vom Abnehmen des Helms ableiten zu können. Damit bot der Ritter früherer Jahrhunderte sei-

Abb. 60 *Tanz als ritualisierte Bewegung*
»Passacaglia« oder »Chaconne« mit Tanzschrift (nach Tomlinsons »The Art of Dancing«). Seit der Renaissance bemühte man sich, Tanzschritte in einer visuellen Notation festzuhalten. Thoinot Arbeau veröffentlichte 1588 seine »Orchésographie«. Louis Pécourts und Raoul Auger Feuillets Werk über die Tanzschrift des Balletts prägte die Tanzkunst des 18. Jahrhunderts. Im 20. Jahrhundert benutzt man vor allem die Benesh-Notation (»Choreology«, 1956) und das Laban-System (»Kinetographie«, 1928).

nen ungeschützten Kopf als Zeichen des Vertrauens dar. Ob die Bewegung des Salutierens sich aus dem Hochklappen des Helmvisiers entwickelt hat, bleibe dahingestellt. Wahrscheinlicher ist, daß es sich dabei um eine im Ansatz steckengebliebene Bewegung des Hutabnehmens (Intentionsbewegung) handelt.

Der menschliche Kuß wird mit der Mund-zu-Mund-Fütterung, wie sie noch heute bei einigen Naturvölkern zwischen Mutter und Kind praktiziert wird, in Verbindung gebracht. Auch im Tierreich, z. B. bei Vögeln und höheren Primaten, ist die gegenseitige »Atzung« weit verbreitet. Im zärtlichen Geturtel der Liebenden werden wieder kindliche Verhaltensformen aktiviert. Man verwendet kindliche Kosenamen, wie »Mausi, Baby, Hasilein, Schnuckiputzi, Herzibinki« usw., streichelt, schützt, hilft. Damit gehört der Kuß zu den bandstiftenden Riten der menschlichen Paarbildung.

Die Tanzkunst hat sämtliche Bewegungsweisen des Menschen zu einer neuen Körpersprache zusammengesetzt, die nun nicht mehr ausschließlich der Fortbewegung, sondern der Darstellung musikalischer Ideen dient.

Die verschiedenen Formen des Marschierens können als ritualisiertes Gehen aufgefaßt werden (»Imponier-Gehen, Protz-Schreiten«, s. Bild 198). Auf eine besondere Art des Imponierens weisen die Verhaltensforscher Paul Leyhausen und Otto Koenig hin. Jugendliche lassen gelegentlich vor Kreuzungen den Motor ihrer Mopeds aufheulen. Koenig hat diesen Vorgang sehr eindrucksvoll »instrumentelles Balzdrohen juveniler Menschenmännchen« genannt.

Das Drohverhalten wird im tierischen und menschlichen Bereich nicht selten mit rhythmischem Lärm und »übernormalem« Krach unterstrichen. Der an Kriegsgeschrei erinnernde Lärm der Jugendlichen soll ihre Stärke und Geschlossenheit beweisen. Das Verhalten des »zivilisierten« Verkehrsteilnehmers, nämlich leise zu fahren und nicht »Anstoß« zu erregen, wird hier durch ein urtümliches Imponier-Signal ersetzt.

So heißt es in dem berühmten Wiener Kabarett-Song von Gerhard Bronner, »Der Wilde auf seiner Maschin«:

> »Bis jetzt war i in unserer Platten der Gfüllte.
> Jetzt wissen's alle: in mir steckt no was drin.
> In meiner Gassen nennt mi jeder jetzt ›Der Wilde
> mit seiner Maschin‹.
>
> Weil jeder Wachmann, der mi siecht, is im Bilde.
> Er stellt von weitem schon die Kreuzung auf Grün,
> weil wenn die rot ist, siech i rot. Ich bin der Wilde
> mit meiner Maschin.«

»body language«

Die Erforschung der angeborenen und erlernten Komponenten der Körpersprache hat zu einem Boom der »body language« und »body art« in Wissenschaft, Wirtschaft und Kunst geführt. Mehr denn je richten Ausdruckspsychologen ihr Augenmerk – meist mit Hilfe von Videokameras –

auf die versteckte Symbolik unserer alltäglichen Gesten und Gebärden. Um die Körpersprache des Gegenübers zu entschlüsseln, bieten zahlreiche Institute für Verkaufsmanagement Kurse und Bücher über »body engineering« an. Während hier die Zeichensprache des Körpers (Kinesik) für Geschäftsinteressen verwendet wird und in modernen Betrieben als »neuer Knigge« (Wie verhalte ich mich richtig, ohne mich zu verraten?) Aufnahme fand, hat sich in der modernen Kunst, von der Pantomime und vom Ballett herkommend, eine eigene Kunstgattung der Körpersprache entwickelt: die Performance. Sie hat mit sogenannten Happenings, Installationen und der Aktionskunst zu tun. Hier werden Situationen, in denen Körpersprache wichtig ist, durchgespielt und analysiert. Nicht selten werden sie auch in humoriger Weise ad absurdum geführt: die Körper-Artisten Gilbert & George gelten als »lebende Skulpturen«. Sie nehmen nach bestimmten Themen Positionen ein und verharren z. B. in Museen stundenlang unbeweglich in diesen Haltungen. Gilbert & George wollen sich nicht als Zirkusattraktionen verstanden wissen, sondern haben ihre Schaustellungen zu Kunstwerken erklärt. Die Aktionen dieser Statuen aus Fleisch und Blut sind ironischerweise auch käuflich – so wie in der modernen Geschäftswelt selbst die Körpersprache zur Ware geworden ist.

Beredte Zierde

»Als zwei ziemlich stark gepuderte und mit allerlei kosmetischen Kunststücken verschönerte Damen den Andachtsraum einer winzigen New Yorker Negersekte betraten, um wißbegierig einmal an dem dort geübten seltsamen Ritual teilzunehmen, erhob zu ihrem Schrekken der Mohrenpriester bei ihrem Anblick seinen Finger und rief der versammelten Gemeinde mit lauter Stimme zu: ›Da kommen die zwei Isebels!‹ Entsetzt erinnerten sich die beiden Eindringlinge an die Stelle aus dem ›Buch der Könige‹, die berichtet, daß Isebel, die ›ihr Angesicht geschminkt und ihr Haupt geschmückt‹ hatte, von den Dienern des Herrn zum Fenster hinausgestürzt wurde und daß man sie auf dem Acker Jesraels verscharrte, damit die Hunde ihr Fleisch fräßen.«

Julius Ernst Lips,
»Vom Ursprung der Dinge«

Ob es sich um das Federkleid des blauen Paradiesvogels, das kontrastreiche Schwarzweiß des Colobus-Affenfells, die vielfarbigen äußeren Geschlechtsorgane des Mandrills, das Rad des werbenden Pfauenmännchens oder den roten, geblähten Kehlsack des Albatros handelt – dem Farb- und Formenreichtum des Tierreichs hat der Mensch nur wenig entgegenzusetzen. Vor allem die ihm eigene Wortsprache hat ihn der Notwendigkeit enthoben, ähnlich auffallende Farbsignale zu entwickeln wie die oben erwähnten Tierarten. Dennoch kann der Mensch bis heute nicht darauf verzichten, sich mit »fremden Federn« zu schmücken.

Das Vergrößern des Körperumrisses und das Sichtbarmachen von buntem Gefieder oder grellgefärbten Hautpartien, das oft tänzerisch anmutende Schreiten, das erregte Schütteln der Schwanzfedern vieler Vögel oder das Rasseln der Stachelschweine mit Hautanhangsgebilden gehören zu jenen Signalen, die die Gestimmtheit eines Tiers sichtbar machen.

Diese Signale sind durch den Ritualisierungsprozeß entstanden und haben den Zweck, einerseits Artgenossen, vor allem Sexualpartner, anzulocken und anderseits Rivalen oder Freßfeinde fernzuhalten. Diese Doppelfunktion der Signale findet sich in ähnlicher Form in den vom Menschen verwendeten Schmuckmotiven. Ein kostbar gefaßtes Augenamulett soll auf seine Trägerin aufmerksam machen, gleichzeitig aber auch »böse« Blicke abwehren.

Der Völkerkundler Fritz Graebner schreibt in seinem »Weltbild der Primitiven« (1924), daß die Ureinwohner Australiens, und hier vor allem die Zauberer, Stifte in der Nase tragen, um diese Körperöffnung gegen dämonische Einflüsse zu verschließen. Die Angst vor dem Eindringen »krank-

machender« Gegenstände veranlaßt sie auch, die übrigen Körperöffnungen mit Schmuck und Kleidung zu bedecken.
Sonnenbrillen hatten ursprünglich den Zweck, das Auge vor allzu grellem Licht zu schützen. Während die frühen Modelle noch einen schlichten Rahmen und runde Gläser hatten, entwickelte sich in den letzten Jahrzehnten unter dem Einfluß der Mode eine unüberschaubare Formenfülle. Rahmen und Gläser wurden auffälliger, größer und oft durch eine scheinbar undurchdringliche Métallisébeschichtung zur »Schmuckmaske«. Sie wirken als »überoptimale Augenattrappen« und erwecken dadurch unbewußt Neugierde, gleichzeitig erzeugen sie durch ihre abweisende Schwärze Distanz. Nicht umsonst sind sie zu beliebten Versatzstücken in Kriminalfilm, Jugendsubkultur und Avantgardeszene geworden.

Funktionen des Schmucks

Auch der attraktive Pelzmantel ist weit mehr als nur Kälteschutz. Er soll in unseren Breiten vor allem die Einzigartigkeit und Zahlungskraft seines Trägers oder seiner Trägerin deutlich machen (Imponierschmuck). Im Gegensatz dazu signalisiert eine schmucke Tracht nicht den individuellen Geschmack, sondern die Zugehörigkeit zu einer bestimmten Gruppe (z. B. Berufsstand, ethnische Minderheit, Geschlecht). Allerdings scheint es, als ob in den anonymen Großstadtgesellschaften die »kennzeichnende« Funktion von Schmuck und Kleidung weitgehend zugunsten des freien Spiels von Geschmack und Laune abgeschwächt worden wäre. Das Beispiel des Karnevals lehrt uns jedoch, daß auch in dieser Zeit »närrischer Freiheit« die meisten unserer Mitmenschen dazu neigen, traditionelle Faschingsgestalten, wie z. B. Indianer, Beduinenscheichs, Neger, Gangster, Mediziner, Seeleute oder Harlekins, darzustellen: Die »Alltagsmontur« wird für kurze Zeit mit einer »Narrenuniform« vertauscht. Selbst in diesen Wochen »erlaubter Unordnung« ist es uns nicht möglich, Bedeutungen aufzulösen, die mit Schmuck und Kleidung seit jeher verknüpft sind.
Schon der frühe Mensch hatte, wie uns zahlreiche Funde bereits aus der Altsteinzeit beweisen, das Bedürfnis, sich zu schmücken. Wohl haben sich typische Schmuck-Materialien wie Blumen, Federn und Tierfelle nicht erhalten, doch dürfen wir annehmen, daß auch diese zu den bevorzugten Schmuck-Elementen des damaligen Menschen gehörten. Einen seltenen Einblick in die »Schmuckschatulle« einer eiszeitlichen Jägerhorde gewähren uns Funde aus einer Siedlung der ausgehenden Altsteinzeit (10 500 v. Chr.) in Gönnersdorf am Rhein. Durch einen glücklichen Zufall wurden dort infolge von Vulkanausbrüchen Siedlungen von Eiszeitjägern durch Bimssteinschichten überlagert, die ausgezeichnete Erhaltungsbedingungen boten. Neben Werkzeugen, Waffen und Geräten aus Stein und Knochen wurde auch eine selten anzutreffende Vielfalt von Schmuckgegenständen entdeckt. Es handelt sich dabei um durchbohrte Eisfuchszähne, »Hirschgrandeln«, geschnitzte Anhänger und Perlen aus versteinertem Holz, Hämatit und Elfenbein, durchbohrte Schneckenhäuser, Fossilien und Schneidezahnreihen von Rentieren, die als Schmuckstücke offensichtlich besonders beliebt waren. Die Rentierzähne wurden mit einem Steinmesser zusammen mit dem Zahnfleisch dicht am Kieferknochen abgeschnitten. Das eingetrocknete Zahnfleisch hielt sie in Form eines Kol-

liers zusammen. Die durchbohrten Meeresschnecken und Perlen wurden wahrscheinlich ebenso wie die Tierzähne auf Kleider aufgenäht oder, wie die Fundlage zeigte, auf Sehnen zu Ketten aufgefädelt. Die in Gönnersdorf gefundenen Meeresschnecken stammen durchwegs aus dem Mittelmeergebiet und vom Atlantik und hatten daher vermutlich besonderen Wert. Möglicherweise stellte ein solches Schneckenhalsband wegen seiner Seltenheit schon damals einen allgemein anerkannten Handelswert dar. Von besonderem Interesse scheinen für den Menschen jener Zeit Fossilien gewesen zu sein: Ein Haifischzahn aus dem Mainzer Becken, ein durchbohrter Saurierwirbel aus dem luxemburgischen Raum sowie ein versteinerter Nashornknochen lagen so dicht nebeneinander, daß man annehmen könnte, sie seien ehemals von einem Lederbeutel umschlossen gewesen. Die Frage, ob sie als Schmuck oder als Talisman dienten, muß unbeantwortet bleiben.

Prinzipiell kann jeder Gegenstand – sei er nun aus edlem oder unedlem Material, Kunst- oder Naturprodukt, haltbar oder vergänglich – als Schmuck verwendet werden. Das antike Säulenkapitell, im Herrenzimmer des Sammlers als Rauchtischchen aufgestellt, war einst tragendes Element *und* Fassadenverzierung. Im Salon dient es als reiner Schmuckgegenstand. Offenbar genügt bereits die Seltenheit eines Gegenstands, um ihn zum Schmuckstück werden zu lassen. So berichten manche Ostafrika-Reisende, daß sich Eingeborene nach dem Kamera-Überfall durch weiße Touristen zurückgelassene Coca-Cola-Deckel in ihre gedehnten Ohrläppchen gesteckt hätten.

Formen des Schmucks

Das Verhältnis des Menschen zum Schmuck sagt nicht nur etwas über das persönliche Körper- und Weltgefühl seines Trägers aus, es kann auch vieles über Geschmack, Glaubensvorstellungen und soziale Regeln der Gesellschaft mitteilen, in der er lebt. Dauerhafte Verzierungen wie z. B. Kopfdeformierung, Lippenpflöcke, Tätowierung usw. sind Kennzeichen, die den einzelnen auch äußerlich für immer an eine Gruppe binden. Die kurzlebigen Verzierungen der Menschen in den hochindustrialisierten Ländern, etwa auffallendes Make-up, extravagante Frisuren und Schmuckgegenstände, darunter auch der »Geruchs-Schmuck« Parfum, sind Ausdruck der rasch wechselnden Lebensumstände in den westlichen Zivilisationen.

Über alle Zeiten und Grenzen hinweg finden sich gleichartige Funktionen und Formen des Schmucks. Der österreichische Biologe Emil Selenka war es, der um 1900 erstmals auf die »Sprache« des Schmucks hinwies. Der Völkerkundler Karl Weule (1864–1926) griff diesen Gedanken kurze Zeit später auf: »Alle Tracht außer der Haartracht ... ist dem Körper etwas Fremdes. Nun kann man in einem Schleppkleid nicht springen und tanzen. Daher erzählt es, daß der Träger eine würdige, langsam schreitende Person sei. Das Schleppkleid ist also das Symbol der Würde und Gemessenheit. Ganz analog drückt ein nach vorn gerichteter Helmkamm das offensive Streben nach vorn, die ständige Bereitschaft zum Vorwärtsstürmen aus. Die Epauletten und Achselstücke unserer Offiziere lassen den Träger breiter, kräftiger und unternehmungsbereiter erscheinen. Ein festanliegen-

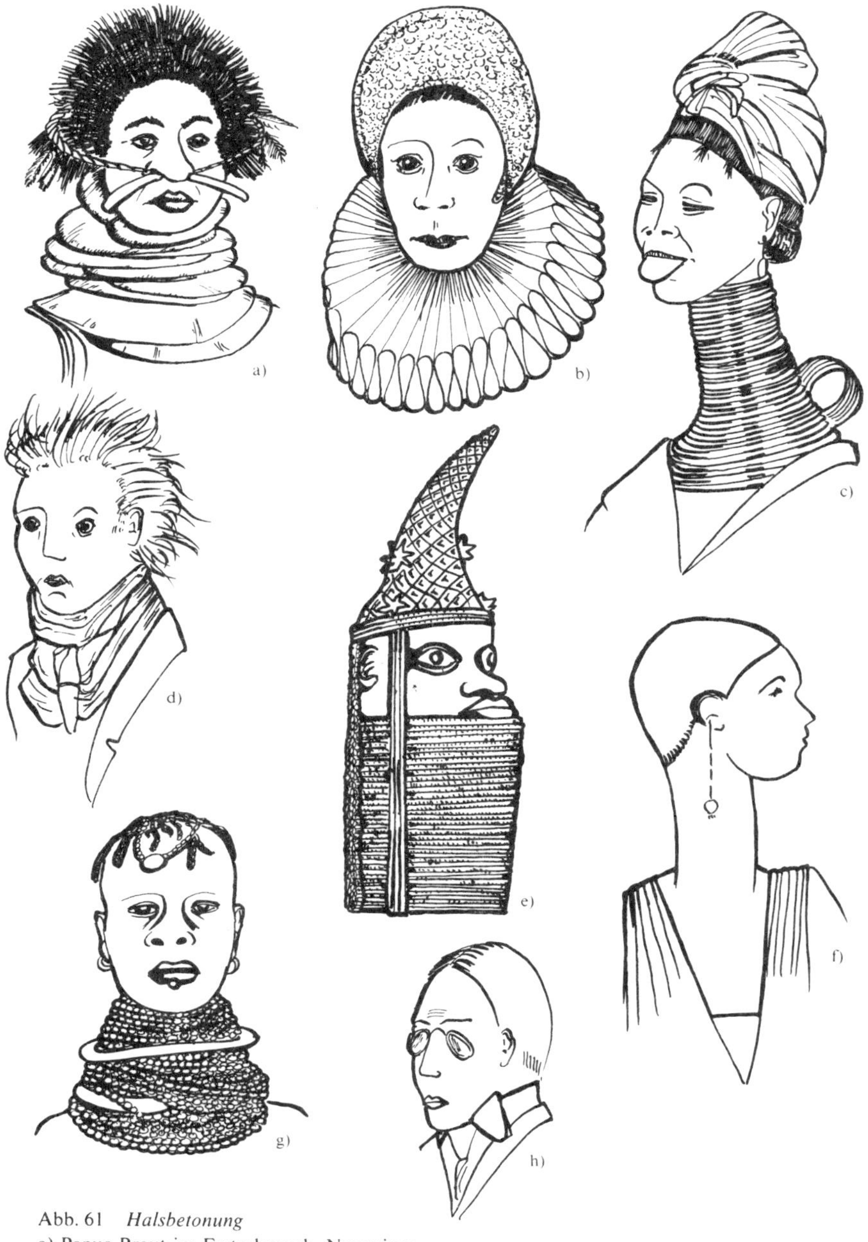

Abb. 61 *Halsbetonung*
a) Papua-Braut im Festschmuck, Neuguinea
b) Europäische Halsperge
c) »Giraffenfrau«, Birma
d) »Incroyable« (franz. Unglaublicher) der Französischen Revolution
e) Bronzeskulptur aus Benin
f) »Schwanenhals«, Modezeichnung der zwanziger Jahre
g) Nandi-Frau, Kenia
h) Sogenannter »Vatermörder« aus der Empirezeit

der Oberarmring zeigt die schwellende Kraft dieses Körpergliedes; ein Halsband die Rundung der Schulter und des Halses.« Schmuck bleibt also nicht ohne Einfluß auf seinen Träger oder seine Trägerin. So zwingt uns eine Schleppe, die normale Gangart zu verändern – zu schreiten. Dadurch erzeugt sie ein gesteigertes Gefühl von Würde, das wiederum auf die Gangart zurückwirkt.

Nach Selenka können wir zwischen verschiedenen Schmucktypen unterscheiden: Der *Ringschmuck* lenkt die Aufmerksamkeit des Beschauers auf einen bestimmten Körperteil, z. B. Finger, Arm oder Bein. Der *Behangschmuck* läßt die Konturen der Gestalt deutlicher hervortreten. Dazu zählen Ohrgehänge, Bänder, Ketten, offenes Haar, Faltengewänder usw. Der *Richtungsschmuck* knüpft meist direkt an tierische Vorbilder an wie z. B. Kämme und bringt ein dynamisches Moment zum Ausdruck: So finden wir nach vorn gezogene Raupenhelme beim altbayrischen Militär, Federhelme bei den Duala in Kamerun, flatternde Schwanzfedern und Roßschweife auf den Helmen und Tschakos der Nationalgarden. Der *Ansatzschmuck* ist Teil des Imponiergehabens: an Kopf und Schultern werden zusätzliche Vergrößerungselemente angesetzt. Beispiele dafür sind die Tierschädelhelme der Germanen, die mittelalterlichen Turnierhelme, die Blechmützen preußischer Grenadiere sowie Federhauben, Fellmützen und Kopfaufsätze innerhalb und außerhalb Europas.

Alle diese Schmucktypen sind miteinander kombinierbar. Ein Band etwa ist im Ruhezustand ein Behangschmuck, beim Tanz wird es durch die Bewegung zum Richtungsschmuck. Ein Helmkamm ist gleichzeitig Ansatz- und Richtungsschmuck, eine Halskrause Ring- und Ansatzschmuck.

Während Selenka den Schmuck lediglich als *Gegenstand* betrachtete, erweiterte die moderne Anthropologie den Begriff »Schmuck« auf das Schmuck-*Verhalten*. Dazu können auch alle jene Manipulationen gezählt werden, die den Körper selbst zum »Schmuckstück« machen.

Ein unbeschriebenes Blatt

»Schwarz sind die Schilde, gefärbt die Leiber; dunkle Nächte wählen sie zum Kampf, und schon das Grauenvolle und Schattenhafte ihres Totenheeres jagt Schrecken ein . . .«

Tacitus, »Germania«, 43 n. Chr., über die Harier

Die Kunsthistoriker des 18. und 19. Jahrhunderts haben uns, ohne es zu wollen, ein sehr unrealistisches bzw. unvollständiges Bild der Welt der Antike vermittelt. Strahlend weiße griechische Tempel und Statuen prägten unsere Vorstellung vom »klassischen Zeitalter« bis in die Gegenwart. Heute wissen wir, daß Tempel und Statuen bunt bemalt und die Kleiderstoffe gemustert waren, daß die Menschen jener Zeit ihre Haare vielfach färbten und ihren Körper nicht selten mit grellen Farben bestrichen.

Bereits vor etwa 5 000 Jahren bedienten sich z. B. die Ägypter einer raffinierten Schminktechnik. Sie verwendeten Bleiweiß, Mennige, Bleiglanz, Schwefelantimon und Braunstein zur Herstellung von Schminken, die sie in reich verzierten Schminktöpfchen aufbewahrten und auf Schminkpaletten von hohem künstlerischem Wert mischten. Solche Gefäße und Paletten sind uns schon aus der nach einer Ortschaft am westlichen Nilufer »Negade I« genannten Epoche der ägyptischen Geschichte (4. Jahrtausend v. Chr.) bekannt. Ähnliche Funde stammen aus einem dem König Naramsin zugeschriebenen Palast (3. Jahrtausend v. Chr.), der auf dem Tell Brak in Ostsyrien ausgegraben wurde. Eine der schönsten und auch historisch bedeutsamen Schminkpaletten ist die des ägyptischen Königs Narmer aus Hierapolis (um 3100 v. Chr.). Vorder- und Rückseite der Palette sind mit Flachreliefs verziert, die die Vereinigung Oberägyptens mit Unterägypten durch König Narmer in dramatischen Szenen festhalten.

Aus grünen basischen Kupferkarbonaten, grünem Malachit und Kupfererz bestand eine Schminke, mit der die Ägypter ihre Augen umrandeten. Schwarze Schminke aus Galenit oder Bleiglanz diente zur Betonung der Augenbrauen und zur charakteristischen Verlängerung des Lidwinkels. Die Fingernägel wurden rosa, grün und hellblau bemalt. Die Bewohner Mesopotamiens, die die Göttin Ischtar als »Göttin der Lieder, der Wollust und der Augenschminke« bezeichneten, umrahmten ihre Augen mit »guhlu«, einer Mischung aus Harz und Bleiglanz, die Sumerer legten sich »Rouge« aus einem Gemisch von Ockerpulver und Öl auf.

Auch im antiken Griechenland wurden Puder, Schminke, Öle, Salben und Schönheitswässerchen sowie Färbemittel verwendet, um das Aussehen zu verbessern bzw. vorhandene Vorzüge zu unterstreichen. In Rom bevorzugte man ein abenteuerliches Gebräu aus Bleiweiß, Krokodilmist, Erde aus Chios, Zinnober, Mennige, Orseille, Blei, Antimon, Kohle von Rosenblättern und Dattelkernen, um der Haut ein strahlendes Aussehen zu verleihen. Senatoren und Feldherren, die sich im Triumphzug huldigen ließen, färbten für diese Gelegenheit ihr Gesicht rot. Der heute noch lebendige Brauch einiger südeuropäischer Völker, anläßlich der Karnevalsfeiern die Gesichter weiß und rot zu schminken, hat seinen Ursprung in der rituellen Gesichtsbemalung der Teilnehmer an den antiken Feiern zu Ehren des Gottes Dionysos. Auch die »Mystagogen«, die geweihten Teilnehmer an dem antiken Mysterienkult in Eleusis, trugen weiße Farbe auf ihr Gesicht auf. Das Schwärzen des Gesichts, das in unseren Breiten zum Mittwinter- oder Faschingsbrauchtum gehört, hat eine interessante Parallele in der Kriegsbemalung der germanischen Harier. Herodot berichtet von den Äthiopiern, daß diese eine Körperhälfte rot, die andere weiß färbten, und Caesar schreibt, daß sich die Britannier vor der Schlacht mit blauer, die Gallier mit weißer Farbe bestrichen. Nach Plinius pflegten auch die Daker und Sarmaten vor dem Kampf ihre Körper zu bemalen.

Im Schönheitssalon der Wildnis

Der deutsche Völkerkundler Julius Ernst Lips berichtet ausführlich vom »Schönheitssalon der Wildnis«: Nahezu jedes Volk dieser Erde verwendet Fette, Öle oder Salben, z. B. Palm-, Mandel- oder Kokosnußöl sowie Butter und andere Fette, um die Haut geschmeidig zu halten und sie gegen Witterungseinflüsse oder Insektenstiche zu schützen. Meist werden durch Zusatz von Farben, Kräutern, geriebenen Wurzeln oder Metallstaub Schönheitspasten oder Cremes hergestellt. Diese Art von Schminke hat nicht nur eine pflegende, sondern auch eine sehr dekorative Wirkung. Den verwendeten Farben wird dabei häufig ein besonderer Symbolwert zugeordnet. Die rote Farbe, die in nahezu allen Kulturen bevorzugt verwendet wird, scheint das biologische Signal für »Blut« zu sein. Rot bedeutet Leben und Freude, aber auch Gefahr (Wunde). Die Prärieindianer Nordamerikas wurden von den weißen Siedlern und Soldaten, den »Bleichgesichtern«, »Rothäute« genannt, weil sie auf ihren Kriegszügen eine rote, aggressiv wirkende Kriegsbemalung trugen.

Nicht nur um die Haut glatt und schön zu erhalten, sondern um sie auch als Malgrund für Farben vorzubereiten, war es z. B. im antiken Arabien üblich, Enthaarungspasten (lat.: depilatoria) aus Kalk und gelbem Schwefelarsenik zu verwenden. Archäologische Ausgrabungen förderten neben Kosmetikartikeln auch häufig Schabeisen zutage, wie sie noch heute bei afrikanischen und asiatischen Völkern in Gebrauch sind. Damit wurde nicht nur Schmutz, sondern es wurden auch Körperhaare entfernt. Haare um Augen und Mund, unter der Achsel und in der Schamgegend wurden und werden bis auf den heutigen Tag nicht nur abrasiert, sondern aus ästhetischen oder hygienischen Gründen ausgezupft.

Körperbemalung

Die Sitte der *Körperbemalung* ist bei allen Völkern anzutreffen. Während sie im sozialen Leben der sogenannten Naturvölker nicht nur bei wichtigen Ereignissen wie Geburt, Tod, Initiation, Heirat, Krankheit, Krieg, Ahnenkult und Gottesdienst, sondern auch im Alltag eine große Rolle spielt, ist sie bei den »zivilisierten« Völkern nur noch auf bestimmte Körperteile, wenige festliche Gelegenheiten oder bestimmte Gesellschaftsgruppen, z. B. die »Punks«, beschränkt.

Es gibt archäologische Hinweise darauf, daß der Brauch, den Körper zu bemalen, bis in die Altsteinzeit zurückreicht. In dem bereits erwähnten eis-

zeitlichen Fundplatz von Gönnersdorf am Rhein stieß man im Verlauf der Grabungen im Inneren der Häuser auf eine rote Farbschicht. Es handelte sich um Hämatit, ein Eisenoxid, das in steinernen Farbreibschalen zu Pulver verrieben und mit einem Bindemittel, wahrscheinlich Fett, zu einer Farbpaste verarbeitet worden sein dürfte. Die Paste wurde vermutlich zur Bemalung von Kleidung und Gebrauchsgegenständen, aber auch zur Körperbemalung verwendet. Außerdem gehörte es zum Bestattungsritus, die Leichen mit Rötel oder Ocker zu bestreuen oder einzufärben, was sich anhand von Gravettien-Funden (jüngere Altsteinzeit) aus Unterwisternitz in der ČSSR nachweisen läßt. Diese Sitte ist bei den Indianerstämmen des Xingu-Gebietes in Südamerika heute noch zu beobachten.
Noch zur Zeit des Ersten Weltkrieges umrandeten die Offiziere der bulgarischen Armee ihre Augen mit schwarzer Farbe, um so einen furchterregenden Eindruck zu erwecken. Die Ureinwohner Australiens tragen auf dem ganzen Körper weiße, rote, gelbe und schwarze Farberden auf und bekleben sich dann mit Flaumfedern. Dies ist nicht nur Ausdruck ihres Schmuckbedürfnisses, sondern hängt auch mit ihren Mannbarkeitsfeiern und Fruchtbarkeitsriten zusammen. In Mikronesien sowie in Zentralpolynesien ist es sehr beliebt, den Körper mit gelber Farbe zu bemalen. Für die Gewinnung des Farbstoffs wird eigens eine bestimmte Pflanze, nämlich die Curcumawurzel, angebaut. Die für ihre prächtige Bemalung berühmten Papuas Neuguineas verwenden heute allerdings schon von den Europäern eingeführte künstliche Farben (s. Bild 135).
Welche Farben für die Körperbemalung verwendet werden, ist nicht nur von den ästhetischen, sondern auch von den religiösen Vorstellungen der Völker abhängig. Hellhäutige Menschen wählen häufig Schwarz als Trauerfarbe, dunkelhäutige Weiß. In unseren Breiten wird mit Schwarz Finsternis, Nacht, Tod, Grab, Sarg, Höhle und das Unheimliche schlechthin bezeichnet, in Indien dagegen gilt Weiß als Farbe des Nichts (Nirwana), des erlösenden Todes. In Mythologie und Religion werden den Himmelsgöttern vielfach weiße Tiere, z. B. die Friedenstaube, den Gottheiten der Erde und der Hölle dunkle Tiere – im europäischen Aberglauben z. B. die schwarze Katze – zugeordnet. Bunte Vögel werden bei den afrikanischen Pangwe kaum beachtet, wohl aber der weiße Reiher (Bubulcus ibis) – er soll dämonische Kräfte besitzen. Die Axtuabo in Ostafrika sehen in dem düsteren Schwarz die Farbe der Freude. In unseren Breiten wird schwarze Kleidung vor allem bei feierlichen Anlässen getragen, gleichgültig, ob es sich um eine Hochzeit oder ein Begräbnis handelt. Zwanglose, fröhliche Zusammenkünfte, die keine elegante Kleidung erfordern, lassen auch fröhliche Farben zu. Weiß gilt bei uns als Farbe der Unschuld. So werden nicht nur die jungfräulichen Bräute in weiße Hochzeitsgewänder gekleidet, auch tote Kinder oder deren Gräber werden mit einem weißen Schleier bedeckt.
Während des Mittelalters galt eine makellos weiße Haut als edel und als Zeichen, daß man es nicht nötig hatte, unter freiem Himmel auf dem Feld zu arbeiten. Um diesen Umstand noch zu unterstreichen, bestäubte man die Haut mit Reismehl. Die im 18. Jahrhundert aufgekommenen schwar-

zen Schönheitspflästerchen, auch Fliegen oder französisch »mouches« genannt, dienten nicht nur dazu, Warzen oder Leberflecke im Gesicht zu verdecken, sondern sie sollten das Weiß der Haut durch die Kontrastwirkung hervorheben. Seit Heinrich III. schminkten sich nicht nur die Frauen, sondern auch die Männer. Unter Ludwig XIV. sollen jährlich zwei Millionen Töpfchen Schminke verwendet worden sein.
Zu den Menschen, für die das Schminken eine unumgängliche Notwendigkeit darstellt, gehören in erster Linie Schauspieler. Die auf größere Entfernung im Theater nur schwer erkennbaren Signale des Gesichts, z. B. Erröten, Erblassen, Ärger, Scham, Wut sowie typische Gesichtsbewegungen wie Lachen oder Heben der Augenbrauen müssen durch eine entsprechende Schminkmaske verstärkt und fixiert werden. Im asiatischen Theater, in China, Japan und Indonesien, werden Geschlecht, Alter, Beruf, gute und böse Charaktere, ernste und heitere Personen durch weithin sichtbare Farbsignale im Gesicht gekennzeichnet (s. Bild 137).

Farbsymbolik

Diese streng ritualisierte Farbsymbolik verstärkt jedoch nicht mehr auf naturalistische Weise natürliche Gefühlszustände – bei uns wird z. B. Rouge zur Vortäuschung einer gesunden Gesichtsfarbe und eines fröhlichen Gemüts verwendet –, sondern folgt einer traditionellen Regel, Farben nach ihrem Symbolwert einzustufen. Im Hinduismus etwa gilt die Erde als blauschwarz, das Wasser als weiß, das Feuer als rot, Wind und Luft als gelb und der Äther als schwarz. Götter und Personen, die man mit diesen Elementen in Zusammenhang brachte, wurden mit diesen Farben gekennzeichnet. Selbst die Himmelsrichtungen und mit diesen verknüpfte Vorstellungen von dämonischen Mächten wurden mit eigenen Farben bedacht. Der chinesische und persische Codex lautete: Osten blau, Süden rot, Westen weiß, Norden schwarz. Der aztekische Codex schrieb vor: Osten rot, Süden grün, Westen blau, Norden gelb.
Der französische Dichter Arthur Rimbaud (1854–1891) suchte einer seltsamen Vorliebe des Menschen, selbst Vokale mit Farben in Verbindung zu bringen – ein Phänomen, das die Psychologie als Synästhesie bezeichnet – poetischen Ausdruck zu verleihen:
»A: schwarz, E: weiß, I: rot, U: grün, O: blau:
Vokale, ich bin schon eurer dunklen Herkunft auf der Spur.«
Nicht immer sind es soziale oder magisch-religiöse Gründe, die die Verwendung von Farben bestimmen. Dies beweisen die phantastischen Bemalungen der Nuba von Kau im Sudan (s. Bild 131), die offenbar in einem vorwiegend ästhetisch motivierten Körperkult begründet sind.
In Europa profitiert eine mächtige Kosmetikindustrie von den Bemühungen des weiblichen Geschlechts, unserem kulturspezifischen Schönheitsideal nahezukommen. Haare werden gefärbt, Augenbrauen ausgezupft und nachgezogen, Wimpern getuscht, die Augen und ihre Umgebung sowie die Lippen durch Farbe hervorgehoben, die Backenknochen mit Rouge betont, die Fingernägel befeilt und bemalt. Hat man des Guten zuviel getan, spricht man von »Kriegsbemalung« und hat damit gar nicht so unrecht: Gehen wir nicht auf »Eroberungen« aus, begünstigt ein raffiniertes Make-up nicht das »Jagdglück«?

»Sie bedecken Gesicht und Körper mit Zeichnungen ... Zeichnungen, die auch durch Waschen nicht verschwinden.«

Pomponius Mela über die Agathyrsi

Tatauierung

Die *Tatauierung* (haïtisch: tatau = zeichnen, schlagen), im Deutschen auch fälschlich Tätowierung genannt, nimmt unter den Formen des Hautschmucks eine besondere Stellung ein, garantiert sie doch dem Träger eine dauerhafte Verzierung seiner Hautoberfläche. Bei der Narbentatauierung werden durch tiefe Einschnitte in die Haut Wunden erzeugt, deren Abheilung durch Verunreinigung und neuerliches Aufreißen verzögert wird. Dadurch entstehen deutlich sichtbare Narben, die ein reliefartiges Hautmuster ergeben. Für die zeitraubende Stichtatauierung werden Nadeln, Dornen oder zugespitzte Knochen verwendet, mit denen Ornamente oder figürliche Darstellungen in die Haut gestochen oder geritzt werden. Aus Ruß, Asche oder Pflanzensäften gewonnene Farbstoffe und auch Tinte werden dann in die so bearbeitete Haut eingerieben und lassen die Muster blau erscheinen. Die Tatauierung wurde und wird wie die Körperbemalung meist aus ästhetischen oder magisch-religiösen Gründen vorgenommen, sie dient als Stammes-, Standes- und Altersklassenkennzeichnung, wird aber auch als Tapferkeitsbeweis erduldet.

Die ältesten bis heute bekannten Tatauierungen wurden an sogenannten Moorleichen entdeckt. Dies sind Leichen aus prähistorischer und historischer Zeit, die durch die chemischen Prozesse, die im Moor wirksam sind, hervorragend konserviert wurden. So kam in Bürmoos, Land Schleswig, BRD, die zerstückelte Moorleiche eines Mannes zusammen mit einem Steinbeil aus der frühen Jungsteinzeit zutage. Sein Oberkörper und die Oberarme waren mit Narbenschmuck bedeckt. Der Bronzezeit zugeordnet wird die in ein Rinderfell gewickelte Leiche eines Mannes aus einem Moor in Schwerinsdorf, Niedersachsen, auf dessen Brust eine kreisförmige Stichtatauierung zu erkennen war. Ebenfalls aus der Bronzezeit stammen die in der Nähe von Zwettl an der Rodl, Oberösterreich, entdeckten Moorleichen einer alten Frau und eines durch einen Schwerthieb getöteten alten Mannes. Arme, Brust und Rücken des Mannes waren tatauiert. Zwei Frauenköpfe mit gleichartigen Stichtatauierungen, die nebeneinander im Heseler Moor, Niedersachsen, gefunden wurden, werden aufgrund von beigegebenen Schmuckspangen als latènezeitlich (späte Eisenzeit) datiert. Zu den interessantesten Entdeckungen in den 1948 ausgegrabenen skythischen Hügelgräbern von Pazyrik (5. bis 4. Jahrhundert v. Chr.) im sibirischen Altaigebirge gehören die blauen Stichtatauierungen an der gefrorenen Leiche eines Häuptlings (Grab 2). Sein Leichnam war über und über mit Bildern von mythischen Tierwesen bedeckt, denen wahrscheinlich magische, unheilabwehrende Bedeutung zukam (s. Abb. 62). Blaue Punktzeichen entlang der Lendenwirbelsäule ließen jedoch außer an ästhetische auch an therapeutische Gründe denken – die Tatauierung als Behandlungsmethode, z. B. gegen Rheumatismus, wird noch heute von den sibirischen Khanty und den Eskimos in ähnlicher Weise durchgeführt.

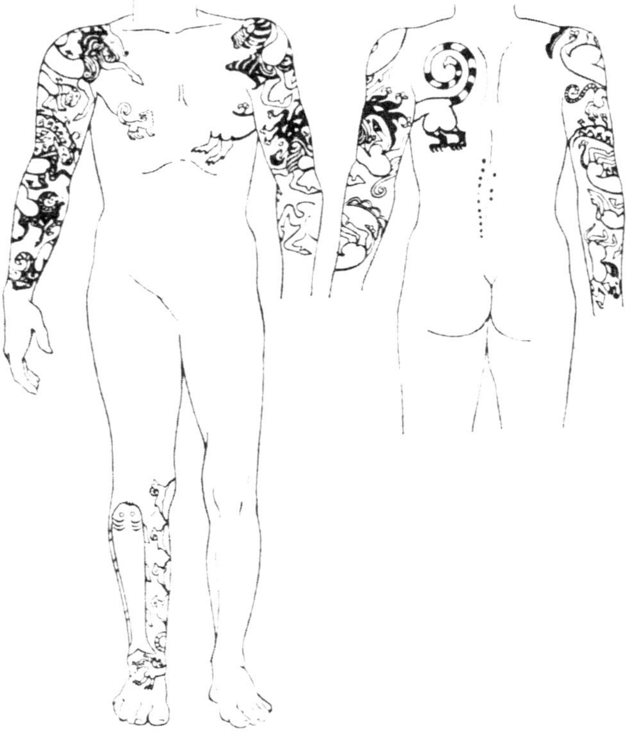

Abb. 62 *Tätowierung eines Skythen-Häuptlings aus dem Hügelgrab 2 von Pazyrik, UdSSR*

Über die Gründe, die die Skythen veranlaßten, sich zu tatauieren, erfahren wir von dem griechischen Arzt Hippokrates (460–377 v. Chr.) folgendes: »Alle Skythen, soweit sie Nomaden sind, beizen ihre Schultern, Arme und Hände, den Brustkorb sowie Oberschenkel und Lenden, für keinen anderen Zweck, als Schwäche und Schlaffheit abzuwehren und tatkräftig zu werden.« Von den Agathyrsi, den Nachbarn der Skythen, schreibt Pomponius Mela: Sie »tragen Zeichnungen auf Gesicht und Körper, je nach dem Grad ihrer edlen Herkunft«. Ähnliches berichtet Herodot von den vornehmen Thrakern und Xenophon von den reichen Mossynoeci. Herodot erzählt auch von der List des Histiaios, der Aristagoras, dem Tyrannen von Milet, das Zeichen zum Aufstand gegen die Perser auf eine besondere Art und Weise übermittelte: »Denn Histiaios fand, weil alle Straßen bewacht wurden, kein anderes sicheres Mittel, Aristagoras zum Abfall zu ermutigen, als seinem getreuesten Sklaven das Haar zu scheren, Zeichen auf seinen Kopf zu schreiben, das Haar wieder wachsen zu lassen und ihn dann nach Milet zu schicken. Der Sklave hatte bloß den Auftrag, Aristagoras in Milet zu bitten, ihm das Haar zu scheren und seinen Kopf zu betrachten.«

Sklaven den Namen ihres Eigentümers einzutatauieren war im klassischen Altertum und auch später durchaus üblich. Eine makabre Fortsetzung hat

diese Sitte in den Konzentrationslagern unserer jüngsten Vergangenheit gefunden. Herodian von Alexandrien (3. Jahrhundert n. Chr.) berichtet von den Britanniern, daß sie ihre Körper mit Tierbildern tatauierten. Nach Isidor von Sevilla (7. Jahrhundert n. Chr.) kennzeichneten sich die Adelsgeschlechter der Pikten und Scoten durch bestimmte Narbentatauierungen, von denen sie auch ihre Namen erhielten. Die Muster auf den heutigen Schottenröcken werden von manchen Autoren als Clanzeichen interpretiert, die früher auf der Haut getragen wurden.
Die ersten Christen tatauierten sich ein T (Tau = Antoniuskreuz) in die Stirnhaut. Ritter und Pilger, die zur Zeit der Kreuzzüge in das Heilige Land zogen, ließen sich als Zeichen ihrer christlichen Überzeugung Kreuze in die Haut stechen. Tiroler Bauern kennzeichneten auf die gleiche Weise die Gesichter ihrer Kinder, wenn diese in den Krieg ziehen oder aus anderen Gründen das Heimatdorf verlassen mußten.
Im 16. Jahrhundert war in Europa die alte volkstümliche Tradition der Tatauierung nur noch beim »fahrenden Volk«, also bei Soldaten, Seeleuten,

Abb. 63 *»Tätowierte Menschen aus Nukahiwa« (nach Krusenstern, 1811)*
Während der Weltumsegelung A. J. von Krusensterns 1803 bis 1807 entstand ein Großteil der berühmten Südsee-Figuren, die später von verschiedenen Stechern auch für die Illustration anderer Expeditionsberichte als Vorlage genommen wurden. Man sah im Südseeinsulaner, vor allem im Marquesianer und dem Bewohner von Nukahiwa, nicht nur den »anderen Europäer«, sondern auch den antiken Heros. In »Fernere Reisenachrichten vom Hrn. D. Langsdorff an F. J. Blumenbach« (1804) heißt es: »Die Einwohner, besonders die Männer, sind von ganz vorzüglicher Schönheit. Über alles hat mich ihre Tätowierung überrascht. Die Regelmäßigkeit, und ich möchte sagen, der Geschmack der Figuren, welche im Ganzen eine auffallende Ähnlichkeit mit unseren à la Greque haben, sollte einem guten Zeichner Mühe machen, sie getreu darzustellen.«

Bergknappen und Zimmerleuten, aber auch bei Verbrechern im Schwange. Neu belebt wurde diese Sitte im 18. Jahrhundert durch Eingeborene der Südsee, die mit englischen Schiffen nach Europa kamen. Vor allem die Maori müssen als Meister dieser Kunst bezeichnet werden. Ihre komplizierten und formschönen Muster, mit denen sie den ganzen Körper bedeckten, hatten eigene Namen und Bedeutungen. Sie verzierten selbst Augenlider, Lippen und das Zahnfleisch mit Sternen, Spiralen, Sonnen, Dreiecken, Kreisen, Zickzack- und Wellenlinien (s. Abb. 63). Bei den jungen Südseeinsulanerinnen mußte die Tatauierung mit dem Eintritt der Reife beendet sein, bei den Männern galt sie als Zeichen der Clanzugehörigkeit und des Ranges und wies auf außergewöhnliche Leistungen hin.
Auch bei den sogenannten Naturvölkern der Gegenwart hat die Tatauierung noch immer den Charakter einer magisch-religiösen, einer heiligen Handlung, wie dies das Beispiel der Buschmänner zeigt: Den Abschluß der Knaben-Initiation bildet die »Jägerweihe«. Dabei wird in eine frische Schnittzeichnung zwischen den Augen das verkohlte Fleisch von erlegten Wildtieren eingelegt (»Jagdimpfe«), um die Kraft und Schnelligkeit des Tieres auf den Tatauierten zu übertragen.
Die letzte technische Neuerung auf dem Gebiet der Tatauierung war die um die Jahrhundertwende in Amerika erfundene elektrische Maschine für den Hautstich. Der Tatauierer entnimmt seine Motive entweder Musterbüchern, oder er richtet sich nach Photographien bzw. den individuellen Wünschen seiner Kunden. Beliebte Darstellungen sind Herzen, Anker, Rettungsringe, Segelschiffe, Freundschaftshände, Berufsabzeichen, Schlangenbaum sowie erotische und exotische Szenen (s. Bild 133).
Die Vielfalt der mit der Tätowierung verbundenen Vorstellungen drückte sich auch früher in der Werbung für diese ungewöhnlichen »Kunstwerke« aus:

> Wer untätowiert ist, ist nackt! Schämst du dich nicht, nackt herumzulaufen? Schmücke deinen Körper! Wer seine Frau liebt, läßt sich tätowieren! Wer seinen Mann liebt, läßt sich tätowieren! Garantiert schmerzlos! Für Damen Spezialbehandlung! Hier werden Tätowierungen nach Entwürfen der berühmtesten Maler ausgeführt! Alles, was der männliche Körper ausdrücken soll, steche ich ein: Politik, Erotik, Athletik, Ästhetik! An allen Stellen! Wundervollste Muster! Freie Auswahl! Nach persönlichem Geschmack! Giftfrei! Nur elektrische Behandlung! Unverwüstlich! Gebt euren Körper nicht in die Hände von Pfuschern! Meine Tätowierungen dauern über den Tod hinaus! (Referenzen aus allen Hafenstädten der Welt.) Zwanzig Jahre Praxis! Zivile Preise! Reparaturen billigst!
>
> Fred. A. Lionsfield
> ehem. Bootsmaat und Ober-Tätowierer
> des Admiralsschiffs »Columbus« (U.S.A.)
> !Amerika!

Miß Carry, die preisgekrönte tätowierte Schönheit, begegnet beim Wiener Publikum derart lebhaftem Interesse, daß die Vorstellungen, welche im Konzertsaale des Homes Fey-Theaters am Kohlmarkt 10 stattfinden, stets ausverkauft sind. Viele Sachverständige, Professoren, Maler und Bildhauer sprachen sich äußerst lobend über die großartigen Kunstwerke aus, welche den schönen Körper der interessanten Frau bedecken.

Wiener Allgemeine Zeitung Nr. 8675
vom 23. Februar 1907

In den »westlichen Zivilisationen« ist es heute meist nur noch bei bestimmten religiösen Gruppen, ethnischen Minderheiten und zum Teil auch noch bei Artisten üblich, sich zu tatauieren bzw. tätowieren. Für den Katholiken der westlichen Balkanländer ist die Tatauierung des alten Sternradzeichens, für die Pilger in Loreto an der italienischen Adriaküste oft die Verewigung ganzer Kreuzigungsszenen auf der Haut kultisches Erinnerungszeichen an christliche Wallfahrten.

Aber auch Kriminelle bedienen sich noch der Tätowierung als »Standeszeichen«. Eine Kuriosität besonderer Art in diesem Zusammenhang dürfte die Sammlung tätowierter Brust- und Oberarmhäute von hingerichteten Verbrechern aus der Zeit der k. u. k. Monarchie im Museum für Volkskunde in Wien sein.

Nur wenige von uns kennen noch den Sinn des kleinen »Strizzipunkts« (mundartlich: Strizzi = Ganove) unter dem Auge oder der drei unauffälligen Punkte in der Beuge zwischen dem Daumen und dem Zeigefinger mancher unserer Zeitgenossen. Letztere bedeuten für Eingeweihte etwa »I bin a Steher«, das heißt »I siech nix, i hear nix, i sog nix« (bei der Polizei). Wie man sieht, sind auch die Wiener »Strizzi« und »Sandler« (Unterstandslose) Bewahrer uralten Kulturgutes.

Daß die Tätowierung nicht nur Randschichten der Gesellschaft faszinierte oder auf »kriminelle Naturen« beschränkt blieb, bewies Kaiserin Elisabeth von Österreich, die Gemahlin Kaiser Franz Josephs I. In ihrem Schloß auf der griechischen Insel Korfu ließ sie sich noch als reife Frau einen Anker auf die Schulter tätowieren. Als sie im Jahr 1888 den Kaiser in Wien besuchte, zeigte sie ihm diese »Neuerwerbung« – Seine Majestät waren entsetzt.

Mehr als zweite Haut

»Es glaubt kein Mensch, was ein Mensch alles braucht, bis er halbwegs einem Menschen gleichsieht. Kurios: Der Mensch, heißt's, ist das Meisterstück der Schöpfung, und man muß sich förmlich arm zahlen an Schneidern, daß man das Meisterstück gehörig verstecken kann.«

Johann Nestroy

»Das Tier schützt sich durch Kleidung, der Reiche oder der Dummkopf putzt sich auf, der elegante Mensch zieht sich an.«

Honoré de Balzac

Als der Ethnologe Karl von den Steinen bei seiner zweiten Xingu-Expedition in den Jahren 1887/88 zu dem südamerikanischen Indianerstamm der Bakairi kam, stellte er mit Erstaunen fest, daß diese sich ihrer Nacktheit nicht schämten, jedoch daran Anstoß nahmen, daß er in ihrer Gegenwart den gebratenen Fisch zu essen begann, den sie ihm zur Begrüßung geschenkt hatten. Er konnte nicht wissen, daß die Bakairi keine »Körper-Scham«, wohl aber eine »Nahrungs-Scham« kannten. Bei ihnen war es üblich, sich während des Verzehrens einer Speise zurückzuziehen oder wenigstens den Anwesenden den Rücken zuzukehren. Die Bakairi empfanden es als unschicklich, den essenden Mund fremden Blicken preiszugeben. Ihr nackter Körper war jedoch ihrem Selbstverständnis nach nichts, womit man sich eine »Blöße« geben konnte.
Seit christliche Missionare begonnen hatten, die sogenannten Primitiven zu bekehren, stellte sich ihnen die Frage, ob es eine »natürliche« Scham gäbe. Es war ihnen aufgefallen, daß viele Völker einen Schamschurz oder eine Schambinde trugen, ohne daß etwa das Klima sie dazu gezwungen hätte. Bekleidung schien weniger aus Gründen des Schutzes, als vielmehr der Schicklichkeit wegen getragen zu werden.
In der biblischen Schöpfungsgeschichte (Genesis) heißt es im zweiten Kapitel vom »ersten Menschenpaar«: »Dann baute der Herr Gott die Rippe, die Er vom Menschen genommen, zu einem Weibe aus und brachte sie zum Menschen. Da sprach der Mensch: Diesmal ist es Bein von meinem Beine und Fleisch von meinem Fleische. Deshalb heißt sie Weib, weil sie vom Mann genommen ist. Darum läßt ein Mann Vater und Mutter und hängt sich an sein Weib und sie werden Ein Leib. Die beiden aber, der Mensch und sein Weib, waren nackt; aber sie schämten sich nicht voreinander.«
Im dritten Kapitel nimmt dieser wahrhaft paradiesische Zustand jedoch ein jähes Ende: »Da sah das Weib: Der Baum war köstlich zum Speisen und Wollust den Augen und berückend war der Baum, um zur Erkenntnis

zu gelangen. So nahm sie von seiner Frucht und aß. Dann gab sie ihrem Mann bei ihr. Auch er aß. Da gingen beiden die Augen auf und sie erkannten, daß sie nackt waren. Und sie flochten Feigenlaub und machten sich Schürzen.«

Im biblischen Mythos wird die menschliche Scham auf unsere Geschlechtlichkeit, also auch auf unsere Geschlechtsorgane bezogen. Diese sind seit damals mit unserer »Ur-Schuld«, der durch den Sündenfall auf uns gekommenen Erbsünde, verbunden. Aus diesem Grund waren die Missionare bis in unser Jahrhundert bestrebt, den »Wilden« nicht nur christliche Nächstenliebe, sondern auch die kirchlichen Moralvorstellungen in bezug auf die Kleidung zu vermitteln.

Über die Nacktheit

So wurden z. B. die Männer einiger Stämme Afrikas, Südamerikas oder Polynesien angehalten, kurze Hosen zu tragen, während man die Frauen veranlaßte, sich in europäische Röcke und Büstenhalter zu zwängen. Heute ist unter den sogenannten Naturvölkern durch den unvermeidlichen Kontakt mit »Zivilisierten« körperliche Nacktheit und die damit verbundene Sichtbarkeit der Geschlechtsorgane selten geworden. Dies obwohl der missionarische Eifer nicht mehr mit der alten Strenge auf so äußerliche Beweise christlicher Gesinnung wie das Tragen bestimmter Kleidungsstücke pocht. Vor allem wissenschaftlich gebildete Geistliche haben erkannt, daß »Nacktheit« auch Unverfälschtheit und intaktes Selbstverständnis bedeuten kann. Leider wird jedoch unter dem Einfluß der übermächtigen »westlichen Zivilisationen« die europäische Kleidung immer mehr zum Kulturideal und Prestigeobjekt. Irenäus Eibl-Eibesfeldt schreibt in seinem Buch »Menschenforschung auf neuen Wegen«: »Zugleich ermuntert man die Leute, unsere abgetragenen Kleider zu nehmen, obgleich das vor allem in tropischen Regenwaldgebieten keineswegs sehr gesund ist. Ich habe oft gefragt, warum man das so macht, und erhielt zur Antwort, die Leute wollen es doch selbst. Und das stimmt in der Tat. Unsere Eipo wollten ebensogern Kleidungsstücke wie die Buschleute und Yanomami, und sie nahmen es uns wahrscheinlich übel, daß wir nichts davon abgaben.«

In einer Kultur wie der unseren, in der die Haut mit Ausnahme von Gesicht und Händen in der Regel kaum zur Schau gestellt wird, empfindet man die Körperbemalungen und Tätowierungen der Naturvölker meist als befremdlich. Man vergißt, daß bei uns die Kleidung mit ihren Farben und Mustern vielfach nur die bemalte Haut als Signalträger abgelöst hat und damit mehr als Schutz des Körpers ist.

Vollständige Nacktheit ist nur selten beobachtet worden, sie ist in der Völkerkunde von einigen Stämmen am Oberen Nil sowie von Jägerstämmen Ozeaniens, Südostasiens, Australiens und Südamerikas bekannt. Meist findet sich bei den Bewohnern tropischer Regionen eine Schambekleidung, die manchmal nur aus Pflanzenbüscheln besteht. Einige Forscher wollen darin den Ursprung der menschlichen Kleidung sehen. Der Schamschurz als »Urform« der Kleidung schützt die Geschlechtsteile vor natürlichen, aber auch magischen Gefahren wie z. B. dem »bösen Blick«. Auch vor den unheilbringenden Einflüssen von Naturdämonen müssen die Ge-

schlechtsteile als Sitz geheimnisvoller und mächtiger Lebenstriebe versteckt werden. Verbreitet ist aber auch die Meinung, daß die Anfänge der menschlichen Kleidung nicht nur in magischen Vorstellungen, sondern auch im Schmuckbedürfnis zu suchen sind.
In den »Schilderungen des Merkwürdigen aus allen Theilen des Erdballes« von Schweickhardt heißt es über die Hottentotten: »Ihre Kleidung, eine Art Mantel, den sie Kroos nennen, wird aus einer Thierhaut gemacht, und mit dem Urin von Kühen, mit Butter oder stinkendem Fett eingerieben. Bei allen Feierlichkeiten und Festen beschmieren sie sich dick mit Fett oder machen breite Streifen damit über den ganzen Körper, die sie mit Ruß, Kalk und rother Erde bestreuen und Buhu oder Sonntagsstaat nennen. Die Männer gehen mit bloßem Haupte einher, die Frauen hingegen haben eine Art kleiner Häubchen. Außerdem schmücken sie sich noch damit, daß sie mit Luft angefüllte Blasen in ihren Haaren befestigen und selbe nach allen Seiten herabhängen lassen. Die Männer binden sich die Eingeweide frisch geschlachteter Thiere um die Beine und bilden dergestalt eine Art Halbstiefel aus denselben.«

Über das Schamgefühl

Mit dem Schamgefühl der Menschen hängt auch der von der Verhaltensforschung geprägte Begriff des sogenannten »Anstoßnehmens« zusammen. Der Zoologe Friedrich Goethe bekleckste das Gefieder einer Möwe mit Farbe, worauf der solcherart auffallende Vogel von seinen Kumpanen »wütend behaßt« und angegriffen wurde. Auch bei den Pavianen und in menschlichen Gesellschaften reagiert man auf das Abweichen von der Norm aggressiv. Schon Kinder, die durch eigentümliches Verhalten oder körperliche Besonderheiten auffallen, werden nicht selten von ihren Spielkameraden grausam »gehänselt«. Die bei uns seit jeher besonders aufs Korn genommenen Rothaarigen werden in einem Wiener Kinderreim wie folgt verspottet:

Roter, roter Ging, Ging, Ging,
Feuer brennt in Ottakring,
Feuer brennt in Wahring,
bist a gselchter Haring.

Auch über Erwachsene, die »aus dem Rahmen fallen«, wird vom »kraketing« (norwegisch: »Krähengericht«) unserer Mitmenschen das Urteil gesprochen. Personen, die die mittelalterliche Gerichtsbarkeit für »vogelfrei« erklärt hatte, waren damit dem öffentlichen Anstoßnehmen ausgeliefert, und jedermann konnte ungestraft über sie herfallen.
Sobald wir uns geistig, z. B. durch Unwissenheit, oder physisch, z. B. durch ein zerrissenes Kleidungsstück, eine »Blöße« geben, werden wir Gegenstand fremder Aufmerksamkeit und schämen uns. Das Schamverhalten äußert sich meist in angedeuteten Demutsgesten, da wir uns unterlegen fühlen: Wir richten den Blick zu Boden und/oder senken den Kopf. Von Befangenheit sprechen wir, wenn wir uns das Anstoßnehmen lediglich vorstellen oder davor Angst haben. Erscheint man bei einem festlichen Empfang in unangemessener Bekleidung, weil die Zeit zum Umziehen gefehlt hat, so wird man vielleicht nicht hinausgeworfen werden, jedoch befangen oder verlegen sein.

Personen, die sich über die geschriebenen oder ungeschriebenen Gesetze einer Gesellschaft (Traditionen, Tabus) hinwegsetzen, werden oft in direktem, häufiger aber in indirektem Sinn als »schamlos« bezeichnet (der »schamlose« Lügner).
Unser Wort »Hemd« kann mit großer Wahrscheinlichkeit auf die indogermanische Wurzel »skam« zurückgeführt werden. Das Gotische »skaman sik« bedeutet vermutlich sowohl »sich bedecken« als auch »sich schämen«. Im Mittelhochdeutschen bezeichnet »schame« jedoch bereits nur noch die Schamteile.
Wenn wir jemanden »bloßstellen«, so decken wir seine verborgenen Fehler auf, wir »lüften« ein Geheimnis. Als Strafe und Zeichen der Schande war es jedoch in der Rechtsprechung vieler Völker üblich, die Verurteilten tatsächlich zu entblößen und so dem öffentlichen Spott preiszugeben. Schon Tacitus berichtet von den Germanen, daß Ehebrecherinnen nackt aus dem Haus gepeitscht wurden.
Menschliches Schamverhalten bezieht sich in seiner ritualisierten Form nicht nur auf die Geschlechtsteile. Die bereits erwähnte Nahrungsscham der indianischen Bakairi findet z. B. ihre Entsprechung in der japanischen Sitte, den essenden Mund der Frau den Männerblicken zu entziehen, indem Männer und Frauen getrennt speisen. Bei den Tuareg der Sahara tragen die Männer einen Schleier, da es als unanständig gilt, den Mund zu zeigen. Die Frauen der finnischen Wotjaken und Tscheremissen verbargen aus Sittlichkeitsgründen ihren Kopf, die Frauen des alten China ihre nackten Füße.
Im antiken Griechenland war der unbekleidete Körper nicht tabuisiert. Götter und Helden wurden in der bildenden Kunst meist nackt dargestellt, in Sparta fand seit 670 v. Chr. ein sportliches Fest statt, das »Gymnopaidia« (griech.: Nacktknabentanz) genannt wurde. Zur gleichen Zeit vermerkte Plutarch (ca. 46–120) allerdings tadelnd, daß der seitlich aufgeschlitzte Peplos (ärmelloses Faltenkleid) der Spartanerinnen beim Gehen die Schenkel zeigte. Bei den Tyrrhenern war es Sitte, sich beim Gastmahl von nackten Mägden bedienen zu lassen, doch schon die Römer sahen im ungezwungenen Verhältnis der Griechen zur Nacktheit die Dekadenz der hellenischen Kultur.
Im frühen Mittelalter wurde die Körperfeindlichkeit der jüdisch-christlichen Tradition auch in der Kunst sichtbar. So wurde z. B. bei Darstellungen des »Sündenfalls« die Figur der Eva mit weit auseinanderliegenden kleinen Brustknospen und kaum betonten Hüften gezeigt. Die unbedeckte Brust galt in den folgenden Jahrhunderten meist als Zeichen barbarischer Sittenlosigkeit. Sie kennzeichnete vielfach die »Hexen«, die als »Nachtfrauen« nackt auf wilden Tieren ritten.
In einigen Kulturen der Antike war es Ausdruck von Frömmigkeit und Demut, den Göttern nackt gegenüberzutreten. Diese Schaustellung von Unterwerfung und Schutzlosigkeit war auch als Grußgebärde gegenüber weltlichen Herrschern anzutreffen.
Die Nacktheit spielte jedoch auch in dem bereits aus dem Altertum bekannten Segens- und Fruchtbarkeitszauber eine große Rolle. Mann und

140

141

140 Urnenfelderzeitliche Mehrfachbestattung (Stillfried)
141 Mittelalterliche Nagelung

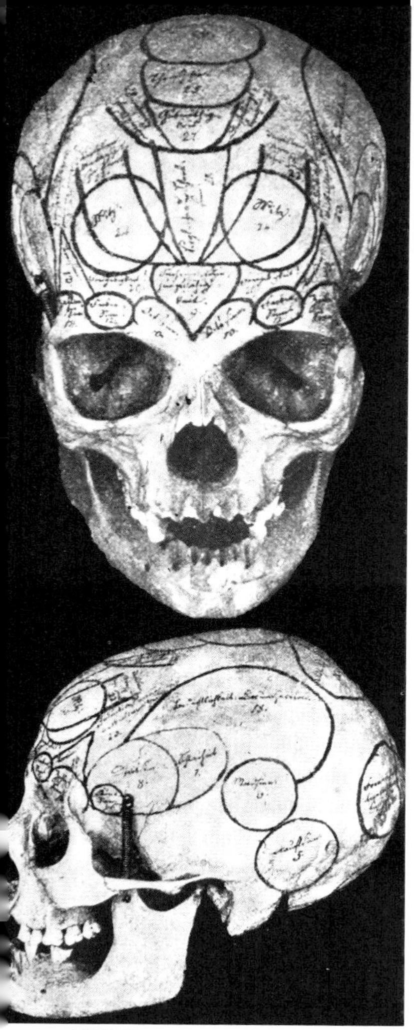

142/143

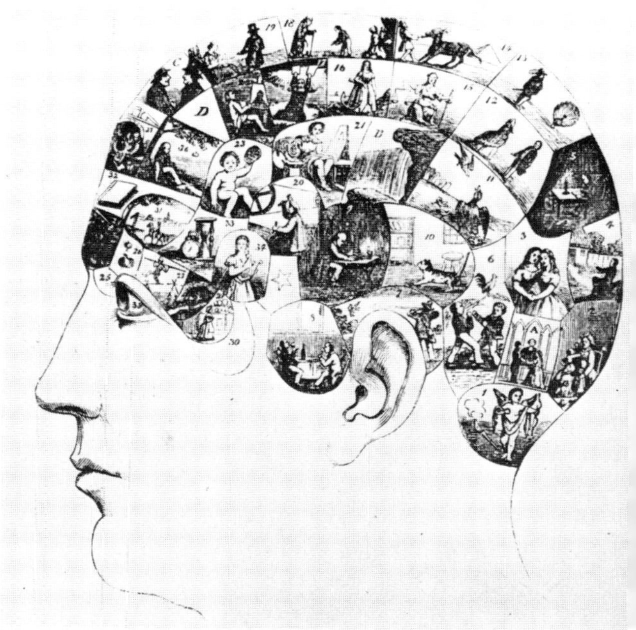

144

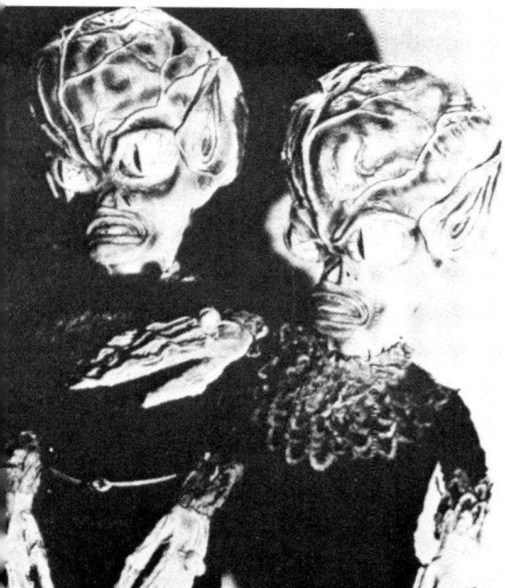

145

146

142/143 Gallsche Schädel
144 Phrenologische Darstellung
145 Außerirdische Besucher
146 Karikatur der Kranioskopie

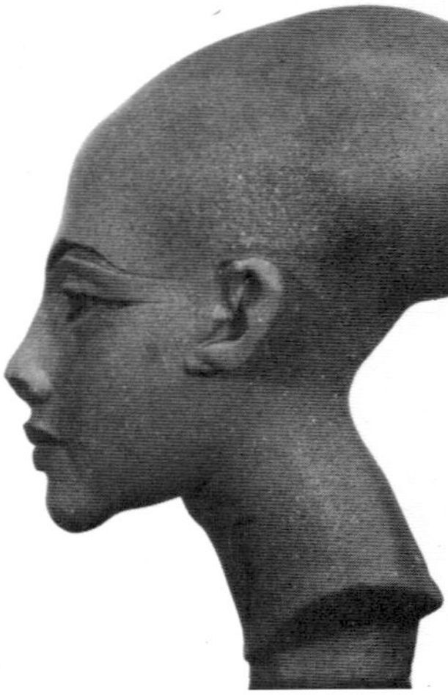

147

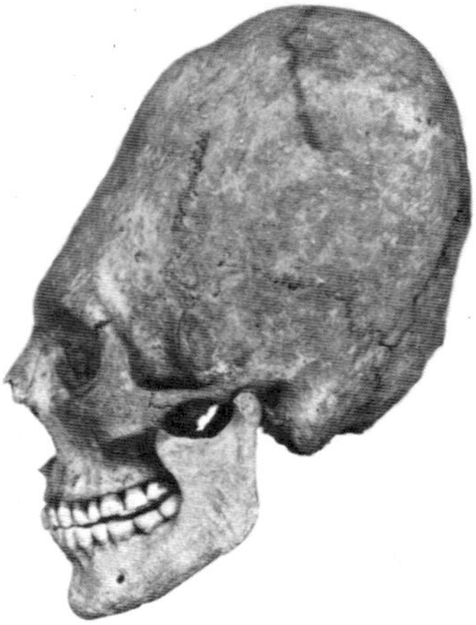

148

149

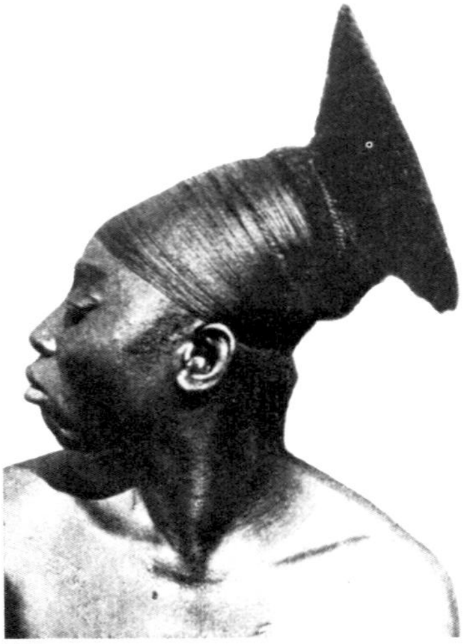

150

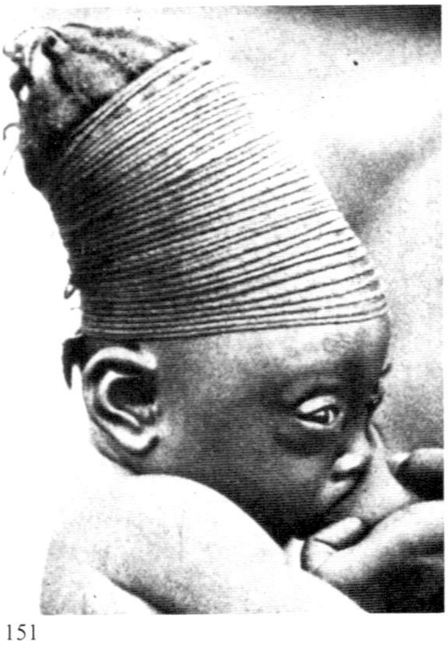

151

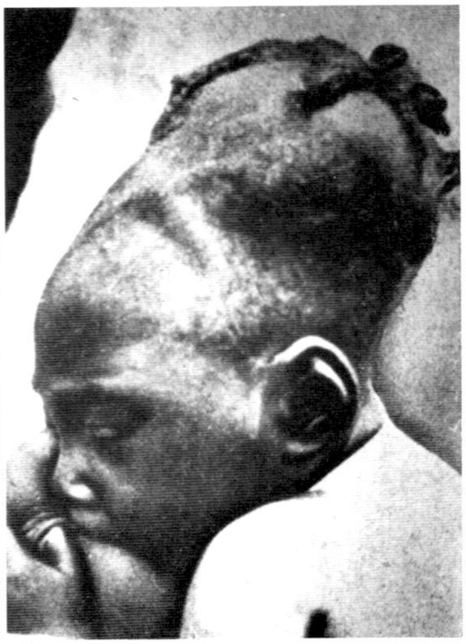

152

147 Kopf einer ägyptischen Prinzessin
148 Hunnenzeitliche Schädeldeformation (Österreich)
149 Eskimo-Frau (Nordamerika)
150 Mangbetu-Frau (Kongo)
151/52 Bindeformation bei Mangbetu-Kind

153

154

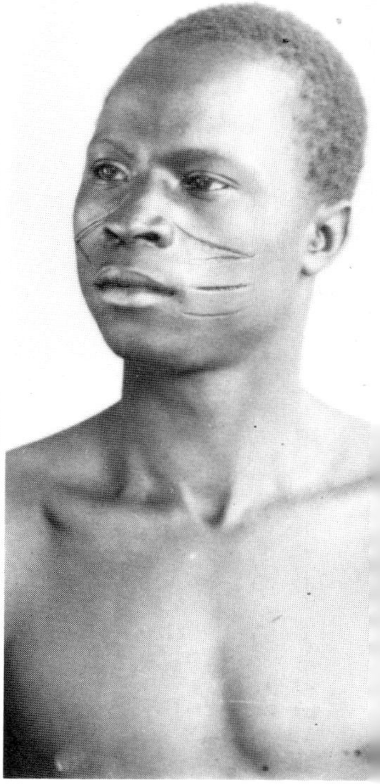
155

156

157

153 Botokuden-Frau mit Lippenpflock (Südamerika)
154 Studenten»schmiß«
155 Afrikanische Schmucknarben
156 Maske einer Niska-Indianerin (Nordamerika, 19. Jahrhundert)
157 Frau mit Lippenteller (Tschad, Zentralafrika)

158

159

160

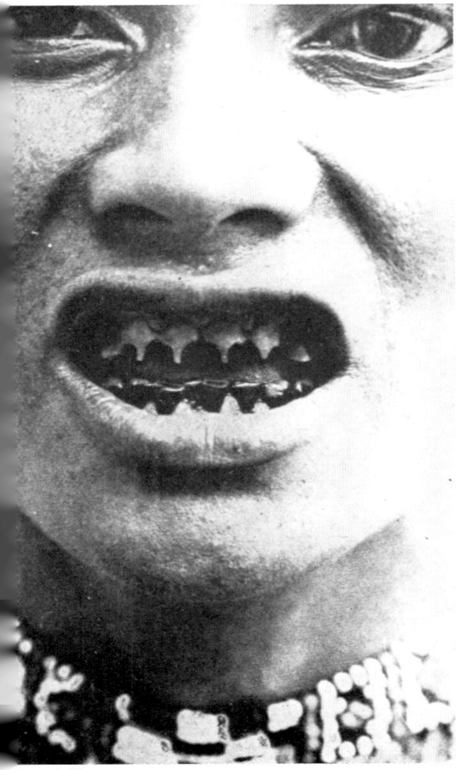

161

162

158 Drachenköpfiger Türhüter (Ulan Bator, Mongolei)
159 Aztekischer Sonnengott Tonatiuh
160 Griechische Gorgo (antike Vasenmalerei)
161 Zahndeformation einer Indonesierin
162 Bopotos mit Schmucknarben und zugefeilten Zähnen (Nordkongo)

163

164

165

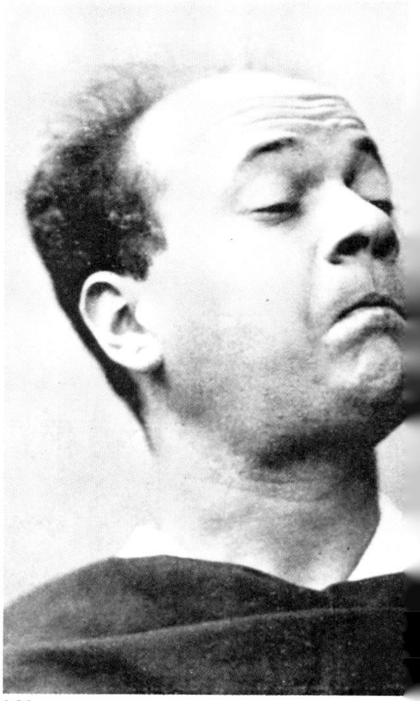
166

163–166 Mißverständnis von Ausdruck und Eindruck

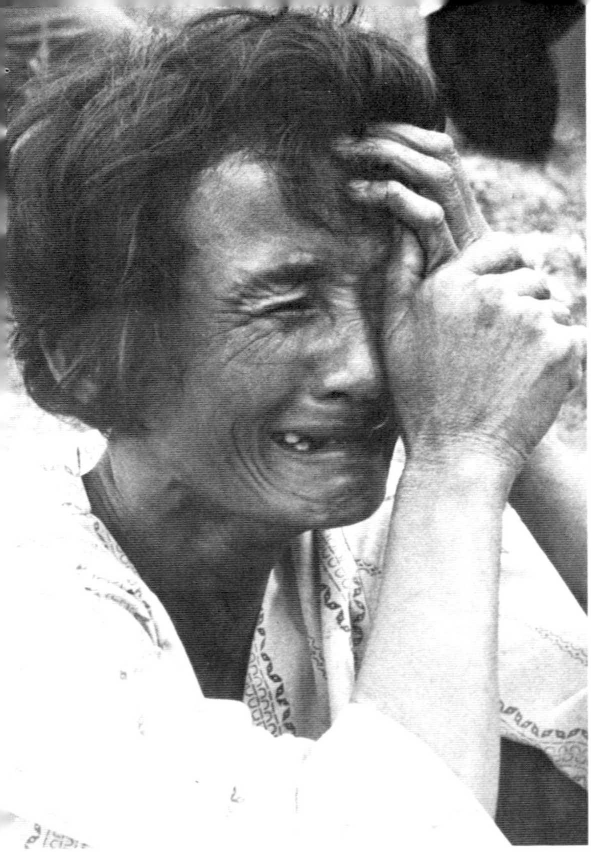

167

168

169

170

167 Weinende Frau (Kambodscha)
168 Wut bei Vietnam-Demonstration
169 »Drill instructor«
170 Lächelndes Mädchen aus Burma

171

172

173

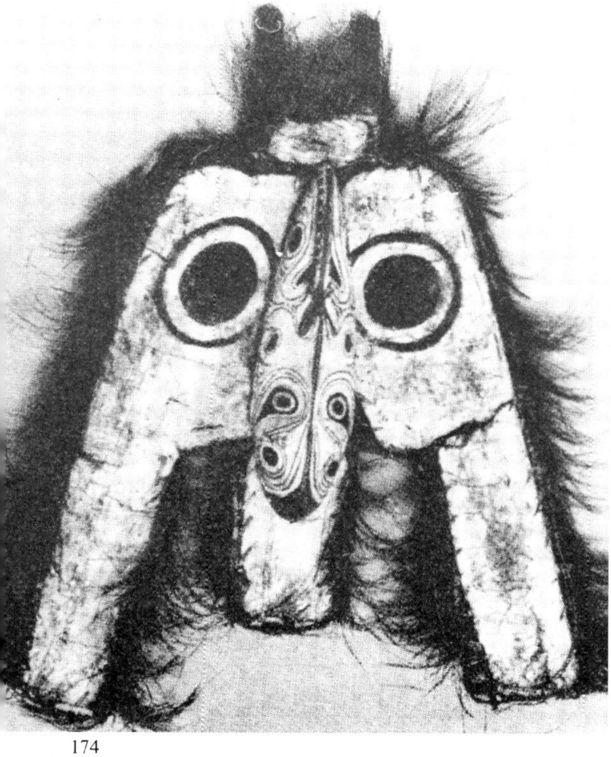

174

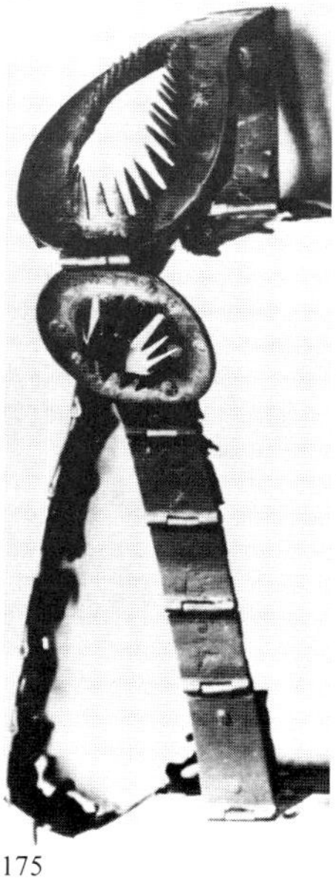

175

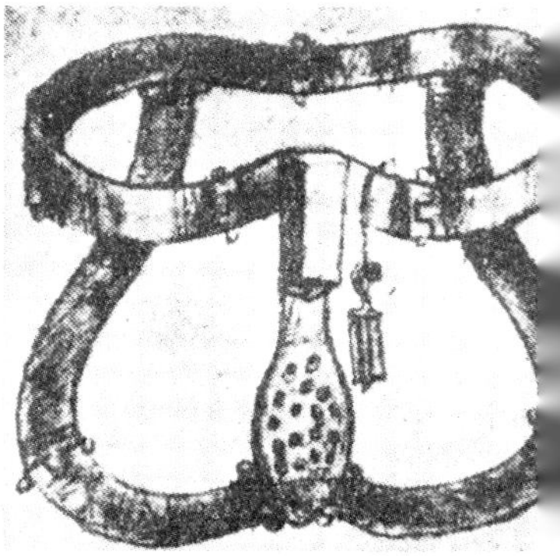

176

171 Heilige Steine aus Indien
172 Augengruß eines amerikanischen Komikers
173 Griechisches Augenvotiv
174 Kampfschild (Neuguinea)
175/176 Keuschheitsgürtel

Zu den Photos des vorangehenden Bildteiles:

140 *Urnenfelderzeitliche Mehrfachbestattung innerhalb der Wallburg von Stillfried an der March, Niederösterreich*
Im 13. Jahrhundert v. Chr. neigte sich die Bronzezeit in Europa allmählich ihrem Ende zu. Vieles deutet darauf hin, daß mit der aufkommenden Verwendung des Eisens und der (allerdings schon vorher bekannten) Brandbestattung, die dieser Zeit den Namen gegeben hat, tiefgreifende soziale und religiöse Wandlungen einhergingen. Träger der Urnenfelderkultur dürften aus ihrem Ursprungsgebiet in Osteuropa in den Donauraum eingedrungen sein und zusammen mit der ortsansässigen Bevölkerung die lokalen Urnenfeldergruppen gebildet haben. Der österreichische Prähistoriker Richard Pittioni sieht in ihnen die ersten Vertreter der »Indogermanen« und ordnet sie den früheren Illyrern zu. Die in diesem Zeitraum überall errichteten Wallburgen spiegeln das Sicherheitsbedürfnis der Bevölkerung in einer kriegerischen, unruhigen Epoche wider. Die 1976 in der Wallburg von Stillfried entdeckte Mehrfachbestattung wird in das 8. Jahrhundert v. Chr. datiert (Hallstatt B3). In einer leeren Getreidevorratsgrube waren in den Jahren um 750 ein Mann, zwei Frauen und vier Kinder mit dem Kopf nach Osten bestattet worden. Neben einer steinernen Reibplatte und tönernen Gefäßen fanden sich bei dem Mann eine Lederkette mit Bronzeringen, bei den Frauen Locken- und Fingerringe. An den Skeletten selbst waren keine Spuren von Gewalteinwirkung zu erkennen, was aber einen gewaltsamen Tod durch Erwürgen oder Vergiften nicht ausschließt. Im Bereich der schmalen Öffnung der kegelstumpfförmigen Vorratsgrube lag ein isolierter menschlicher Schädel ohne Unterkiefer zusammen mit dem Mittelfußknochen eines Pferdes. Aschenreste unter dem Skelett des Mannes lassen zwar an eine symbolische Brandbestattung, möglicherweise bei »Nacht und Nebel«, denken, nach Meinung des Ausgräbers, Prof. Fritz Felgenhauer, deutet jedoch die Tatsache, daß die damals übliche Brandbestattung nicht ordnungsgemäß durchgeführt wurde, auf ein schwerwiegendes Ereignis hin. Der Mann, offensichtlich eine sozial hochstehende Persönlichkeit, könnte vielleicht zusammen mit seiner Familie oder Sippe Opfer einer »Palastrevolution« oder eines politischen Druckes von außen geworden sein. Was immer der Grund für diese urzeitliche Tragödie gewesen sein mag, sie gibt den Anthropologen Gelegenheit, einen Eindruck vom physischen Erscheinungsbild dieser sonst meist eingeäscherten »Urösterreicher« zu gewinnen.

141 *Langenfelder Schädel, Rheinisches Landesmuseum Bonn*

142/143 *Gallsche Schädel, Anatomisches Institut der Universität Berlin*

144 Phrenologische Darstellung des menschlichen Gehirns aus dem England des 19. Jahrhunderts. Damals glaubte man an die konkrete Lokalisation menschlicher Eigenschaften wie Treue, Haß, Eifersucht, Geiz, Fleiß, Stolz.

145 Außerirdische Besucher aus dem amerikanischen Science-Fiction-Film »The Invasion of the Saucer Men« (1957). In zahlreichen utopischen Streifen wird Geschöpfen, die »höher« in der Evolution stehen (progressive Zerebration) als der Mensch, auch höhere Intelligenz zugesprochen. Die Angst vor einer nicht mehr faßbaren Intelligenz führt jedoch in vielen Fällen zur Dämonisierung der extraterrestrischen Geschöpfe. Ihre übermächtige geistige Kraft hat kein anderes Ziel, als die Erde zu vernichten. Auch geniale Forscher nützen ihre Fähigkeiten nicht selten lediglich zur Zerstörung. Die Beliebtheit dieser Thematik weist auf unser zwiespältiges Verhältnis zu unserer eigenen Gehirnentwicklung hin.

146 *Kranioskopie, Karikatur von Johann Michael Voltz (1819)*

147–152 *Künstliche Kopfdeformationen*
Die auffallende Form des Prinzessinnenkopfes IV (147, Werkstatt des Thutmosis aus Amarna-Achet-Aton, 1370 v. Chr.) wird meist als Resultat einer künstlichen Kopfdeformation gedeutet. Einige Merkmale dieser Skulptur weisen jedoch darauf hin, daß es sich lediglich um eine besondere künstlerische Ausdrucksform dieser Zeit handeln dürfte. Die Mög-

lichkeit, daß der Bildhauer eine tatsächlich vorhandene Kopfdeformation aus stilistischen Gründen verändert wiedergegeben hat, ist nicht auszuschließen. Der künstlich deformierte Schädel eines Mannes aus dem hunnenzeitlichen Gräberfeld von Gaweinstal, Niederösterreich (148, 5. Jahrhundert n. Chr.) zeigt die klassischen Charakteristika der Bindendeformation. Seinem Rassentypus nach zu schließen, dürfte dieser Mann einem der germanischen Vasallenvölker der Hunnen (z. B. Ostgoten) zuzuordnen sein, die von diesen viele kulturelle Merkmale wie z. B. die Kopfdeformation übernommen hatten. Der Kopf der indianischen Koskimo-Frau (149) ist ein Beispiel für eine tabulare Deformation mit Hilfe von Stirnkissen, Brettchen, Wiegen usw., die zu einer Abflachung von Stirn und Hinterhaupt geführt haben. Die ungewöhnlichen Kopfformen der Mangbetu-Frau (150) wird durch die kunstvolle Zopffrisur noch betont. 151/152 zeigt einen Säugling mit und ohne Deformationsbinden (Mangbetu, Kongo).

153 *Botokuden-Frau*
Die Bezeichnung »Botokude« leitet sich von dem Wort »Botoque« (portug. Faßspund) ab. Sie geht auf die ersten portugiesischen Kolonisten zurück, die im 17. Jahrhundert Brasilien in Besitz nahmen. Die Portugiesen nannten die längs der Ostküste in den Tälern der Serra do Mar lebenden Indianer nach den von ihnen als Schmuck getragenen Lippenpflöcken »Botoquudos«. Die Indianer selbst nennen sich »Engeräkmung«. Ihre Lippenpflöcke (Scheiben, bis zu 10 cm Durchmesser und 3 cm Dicke) stellen sie aus dem weißen, korkartigen Holz des Barrigado-Baumes her.

154/155 *Schmucknarben*
Die im afrikanischen Raum verbreiteten Schmucknarben dienen verschiedenartigsten Zwecken: sie haben sowohl ästhetische wie auch stammeskennzeichnende Bedeutung, werden aber auch im Rahmen von Initiationszeremonien angebracht und haben von Gruppe zu Gruppe geschlechtsspezifische Ausformungen. Sie gelten nicht selten als Beweis der Tapferkeit, denn die Narbenerzeugung ist schmerzhaft und langwierig. In Europa ist das Tragen von Narben, den sogenannten »Schmissen«, innerhalb von Studentenverbindungen verbreitet gewesen. Meinungsverschiedenheiten oder Beleidigungen wurden meist bis zur Kampfunfähigkeit des Gegners ausgefochten. Die »Mensur« der Fechtkunst galt als Kraft- und Mutprobe. Sie entstammt der männerbündischen Tradition von »Satisfaktion« und »Kontrahage«.

158–160 *Abwehr- und Schreckgesichter*
Das Auftreten von formal und funktional ähnlichen Motiven und Gestaltungen, wie etwa hier das Thema des »Starrens und Zähnefletschens« in der Kunst ist immer wieder verblüffend. Sind diese Darstellungen unabhängig voneinander entstanden? Die geographischen und zeitlichen Entfernungen sprechen dafür. Uns scheint es, als hätten wir es hier mit einem »Archetypus« zu tun: das Abwehr- und Schreck-Gesicht (apotropeion).

158 *Die chinesischen Drachen* (lungs) traten als gute Geister oder als schreckenerregende Dämonen auf. Man unterscheidet fünf Arten: Himmelsdrachen zur Bewachung der Götterwohnungen, Drachengeister, die Regen und Wind regierten, Erddrachen, die für Fluß und Meer verantwortlich waren, sowie Drachen, die Schätze zu bewachen hatten, und schließlich kaiserliche Drachen, Symbole der Gewalt.

159 *Tonatiuh, der aztekische Sonnengott*, zählte neben den neun Regenten der Nachtstunden zu den dreizehn Regenten der Tagesstunden (Begleiter des Tages). Sein Himmel ist als eine Art Walhalla für Gefallene im Krieg und Geopferte sowie für im Kindbett verstorbene Frauen, auf Reisen umgekommene Kaufleute und auch Könige zu verstehen.

160 *Die griechische Gorgo*
Während Homer nur von einer Gorgo berichtet, führt Hesiod dagegen vier an, nämlich die Töchter des Meergreises Phorkys. Eine davon ist Medusa. Mit ihr verband sich Poseidon und zeugte mit ihr unter anderem den Pegasus, der aus ihrem von Perseus abgeschlagenen Haupt entsprang. Diesen abgeschlagenen Kopf erhielt später Athene von Perseus und

setzte ihn auf ihr Wappenschild. Die Gorgonen waren furchtbare geflügelte Jungfrauen mit versteinerndem Blick, anstelle von Haaren ringelten sich auf ihren Häuptern Schlangen. Der Ursprung des abgebildeten Fratzengesichts mit herausgestreckter Zunge und Eberzähnen scheint in der orientalischen Kunst zu liegen.
Aufgrund der Angaben von antiken Autoren wie Diodor und Alexander von Myndos sehen einige Forscher das Vorbild dieses Ungeheuers in einem Menschenaffen. Dieser soll der Sage nach aus Afrika stammen und Leoparden erdrosseln können. Gorillafelle wurden in der Antike »Gorgadas« genannt und wurden unter anderem im Tempel des Melkart in Karthago ausgestellt. Im Gegensatz zu Herbert Wendt sieht Otto Koenig die Herkunft des Gorgo/Medusa-Motivs nicht im Gorilla, sondern in der Krake.

163–166 Mißverständliche Übertragung menschlicher Ausdruckserfahrung auf tierische Physiognomien. Die Schnabelform und die Knochenleiste über den Augen des »stolzen« Adlers werden mit den nach unten gezogenen Mundwinkeln und dem Stirnrunzeln des Menschen gleichgesetzt.
Mit Hilfe unserer angeborenen auslösenden Mechanismen erkennen wir Merkmalsähnlichkeiten, gleichgültig, wie diese zustande gekommen sind. Menschliche Ausdrucksmerkmale werden aus den Physiognomien von Tieren herausgelesen und falsch interpretiert. Der abschätzige Ausdruck im Gesicht mancher Menschen scheint der Kopfform des »hochnäsigen« Kamels zu entsprechen.
Der Schauspieler Albert Borée versuchte 1899 mit über hundert Photographien (»Physiognomische Studien«) einen Beitrag zur Bühnenmimik zu leisten.

167 *Mimik der Verzweiflung und Trauer*
Frau aus Kampong Tram (Kambodscha), die eben erfahren hat, daß ihre Angehörigen bei einem Fluchtversuch aus dem eingeschlossenen Wehrdorf Srang ums Leben gekommen sind.

168 *Ohnmächtige Wut*
Wütender Student beschimpft 1968 während eines Protestmarsches gegen den Vietnam-Krieg einen Polizisten, der ihn mit dem Schlagstock bedroht.

169 *»Drill instructor«*
Preisgekröntes Pressephoto. Soldat: Aggression als Beruf. Das gebrüllte Kommando des »Ausbildners« ist Teil einer Psycho-Technik der Einschüchterung durch Lautstärke und des Zerbrechens von inneren Widerständen.

170 *Lächelndes Mädchen aus Taunggy (Burma)*
Ein »offenes«, freundliches und zwangloses Lachen, »gewinnend« und direkt.

171 Die heiligen Steine der indischen Pandu in Malabar »blicken« mit Augenflecken (rotgemalte Kreise auf weißem Grund) nach Sonnenaufgang. Man betrachtet sie als »Wächter der Felder« (nach Alexander Gleichen-Rußwurm, Kultur- und Sittengeschichte aller Zeiten und Völker, Wien - Hamburg - Zürich, 12 Bände, o. J.).

174 Die Eingeborenen vom Sepik-Fluß (Neuguinea) befestigen auf ihrer Kriegsfahrt ihr Kanu-Kampfschild hinter dem Bug des Einbaums, um mit einer zusätzlich angebrachten Maske den »bösen« Blick der Feinde und deren Angriff abzuwehren.

Frau legten sich nackt auf den Acker, um eine gute Ernte zu beschwören. Auch bei uns legten sich noch bis ins 20. Jahrhundert Bauer und Bäuerin zu Johannis (Juni-Sonnenwende) nackt auf das Feld. Im Mittelalter wälzten sich bei Pflugumzügen und Regenzauber nackte Mädchen im taunassen Gras und wurden mit der sogenannten »Lebensrute« geschlagen.

Nacktheit kann im religiösen Sinn jedoch auch Reinheit bedeuten, Alltag und Schuld werden abgestreift. Der Priester, der für den Gottesdienst in die »heiligen Kleider« (Meßgewand) schlüpft, entledigt sich damit symbolisch seiner »gewöhnlichen« Arbeitskleidung.

Bekleidung übt nicht nur eine Schauwirkung aus, die unseren Alltag und feierliche Ausnahmesituationen mitbestimmt, sondern drückt auch die verschiedenen Moral- und Sittlichkeitsvorstellungen einer Gesellschaft aus, wie z. B. die verhüllende Tracht arabischer Frauen oder christlicher Nonnen.

Vom Ursprung der Kleidung

Wann der Mensch begann, sich zu bekleiden, wissen wir nicht genau. Sicher ist die Art der menschlichen Kleidung auch von den jeweiligen Umweltbedingungen abhängig gewesen. Tierfelle dienten dem schwach behaarten Wesen Mensch dazu, Kälte abzuhalten und die eigene Körperwärme zu speichern: ein frühes Prinzip des Energiesparens! Volkswirtschaftler haben errechnet, daß eine primitive Gesellschaft ohne Kleider im herkömmlichen Sinn um 40 Prozent mehr Nahrung zu sich nehmen würde als eine Gesellschaft in westlicher Kleidung.

Der Ur-Typus der Kleidung dürfte nach Ansicht vieler Forscher der bereits erwähnte Schamschurz sein. Die einfachste Form des Schamschurzes ist die Schambinde, die, aus Bast, Blättern, Leder oder Stoff bestehend, zwischen den Beinen durchgezogen wird (z. B. bei den afrikanischen Pygmäen und den südostasiatischen Negritos). Aus ähnlichen Materialien bestehen auch die Schamröckchen, wie sie bei den Frauen der Buschleute, der Küstenstämme Ostafrikas, verschiedener Indianerstämme des Amazonasgebietes und auch der Eskimos verbreitet sind. Sie werden um die Hüfte gebunden und hängen lose herab. Dieses einfache und sehr praktische Kleidungsstück kann ebenso wie die Schambinde als Ausgangs-Typus für andere Kleidungsformen angesehen werden. So scheinen sich der indische Lederschurz (Dhoti) aus dem Schamkleid, der indische Wickelrock (Sarong) aus einer großzügig erweiterten Schambinde ableiten zu lassen. Von hier führt der Weg weiter zu Lendentuch und Rock, die in den Trachten der ganzen Welt vertreten sind. Während z. B. die wohlhabenden Römer einen Leinenschurz als Unterkleid trugen, war dieser das einzige Kleidungsstück der armen Einwohner Roms.

Jede Hochkultur entwickelte einen ihr eigenen Typus der Oberbekleidung. Als Grundform kann der Überwurfsmantel angesehen werden, der in verschiedenen Varianten zu finden ist: der unserem Wetterfleck entsprechende antike Regenmantel (Pluviale), der antike Hirtenmantel (Casula), der asiatische Kaftan, der nordafrikanische Haik oder Burnus, der altgriechische Chlaima, der hellenische Himation, die römische Tunika oder der südamerikanische Poncho.

Neben Rock, Mantel und Hemd zählen auch die Hosen (Beinkleider) zu den Urformen und Grundtypen unserer Kleidung. Sie dürften im Verlauf der Klimaverschlechterungen während einer der letzten Eiszeiten »erfunden« worden sein. Auch sie lassen sich vermutlich von einer verlängerten bzw. vergrößerten, seitlich zusammengenähten Schambinde, etwa den losen Hosen der Indianer (Leggins), und von in der Mitte zusammengenähten Röcken, wie etwa den asiatischen Pumphosen, ableiten. Im Mittelmeerraum scheinen Hosen in der Antike nicht allzu häufig gewesen zu sein, wurden doch die bunten Beinkleider der Trojaner von dem Dichter Euripides (ca. 480–406 v. Chr.) als eigentümlich empfunden. Frankreich wurde von den Römern nach der bevorzugten Kleidung seiner Einwohner das hosenbekleidete Gallien (Gallia bracata) genannt. Auch die Germanen, Skythen, Armenier, Assyrer und viele Reitervölker verwendeten vorwiegend dieses Kleidungsstück. Mit den Hosen entfernt verwandt sind sicher auch die Stiefel, die auf die Beinfelle zurückzuführen sein dürften.

Stilisierung der Körperform

Von der Form her lassen sich hinsichtlich der psychologischen Wirkung der Kleidung folgende Tendenzen erkennen: Durch eine entsprechende Kleidung kann man den Körper länger und schlanker erscheinen lassen (vertikale Tendenz), z. B. wenn der Stoff locker über den Körper fällt. Eine gute Figur wird durch eine enganliegende »körpernahe« Kleidung in vertikaler Richtung noch betont. Eine in den Raum ausgreifende »körperferne« Mode (horizontale Tendenz) vergrößert die Silhouette ihres Trägers, macht ihn breit und auffallend und damit unnahbarer. Diese Mode hat sich daher z. B. in den feudalen Schichten während der Zeit des europäischen Barock zu einem prächtigen Kostümschauspiel entfaltet. Reifröcke, Schleppen, riesige Kragen und Schulterschmuck sind Elemente, die die sogenannte »Individualdistanz« vergrößern (s. Abb. 57). Sowohl die vertikal als auch die horizontal betonte Kleidung steigert das Selbstgefühl ihres Trägers: In einer engsitzenden Uniform kann man Autorität verströmend einherstolzieren – denken wir doch nur an den »Zauber der Montur« –, in einer weit ausladenden Krinoline würdevoll einherschweben.

Durch die Kleidung wird der Körper stilisiert und, den ästhetischen Maßstäben einer Epoche und ihrer Gesellschaft entsprechend, geschmückt. Daß dieses optische Signalsystem jedoch nicht nur Spielplatz unserer Phantasie ist, sondern strengen Vorschriften unterliegen kann, zeigen die seit der Antike bekannten »Kleiderordnungen«. Im Römischen Reich trugen Senatoren und Vertreter höherer Stände verschieden gefärbte Tuniken. Die Toga war das Nationalkleid der freien Römer im Frieden, als »Togati« unterschieden sie sich von den Nichtrömern. Die feine Toga bestand aus Wolle und war weiß (Toga alba). Die Toga der gemeinen Leute war, ebenso wie die Toga, die man im Trauerfall trug, dunkel (pulla). Für die höheren Magistratsbeamten war eine mit Purpurstreifen eingefaßte Toga (praetexta) vorgeschrieben, ebenso für Knaben bis zum 17. Lebensjahr und für Mädchen bis zu ihrer Verheiratung. Vom vollendeten 17. Jahr an trugen die Jünglinge einfache und unverbrämte Togen, die Toga virilis oder Toga pura. Als besondere Staatskleidung galten die Toga picta, die mit Purpur und goldenen Sternchen verziert war, und die Toga palmata mit eingestickten Palmzweigen. Bewarb sich der feine Römer um ein

Staatsamt, so legte er die glänzend weiße Toga candida (»Kandidat«) an. Die Angeklagten trugen eine dunkle Toga (squalida). Im Sommer war eine geschorene (rasa), im Winter eine wollene Toga (pinguis) üblich.

Der Aufstieg Roms zur Weltmacht brachte es mit sich, daß die römische Kleidung auch in den eroberten Provinzen zum »Modus« (lat.: Art und Weise, Brauch; Wurzel unseres Wortes »Mode«) wurde. Durch Senatsbeschluß wurde Fremden bzw. Verbündeten gestattet, die Toga zu tragen. Dies galt z. B. für ganz Gallien (Gallia togata). In der spätrömischen Kaiserzeit wurde die Toga auch zur Tracht der armen Leute und der Sklaven. Ja selbst die wegen Ehebruchs geschiedenen Frauen sowie Dirnen trugen sie.

Kleiderordnungen

Streng geregelte Kleiderordnungen waren auch im Fernen Osten bekannt und wurden im europäischen Abendland im Jahr 808 von Karl dem Großen erlassen. Durch diese Maßnahme sollten die verschiedenen Stände kenntlich gemacht werden. Da eine Übertretung dieser Aufwandsgesetze und Luxusverbote meist nur durch Geldstrafen und Luxussteuern gebüßt wurde, erzielten diese nicht immer die gewünschte Wirkung. 1234 gaben Jakob I. von Aragonien und 1256 Alfons I. von Kastilien Kleiderordnungen heraus, jedoch ohne allzu großen Erfolg. Später wurden diese Gesetze strenger, im Jahr 1453 wurde z. B. in Bologna sogar das Futter der Gewänder einer Regelung unterworfen und schließlich das Tragen gewisser Kleidungsstücke verboten. Straßburg, Ulm, Zürich und München schlossen sich diesen Maßnahmen an. Von der zweiten Hälfte des 16. Jahrhunderts an häuften sich die Verbote und stiegen bis zum Ende des 17. Jahrhunderts lawinenartig an, und zwar vor allem in Spanien, Amerika, Frankreich und England. Trotz der zahlreichen Strafen gelang es nicht, die strengen sozialen Unterschiede in der Kleidung aufrechtzuerhalten. So hieß es in der Nürnberger Kleiderordnung im Jahr 1657: »Die leidige Erfahrung bezeugt, daß fast von allen Ständen, sowohl Manns- als auch Weibspersonen gantz verächtlich und freventlich die übermäßige Pracht in Kleidern und Neuen Trachten dergestalt unverantwortlich aufs Höchste getrieben worden, daß fast kein Stand von dem anderen unterschieden werden möge.«

Die verschiedenen Modeströmungen bringen es mit sich, daß einmal erfundene Kleidermerkmale wieder verschwinden, umgeformt oder auch in einem Maß übertrieben werden, daß man von Modetorheiten spricht. Gerade diese Modetorheiten sind es jedoch, die urtümliche Signale aus dem Bereich des Imponierverhaltens geradezu karikieren und als überoptimale Reizattrappen wirken (s. Abb. 57). Meistens werden dabei die geschlechtsspezifischen Merkmale des Menschen zu erotischen Kleidungssignalen geformt.

Die primären Geschlechtsmerkmale des Mannes werden bei den Naturvölkern Neuguineas, Afrikas, Melanesiens und Südamerikas durch Penishüllen und -futterale (s. Abb. 85) betont. Aber auch in Europa waren entsprechende, die Männlichkeit betonende Kleidungsstücke üblich.

Während im Mittelalter die Männer der arbeitenden Bevölkerung weite und bequeme Hosen trugen, bevorzugten die Angehörigen der Oberschicht eng anliegende Beinkleider ähnlich den heutigen Strumpfhosen. Der dazugehörige Rock (Wams), der ursprünglich bis zu den Knien reichte, wurde im Lauf der Zeit so sehr verkürzt, daß der Unterleib nahezu unbedeckt blieb. So ließ der Konstanzer Rat 1390 verlautbaren: »Wer in einem bloßen Wams zum Tanz oder auf die Straße gehet, der soll es ehrbarlich machen und seine Scham hinten und vorne bedecken, daß man sie nicht sehe.« Die Beinlinge der Hose waren im Schritt an der »Bruch«, einer Art Unterhose, befestigt. Der Ausdruck »die Bruch« leitet sich von dem keltisch-germanischen »braca« ab und hat sich im englischen Wort »breeches« erhalten. Die »Bruch« wurde später mit sogenannten Schamkapseln (braguettes) bedeckt, damit aber auch besonders betont. Diese bunten Schamkapseln wurden so abstehend angenäht, daß es um 1500 in der Ensisheimer Chronik hieß: »... und trug das junge Volk Röck, die gingen nit mehr denn eine Handbreit unter den Gürtel, und sah man ihm den Bruch hinten und vorne und war so scharf gemacht, daß ihm die Hosen den Arsch kerbten, das war ein hübsch Ding. Und hatten Hosenlätze, die vorn so groß und spitz hinausgingen, daß wann einer vor dem Tisch stund, so lag der Latz auf der Platten. Also ging man vor Kaiser, König, Fürsten und Herren und vor ehrbare Frauen ...«

Moden und ihre Torheiten

Von den Schamkapseln schließlich läßt sich eine geschlossene Formenreihe über den Hosenlatz der Ritterrüstungen und Landsknechtshosen zu den Lederhosen des Alpenraums verfolgen. Deren oft mit Blumenmotiven (z. B. mit Edelweiß) bestickte »Hosentürln« sind seit dem 18. Jahrhundert bekannt. Die Hosenlätze waren bereits zur Zeit des Dreißigjährigen Kriegs ein wichtiger Bestandteil der Kleiderordnungen, und was ein »rechtes Mannsbild« war, das trug eine »Türlhose«. So heißt es schon 1555 bei Andreas Musculus »Vom Hosen Teuffel«:

»Vil nasen daran seind geziert
Mit mancherlay farben poliert.
Der Latz muss auch so geputzt sein
Als wer süsser honig sehm drein.«

Ein »Schnadahüpfl« unserer Tage drückt das durch die Lederhose verstärkte männliche Selbstbewußtsein des Älplers so aus:

»In da Hosn, in da ledan,
mit nackatö Knia,
aufn Hüatl a Fedan,
so keman halt mia!«

Schließlich setzte auch der Wiener Kabarettist Peter Wehle der Lederhose in einem Schlager der fünfziger Jahre ironisch ein Denkmal:

»Es braucht der Ober einen Gast, dem er kredenzt,
doch was die Lederhose braucht, das ist begrenzt.
Eine Lederhose braucht keine Bügelfalten,
aber Hosenträger, um sich dran festzuhalten ...«

Wie durch die Kleidung bestimmte Partien des Körpers betont oder unterdrückt, korrigiert und stilisiert werden, läßt sich anhand des weiblichen Kostüms besonders gut veranschaulichen.
Die sogenannte »Schlangengöttin von Knossos«, eine auf der Insel Kreta

Abb. 64 *»Die Tournure«, Karikatur von Alfred Grévin*

gefundene Fayencefigur einer minoischen Priesterin aus dem 17. Jahrhundert v. Chr., ist mit einem Leibchen bekleidet, das die Brüste unbedeckt läßt, ihre »Wespentaille« wird durch ein Schnürmieder betont (s. Abb. 68). Dieses Hervorheben der weiblichen Reize durchzieht als Urmotiv der Frauenkleidung die Kulturgeschichte der Menschheit. Die Frauen der südwestafrikanischen Buschleute und Hottentotten weisen als Rassenmerkmale nicht nur besonders große äußere Schamlippen (»Hottentottenschürze«), sondern auch einen auffälligen Fettsteiß (Steatopygie) auf, verbunden mit einem ausgeprägten Knick der Wirbelsäule am Kreuzbein. Die Frauen der benachbarten, Bantu sprechenden Batetela und Basutos ahmen die »Hottentottenschürze« nach, indem sie ihre Schamlippen mit Gewichten beschweren. Der Fettsteiß als Symbol sexueller Herausforderung und Gebärfreudigkeit findet sich in mehr oder minder starker Ausprägung auf vielen urzeitlichen Felsbildern und Venusidolen, aber auch bei Darstellungen der Naturvölker der Gegenwart. Die europäische Mode hat das weibliche Gesäß auf ebenso eindrucksvolle Weise zu einer »erotischen Attrappe« werden lassen. Der barocke »Weiberspeck« etwa bestand aus Polsterungen rund um die Hüfte und verbreiterte dadurch ähnlich wie die Gesäßpolsterungen der »Turnüre« in viktorianischer Zeit und schließlich der Cul de Paris (Cul de Crin, s. Abb. 64) die Silhouette des Unter-

leibs. Auf diese Weise wurden bereits vorhandene Merkmale, nämlich die geschlechtsspezifische Form der weiblichen Hüft- und Gesäßgegend und ihre Bewegung beim Gehen, als Kleidungssignal verfestigt.
Wie schrieb doch Heinrich Heine:

»Und als ich auf die Drehbahn kam,
Da sah ich im Mondenschimmer
Ein hehres Weib, ein wunderbar
Hochbusig Frauenzimmer.
Ihr Antlitz war rund und kerngesund,
Die Augen wie Rosen, wie Kirschen der Mund,
Sie trug eine weiße Tunika,
Bis an die Waden reichend,
Und welche Waden! Das Fußgestell
Zwei dorischen Säulen gleichend.
Die weltlichste Natürlichkeit
Konnte man in den Zügen lesen;
Doch das übermenschliche Hinterteil
Verriet ein höheres Wesen.«

Der Verhaltensforscher Desmond Morris spricht von den »wandernden erogenen Zonen«, das sind jene Körperpartien, die im Wechsel des Zeitgeschmacks verdeckt oder entblößt werden, so daß sich immer wiederkehrende Muster der verhüllten und unverhüllten Partien ergeben: Wollen es Sitte und Moral, so trägt man die Kleider hochgeschlossen, dann wiederum senkt sich der Ausschnitt bis zum Busen. Vom gewagten Dekolleté zur Oben-ohne-Mode ist es nur ein kleiner Schritt. Im mittelalterlichen Europa schnürten sich die Damen mit Miedern ein, die Bleiplatten enthielten, um ihre Brüste unsichtbar zu machen bzw. die Bildung einer »Jungmädchenbrust« zu verhindern. Im 19. Jahrhundert entstand die sogenannte Trompeuse, eine miederartige Vorrichtung, die die Brüste in auffälliger Weise hochdrückte, so daß man tatsächlich von einem »Brustkasten« sprechen konnte (s. Bild 180).
Auch wenn die Kleidung in der Regel die typischen Sexualsignale und den Unterschied der Geschlechter hervorhob, kam es gelegentlich zu Formen, die diesem Prinzip widersprachen. So trug in der frühen Barockzeit (1550–1618) der Mann, der sich der spanischen Mode entsprechend kleidete, ein wattiertes Wams, dessen Brust durch einen gesteiften Polster in Form eines kielartigen Magenbuckels nach vorn ragte und »Gänsebauch« genannt wurde. Zusätzlich verbreiterte man durch das Ausstopfen der Hose das Becken und erweckte so den Eindruck einer Stoffkugel mit dünnen Beinen in Trikotstrümpfen. Über diese kuriose Art, sich aufzuplustern, meint ein »Historisch-literarisches Anekdoten- und Exempelbuch«: »Unter dem Könige Franz dem Zweiten von Frankreich (1559) kam eine sonderbare Mode bei den Männern auf. Sie fanden, daß persönliche Verdienste durch einen dicken Bauch unendlich gehoben wurden. Leute, die nicht durch innerliche Wege sich dieses Embonpoint, und dadurch Anspruch auf Achtung, verschaffen konnten, versuchten von außen zu supp-

liren. Man machte falsche Bäuche, und der Schneider mußte die leere Küche ersetzen. Sogleich glaubten die Damen, der Geschmack der Männer für große Oberflächen wäre vielleicht etwas weiter auszudehnen, und nun erschienen die dicken Hintertheile (Culs). Diese Mode dauerte drei bis vier Jahre; man sah nichts als falsche Bäuche und angeschwollene Hintertheile. Das große Zutrauen der Damen auf die Gewalt ihrer hintern Ansichten bewirkte eine Vernachlässigung ihrer übrigen Reitze.«

Um die Mitte des 19. Jahrhunderts erfuhr die Kontur der weiblichen Gestalt noch eine weitere seltsame Bereicherung in Form der »Polonaise«, einer mittels kleiner Schnüre hochgerafften Tunika, die sich hinten über dem »Cul« bauschte.

Die industrielle Massenerzeugung gegen Ende des vorigen Jahrhunderts veränderte jedoch den Stellenwert der Kleidung. Mit der Aufhebung der Zunftgesetze in der Französischen Revolution, die das Verschwinden der ständischen Kleiderordnungen zur Folge hatte, wurde sie bald Serienprodukt und Konfektionsware. Der Abbau der äußeren Klassenunterschiede führte auch zu einer Vereinheitlichung der Kleidung, ein Prozeß, der in unseren anonymen Massengesellschaften einen traurigen Höhepunkt erreicht hat. Der Kulturwissenschaftler Johan Huizinga schreibt in seinem Buch »Homo ludens«: »Das Herrenkostüm wird in zunehmendem Maße farblos und formlos und unterliegt immer weniger der Veränderung. Der vornehme Herr von ehedem, der sein Ansehen und seine Würde in seiner Gala so deutlich zur Schau stellte, ist jetzt ein ernsthafter Mann geworden. In seiner Kleidung spielt er nicht länger den Helden.«

Wider die Gleichmacherei

Mit George »Beau« Brummel (1778–1840), dem Erfinder des Fracks, hatte aber zu Beginn des 19. Jahrhunderts auch der Protest gegen den Geist der Gleichmacherei und der Mittelmäßigkeit begonnen. Der »Dandy« (engl.: to dandle = tändeln) empfand sich als letzter extravaganter Individualist, als nobler Weltmann. Der französische Dichter Charles Baudelaire (1821–1867) meinte, daß der Dandy ununterbrochen danach strebe, überlegen zu sein, ja sein Leben gleichsam vor einem Spiegel verbringe. Höchster Ausdruck seines Wunsches, perfekt zu sein und sich selbst zu einem Kunstwerk zu stilisieren, ist für den Dandy die Kleidung. Lord Byron etwa eiferte Brummel ohne Erfolg nach, und Johann Wolfgang von Goethe übernahm die Mode Brummels, einen blauen Frack mit gelber Weste zu tragen. Diese Kombination fand als »Werther-Kostüm« großen Anklang. »Beau« Brummels Nachfolger waren die englischen Snobs, die deutschen Stutzer, die »Gigerln« (mittelhochdeutsch: Giegel; Geck) des alten Wien sowie die Camps und Mods der angloamerikanischen Pop-Szene.

Der Seriosität signalisierende graue Anzug der modernen Bürokraten ist ebenso wie der blaue Einheitskittel der chinesischen »Ameisen« Symbol der inneren und äußeren »Vermausgrauung« des modernen Mannes. Gegen diese Uniformität hat ein Teil der Jugend der sechziger Jahre protestiert und als Hippies usw. wieder mit Kleidung und Schmuck zu spielen begonnen. In der Zwischenzeit hat die Modeindustrie diese Anregungen aufgegriffen, so daß verrückte Kleidung heute kaum noch schockiert.

Desmond Morris schreibt: »Die schmucklosen, rein funktionellen Trikots, wie sie die weltraumbewohnenden Zukunftsmenschen in zweitklassigen Science-Fiction-Romanen tragen, sind so unwahrscheinlich wie eine Rückkehr zur totalen Nacktheit. So schnell, wie ein dekoratives Kleidungszubehör abgelegt wird, so schnell taucht ein neues auf, um es zu ersetzen; und das wird vermutlich so lange weitergehen, wie der Mensch ein geselliges Lebewesen bleibt. Bekleidung ist einfach ein zu brauchbares Vehikel für optische Signale, als daß wir sie jemals zu einer öden Schutzhülle verkümmern lassen würden.«

Die Stirn haben

»Die Völker, welche nur wenig von einander verschieden sind, will ich bei Seite lassen; aber wie es sich bei denen verhält, welche durch Natur oder Sitte sehr abweichen, will ich sagen. Zuerst soll von den Makrocephalen die Rede sein. Es gibt kein anderes Volk, das ähnlich gebildete Köpfe hat. Zuerst scheint mir der Gebrauch die Länge der Köpfe erzeugt zu haben, jetzt aber kommt auch die Natur dem Gebrauche zu Hülfe. Sie halten nämlich diejenigen, welche die längsten Köpfe haben, für die adligsten. Ihr Gebrauch ist aber folgender: Sobald ein Kind geboren ist und während der Kopf noch zart und weich ist, formen sie ihn und zwingen ihn, in die Länge auszuwachsen, indem sie Binden herumführen und passende Kunstmittel anwenden, daß die rundliche Gestalt des Kopfes geändert und die Länge vergrößert wird. So hat zuerst der Gebrauch den Anfang gemacht auf die Natur einzuwirken; im Laufe der Zeit aber gewöhnte sich die Natur so sehr an die aufgezwungene Form, daß sie des Zwanges nicht mehr bedurfte. Der Zeugungsstoff kommt ja von allen Theilen, gesund kommt er von den gesunden und krank von den kranken.«

Hippokrates
(5. Jahrhundert v. Chr.),
»De aere, aquis et locis«,
in der Übersetzung
Karl Ernst von Baers, 1860

Im Jahr 1855 konnte man in dem von Adolf Bäuerle herausgegebenen Wiener Conversationsblatt (Theaterzeitung) unter »Wiens Local-Neuigkeiten« lesen: »Die Schädelsammlung unseres berühmten Anatomen Herrn Prof. Hyrtl wurde vor nicht langer Zeit durch einen Schädel bereichert, der in einer Lehmgrube bei Inzersdorf, mehrere hundert Fuß unter der Erde, gefunden worden ist. Der Schädel hat fast die Gestalt eines Zuckerhutes, dessen Basis das Gesicht und die Spitze den Scheitel bildet... Dieser Umstand bestimmt unsere Gelehrten, diesen Schädel als einen Awaren-Schädel anzuerkennen, weil es bei diesem Volksstamm Sitte ist, den Köpfen in der Jugend durch Binden und Pressen eine solche Form zu geben.«
Die Bedeutung dieses Fundes, der 1846 übrigens nicht bei Inzersdorf, sondern bei Atzgersdorf gemacht wurde, konnten damals nur wenige Eingeweihte ermessen.

Schon 1790 hatte Johann Friedrich Blumenbach, der Vater der Rassenkunde und Kraniologie des Menschen, einen »asiatischen Macrocephalus« beschrieben, der ihm von einem seiner Förderer, Baron Asch, für seine Göttinger Sammlung aus Rußland zugeschickt worden war. Das Hirnschädelgewölbe des symmetrisch gebauten Schädels war auffällig nach hinten oben verlängert, der hohe Scheitel sprang kielförmig vor. Asch hielt diesen merkwürdigen Schädel, dessen genaue Herkunft unbekannt war, für den eines Tataren. Nach Abschluß seiner Untersuchungen gelangte Blumenbach zu der Überzeugung, daß es sich bei diesem Fund weder um eine krankhafte Form noch um eine künstlich hervorgebrachte Bildung, sondern vielmehr um eine natürliche Variante handeln müßte. In dieser Ansicht bestärkten ihn die Überlieferungen mehrerer antiker Schriftsteller, wie z. B. jene von Hesiod, Hippokrates, Xenophon und Herodot, die von einem Volk der »Langköpfe« (»Macrones« bzw. »Makrokephaloi«) berichtet hatten. Während der griechische Arzt Hippokrates dieses Volk nur sehr ungenau östlich von Griechenland lokalisierte, gaben spätere Chronisten wie Pomponius Mela (1. Jahrhundert n. Chr.) und Plinius der Ältere (1. Jahrhundert n. Chr.) die Meerenge von Konstantinopel und die Gegend westlich von Trapezunt am Schwarzen Meer als Wohnsitze der »Langköpfe« an. Das Rätsel der Herkunft des »asiatischen Makrokephalus« Blumenbachs sollte zumindest teilweise gelöst werden, da in den folgenden Jahren bei der Stadt Kertsch auf der Krim (Rußland) bei Grabungen in den Ruinen der antiken Stadt Olbia mehrere ähnliche Funde gemacht wurden. Diese landeten jedoch bis zur Einrichtung eines lokalen Museums in Privatsammlungen und wurden der wissenschaftlichen Welt erst später bekannt.

Über die Makrokephalen

Im Jahre 1820 wurde in Feuersbrunn bei Grafenegg in Niederösterreich bei Feldarbeiten ein seltsam geformter Schädel gefunden, der dem auf der Krim entdeckten sehr ähnlich war. Der Naturaliensammler August Graf von Breuner, Besitzer der Herrschaft Grafenegg und damit auch dieses Fundes, schrieb den Schädel den Awaren zu, jenem asiatischen Reitervolk, das 568 n. Chr. in Pannonien eingebrochen war und bis zu seiner Vernichtung durch die Truppen Karls des Großen (791 n. Chr.) Ost-Österreich bis zur Enns bewohnte. Die Zuordnung zu den Awaren erfolgte deshalb, weil der Fundplatz in der Nähe eines sogenannten »Awaren-Ringes« lag, eines ringförmigen Erdwalls, den man für eine Verteidigungsanlage hielt. Um dieses Prunkstück seiner Sammlung weiteren Kreisen bekanntzumachen, ließ Breuner Gipsabgüsse des Schädels anfertigen und an wissenschaftliche Institute der meisten europäischen Länder verschicken. Auf diese Weise erregte der Grafenegger Fund bald das Interesse von Anatomen und Archäologen, und man begann, langsam seine künstliche Formung erkennend, ihn mit anderen ähnlichen Schädeln zu vergleichen. (s. Abb. 65). Dafür boten sich vor allem in der ersten Hälfte des 19. Jahrhunderts in Peru und Bolivien von Ethnologen gesammelte künstlich deformierte Indianerschädel an, speziell jene der Huanca Perus.

1845 erschien zu diesem Thema eine Schrift des schweizerischen Südamerika-Forschers Aegidius Tschudi (»Ein Awaren-Schädel«), in der dieser nach dem Vergleich des Grafenegger Schädels mit den von ihm mitgebrachten Huanca-Schädeln zu der Auffassung gelangt, daß der österreichische Fund in Wahrheit peruanisch sei und möglicherweise zur Zeit der Konquistadoren nach Spanien und von dort nach Niederösterreich verschlagen worden sei. Diese These hätte die gesamte weitere Forschung wahrscheinlich auf lange Zeit entscheidend beeinflußt, wenn nicht im Jahr 1846 der zu Anfang erwähnte deformierte Schädel in Atzgersdorf ausgegraben worden wäre. Erst dieser Fund, zusammen mit den in der Zwischenzeit auf der Krim entdeckten Exemplaren, machte endgültig klar, daß in der Vergangenheit auch in Europa die Sitte der »Schädelverunstaltung« verbreitet gewesen war.

Schädelfunde in Europa, Asien und Südamerika

In den folgenden Jahren erhöhte sich die Anzahl der deformierten Schädel rasch durch Funde in Deutschland, der Westschweiz, England und vor allem Ungarn, das bald die Hauptmasse derartiger Kuriositäten für sich beanspruchen konnte. Die Beschäftigung mit dieser neuen und faszinierenden Materie schlug viele Forscher in ihren Bann, und neben dem Problem der Vererbung von künstlich erzeugten Merkmalen erhitzte die Frage nach den Trägern dieser Sitte die Gemüter. Hatte man anfangs noch in Anlehnung an Hippokrates (siehe Einleitungszitat) geglaubt, die Kopfdeformation würde sich, einmal erreicht, weitervererben, so zeigten die Beobachtungen von Reisenden und Naturforschern in Südamerika bald, daß man eine solche Kopfform in jeder Generation mit Hilfe einer ausgeklügelten Technik neu hervorbringen mußte.

Die in Europa entdeckten Schädel wurden zunächst den Awaren, Hunnen, Tataren und anderen, die Schädel von der Krim den »Kimmeriern« zugeschrieben. Heute wissen wir, daß die große Mehrheit dieser Funde überwiegend ostgermanischen Stämmen zuzuordnen ist, die diesen Brauch zur Zeit der hunnischen Invasion im 4. und 5. Jahrhundert entweder von den Hunnen selbst oder von den von diesen nach Westen gedrängten nordiranischen Sarmaten und Alanen übernommen hatten.

Der Ursprung dieser für die europäische Völkerwanderungszeit so charakteristischen Sitte dürfte im Tienschan Sibiriens zu suchen sein, wo sie im ersten nachchristlichen Jahrhundert im Zusammenhang mit der europidmongoliden Kenkol-Gruppe, die zum Verband der Hunnen (Hiung-nu) gehörte, archäologisch faßbar wird. In ihren Gräberfeldern am Flusse Talas wurden Schädeldeformationen bei fast allen Bestatteten, und zwar sowohl bei Männern wie auch bei Frauen, festgestellt.

Gegen Ende des 2. Jahrhunderts scheinen die nordiranischen Sarmaten und Alanen diesen Brauch übernommen zu haben (wenn er dort nicht schon bestand). Jedenfalls war er im 4. Jahrhundert zwischen Mias, Kaspischem Meer, Kalmückensteppe und Dnjeprmündung in der gesamten Steppenzone verbreitet.

Seine größte Ausdehnung erreichte er im 5. Jahrhundert durch den Vorstoß der Hunnen nach Mitteleuropa. Damals wurden zahlreiche kleinere Völker aus ihren Wohnsitzen nördlich des Schwarzen Meeres vertrieben und nach Westen gedrängt, wo sie mit ostgermanischen Völkern (Goten, Gepiden, Herulern, Rugiern, Burgundern) in Berührung kamen.

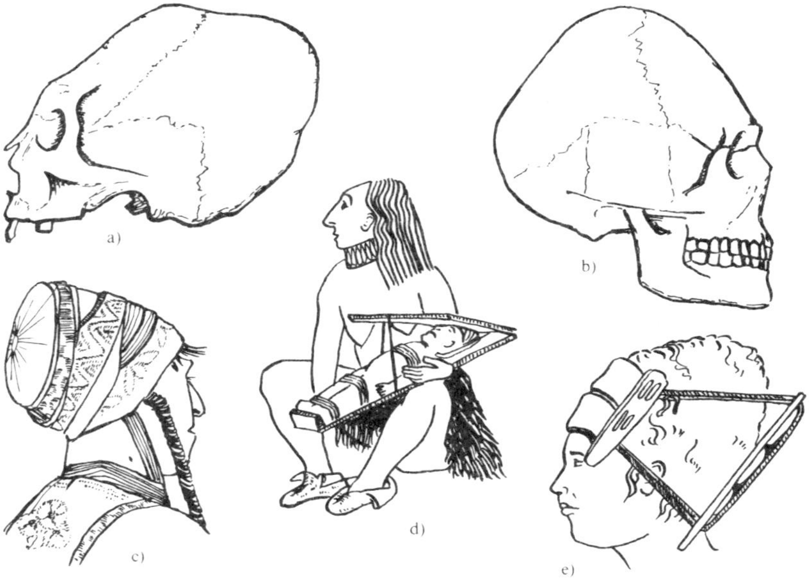

Abb. 65 *Kopfdeformation*
a) Schädel von Grafenegg (NÖ) mit Bindendeformation (Völkerwanderungszeit)
b) Altperuanischer Schädel mit sogenannter tabularer Deformation (Wiege oder Brettchen)
c) Haubendeformation
d) Flathead-Indianerin mit Kind in Winkelbrettwiege (Nordamerika)
e) Kopfdeformierung mittels freier Brettchen

Bei den westgermanischen Stämmen (Thüringer, Alemannen, Franken) findet sich die künstliche Schädeldeformation seltener, und wenn, dann meist nur als »Damenmode«, das heißt, sie wurde vorwiegend bei Frauen durchgeführt. Die Langobarden etwa scheinen sich mit dieser »barbarischen« Gepflogenheit überhaupt nicht angefreundet zu haben. Mit der Niederlage der Hunnen in der Schlacht am Nedao (454), spätestens aber mit dem Eindringen der Awaren in die Ungarische Tiefebene (568) verliert dieses östliche Kulturelement in Mitteleuropa schnell an Bedeutung. Im 6. Jahrhundert wurde die künstliche Kopfdeformierung in ihrer typischen völkerwanderungszeitlichen Ausprägung nur noch bei Alemannen und Thüringern, in Osteuropa an der Theiß (Gepiden), auf der Krim (Ostgoten) und im Nordkaukasus (Alanen) geübt. Wie wir später noch sehen werden, haben einzelne Ausläufer dieser Sitte möglicherweise bis in das 19. Jahrhundert überdauert.

Betrachtet man die Schädelfunde zwischen Burgund und dem Tienschan als Ergebnisse eines kulturellen Trends mit zeitlichem Gefälle von Ost nach West, so sind damit, nimmt man noch die schriftlichen historischen Quellen hinzu, Hinweise auf das Volkstum der Träger dieser Sitte in Eurasien gegeben. Wer aber waren jene sagenhaften »Makronen«, von denen schon Hesiod im 8. Jahrhundert v. Chr. gesungen hat?

Zur Geschichte der künstlichen Kopfdeformierung

Zu den ältesten heute bekannten Zeugnissen der künstlichen Kopfdeformation dürften Skelette aus Byblos (Libanon) und Eridu (Tell Abu Shahrain, Irak) zählen, die in das 4. Jahrtausend v. Chr. datiert werden. Noch ältere Funde wie die vom Tell es-Sultan (Jericho, 8000–4000 v. Chr.), Khirokitia (Cypern, 6000 v. Chr.) und andere sind wegen ihres schlechten Erhaltungszustandes umstritten. Altägyptische Skulpturen, wie etwa die bekannten »Porträts« der Nofretete oder die Prinzessinnenköpfe aus Amarna (18. Dynastie, 1370 v. Chr.), sind – da vergleichbare deformierte Schädel in Ägypten nicht gefunden wurden – als Ausdruck des künstlerischen Empfindens dieser Zeit interpretiert worden (s. Bild 147).
Deutet man diese Befunde mit der gebotenen Vorsicht, so liegt ein frühes Zentrum der Kopfdeformierung schon in der Jungsteinzeit im Nahen Osten bzw. Nordafrika im Bereich des Möglichen. Ob sich dieser Brauch von dort nach Südwestasien, wo künstlich deformierte Schädel bereits für das 6. Jahrhundert v. Chr. belegt sind, ausgebreitet hat, kann nur durch weitere Forschungen geklärt werden. Immerhin wäre damit eine mögliche Erklärung für die schon im 8. Jahrhundert v. Chr. beschriebenen Gebräuche der »Makronen« gegeben.
Dies alles gilt unter der Voraussetzung, daß sich die Sitte der Kopfdeformierung durch kulturellen Austausch bzw. Wanderbewegungen nach Asien ausgebreitet hat. Ihr weltweites Vorkommen in Europa, Asien, Amerika, Afrika und Ozeanien spricht jedoch gegen diese These als allgemeines Erklärungsprinzip. Zumindest was Amerika betrifft, das sowohl hinsichtlich der Anzahl als auch des Typenreichtums als »klassisches« Land der Deformation gilt, wird eine unabhängige Entstehung schon 2000 v. Chr. in Ekuador für möglich gehalten.
Im 19. Jahrhundert entdeckte man, aufmerksam gemacht durch den Grafenegger Fund, daß die Kopfdeformierung in einzelnen Gegenden Europas noch im Schwang war, und zwar in Frankreich an der unteren Seine, der Garonne und besonders um Toulouse (»deformation toulousienne«). Dasselbe galt für die Bewohner der Bretagne, flämischer Gebiete Belgiens, der Insel Marken in Holland sowie für die Wenden in der Lausitz. Ungewiß ist, ob sich diese wesentlich schwächer ausgeprägten Kopfdeformationen von dem völkerwanderungszeitlichen Deformierungskomplex ableiten lassen oder ob es sich um eine eigenständige Entwicklung bzw. Neuerfindung handelt. Für eine Kontinuität spricht unter anderen der aus dem 13. Jahrhundert stammende deformierte Schädel der Schwedenkönigin Helwig aus der Grabkammer von König Magnus in Stockholm.
In der Gegenwart wird die künstliche Kopfdeformierung noch auf den Neuen Hebriden der Südsee, von philippinischen Stämmen, in Zentral-
Neuen Hebriden der Südsee, von philippinischen Stämmen, in Zentralasien, im Irak und in Afrika praktiziert (s. Bilder 150–152). So hat noch vor die Mangbetu verfügte Deformierungsverbot zurücknehmen müssen, da sonst eine Revolte gedroht hätte. Wie sehr die Deformierungssitte Bestandteil des kulturellen Lebens der sogenannten Naturvölker war und wie sehr die europäischen Kolonisatoren ihre einigende Kraft fürchteten, spie-

gelt sich auch in einem Erlaß der spanischen Eroberer anläßlich der 1585 in Lima abgehaltenen III. Synode sowie in einer Statthalterverordnung dieser Stadt aus dem Jahr 1752 wider: »Ebenso befehle ich, daß kein Indianer und keine Indianerin die Köpfe der neugeborenen Kinder zusammendrücke, wie sie es zu thun pflegen, um jene länger zu machen; weil den Kindern dadurch Schaden erwachsen ist und erwächst und sie daran sterben können; es sollen daher die Gerichtshöfe, Priester, Friedensrichter und Kaziken besondere Sorge darauf verwenden, daß dies nicht mehr geschehe.« Nun, die nachteiligen Folgen der Kopfdeformation, wenn es sie gab, waren in der Regel sicher nicht lebensbedrohend, sonst hätte sich diese nicht bis heute erhalten. Südamerika-Reisende früherer Jahrhunderte, aber auch der Moderne berichten von den bläulich aufgedunsenen Gesichtern von Kindern, deren Köpfe gerade deformiert wurden, ihren stark geröteten, hervorquellenden Augen, ihrem heißen Kopf und ihrer ständigen Unruhe. Dazu kämen noch Bindehautentzündungen und häufiges Schielen. An deformierten Schädeln wurden Osteome (Knochengewebsgeschwülste) und Verschluß des knöchernen Gehörganges festgestellt. Berichte, nach denen die Deformation zu geistigen Schäden führen soll, haben sich nicht bestätigt.

Dies bedeutet nicht, daß die bei einer Kopfdeformierung auf den zarten kindlichen Schädel einwirkenden Druck- und Zugkräfte bei unsachgemäßer Anwendung nicht zu Dauerfolgen, ja sogar zum Tode führen können. Vor allem die Drucksteigerung im Gehirn kann in Verbindung mit einer auch sonst schwächlichen Konstitution gefährlich werden.

Techniken der künstlichen Kopfdeformierung

Bei den verschiedenen Techniken, die für die Verformung des Kopfes zur Anwendung kamen und kommen, macht man sich die große Plastizität des kindlichen Schädels zunutze, die für sein reibungsloses Passieren des Geburtskanales notwendig ist. Grob kann man folgende Techniken der Kopfdeformierung unterscheiden:

1. Die Deformierung mit Hilfe von Bändern bzw. Bandagen, die oft häubchenförmig über Stirn und Hinterhaupt geführt werden (»Schnurhaube«). Diese Technik hat eine konische (»Zuckerhut«-)Form zur Folge, das heißt, der Hirnkopf wird nach hinten oben verlängert. Sie war bzw. ist im Nahen Osten, im völkerwanderungszeitlichen Eurasien, in Zentralafrika, Südamerika, Australien und in der Südsee verbreitet.
2. Die Deformierung mit Hilfe einer Wiege (»Winkelwiege«), an deren Kopfende der kindliche Schädel durch ein Brett, das mit der harten Unterlage einen spitzen Winkel bildet, niedergedrückt wurde. Diese Technik führt zu einer Abflachung der Stirn und/oder des Hinterhaupts. In diesem Fall ist die Kopfbreite meist größer als die Kopflänge. Bekannte Beispiele sind die »Flathead«-Indianer Südamerikas, die zusätzlich noch eine Nackenstütze verwendeten (s. Abb. 65 c). Die Natchez-Indianer Nordamerikas erreichten einen ähnlichen Effekt, indem sie die Stirn des in die Wiege gebundenen Neugeborenen mit einem sandgefüllten Säckchen beschwerten, bis nach Samuel G. Morton (1772) »eine weißliche Flüssigkeit aus der Nase austrat«.
3. Die Deformierung mit Hilfe von freien, übereinandergereihten Brett-

chen (Druckplatten), die den Kopf an Stirn und Hinterhaupt zusammendrückten (s. Abb. 65 d). Dies hatte ebenfalls eine Abflachung von Stirn und Hinterhaupt zur Folge. Verbreitungsgebiete waren Amerika und Borneo. Zusätzlich wird noch ein Formtypus diskutiert, der sich allein durch ein abgeflachtes Hinterhaupt auszeichnet und durch die Befestigung des Kindes in einer Hängematte erzielt wird (heute noch an der Küste Ekuadors gebräuchlich). Die genannten Techniken wurden in der Geschichte und je nach Standort vielfach kombiniert, und für den Anthropologen ist es oft schwierig, allein aus den Schädelmerkmalen auf die genaue Deformationsmethode zu schließen. Ein gutes Beispiel für eine solche »kombinierte Methode« ist die »deformation toulousienne«: Dem Neugeborenen wurde eine Bindenhaube, die eine auf die offene Stirnfontanelle drückende Platte oder Spange enthielt, angelegt. Die Schleifen dieser Bindenhaube wurden über das Hinterhaupt oder den Unterkiefer geführt. Diese »Beguin« (Kinderhaube), »Arcelet« (Bogen) oder treffender »Serre-tête« (Kopfrahmen) genannte Vorrichtung wurde von Knaben bis zum achten Lebensjahr, von Mädchen bis zur Verheiratung getragen (s. Abb. 65 e). Die entstandene Kopfform war durch ein niedergedrücktes Hirnschädelgewölbe und einen breiten Quereindruck über der Stirn gekennzeichnet.

Schönheitsideal oder Statussymbol?

Fragen wir nun nach dem »Warum« der künstlichen Kopfdeformierung, so steht zunächst außer Zweifel, daß sie von jenen, die sie ausübten, ebenso wie Körperbemalung, Tätowieren, Nasen- und Lippenpflöcke, durchbohrte und gedehnte Ohrläppchen, das Ausschlagen bestimmter Zähne usw. als schön empfunden wurde. So wenig aber wie unsere heutige europäische Mode nur »Modetorheit« ist, sondern ihren Träger gleichzeitig auch als Angehörigen eines bestimmten Volkes, Stammes, einer Glaubensgemeinschaft, sozialen Schicht usw. ausweist, so wenig ist die Kopfdeformierung reinem Schönheitsempfinden entsprungen. Für die These, daß die Kopfdeformierung auch Mittel sozialer Rangbezeichnung war, lassen sich viele Hinweise finden. So sind z. B. die aztekischen Priester auf den altmexikanischen Steinreliefs mit übertrieben hoher, nach hinten fliehender Stirn dargestellt. Einer kirchlichen Verordnung des 17. Jahrhunderts, in der den peruanischen Indianern das Deformieren untersagt wurde, ist auch zu entnehmen, daß es vor diesem Verbot für die verschiedenen sozialen Schichten jeweils verschiedene Deformierungstechniken mit eigenen Namen (Caito, Oma, Opalku) gab. Jeder dieser schichtspezifischen Deformierungstechniken entsprach eine charakteristische Kopfform. Während die Deformierung bei den »besseren Leuten« von gut bezahlten Spezialisten ausgeführt wurde, half sich das gemeine Volk selbst. In seinen Friedhöfen wurden dementsprechend häufig schiefe, verformte Schädel gefunden.

Aber auch in Kulturen, in denen nicht (oder nicht mehr) deformiert wurde, spielte die Betonung (meist Vergrößerung) des Hirnkopfes eine große Rolle: die Griechen und Römer der Antike statteten ihre Götter- und Patrizierbüsten mit überhohen Stirnen aus und schwächten die Überaugenbögen ab. Die vornehmen Damen des Mittelalters und der Renaissance entfernten sich die Stirnhaare. Eine hohe Stirn und damit auch ein hoher Kopf wurden und werden bis heute (sogenannte Intellektuelle werden als »Eierköpfe« karikiert) mit besonderen Geistesgaben in Verbindung gebracht. Menschen mit niedriger Stirnhaargrenze (engl.: »low brows«) werden oft nicht so günstig beurteilt. Schon Johann Joachim Winckelmann (1717–1768), der Begründer der Kunstwissenschaften der klassischen Antike, hat dies erkannt und in seinem »Gesetz der idealen Schönheit« formuliert.

Im Deutschen besagt die Redewendung: dieser oder jener hat »die Stirn, etwas zu tun«, selbstbewußtes, trotzig-freies, ja freches Auftreten.

Angesichts der sozialen und ästhetischen Bedeutung, die die Kopfdeformierung in der Kulturgeschichte der Menschheit besitzt, wird deutlich, daß das negativ gefärbte Wort »Kopf-Deformierung« (früher auch »Schädelverunstaltung«) Ausdruck der europazentristischen Beurteilung der sogenannten Naturvölker durch die Forscher des 19. Jahrhunderts ist. Gerechterweise sollte man in Zukunft von künstlicher »Kopfformung« oder »Kopfumformung« sprechen.

Schönheit muß leiden

»Waß aber dy schönheit sey, daz weis jch nit.«

Albrecht Dürer (1471–1528)
in seinem »Lehrbuch der Malerei«

»Was bei uns heute an Schönheiten des Weltganzen jedermann zugänglich ist, war in früheren Zeitaltern und ist niedrigeren Kulturstufen ein vollkommen gleichgültiges Ding. Das Dasein des neuzeitlichen Menschen ist vervielfacht; uns strahlt nicht mehr der menschliche Leib, uns strahlen Wald und Meer, Felsen, Wolke und Sternenzelt; uns strahlt der ganze Kosmos. An den banalen Ausschmuck der eigenen Person zu denken, haben wir Weltensieger und Weltenbewunderer weder die Pflicht noch auch die geringste Veranlassung.« Als der Völkerkundler Karl Weule im Jahr 1911 diese Zeilen schrieb, versuchte er das moderne, »naturalistische« Körpergefühl des zivilisierten Menschen auszudrücken. Die Ethnologen hatten anfangs aufgrund von Beobachtungen an sogenannten Naturvölkern alle künstlichen Veränderungen der menschlichen Erscheinung, die die natürliche Körperform selbst betrafen, z. B. Kopfdeformationen, als »Körperdeformationen« oder »Körperverunstaltungen« bezeichnet. Damit wollten sie tiefgreifende, angeblich nur bei »Primitiven« anzutreffende Veränderungen von solchen abgrenzen, bei denen, wie in Europa, die Körperoberfläche nur vorübergehend geschminkt, maskiert oder geschmückt wurde. Aber auch wir unterwerfen uns ja den Schönheitsidealen unseres Kulturraumes, und gerade die europäischen Schönheitsnormen der Moderne haben eine Unzahl neuer Techniken entstehen lassen, mit deren Hilfe schwerwiegende Eingriffe in den Körper möglich geworden sind.

Weule konnte die großartige Entwicklung auf dem Gebiet der plastischen Chirurgie und den Aufschwung der kosmetischen Industrie in unserem Jahrhundert nicht voraussehen.

Schlanker, hoher Wuchs, ebenmäßige Gesichtszüge, glatte Haut und volles Haar sind Merkmale, die von dem überwiegenden Teil der Menschheit als ideal angesehen werden. Ihr Vorhandensein oder Nichtvorhandensein bestimmt in beträchtlichem Ausmaß den Erfolg in unserer Gesellschaft. Daher werden Tränensäcke und Doppelkinn entfernt, faltige Haut gestrafft (face-lifting), krumme Nasen begradigt, lange Nasen gekürzt und Stupsnasen verlängert, abstehende Ohren anliegend und ein fliehendes Kinn markanter gemacht. Kahle Stellen auf dem Kopf verschwinden durch Haarverpflanzung, schlaffe Brüste werden gehoben und mit Silikon gefüllt, Zähne ergänzt, mit Kronen überzogen oder zur Gänze ersetzt, Fettansammlungen an Hüfte und Oberschenkeln operativ entfernt.

Noch stehen wir Europäer dem weitgehend genormten amerikanischen Schönheitsideal skeptisch gegenüber. Wir empfinden die Nachahmung makelloser industrieller Produkte durch chirurgische Eingriffe nicht als schön, sondern als steril. Angesichts des Fortschritts der medizinischen

Technologien wird sich jedoch die reservierte Haltung gegenüber diesen Praktiken sicherlich ändern, ob dies nun zu begrüßen ist oder nicht. Die »Sterne« der Filmleinwand und der Illustrierten sind die ästhetischen Leitbilder der Massengesellschaft geworden, und der Kult um die Schönheit des Körpers, der Weule noch barbarisch anmutete, zeigt sich als bleibendes, alle menschlichen Gesellschaften kennzeichnendes Merkmal.

Was Schönheit ist, wissen wir nicht, aber wir können die Schönheitsideale der verschiedenen Epochen und Völker studieren, um Einblick in die Relativität und Wandelbarkeit des ästhetisch Reizvollen zu erlangen. Wo es Unterschiede gibt, gibt es auch Ähnlichkeiten. Die Frage, ob es biologisch vorgegebene Neigungen, allen Menschen gemeinsame Reaktionsmuster auf bestimmte Reize gibt, gehört zu den am wenigsten erforschten, aber auch faszinierendsten Problemen der Humanethologie.

Das Naturschöne und das Kunstschöne

Die Philosophen der Antike verstanden unter »Ästhetik« die Lehre von den sinnlichen Wahrnehmungen (griech.: aisthesis = sinnliche Erkenntnis). Erst die neuzeitlichen Denker schränkten die Bedeutung dieses Begriffes auf eine »Lehre vom Schönen« ein, wobei sie zwischen dem »Naturschönen« und dem »Kunstschönen« unterschieden. Das Naturschöne drückte sich etwa in der Farb- und Formenpracht der Blumen und Mineralien, dem phantastischen Federkleid zahlreicher Vögel, den auffälligen Fellmustern vieler Säugetiere sowie den bunten Flügeldecken mancher Insekten aus. Aber auch die »Eleganz« der Fische, die »Erhabenheit« der Berge und des Meeres, das Erlebnis des Sonnenauf- und -untergangs, die stille Größe der Wälder, die eigenartige Faszination der Wüsten sowie der mit Sternen übersäte nächtliche Himmel gehören zu den »Naturschönheiten«, die den Betrachter immer wieder mit Ehrfurcht vor den Wundern der Schöpfung erfüllen. Das Kunstschöne wird nur in den Werken des Menschen sichtbar, so etwa in den Formen von Tempeln und Palästen, Statuen und Gemälden, Musik und Literatur. Die von Kunstphilosophen verfaßten »Ästhetiken« enthielten vielfach die Forderung, die Kunst habe sich nach den vorgegebenen Formen der Natur zu richten, ja dieser zumindest formal möglichst nahezukommen. Nicht selten wurde aber auch die Meinung vertreten, die Kunst müsse als vollkommener Gegensatz zur Natur, als Anti-Natur, auftreten. Zwischen diesen extremen Positionen sind, selbst innerhalb einer Kulturepoche, viele Standpunkte eingenommen worden, und gerade die Moderne ist in diesem Zusammenhang durch eine nie dagewesene Vielfalt gekennzeichnet.

Erst die an der Anthropologie, Völkerkunde, Psychologie und Verhaltensforschung orientierte Ästhetik der letzten Jahrzehnte wies auf die Gemeinsamkeiten zwischen dem Natur- und Kunstschönen hin und versuchte diese zu erklären. Der deutsche Philosoph Arnold Gehlen gehörte zu den ersten, die eine »Physiologie der Kunst« forderten, die die »instinktnahen« Schichten unseres Schönheitsempfindens untersuchen sollte. Gehlen meinte damit die angeborene Neigung des Menschen, auf alles Auffällige, Regelmäßige, Symmetrische und Unwahrscheinliche besonders stark zu reagieren. Die Freude des Menschen an Mustern, Ornamenten, rhythmisch wiederkehrenden Motiven in der Musik und beim Tanz, an glitzernden, grellen und kontrastreichen Dingen ist in allen Kulturen gleichermaßen feststellbar.

»Körperverunstaltungen« Unter diesen grundlegenden, »anthropologischen« Gesichtspunkten betrachtet, sind die »Körperverunstaltungen« der sogenannten Primitiven mit den Schönheitsprozeduren der sogenannten Hochkulturen vergleichbar. Gemeinsame urtümliche Schönheitsprinzipien werden hier deutlich. Ob z. B. Lippen durchbohrt und gedehnt oder mit roter Farbe bestrichen werden, ob Hälse durch Ringe eingeschnürt oder mit steifen Krägen eingeengt werden, ob Haare in bestimmten Mustern geschoren oder mit Hilfe von Nadeln und Haarfestigern zu unwahrscheinlichen Gebilden versteift werden, stets werden Effekte erzielt, die den Körper entsprechend den jeweiligen Schönheitsvorstellungen eindrucksvoller gestalten. Federn, Felle, Muscheln, Perlen usw., also Gegenstände, die uns die Natur liefert, werden als Schmuck verwendet. Übernehmen wir die in der Natur vorgefundenen »Muster« nicht in ihrer ursprünglichen Form, so stellen wir aus nahezu allen verfügbaren Materialien selbst Schmuck her, indem wir bestehende Formen weiterentwickeln.

Mundregion Im Lauf unserer Evolution hat der menschliche Mund durch die Aufrichtung des Körpers und die dadurch bedingte Freisetzung der Hände seine Funktion für das Schnappen und »Greifen« verloren – wie wir dies bei den Tierprimaten beobachten können. Aber auch menschliche Kleinkinder erkunden die Welt noch mit dem Mund. In unserer Individualentwicklung (Ontogenese) wird der erste Kontakt zur Umwelt über den Mund hergestellt. Der Säugling erfährt an der Brust der Mutter die Befriedigung seines Nahrungstriebes, durch das Saugen wird der Mund zum »lustgetönten Ur-Raum«, zu einer »erogenen Zone«. In dem Maße, in dem wir greifen können, stehen und gehen lernen, verliert der Mund an Bedeutung, das »Nahverhältnis« des Kleinkinds zu den Lebewesen und Gegenständen seiner Umgebung wird dadurch grundlegend verändert.

Der menschliche Mund ist aber nicht nur Organ der Nahrungsaufnahme und der Sprache, er ist auch Träger eines wichtigen sozialen, wahrscheinlich erotischen Signals, nämlich unserer Lippen. Diese, Teile der von innen nach außen gestülpten Mundschleimhaut, sind stark durchblutet und daher, im Gegensatz zu den dünnen Lippen der übrigen Primaten, gut sichtbar. Zusätzlich sind sie wie unser gesamter Mundraum reich mit Nerven versorgt und daher äußerst sensibel.

Lippen Die charakteristischen Schleimhautlippen der Art Mensch, die rassisch und individuell Unterschiede in Höhe und Form aufweisen, wurden und werden vielfach künstlich betont. Der Lippenstift unserer Tage ist keine neuzeitliche Erfindung. So sind schon aus den prähistorischen Kulturschichten von verschiedenen Höhlen rote, zugespitzte Farbstifte bekannt, die möglicherweise ähnlichen Zwecken dienten. In einem bronzezeitlichen Frauengrab in Süddeutschland wurden neben bronzenen Kämmen und kleinen spitzen Pfriemen, die vermutlich Tätowiernadeln waren, zwei rote Stifte gefunden, die wahrscheinlich zum Schminken verwendet wurden. Einige Forscher nehmen an, daß die Farbe Rot, die unser natürliches Lippenrot optisch verstärkt, beim Beschauer das Gefühl von »Frische« erweckt. Doch kann auch jede andere Farbe zur Betonung der Lippen verwendet werden, in Indien z. B. wird Blau bevorzugt.

Die Ainufrauen des nördlichen Japan hoben die Mundgegend hervor, indem sie rund um die Schleimhautlippen in frisch geritzte Wunden schwärzenden Ruß einrieben. Nach Aussage von Ethnologen sollte damit der Bart ihrer Männer symbolisiert werden. Auch bei einigen Indianerstämmen Kaliforniens und im vorgeschichtlichen Europa sollen ähnliche Methoden der Mundbetonung bekannt gewesen sein.

Der vor allem in Afrika verbreitete Brauch der Lippendeformation hat seit jeher das Interesse der Reisenden und Völkerkundler erregt, besteht doch diese in unseren Augen bizarre Schönheitsprozedur darin, in die durchstochenen und ausgeweiteten Lippen verschieden große Holzscheiben einzufügen (s. Bild 157). Die Art der Deformierung, nämlich die Ausweitung entweder der Ober- oder der Unterlippe oder gar beider, wie dies bei den Frauen der afrikanischen Sara üblich ist, ebenso das Größenverhältnis des Ober- und Unterlippentellers – all dies variierte von Stamm zu Stamm und galt als »Kennzeichen«. Die Sitte, Pflöcke und Scheiben in den Lippen zu tragen, fand man aber nicht nur in Afrika (Sambesigebiet, Nordkongo, Sudan), sondern auch in Nordamerika, z. B. bei den Niska-Indianern, und in Südamerika bei den Botokuden (s. Bild 153). Die Fragen nach der Bedeutung dieses Brauchtums blieben meist unbeantwortet. Lediglich von den südlich des Tschadsees lebenden Musgu erfuhr man, daß die abschrekkend wirkenden Lippenpflöcke ihre Frauen davor bewahren sollten, von den Nachbarstämmen geraubt zu werden. Karl Weule schreibt: »Wir Weißen schätzen und üben den Kuß. Das ist vielleicht der Hauptgrund, wenn nicht gar der einzige, warum wir unsere Lippen von jeder Verunstaltung frei gelassen haben.« Über die Technik der Lippendeformation bei den Musgu fügt er hinzu: »Bei ihnen allen fängt es mit Kleinem an; man durchsticht den jungen Mädchen roh und herzlos die zarte Lippe, das rosige Ohr, das süße Näschen, hindert die Wunde am Zuheilen, weitet sie durch Einführung von Strohhalmen, elastischen Blattspiralen und dergleichen systematisch auf und fügt später ebenso systematisch immer größere Pflöcke ein, bis auch diese Pflöcke am Ende zu Scheiben geworden sind, die bei den Rovumavölkern oftmals 7 Zentimeter und mehr Durchmesser aufweisen. Es gibt wahrlich keine Torheit, der der Mensch nicht fähig sei.«

Die Gepflogenheit, Gegenstände wie z. B. Ringe in die Lippen einzufädeln, ist noch weiter verbreitet, so auch in den Kulturen des Ostens, etwa in Indien.

Zähne

Der Anblick unserer Zähne hat, so wissen wir aus Verhaltensforschung und Tiefenpsychologie, eine sehr starke und aggressive Wirkung im Sozialkontakt (s. Abb. 56). Bei Mensch und Tier signalisiert das entblößte Gebiß auch Furcht oder Angriff. Es ist kein Zufall, daß unser Höflichkeitskodex verlangt, sich beim Gähnen die Hand vorzuhalten. Früher galt dies in der feineren Gesellschaft auch für das Lachen, das als homologe ritualisierte Form des aggressiven Zähnefletschens aufgefaßt werden kann. In unserer Kultur gelten große, weiße und regelmäßige Zähne als schön. Da die Zähne vieler Menschen dieser Idealvorstellung von Natur aus bzw.

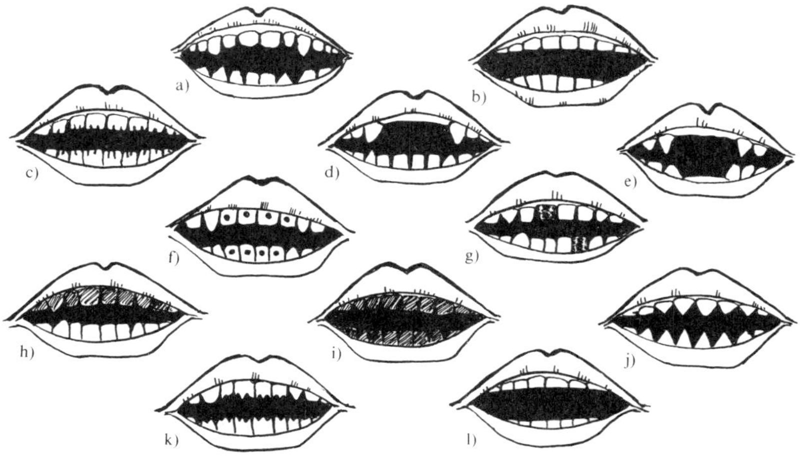

Abb. 66 *Zahndeformation*
a) betonte Eckzähne
b) gleichmäßiges Abschleifen
c) eingekerbte Schneidezähne
d) ausgeschlagene obere Schneidezähne
e) oben und unten ausgeschlagene Schneidezähne
f) Einlage in der Zahnoberfläche
g) Goldkrone
h) eingefärbte Zähne
i) Zahnfärbung durch Kauen bestimmter Pflanzen
j) spitz zugefeilte Zähne
k) eingeschnittene Zacken
l) glatt zurückgefeilte Zahnreihe

aufgrund von Zivilisationsschäden nicht entsprechen, hat sich die zahnärztliche Kunst nicht nur der Behandlung, sondern auch der Verschönerung unseres Gebisses angenommen. So wird unser Biß schon im Kindesalter durch Zahnklammern reguliert, die Schneidezähne werden geradegefeilt, mit Kronen versehen, Stiftzähne, Zahnbrücken und ganze künstliche Gebisse sorgen für die Vollständigkeit, Schönheit und nicht zuletzt für das Funktionieren unserer Kauwerkzeuge. Das strahlende, die Zähne zur Schau stellende Lächeln von Hollywoodschauspielern ist auch für Normalverbraucher zu einem nachahmenswerten Signal geworden, leuchtet doch das prächtige Kunstgebiß so manches Filmhelden als »übernormale Zahnattrappe« täglich von Plakat und Fernsehschirm.
Auch die afrikanischen Nuer schätzen weiße Zähne. Sie benutzen Holzasche und Kuhdung als Zahnputzmittel. Im Gegensatz zu den Nuer sind bei den Dusun auf Borneo schwarze Zähne beliebt. Sie pulverisieren Quava-Blätter, vermischen sie mit Holzasche und tragen diese Masse auf die Zähne auf. Ein Bananenblattstreifen wird etwa vierzig Stunden um die Zähne gelegt, damit die Farbe sicher haftet. Anschließend wird die Rinde einer Kletterpflanze mit Kalk versetzt und in die Zähne eingerieben. Auf diese Weise bleiben die Zähne schwarz.

Bei einigen nordafrikanischen Beduinenstämmen wird die Schwarzfärbung der Zähne durch das Kauen bestimmter Blätter erzielt. Die Zähne werden auch häufig im Rahmen des Pubertätsritus oder knapp vor bzw. nach der Hochzeit geschwärzt, so z. B. in Hinterindien, Indonesien, bei den Telugfrauen Vorderasiens, in Japan und auf dem Bismarck-Archipel.
Eine andere Form des Zahnschmuckes ist das Ausschlagen, Abschlagen, Kürzen oder Zuspitzen der Zähne (s. Abb. 66). Diese Verstümmelung hat meist magische Hintergründe, jedoch scheinen auch Schönheitsvorstellungen dabei eine Rolle zu spielen. So sollen gefeilte Zähne die Menschen von den Tieren unterscheiden, es ist aber auch vorstellbar, daß man beim Zufeilen der Eckzähne die Reißzähne von Tieren nachahmen will. Das Ausschlagen der Zähne wird von manchen Eingeborenen Afrikas und Asiens auch damit begründet, daß es das Ausspucken erleichtert und durch die eine veränderte Aussprache erzielt wird.

Zahnlücken

In anderen Kulturkreisen, etwa bei den Dajak auf Borneo oder den Batak auf den Philippinen, werden Edelsteine oder kostbare Metalle in die Zähne eingelegt (inkrustiert). In Südostasien bestehen diese Zahneinlagen aus Gold, Messing oder Perlmuttplättchen, die in eigens dafür hergestellte Vertiefungen eingelassen werden. Zuweilen werden auch kleine Stifte zwischen den Zähnen eingesetzt, oder es wird sogar das gesamte Zahnfleisch mit Blech überzogen. Die aus Mexiko und Ekuador bekannten Inkrustationen bestehen aus Türkis- oder Goldscheiben sowie aus Jadeit und Hämatit. Schon die Maya Yukatans verzierten ihre Zähne mit Gold. In Europa sind nach wie vor Amalgam- und, so man es sich leisten kann, Goldplomben üblich. Noch vor nicht allzulanger Zeit galt das Gold im Mund nicht nur als besonders dauerhaft, sondern auch als gern gezeigtes Zeichen des Wohlstands. Während man in unseren Breiten heute die Goldplomben bzw. -kronen nach hinten in den Mundraum verdrängt hat, finden wir bei unseren südöstlichen Nachbarn und den Zigeunern noch blinkende Gebisse.
Waren in der Antike und im Mittelalter die gebleckten Zähne noch wichtiges Element der Abschreckung in künstlerischen Darstellungen, so haben sie in den westlichen Zivilisationen der Gegenwart diesen Symbolwert weitgehend verloren. Heute tauchen sie nur noch in Gruselfilmen auf, wo meist männliche, neuerdings auch weibliche Unholde mit vampirähnlichen Zähnen unschuldigen Opfern die Halsschlagadern aufreißen.

Bart

Eine weitere Möglichkeit, die Mundgegend, darüber hinaus aber auch das Kinn, ja das ganze Gesicht zu betonen, besteht für den Mann in der Gestaltung seines Bartes. Obwohl die Dichte der Behaarung bei den einzelnen Rassen und Völkern unterschiedlich ist – so weisen z. B. Chinesen, Indianer, Malaien und Hottentotten geringeren Bartwuchs auf –, hat nahezu jedes Volk kennzeichnende Barttrachten entwickelt. Lediglich bei einigen afrikanischen Völkern und südamerikanischen Indianerstämmen werden die Gesichts- und Körperhaare einzeln ausgerissen. Auch bei den Frauen der westlichen Welt ist es ja zeitweilig Mode, die Augenbrauen bis auf einen dünnen Haarstreif auszuzupfen und diesen dann mit schwarzer Farbe nachzuziehen.

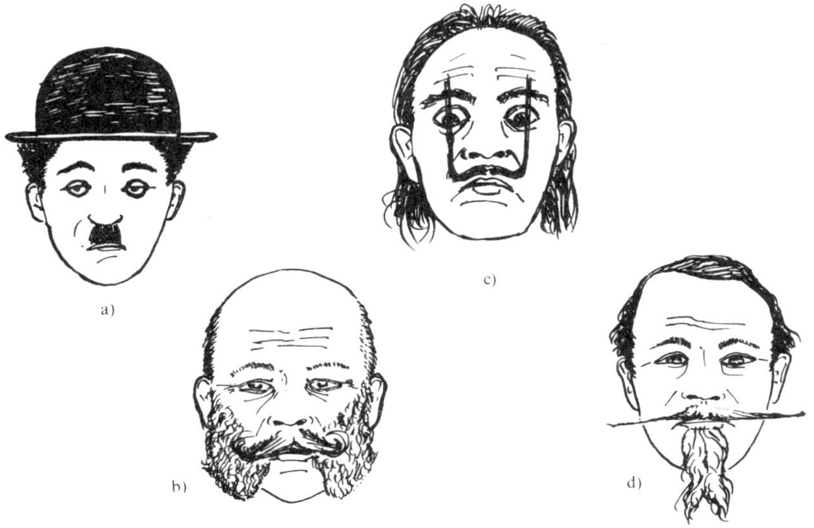

Abb. 67 *Europäische Bartformen*
a) »Mouche« (Charlie Chaplin)
b) Backenbart (Kaiser Franz Joseph I.)
c) Schnurrbart (Salvador Dali)
d) Knebelbart (Napoleon III.)

Der Vollbart muß wohl als die ursprünglichste Barttracht angesehen werden. Läßt man ihn wuchern, so kann er eine beträchtliche Länge erreichen. Schon die Zwerge und Riesen in unseren Märchen sind mit überlangen Bärten ausgestattet. Hier spielt sicher der Glaube an die magischen Kräfte des Haares eine Rolle. Seit jeher symbolisiert der Bart auch Macht, Ansehen und Würde. Kaum jemand würde etwa Gottvater glattrasiert darstellen. Auch die Männchen der Tierprimaten besitzen eine bartähnliche Behaarung. Bei ihnen dienen Schnauzer, Kinnbärte und Krausen als Imponiersignale. Die Frage, ob bereits unser Urahn, Homo erectus, einen rauschenden Vollbart sein eigen nannte oder in bezug auf seine Gesichtsbehaarung eher einem Gorilla glich, muß unbeantwortet bleiben.
Der Bart nahm im Lauf der Geschichte die verschiedensten Formen an. Die Assyrer und Perser stutzten den Vollbart rechteckig, die Hebräer teilten ihn in der Mitte, im antiken Griechenland trug man ihn mehr oder minder naturbelassen. In Alt-Ägypten durften nur die Herrscher Vollbärte oder künstliche Zeremonienbärte tragen. Wer beim Barte des Propheten Mohammed schwor, mußte seiner Sache sehr sicher sein. Durch Alexander den Großen wurde in Griechenland das Rasieren allgemein üblich, es ist aber wahrscheinlich, daß man schon früher aus hygienischen Gründen die Barthaare entfernte. Die ersten in Europa gefundenen Rasiermesser stammen aus der Bronzezeit. Die Vollbärte, mit denen die Germanen meist von den Römern dargestellt wurden, entsprechen nicht immer der Wirklichkeit, sondern sollten die Germanen vor allem als Barbaren kennzeichnen. Dafür, daß zumindest ein Teil der Germanen sich rasiert hat,

sprechen halbmondförmige Messer ohne Griff, die von den Männern in Ledertaschen am Gürtel getragen wurden. Sie werden von den Archäologen als Rasiermesser gedeutet.
Seit dem 3. Jahrhundert v. Chr. sorgten Barbiere (lat.: tonsores) für die tägliche Rasur des Römers. Während in den westlichen Zivilisationen seit der Spätantike zunehmend das glattrasierte Gesicht in Mode kam, blieb im Orient der Bart unveräußerliche Zierde des Mannes. In diesem Umstand dürfte auch der Grund für den frühmittelalterlichen »Bartstreit« zwischen der westlichen und der östlichen Kirche zu suchen sein. Während die griechischen Kleriker und Mönche bis zum heutigen Tag lange Bärte und langes, geknotetes Haar tragen, ließen sich die lateinischen Priester zum Zeichen ihrer Unterwerfung Kopf und Kinn rasieren (s. Abb. 71 c). Nur Angehörige von Missionarsorden und Kapuzinermönche hatten die ausdrückliche Erlaubnis, Bärte zu tragen. Zar Peter der Große ließ im Zug seiner Reformen die langen Vollbärte seiner russischen Bauern sogar mit Steuern belegen.
Im weltlichen Bereich galten seit dem Mittelalter sowohl die weichen, glattrasierten Gesichter »jugendlicher« Helden als auch das ausgeprägt männliche Antlitz der Bartträger als schön. Während der naturbelassene Vollbart seinen Träger eher versteckt und die individuellen Gesichtszüge kaum zur Geltung kommen läßt, setzt der modisch gestutzte Bart im Gesicht seines Trägers fast ornamentale Akzente. Er teilt Ober- und Untergesicht, betont Gesichtspartien, schafft Schwerpunkte.
So kam es zur schier unglaublichen Formenvielfalt von Lippen- und Kinnbärtchen, Zwickelbärten und seitlichen Koteletten, hängenden und stehenden Schnauzern, langgezogenen und quadratischen Schnurrbärten. Besonders Berufssoldaten mußten sich in Europa im Lauf der Jahrhunderte einem ständig wechselnden Reglement der Barttracht unterwerfen. In der britischen Armee war das Rasieren der Oberlippe sogar zeitweise untersagt.
Napoleon III. machte den Knebelbart volkstümlich, Wilhelm II. den aufgezwirbelten Schnurrbart, Franz Joseph I. den Backenbart, Friedrich Nietzsche den überdimensionalen, über die Lippen herabhängenden Schnauzer, der beim Essen mit Stäbchen hochgehoben werden mußte. Adolf Hitler soll seine »Fliege« der »Mouche« des von ihm verehrten Komikers Charlie Chaplin nachempfunden haben. Der surrealistische Maler Salvador Dali schließlich fand auf witzige Weise zum magischen Bedeutungsgehalt unserer Haare zurück, indem er seine steil nach oben gerichteten Bartspitzen zu »göttlichen Antennen« erklärte, die ihm »himmlische« Inspirationen ermöglichten (s. Abb. 67).

Nase

Die menschliche Nase scheint in Europa zum Unterschied von den fernöstlichen Kulturen und den Naturvölkern für Schmuck tabu zu sein. Bei uns wird mit der Betonung des »Gesichtserkers« fast immer etwas grotesk Böses oder Komisches verbunden. In unseren Sagen und Märchen haben die Schurken und Betrüger meist krumme, die Piraten und Hexen Haken-Nasen, die Nasen der letzteren sind noch durch Warzen verunstaltet. »Spitze Nas' und spitzes Kinn, da sitzt der Teufel selber drin ...« Der

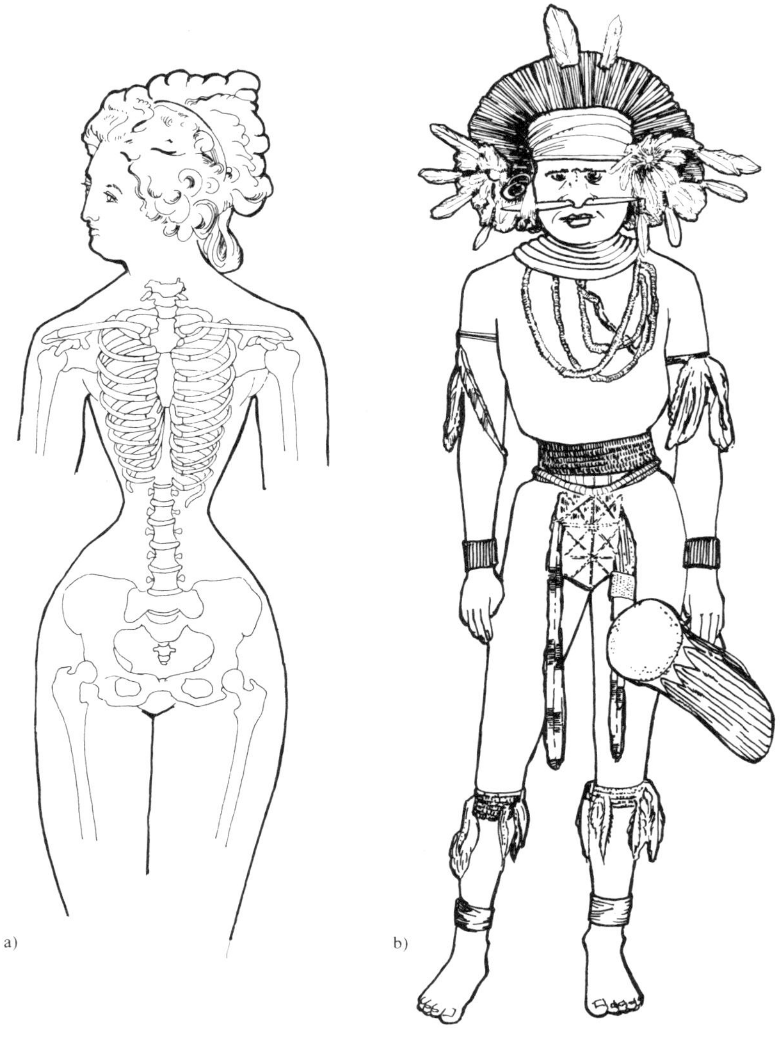

Abb. 68 *Ähnliche Schönheitsideale – die Einengung der Leibesmitte*
a) Eine Dame aus der Zeit vor der Französischen Revolution. Ihr Brustkorb ist durch ein Schnürkorsett deformiert.
b) Melanesischer Mekeo im Tanzschmuck mit eleganter Wespentaille

ländliche Volksmund verwendet für ungewöhnlich geformte Riechorgane Bezeichnungen wie »Gumpfe, Gurke, Zinken«, im Wienerischen sprechen wir vom »Heampa«. Große Nasen werden aber anderseits auch als Zeichen für hohe geistige Begabung angesehen. Kleine, stumpfe Nasen werden mit geringerer geistiger Regsamkeit in Verbindung gebracht. Übergroße Nasen, z. B. die des tragikomischen Zwerg Nase oder des Cyrano de Bergerac, eines Dramenhelden von Edmond Rostand, weisen deutlich auf hohe Intelligenz, aber auch charakterliche Eigenarten hin. Schon ein altrömisches Sprichwort sagt: »An der Nase erkennt man den Menschen.« Auch in unseren Redensarten kommt die Signalwirkung unseres Geruchsorgans zum Ausdruck: Man »dreht jemandem eine Nase« oder »reibt ihm etwas unter die Nase«, man »rümpft über etwas die Nase«, hat »die Nase voll«, macht »freundliche Nasenlöcher« oder kann jemanden nicht »riechen«, ist nach einem Streit »verschnupft«, hat eine »gute Nase für etwas«, man ist »naseweis« oder gar eine »Rotznase«. Bei Minderheiten, die zum Teil durch eine ausgeprägte Nasenform gekennzeichnet sind, wie z. B. die Ostjuden oder die Wiener Tschechen, wurde gerade dieses Organ mit diskriminierenden Bezeichnungen belegt (»Synagogenschlüssel«, »böhmisches Löschkandl«). Komische Figuren wie Clown oder Kasperl haben stets überbetonte Nasen. Der deutsche Dichter Christian Morgenstern hat sogar einem Wesen namens »Nasobem« ein Denkmal gesetzt:

»Auf seinen Nasen schreitet
einher das Nasobem,
von seinem Kind begleitet.
Es steht noch nicht im Brehm ...«

Bei den sogenannten Naturvölkern wird die Nase ebenso wie die gesamte übrige Körperoberfläche als Schmuckträger genutzt. Durch die durchbohrte Nasenscheidewand werden Federn, Knochen, Hölzer und Metallringe, neuerdings auch Kugelschreiber (Neuguinea, Afrika) gezogen. Auch die Nasenflügel werden durchbohrt und mit Schmucksteinen oder kleinen Pflöcken verziert (s. Bild 135). Die Eingeborenen von Liueniua in Melanesien schlitzen aus Schönheitsgründen sogar die Nasenspitzen auf, ein Verfahren, das im mittelalterlichen Europa als Bestrafung für Diebe und als Zeichen der Erniedrigung für Feinde angewendet wurde. Im alten Mexiko war der Nasenschmuck Zeichen königlicher Würde. Seeleute, die gegen Ende des 18. Jahrhunderts im südlichen Teil der Nordwestküste Amerikas Indianer mit langen Knochenstücken in den Nasen sahen, bezeichneten das solcherart geschmückte Organ sehr treffend als »Bugspriet« (über den Bug hinausgehende Segelstange). Doch nicht nur im westlichen Nordamerika und im nordwestlichen Südamerika, auch in Australien und Melanesien schmücken krumme Schweinezähne oder ausgeschnittene und durchbrochene Perlmuttplatten die Nasen der Eingeborenen. Bei den asiatischen Kulturvölkern, wie den Turkmenen und Indern, tragen viele Frauen Silberringe oder funkelnde Edelsteine in der Nase bzw. in den Nasenflügeln. Die Hottentotten wiederum drücken ihren Kindern, ihrem Schönheitsideal entsprechend, die Nase platt.

In unseren zivilisierten Breiten kann man eine ideale Nasenform, z. B. ein »griechisches Profil«, durch eine kosmetische Operation erzielen. Wer der Schönheitschirurgie jedoch mißtraut, oder wem die Kosten für einen solchen Eingriff zu hoch sind, muß seine Zuflucht zu einem uralten ländlichen Zauber nehmen. Am Weihnachtsabend zwischen 23 und 24 Uhr möge er die höchste Fichte des Waldes erklimmen und von dieser ein hoch oben wachsendes Ästchen abbrechen. Dabei rufe er laut: »Fichtenbam, Fichtenbam, ich möcht a andere Nasen ham!« Danach reibe er sich mit dem Ästchen kräftig die Nase ein und warte ab. – Über die Wirksamkeit dieses Zaubers mag man geteilter Meinung sein, fest steht, daß in der Damenwelt unauffällige Nasen als schön gelten. Selbst ein noch so zierliches Näschen wird, wenn es glänzt, mit Puder überdeckt.

Ohren

Auch das menschliche Ohr bleibt von Verschönerungskünsten nicht verschont. In Südamerika, in Neuguinea, Indonesien und im tropischen Afrika setzen die Angehörigen einiger Stämme in ihre durchbohrten Ohrläppchen zum Teil riesige Holzscheiben oder Metallringe ein. Dabei werden die Ohren durch das große Gewicht dieses »Schmucks« so belastet, daß sie nicht selten bis zu den Schultern reichen. Auch Buddhastatuen weisen vielfach gelängte Ohren auf. Bei den Papua von Murik oder bei den Dinkafrauen vom Stamme der Jar im Sudan werden nicht nur die Ohrläppchen, sondern auch die Ohrmuscheln durchbohrt.

Wir tragen zwar keine Nasenstäbe oder Nasenringe, doch sind auch bei uns Europäern Ohrringe sehr beliebt. Lassen wir Karl Weule (1911) zu Wort kommen: »Wir selbst besitzen nur noch einen kümmerlichen Rest der letzten Art in Gestalt der Durchbohrung der Ohrläppchen unserer kleinen Mädchen behufs Anbringung eines vom Gevatter höchst unnötigerweise geschenkten Schmuckes; doch wird hoffentlich auch dieser Rest eines alten Barbarentums schon mit der nächsten Generation verschwinden.« Obwohl sich das Durchstechen der Ohren inzwischen durch die »ohrenfreundlicheren« Klipse erübrigt, ist Dr. Weules Wunsch bis heute nicht in Erfüllung gegangen. Der Brauch der alten Wiener Handwerker und Fiaker, ein kleines Metallplättchen, ein »Flinserl«, im Ohrläppchen zu tragen, gehört zwar bis auf wenige Ausnahmen der Vergangenheit an, doch ist es in den letzten Jahren bei einigen Jugendgruppen, z. B. den »Punks«, Mode geworden, Sicherheitsnadeln durch Nase und Ohren zu ziehen, Zähne zu inkrustieren, die Haut zu bemalen oder zu tätowieren und die Haare bunt färben zu lassen: Im Kampf gegen Anonymität und Einförmigkeit unserer Großstädte, in der Auflehnung gegen die Zwänge unserer Industriegesellschaft bedient man sich der Mittel sogenannter Naturvölker!

Taille und Hals

Wie sehr sich die Schönheitsideale auch weit voneinander entfernter Kulturen ähneln, zeigt nicht nur das Phänomen der engen Taille (s. Abb. 68), sondern auch der Halsschmuck. Ein langer, nackter und makelloser Hals wird als schön empfunden, kann jedoch durch ein Schmuckstück noch besonders zur Geltung gebracht werden. Aber auch ein verhüllter Hals kann die Aufmerksamkeit auf sich ziehen (s. Abb. 61). Ein Kragen aus Pelz, Spitze oder Seide, womöglich noch durch Schmuck hervorgehoben, signalisiert nicht nur gesellschaftlichen Rang, sondern auch modisches »up to date«. Durch einen hohen Kragen oder prunkvollen Schmuck wird der Hals künstlich versteift und zwingt zu einer aufrechten, würdigen Haltung.

Die Padaungfrauen in Oberbirma (Hinterindien) tragen etwa vom fünften Lebensjahr an einen massiven Halsschmuck aus Messingspiralen, der bis zu zehn Kilogramm wiegt. Die Anzahl der Ringe wird nach und nach erhöht, unter dem Kinn wird oft ein kleines Kissen getragen. Der Hals wirkt

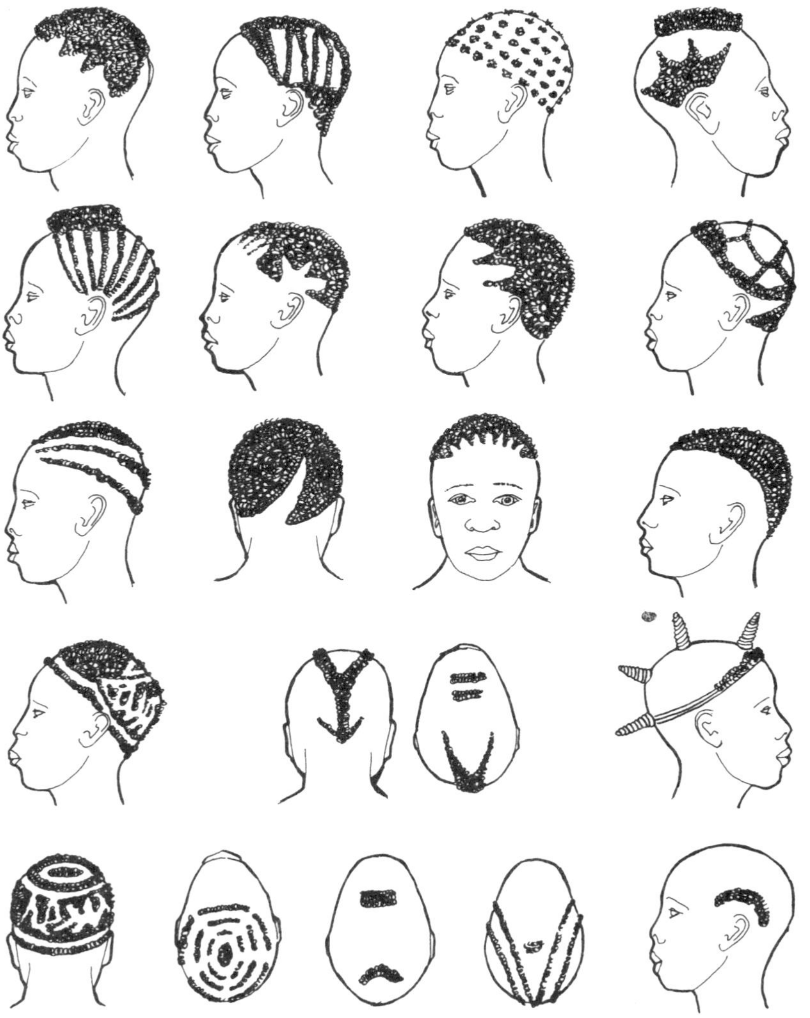

Abb. 69 *Schmuckfrisuren der ostafrikanischen Wanyakusa, Wangoni, Wabena und Mkukwe (nach F. Fülleborn)*

übermäßig verlängert, wobei aber nicht die Halswirbel bzw. die Bandscheiben gestreckt werden, sondern der gesamte Brustkorb nach unten gepreßt wird. Im Lauf der Zeit kommt es zu einem Schwund der Halsmuskulatur – die »Giraffenfrauen« sind ohne ihren Halspanzer nicht mehr in der Lage, ihren Kopf aufrecht zu halten (s. Abb. 61). Die Bewegungslosigkeit des beringten Halses gilt als Zeichen von Eleganz und Reichtum, auch wenn sich der Schmuck im alltäglichen Leben als ziemlich unpraktisch erweist: Beim Stillen kann die Mutter ihr Kind nicht sehen, bei der Feldarbeit muß sich die Padaungfrau weit nach vorn beugen, um auf den Boden

blicken zu können, Flüssigkeit kann sie nur mit langen Strohhalmen zu sich nehmen. Der Legende nach soll diese extreme Schmuckform die Frauen vor Tigerbissen bewahren.
Steife Halsmanschetten in Form von Ringen, Ketten, Bändern usw. kennt man auch von den afrikanischen Benin-Bronzeskulpturen und einigen Stämmen Ostafrikas und Neuguineas (s. Abb. 61). Eine Betonung des Halses und die damit verbundene Versteifung der Körperhaltung ist bei fast allen Kulturen als Zeichen der Würde zu finden. Diese Verbindung der aufrechten Haltung mit bestimmten charakterlichen Eigenschaften hat auch in unserer Sprache ihren Niederschlag gefunden: So nennen wir einen unnachgiebigen, verschlossenen Menschen »halsstarrig«, ein »aufrechter« Mann trägt den Kopf »hoch« oder zeigt »Rückgrat«.
Auch in Europa nahm der Kragen als Halsschmuck seit dem Hochmittelalter voluminöse Formen an und wurde schließlich im Barock zur Mühlsteinkrause, einem Rad aus gestärkten Rüschen, das manchmal kegelförmig bis in das Gesicht reichte (s. Abb. 61). Die Helden der Französischen Revolution wurden »Incroyables« (die Unglaublichen) genannt, weil sie auffallend gekleidet gingen und fest um den Hals geschlungene Binden trugen, die nicht selten sogar den Mund verdeckten. Der hohe, steife Hemdkragen der Herren aus der Biedermeierzeit war unter dem Namen »Vatermörder« bekannt. Diese Bezeichnung geht auf das französische Wort »parasite« (»Schmarotzer«) zurück, das einen ähnlichen Kragen meinte und im Deutschen als »parricide« (Vatermord) mißverstanden worden war. Kurioserweise war es auch ein »Vatermörder«, der im Jahr 1853 dem jungen »Landesvater« Kaiser Franz Joseph I. bei einem Anschlag das Leben rettete. Die Dolchklinge des Attentäters glitt damals an

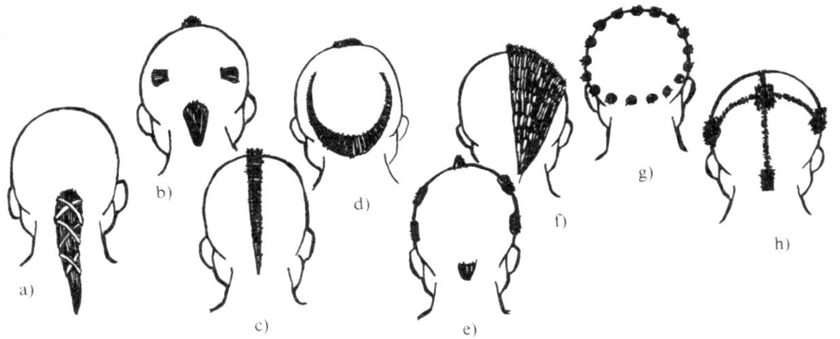

Abb. 70 *Den Clan kennzeichnende Frisuren von Indianern. Haartracht der Osage- und Omaha-Kinder*
a) Kopf und Schwanz des Elchs
b) Kopf und Hörner des Bisons
c) Rückgrat des Bisons
d) Kopf, Flügel und Schwanz des Adlers
e) Kopf, Beine und Schwanz der Schildkröte
f) Flanke des Wolfs
g) Reptilienzähne
h) Himmelsrichtungen

dem hohen, steifen Kragen des Monarchen ab. Zum Gedächtnis an dieses Ereignis wurde 1856–1879 durch Johann Heinrich von Ferstel in Wien die Votivkirche erbaut.

Kopfhaar

Dem menschlichen Kopfhaar wurde seit jeher größte Bedeutung beigemessen, sei es aus magischen, sozialen oder ästhetischen Gründen. Mit Ausnahme der australischen Ureinwohner und einiger Jagd- und Wildbeutervölker, die kein Bedürfnis zeigen, ihr Haar zu verschönern, haben die sogenannten Naturvölker, gleichgültig ob Hirten oder Ackerbauern, sich um eine auffallende Haartracht bemüht. Zwar legen die rassisch bedingten Haarformen, wie z. B. Kraushaar, glattes Haar oder Pfefferkornhaar, bestimmte Frisurtypen nahe, doch hat man seit alters her beim Erfinden von Frisuren auf die naturgegebene Haarstruktur nur wenig Rücksicht genommen. Schon die Venus von Willendorf (vgl. Abb. 82) trägt eine »Frisur« in Form rund um den Kopf gedrehter Haarwülste. Im Altertum kräuselten sich Assyrer, Perser und Ägypter das Haar, und im antiken Griechenland trug man Mittelscheitel und Knoten. Tacitus berichtet, daß die Germanen das Haar häufig zurück oder zur Seite kämmten und in einen Knoten schlangen, den sogenannten Suebenknoten. Dieser Suebenknoten war jedoch nicht ausschließlich Kennzeichen der Sueben, auch andere germanische Stämme trugen ihn. Von Plinius erfahren wir, daß die Agathyrsen in Siebenbürgen ihr Haar grün färbten, die Römerinnen bleichten es oder ließen sich aus dem rötlichblonden Haar der gefangenen Germanenfrauen Perücken (lat.: capillamentum) machen. Die Hebräer streuten sich bei festlichen Anlässen Goldstaub in das Haar, und noch heute ist die arabische Mode, viele dünne Zöpfe zu flechten, verbreitet. In China und Japan schor man den Kopf bis auf einen runden Wirbel kahl. Die Irokesen in Nordamerika wiederum ließen auf dem geschorenen

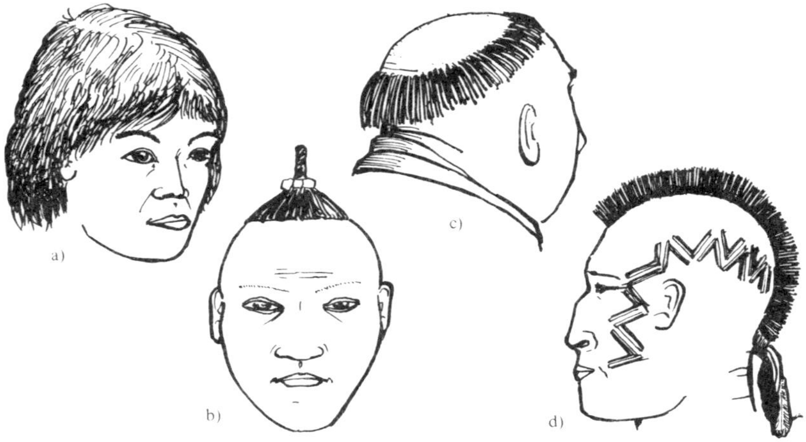

Abb. 71 *Frisuren*
a) Beatlefrisur
b) Altchinesische Haarlocke
c) Tonsur
d) Irokesen-Haarkamm

Kopf lediglich einen schmalen Haarkamm, die sogenannte »Skalplocke«, stehen (s. Abb. 71).
Die Mittel, die Wirkung des Haares zu steigern und damit die gesamte Erscheinung eindrucksvoller zu machen, reichen von falschen Haarteilen bzw. Perücken über das Färben, Bleichen, Versteifen oder Festigen und Pudern bis zum Beizen der Haare mit Kuhdung, Lehm oder Butter. Die nordamerikanischen Kamiaindianer z. B. vertieften das Schwarz ihrer Haare mit einem Gummiabsud, den sie aus der Rinde des Mesquitebaumes gewannen. Sehr oft jedoch wird das natürliche dunkle Haar aufgehellt. Die Angehörigen vieler polynesischer Stämme bleichen ihr schwarzes Kraushaar mit Kalk oder Laugen und erzielen damit einen gelblichen oder rötlichen Farbton. Häufig wird auch Schmuck in das Haar mit eingeflochten. Besonders kunstvolle Frisuren sind in Melanesien und Afrika anzutreffen. In Westafrika gleichen die Frisuren nicht selten Werken der Bildhauerkunst. Blattrippen, Palmmark und Mooswülste unterstützen den Aufbau der haarigen Monumente, die zusätzlich mit Kaurischnecken, Glasperlen und Federn verziert werden. Die Herstellung einer solchen Frisur dauert oft einige Wochen oder Monate. Man schläft daher auf Nakkenstützen, um die Frisur nicht zu zerstören, die meist einem festen Hut oder Helm gleicht. Die Pangwe z. B. kennen fünfundzwanzig verschiedene Frisuren. Die Mangbetu im nördlichen Kongogebiet betonen die lange, schmale Form ihres Hinterkopfs durch nach hinten ausladende Frisuren bzw. durch eigentümliche, im Nacken aufgebaute Haararrangements (s. Bild 150).
Franz Fülleborn, ein deutscher Forscher des 19. Jahrhunderts, berichtet u. a. von den ostafrikanischen Wanyakusa, die sich das Kopfhaar zu phantasievollen Mustern rasieren lassen (s. Abb. 68). Er zitiert auch den Bericht einer Miss Neuhauss über die Friseur-Künste der Ukinga: »Die Kinga erzielen diese Haarlänge (nämlich bis zu den Schultern), welche bei ihnen ungemein beliebt ist, auf folgende Weise. Erstes Stadium: der Kopf, mit einer festen Lehmschicht überzogen, glatt poliert und mit rother Farbe angestrichen, gleicht einem umgestülpten Kafferntopf, der noch nicht gebraucht worden ist. Zweites Stadium: das wachsende Haar treibt die Lehmdecke auseinander. Der Kopf sieht jetzt aus wie ein Schildkrötengehäuse. Drittes Stadium: die festen Lehmbälle hängen an den langgewordenen Haaren und klappern aneinander, sooft der Träger seine graciösen Bewegungen mit dem Kopfe macht. Viertes Stadium: der Lehm wird in Wasser aufgelöst, das Haar gut gewaschen und in dünne Zöpfe geflochten. Daß dieser Kopfputz in seinem lehmigen Entwicklungsabschnitt dem ganzen Körper des geduldigen Trägers ein staubiges Aussehen verleiht, läßt sich denken. Erst im letzten Stadium kann der Besitzer des Medusenhauptes sich den Luxus eines gewaschenen, gesalbten und mit rother Farbe beschmierten Körpers gestatten. Die Enden der Flechten werden gern mit Messingösen eigenen Fabrikats verziert. Bei den Frauen habe ich diesen Kopfputz nicht beobachtet.«
Zeremonialperücken aus Menschenhaar und später auch aus pflanzlichem Material, wie z. B. den Fasern des Dattelbaumes, bei denen die Locken

Abb. 72 *Französischer Entwurf eines Haaraufsatzes für die elegante Damenfrisur, um 1782*

durch Wachsüberzug gefestigt wurden, waren schon im alten Ägypten bekannt. Oft wurden sie den Toten in das Grab mitgegeben.
Der Helm von Meschkalamdug, der dem König von Ur gehörte und eine metallene Perücke aus Locken und Zöpfen darstellt, beweist, daß auch in Mesopotamien die Perücken nicht Haarersatz, sondern Kopfschutz und Statussymbol waren. Meder, Perser, Lydier und Karier kannten die Perücke ebenfalls, und in der römischen Kaiserzeit war sie große Mode. Unter Ludwig XI. dürfte die Perücke in Frankreich eingeführt worden sein. Sie entwickelte sich später unter Ludwig XIV. zu ihrer vollen Pracht (s. Abb. 72). Bei dieser Allonge-Perücke (franz.: allonger = verlängern) des 17. Jahrhunderts, die auch »Staatsperücke« genannt wurde, fielen die Locken vom Mittelscheitel bis auf die Schultern herab. Sie wurde meist noch mit weißem Puder (Poudre de Cypre) bestäubt. Diese Sitte dürfte aus dem 16. Jahrhundert stammen. Heinrich IV. von Frankreich soll damit seine grauen Haare verdeckt haben. Die Damen des Hofes und der höheren Gesellschaft trugen die sogenannte »Fontange«, einen nach der Duchesse de Fontange, einer Favoritin Ludwigs XIV., benannten hohen, fächerartigen Kopfputz aus Bändern, Haaren und Spitzen. Die sich nach oben erstrekkenden Frisuren nannte man »tower« (Turm), die breit ausladenden »à commode« (Kommode).
Diese imponierenden Frisuren waren nicht nur ungesund, weil sie schwer waren und den Kopf belasteten – auch Ungeziefer soll sich darin eingeni-

stet haben. Außerdem bedurfte es langwieriger Prozeduren, um sie herzustellen. So schrieb Louis-Sébastian Mercier über die Pariser Mode des 18. Jahrhunderts: »Das Haar ist falsch ... Die Coiffure erfordert ein mächtiges Roßhaarkissen und einen ganzen Wald 15 bis 25 Zentimeter langer Haarnadeln, die das Kissen durchbohren und mit dem Haarkleid der Kopfhaut verbinden, deren Nerven von den ewigen, sehr wohlriechenden, aber bald ranzig werdenden Pomaden und Pudern entzündet sind.«

Juckende Perücken, ausgeschlagene, zugefeilte, gefärbte, vergoldete oder mit Edelsteineinlagen versehene Zähne, durchstochene und gedehnte Lippen, Ohren und Nasen, eingeschnürte Leiber, wundgescheuerte Hälse, verkrüppelte oder eingezwängte Füße ... für die Schönheit ist uns offensichtlich kein Preis zu hoch.

Behütet und gekrönt

»Eines Tages erschien in Koraudi ein prächtig geschmückter Eingeborener. Meterhoch ragte sein reicher Paradiesvogelschmuck über seinem Haupt empor, und vier Schnäbel von Hornraben, das Zeichen, daß er vier Männer erschlagen hatte, prangten über seiner Stirn. Geradezu furchterregend sah dieser bis an die Zähne bewaffnete Mann aus, als er mich beobachtete. Mit mißtrauisch zusammengekniffenen Augen kam er langsam auf mich zu, eine wahrhaft imponierende Erscheinung. Er streckte den Arm aus und sagte ... ›How do you do?‹«

Hugo Adolf Bernatzik,
»Südsee«, 1934

Bei den Germanen und Kelten war es das Vorrecht der Freien, langes Haar zu tragen. Die freien Männer einiger germanischer Stämme drückten damit auch ihre Verehrung für den Kriegsgott Odin aus. Während des Mittelalters war es nur den jungen, unverheirateten Mädchen vorbehalten, das Haupthaar gelöst und frei herabhängen zu lassen. Die verheirateten Frauen mußten auf dieses »erotische Signal« verzichten und sich Zöpfe flechten, die sie unter einem Schleier oder einer Haube verbargen. Wer »unter die Haube kam«, also in den Stand der Ehe trat und damit seine Freiheit aufgab, zeigte dies auf deutlich sichtbare Weise. Nur der Ehemann hatte das Recht, seine »gebundene« Frau mit offenem Haar zu sehen. Schon in den Bayerischen Volksrechten des 8. Jahrhunderts waren für das Lösen der Haare und Öffnen der Kopfbinde, das sich »lose«, das heißt unzüchtige Personen zuschulden kommen ließen, Geldstrafen vorgesehen.

In der Antike schrieb man gelöstem, üppig wucherndem Haar magische Kräfte zu. Griechische, aber auch indische Zauberinnen ließen, wenn sie bei der Befragung des Orakels mit dem Jenseits Verbindung aufnahmen, das Haar frei herabwallen. Ähnliche Vorstellungen dürften im christlichen Mittelalter die Behörden veranlaßt haben, das offene Haar »verdächtiger Weibspersonen« als Zeichen für heidnischen Kult und Hexerei anzusehen. Frauen, die sich in dieser Hinsicht ungebührliche Freiheiten nahmen, schienen nicht nur in die »heidnische« Barbarei zurückzufallen, sondern auch bewußt gegen die herrschenden Sitten zu rebellieren. Sie wurden, wie dies alte Abbildungen von Hexenprozessen zeigen, vor der Folterung oder dem Gerichtsurteil geschoren, um ihnen ihre vermeintliche »Kraft« zu nehmen. Noch heute laufen in den Alpenländern die »Perchten« zur Faschingszeit mit wirren »Zotten« umher, und es ist kein Zufall, daß Dämonen durch wild flatterndes Haar charakterisiert werden. Auch in Japan, Indonesien und Afrika erscheinen die Darsteller der Dämonen im Gegensatz zu den »gesitteten« Schauspielern mit furchterregenden, zerzausten Haarmassen.

Die Vorstellung, daß das menschliche Haar mit »guten« oder »bösen«, jedenfalls aber mit »mächtigen« Kräften geladen sei, veranlaßte viele Völker, die Haarschur als Zeichen der Unterwerfung anzusehen. Besiegten Feinden nahm man mit dem Haupthaar auch äußerlich das letzte Zeichen ihrer Würde. Bei den Merowingern, die man die »gelockten Könige« nannte, ging mit dem Verlust der Haare auch der Anspruch auf den Thron verloren. Karl Martell, der seinen Sohn Pippin zu dem Langobardenkönig Liutprand sandte, um ihn adoptieren zu lassen, bat Pippin, sich das Haar zum Zeichen der Adoption und damit der Unterwerfung abschneiden zu lassen. Noch bis zum Ende des Mittelalters ließen sich die Ritter gelegentlich kahlscheren, um ihrer verehrten Landesherrin ihre untertänigste Treue zu beweisen. Zu den klösterlichen Aufnahmeriten des Christentums – aber auch des Buddhismus, Lamaismus und anderer Religionen – gehört es, den Novizen den Kopf zu rasieren (Tonsur), um deren Unterwerfung unter die kirchliche Macht auch äußerlich zu bekräftigen. Auch die bäuerlichen Leibeigenen – die »Gescherten« – mußten ihrem niedrigen Stand gemäß das Haar kurz tragen.

Wie weit der Glaube an die magische Kraft der Haare verbreitet ist, zeigen auch Felsmalereien der australischen Aborigines, die mundlose Urzeit-Heroen, sogenannte »Wondschinas«, mit riesigen Augen und antennenartig vom Kopf abstehenden Haaren darstellen (s. Abb. 73 a). Ein solcher Heiligenschein findet sich auch bei den Ägyptern, Persern, Indern, Griechen und Römern der Antike. Dieser »Nimbus« (lat.: Wolke) umgibt das Haupt, die »Aura« oder »Aureole« umfließt als Strahlenkranz oder Lichtkreis die ganze Gestalt. Der Kopf des griechischen Sonnengottes Helios und des römischen Sol ist von Sonnenzacken, der des Buddha häufig von züngelnden Flammen umgeben. Auch andere Gottheiten der Religionsgeschichte sind mit einer Lichtscheibe über oder hinter dem Kopf abgebildet (s. Abb. 73).

Formen und Funktionen des Kopfschmucks

Viele Formen des Zeremonialkopfschmucks symbolisieren ein Sonnenrad, wie z. B. der Federschmuck der Indianer, oder einen »Fächer der Macht«, der nun nicht mehr den göttlichen, sondern den weltlichen Glanz von Herrschaft und Würde verbreitet. Auch der moderne »Afro-Look«, bei dem der Kopf durch auffrisiertes Kraushaar betont wird, läßt im Betrachter den Eindruck von selbstbewußter Zurschaustellung der eigenen »Kraft« entstehen (s. Abb. 73 e).

Einige Verhaltensforscher sehen daher im imponierenden Kopfschmuck, der aus eigenen und fremden Haaren sowie künstlichen Aufbauten aus verschiedenen Materialien bestehen kann, einen Ersatz für jene Haare unserer Vorfahren, die uns in »haarsträubenden« Situationen nicht mehr »zu Berge« stehen. Bekanntlich können viele Tiere, darunter auch Schimpansen, bei Droh- und Imponiergebärden ihre Fellhaare aufrichten (s. Abb. 57 a).

Diese in der Stammesgeschichte ausgebildeten Signale veranlassen uns, auf betonte und auffällige Köpfe schneller und stärker zu reagieren. Dies

Abb. 73 *Kopfbetonung*
a) Wondschina-Geist der australischen Ureinwohner
b) Die Aura des Buddha aus Borobudur (Java)
c) Afro-Look
d) Sonnengott von Palmyra, Steinrelief, Persien, 1. Jahrhundert n. Chr.
e) Christlicher Heiligenschein (Nimbus, Glorie)

ist auch der Grund, warum die imponierenden Kopfzierden bei den verschiedenen Völkern einander ähneln.

Der Heiligenschein (Glorie, Nimbus), gleichgültig ob er aus Haaren oder anderem Material besteht, vergrößert den Kopfumriß und bildet damit einen zentralen Anziehungspunkt. Die durch spitz zulaufende schmuck- oder hutähnliche Gebilde erreichte Verlängerung des Kopfes erhöht die menschliche Gestalt durch Betonung der Senkrechten. Die beiden Grundtendenzen der Verbreiterung und Verlängerung konnten wir schon bei der Kleidung beobachten.

Mütze und Hut

Die Mütze, die sich möglicherweise aus zusammengenähten Tierhäuten und Fellhauben entwickelt hat, besitzt keine Krempe und vergrößert sich meist nach oben (vgl. Abb. 74). Der breitkrempige Hut dagegen, wie z. B. der schon in der Antike bekannte griechische Petasos und der mexikanische Sombrero (span.: sombra = Schatten), dehnt sich rund um den Kopf aus.

Im Mittelalter waren breit ausladende Hüte Standeszeichen der geistlichen

Würdenträger (Kardinals- und Bischofshüte). Fürsten und Feldherren, die sich Verdienste um den katholischen Glauben erworben hatten, wurden vom Papst durch die Verleihung geweihter Hüte aus violetter Seide geehrt, die mit goldenen Schnüren und Juwelen besetzt waren. Daß bestimmte Hüte auch Zeichen der Schande sein konnten, beweist die Sitte, daß in Frankreich betrügerischen Bankleuten oder Geldwechslern ein grüner, in Deutschland ein gelber Hut bei der öffentlichen Zurschaustellung aufgesetzt wurde. Bei den Kabiri Neuguineas wird ein Jüngling zum Zeichen seiner Mannbarkeit mit einem spitzen, mit Kalk bestrichenen und mit Blumen und Federn geschmückten Hut ausgezeichnet, den sie »diba« nennen. Dieser wird erst nach harten Mutproben verliehen und anschließend festgeleimt. Auch die Angehörigen der Mount-Hagen-Stämme und die Murik tragen festlich geschmückte Spitzhüte. Die Indianer der Westküste Alaskas nannten ähnliche Kopfbedeckungen »Wolkenhüte«, eine treffende Bezeichnung für das darin zum Ausdruck kommende Bild des »Turmes«. Hohe Kopfbedeckungen verleihen ihrem Träger oder ihrer Trägerin offensichtlich ein »Hochgefühl« und sind daher seit jeher Symbol »hoher« Würdenträger, wie dies die verschiedenen Formen der Kronen, Mitren und Prunkaufsätze zeigen. Spitze gelbe Hüte waren im Europa des 11. Jahrhunderts den Juden vorgeschrieben, und noch im 18. Jahrhundert war ein derartiger Spitzhut Kennzeichen der »Hexe«. Der spanische Maler Francisco de Goya hat um 1796 in seinen berühmten Radierungen, den »Caprichos«, die auf einem Esel zur Verurteilung reitende Hexe dargestellt. Sie trägt einen spitzen, mit Flammen und Teufelsfiguren bemalten Papphut, die sogenannte »caroche« (s. Abb. 75).

Im Spätmittelalter fand die spitze und lange Kopfbedeckung Eingang in die Frauenmode, so z. B. der »Hohe Hennin«, eine aus steifem Papier oder gestärktem Leinen hergestellte und mit Seide überzogene Tüte, von deren Spitze ein Schleier herabfiel. Er war von Isabella von Bayern Ende des 14. Jahrhunderts am Hof von Burgund eingeführt worden und überdauerte bis zum heutigen Tag sowohl in Algerien, wo er von den Juden getragen wird, als auch in Marokko und im Libanon.

Turmfrisuren und Turmhüte sind bei den indischen Sikh-Priestern, aber auch bei den Frauen der in Vorderasien beheimateten Drusen anzutreffen, denen am Hochzeitstag ein silberner »Tantur« mit Schleier aufgesetzt wird (s. Abb. 74 e).

Spitze, unheimlich wirkende Gebilde in Kapuzenform werden heute noch in Sevilla bei den religiösen Umzügen während der Semana Santa (Karwoche) und von den Ku-Klux-Klan-Anhängern in den Südstaaten der USA getragen. Noch immer gilt der alte Spitzhut als Kennzeichen der Theaterhexe, des Zirkuszauberers, aber auch des Spaßmachers, bei dem er als »Kasperlhut« eher komisch als bedrohlich wirkt.

Doch sowohl Mütze als auch Hut wurden durch Modeströmungen verändert. So begann man die Mütze in der Renaissance aus weicheren Materialien herzustellen. Dadurch verlor sie an Steifheit und entwickelte sich in die Breite zu runden oder viereckigen Baretten. Im 16. Jahrhundert wurde das Barett als schwarze, flache, runde oder eckige Mütze von Männern

Abb. 74 *Vertikale Kopfbetonung*
a) Australischer Ureinwohner (Arunta) bei Zeremonie
b) Angeleimter Spitzhut, »diba«, der Kabiri (Neuguinea)
c) Kopfschmuck eines Massai
d) Indischer Sikh-Priester
e) Mohammedanische Drusin mit Hochzeitshut (Tantur)
f) Sogenannter Hoher Hennin, französische Spätgotik
g) Zauberhut des europäischen Mittelalters
h) Clown- und Kasperlhut
i) Mitra
j) Zylinder

und Frauen getragen (altdeutsche Tracht), später blieb diese Kopfbedekkung den Geistlichen, Richtern sowie Rektoren und Dekanen der Universitäten als »Ehrenhut« vorbehalten. Das schwarze Barett wird heute noch in den englischsprechenden Ländern nach erfolgreicher Beendigung eines Studiums als »Doktorhut« verliehen.
Der sogenannte Dreispitz oder Dreimaster entstand durch seitliches Hochschlagen und Zusammendrücken der Krempe breitrandiger Hüte. Diese Form, die zur Zeit Ludwigs XIV. zur beliebten Herrenmode gehörte, wurde während des Rokoko auch von den Damen getragen.
Die im Mittelalter entstandenen halbkugeligen, zylindrischen, kegel- und pyramidenförmigen Kopfbedeckungen waren bis in unser Jahrhundert

hinein in unzähligen Spielarten vertreten. Besonders erwähnt sei der Zylinder, der in England kurz vor der Französischen Revolution Mode geworden war und in seiner oft extrem hohen Form als »Angströhre« bezeichnet wurde, da ihn vor allem Angehörige der bürgerlich-konservativen Parteien trugen. Diese »Krone des bürgerlichen Mannes« galt zusammen mit Frack und heller oder dunkler Weste bis in unser Jahrhundert als typische Gesellschaftskleidung. Während sich die Abgeordneten des Dritten Standes in der Nationalversammlung von Versailles im Jahr 1789 durch das Tragen des Zylinders vom Adel mit seinen gepuderten Perücken und dekorativen Kopfaufsätzen deutlich abheben wollten, geriet der Zylinder zur Zeit der Revolutionsbewegung von 1848 in Mißkredit und wurde durch die flacheren und runden Demokratenhüte (auch Karbonari- oder Heckerhüte) ersetzt.

Turban und Schleier

Wie eine ursprünglich schlichte, zweckbetonte Kopfbekleidung durch »Überschmückung« zur Ritualisierung führen kann, zeigen Turban und Schleier, die sich aus einfachen Kopfbinden entwickelten. Der Turban, der im Persischen »dulband« (doppelt gebunden) heißt, besteht aus einer um eine Mütze gewundenen Schärpe aus Musselin oder Seide. Der Turban war bei den Mohammedanern und vor allem bei den Türken eine weitverbreitete Kopfbedeckung. Er wurde auch von anderen orientalischen Völkern übernommen, in die europäische Mode wurde er durch die Kreuzzüge eingeführt. Er war gewöhnlich rot, mit weißer Einfassung. Während den Emiren ausschließlich eine grüne Schärpe zustand, war der Turban des Sultans sehr dick und mit Perlschnüren, Edelsteinen und drei Reiherbüschen geschmückt. Großwesiren, Paschas, hohen Beamten und Befehlshabern wurden Turbane als Auszeichnung verliehen. Heute allerdings ist der aus Filz bestehende Fes an seine Stelle getreten. Eine Abart dieser nichtgewickelten Turbane wurde als »Balzo« in der Renaissance getragen und tauchte nach den Napoleonischen Kriegen als Empiremode wieder auf.

In Griechenland, Ägypten und anderen orientalischen Ländern ist es noch heute üblich, das Gesicht mit einem Schleier zu verdecken. Der durchsichtige Schleier verhüllt jedoch auf reizvolle Weise und erweckt die Neugierde des Betrachters. Schon im alten Ägypten trugen die Frauen den »Byssus«. Auch Mumien wurden damit eingehüllt. Der Schleier scheint über Kleinasien nach Griechenland gelangt zu sein und wurde schließlich in der römischen Kaiserzeit als »flammeum« oder »recinium« zu einer beliebten Zierde. Im Europa des Mittelalters wurde er auch als Hutschmuck getragen und entwickelte sich schließlich zu haubenartigen Gebilden, die den Kopf auf bizarre Art betonten. Eine Kapuze mit kragenartigem Schulterstück, »Gugel« genannt, zählte in der Gotik zur modischen Kopfbedekkung. Die Gugel, die später durch den Hut verdrängt wurde, besaß nicht selten die Form einer Zipfelmütze und wurde im 15. Jahrhundert zur Tracht der Hofnarren. Dieser Narrenkappe nähte man zwei Eselsohren an, die schließlich zu zwei mit Schellen besetzten Zipfeln ritualisiert wurden.

Während die bisher erwähnten Kopfbedeckungen, ursprünglich als Schutz

Abb. 75 *Hexe wird zur Richtstätte geführt. Radierung aus den »Caprichos« von Francisco Goya (um 1796)*

Helm

gegen das Wetter gedacht, sich allmählich zu prächtigen Schmuckgebilden wandelten, war es Aufgabe der Helme, den Kopf im Kampf zu schützen. Lederhelme sind bereits aus Ur (4300 v. Chr.) bekannt und wurden auch von den Assyrern, Persern und Ägyptern verwendet. Die sogenannte »Blaue Krone« der Pharaonen des »Neuen Reiches« stellte einen Kriegshelm dar, der jedoch auch als Symbol der Macht getragen wurde. Die Helme aus Leder oder Blech, die die einfachen Soldaten und das Fußvolk z. B. in Rom trugen, wandelten sich vom rein funktionellen Ausrüstungsstück im Lauf der Zeit zum Zeichen der Zugehörigkeit zu einzelnen Stämmen, Regimentern und Kriegskasten. Von einem bronzezeitlichen Fundort bei Bremen sind Helme bekannt, deren Kamm quer, das heißt von Ohr zu Ohr verläuft, und schon Homer berichtet von seinen Helden, sie trügen Helme mit Haarbusch und Haarkämmen, die auch in Metall ausgeführt wurden. Etruskische Helme, die meist eine hohe Spitze und schön geschwungene Kämme haben, aber auch mit dreieckigen, hochragenden Platten besetzt sind, fand man über die Aschenurnen der Gefallenen gestülpt. Viele Helme schützten nicht nur Kopf, Genick und Ohren, sondern auch Nase, Augen und Mund durch ein herunterklappbares »Visier«. Im

Mittelalter wurden die Helme und vorwiegend die Visiere unter dem Einfluß der mit großen Prunk veranstalteten Turnierkämpfe phantasievoll ausgestattet.

Aus dem außereuropäischen Raum sind vor allem die aus Igelfischhaut bestehenden Helme der Gilbert-Insulaner, die Helme der afrikanischen Benin, die asiatischen und hier wiederum die japanischen Holzhelme der Samurai, aber auch die mit geschnitzten Tierköpfen verzierten Helme der Azteken und Indianer des nordwestlichen Nordamerika bekanntgeworden. Der Helm als Imponierschutz mit seinen typischen Kopfaufbauten hat in der Zoologie einigen Tieren mit auffallendem Kopfschmuck seinen Namen gegeben (z. B. Helmkasuar).

Mitra und Krone

Nahezu alle heute bekannten Kopfbedeckungen geistlicher und weltlicher Würdenträger sind altorientalischen und griechisch-römischen Ursprungs. Die Mitra des Bischofs (s. Abb. 74 i), die sich von den assyrischen, ägyptischen und babylonischen Tiaren, Diademen und Stirnbinden herleiten läßt, war anfangs eine Rundkappe mit herabhängendem Kopftuch, später eine höhere, zweiteilige, spitz zulaufende Dreieckshaube mit zwei losen Bändern (Infulae). Der klassische Typus der Krone westlicher Herrscher geht auf die griechisch-römische Tradition zurück, sich aus den verschiedensten Anlässen zu bekränzen. Für die Griechen der Antike war z. B. der Myrtenkranz nicht nur Symbol der Jungfräulichkeit, sondern auch Amtszeichen: Ratsherren, Redner, Politiker oder Gläubige, die einem Gott opferten, trugen ihn. Der Lorbeerkranz wurde als Siegeszeichen bei militärischen und sportlichen Anlässen und auch als Ehrenzeichen an Feldherren, tapfere Krieger und verdiente Bürger vergeben. Die ursprünglich aus Ölzweigen bestehenden Kränze wurden auch häufig in Gold nachgebildet. Zur Zeit der römischen Kaiser wurde das Diadem in eine ringförmige Krone umgewandelt. Die über den Rand hinausreichenden Blättchen oder Zacken der mittelalterlichen Krone erinnern an die ursprüngliche Form des Kranzes. In byzantinischer Zeit wuchsen die Kronen oben durch Bügel und Streben zu kompakten Hauben zusammen.

Mit der Auflösung der alten Feudalherrschaften im vergangenen und in diesem Jahrhundert sind die Kronen in den meisten Ländern zu Museumsstücken geworden. Sowohl im geistlichen als auch im weltlichen Bereich werden sie nur noch zu besonderen Anlässen getragen. Auch die spektakulären und ausladenden Hüte, die noch um die Jahrhundertwende die Häupter der Damen krönten, erfahren ihre Wiederbelebung nur noch im Karneval, wie z. B. in Rio de Janeiro, wo sie, zu überdimensionalen Kunstwerken aufgebaut, an die Glanzzeit phantastischer Kopfbetonung erinnern. Auch beim Pferderennen in Ascot trumpfen die Damen nach alter englischer Tradition heute noch mit den größten und verrücktesten Hüten auf. Dieses jährlich in alle Welt durch Film und Fernsehen übertragene Spektakel zeigt in eindrucksvoller Weise, wie der uralte Imponierputz in den Dienst von Spaß und Selbstpersiflage getreten ist.

Das andere Gesicht

»Verhülle dich mit Masken und mit Schminken,
auch blinzle wie gestörten Augenlichts,
laß nie erblicken, wo dein Sinn, dein Sinken
sich abhebt von dem Rund des Angesichts.«

Gottfried Benn

In den Rauhnächten, den zwölf Nächten zwischen Weihnachten und Dreikönigstag, wird nach altem Volksglauben die Geisterwelt lebendig. Böse Zaubermächte beherrschen diese Zeit, mit Tosen, Brausen, Pfeifen, Kreischen und Schellengeläute rasen die schrecklichen Seelen- und Totenheere oder die Wilde Jagd der »Herlekinleute« durch die Lüfte. Auch das »Wütende Heer«, dem der germanische Gott Wodan voranritt, fegte unter Peitschengeknall und Hundegebell über Wald und Feld und riß alles mit sich, was sich ihm in den Weg stellte.
Durch Lärm und Maskenumzüge versuchten die Menschen, die bösen Geister zu vertreiben. Von dem Pelzwerk (mittelhochdeutsch: »ruch« = Pelz), das die Maskierten bei diesen Umzügen trugen, leitet sich unser Wort Rauhnacht her. Im Mittelalter war es der Bevölkerung vielfach verboten, dem Treiben der zottigen, rußgeschwärzten, mit Tiermasken und grotesken Larven verhüllten heidnischen »Dämonen« zuzusehen. Das »Wudesheer«, »Woutisheer« oder »wildes Gjaid« läßt sich bis in die Zeit der Germanen zurückverfolgen. Noch im 11. Jahrhundert wird von der »wilden Jagd« vermummter Normannen in Nordostfrankreich berichtet. Von der »familia Herlechini« (maisne Hellequin), die mit ihren prügelnden Teufeln Angst und Schrecken verbreitete, lassen sich die typischen Formen alpenländischen Maskenbrauchtums, wie z. B. der Tiroler Perchtenlauf, aber auch der Nürnberger Schembartlauf und die komische Gestalt des »Harlekin« der italienischen Commedia dell'arte ableiten.
Der Mythenforscher Karl Kerényi bezeichnet die Maske als ein Urgerät der Menschheit, da sie schon sehr früh und bei allen Völkern anzutreffen ist. Die Maske, die das Gesicht oder sogar den ganzen Körper verhüllte, sollte ihren Träger verstecken oder unkenntlich machen. Tierfelle wurden bei der Jagd zur Tarnung verwendet. So stülpten sich z. B. die nordamerikanischen Indianer Bisonfelle samt Kopfhaut und Hörnern über, wenn sie sich an die Herden heranpirschten, und die Eskimos schlüpften in Robbenfelle, wenn sie sich ihrer Beute näherten. Die Tiermaske hatte bei den Jägervölkern auch magische Bedeutung. Schon in den Höhlenmalereien der europäischen Altsteinzeit wurden maskierte Menschen dargestellt. So scheint z. B. in der Höhle von Trois Frères (Ariège, Frankreich) ein Zauberer in Tierverkleidung das Jagdglück zu beschwören (s. Abb. 76 a). Ähnliche Beschwörungsriten sind auch von den Tungusen des 18. Jahrhunderts überliefert. Aus den Höhlen von Gabillou, Altamira und Lourdes sind Zeichnungen bekannt, die Bison-, Hirsch-, Mammut- und Vogelmenschen darstellen, und die Knochengravierungen aus Teyat bei Abri Nege (Dor-

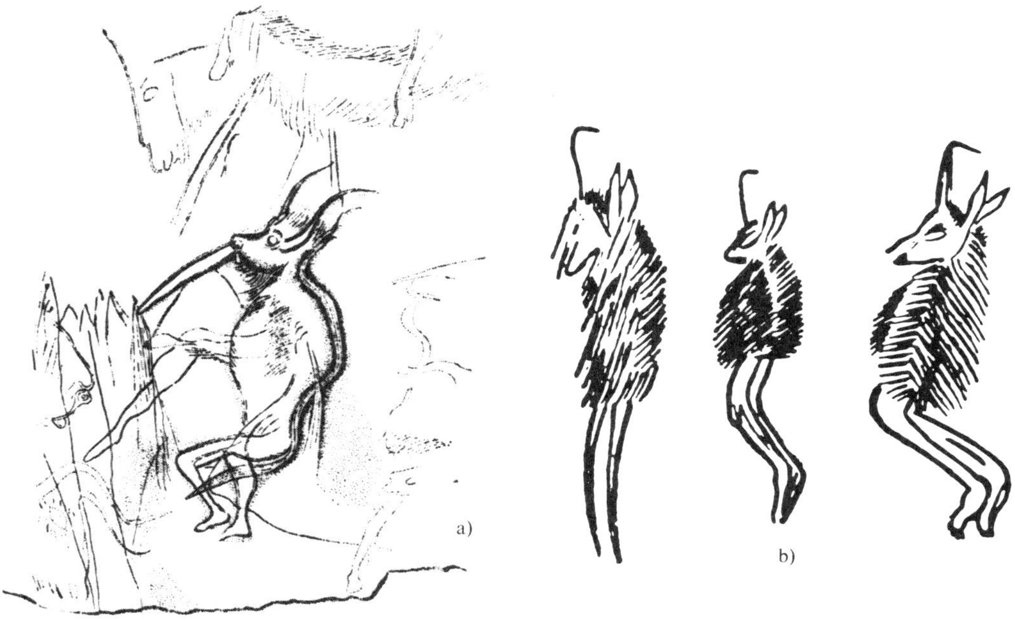

Abb. 76 *Urzeitliche Maskendarstellungen*
a) Sogenannter »Zauberer« aus der Höhle »Les trois frères«, eiszeitliche Felsgravur
b) Fellbekleidete Gestalten mit Tiermasken, Gravierungen auf einem Lochstab aus der Mège-Höhle bei Teyjat (Dordogne), Frankreich

dogne, Frankreich; s. Abb. 76 b) zeigen als Steinböcke maskierte Schamanen.

Masken

Das Wort »Maske« stammt möglicherweise aus den vorindoeuropäischen Sprachen und bedeutet Schmutz, geschwärztes Gesicht oder Dämon. Es wäre jedoch denkbar, daß »Maske« aus dem langobardisch-germanischen »mascus« oder »masca« herzuleiten ist. Dieser Ausdruck bedeutet Masche oder Netz, kann aber auch auf einen Leichnam hinweisen, der in ein Netz gewickelt wurde, um seine Wiederkehr zu verhindern. Wahrscheinlich ist das Wort »Maske« auf das arabische »mas-chara« zurückzuführen (im Deutschen »Possenreißer«). Das arabische Wort fand im 16. Jahrhundert als das italienische »masquera« seinen Weg über die Alpen und ist heute noch im bayrisch-alemannischen »Maschgera« lebendig. In unseren Breiten wird für »Maske« auch vielfach das Wort »Larve« verwendet, das aus dem Klosterlatein des 16. Jahrhunderts stammt und auf die römischen »lares« (Geister) zurückgeht.
In Ägypten, Mesopotamien, Phönizien, Mykene und Syrien fand man Totenmasken, die einerseits das Gesicht des Toten verewigen, anderseits diesen vor den Dämonen der Unterwelt schützen sollten. Die ägyptischen Anubis-Masken waren Schutzhüllen für das Jenseits, während die auf den Mumien angebrachten Metallmasken das »ewige« Gesicht bewahren sollten. Von diesen Masken sind die goldene Gesichtsmaske des Tutench-

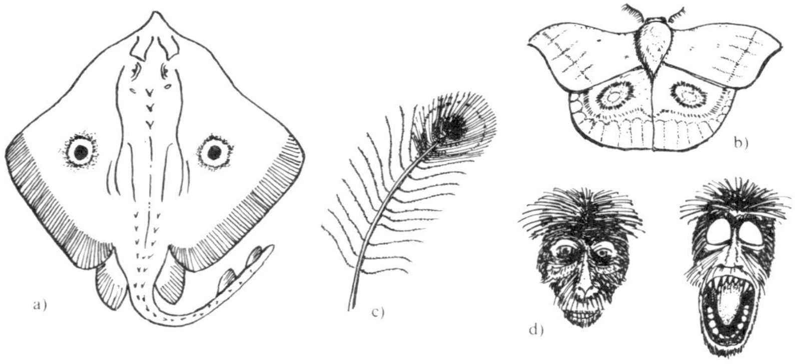

Abb. 77 *Augenflecke (nach O. Koenig)*
a) Texas-Rochen
b) Schmetterling (automeris pyrrhomelas), Südamerika. Das plötzliche Öffnen der Flügel macht die Schreckaugen sichtbar und soll Insektenfresser abschrecken.
c) Gefiederzeichnung bei Vögeln: Pfauenauge.
d) Beim Drohen präsentiert der Rotkopfmangabe weiße Überaugenflecke.

amun (18. Dynastie) sowie die aus Goldblech getriebenen Totenmasken der mykenischen Epoche weltberühmt geworden. In der Grabkammer der altmexikanischen Tempelpyramide von Palenque war ein Maya-Fürst bestattet, der eine Jademaske mit Smaragdaugen trug. Im Bereich der großen Pyramiden von Teotihuacan, im Hochtal von Mexiko, fand man in einem mixtekischen Königsgrab die Goldmaske des Gottes Xipe. Ferner sind aztekische Masken aus Menschenschädeln (Miclantecuatli) und doppelgesichtige Tonmasken der zapotekischen Kultur aus Oaxa (Mexiko) bekannt. Die Etrusker, die ursprünglich ihren Verstorbenen bronzene Masken über das Gesicht legten, befestigten diese, als die Einäscherung Brauch wurde, an der Urne. In späterer Zeit wurde der Urnendeckel als Maske gestaltet. Bei römischen Begräbnissen wurde die aus Gips oder Metall hergestellte Maske des Verstorbenen im Trauerzug mitgetragen und später im Haus aufbewahrt. Diese als Erinnerungsstücke gedachten Masken beeinflußten später die römische Porträtskulptur. Der Weg von der magischen Schutzlarve zum naturalistischen Abbild, wie wir es heute noch als Gesichtsabdruck (Moulage) von Toten und auch Lebenden kennen, war damit vorgezeichnet.

Auch bei den sogenannten Naturvölkern, z. B. in Afrika, sind die Toten- und Ahnenmasken stilisierte Gebilde aus Holz, Bast oder Metall oder aber, wie z. B. in Südsibirien, aus Ton modellierte naturgetreue Abbildungen des Stammesführers. Bei den Guanten der Gazellenhalbinsel in Melanesien werden die Schädel der Verstorbenen für den Ahnenkult als Masken verwendet. Die präkolumbianische Herrscherdynastie der Mayalan ließ aus den Schädeln verstorbener Familienmitglieder Ritualmasken herstellen. Sollten die Totenmasken den Verstorbenen vor Dämonen schützen, so dienten die Schreckmasken der Lebenden dazu, die Totengeister und den »bösen Blick« abzuwehren.

Während in unserem Kulturkreis die Vorstellung herrschte, daß zum Jahreswechsel gute und böse Geister gegeneinander kämpfen, wie dies z. B. die Schön-Perchten und Schiach-Perchten des Salzkammerguts heute noch zum Ausdruck bringen, veranstaltete man in China am Silvesterabend Umzüge mit fratzenartigen Masken, um den Blatterndämon, der sich stets am letzten Tag des Jahres seine Opfer für das nächste Jahr aussucht, zu verscheuchen. Ähnliche Bräuche zur Abwehr von Krankheiten sind von den Einwohnern Australiens, Afrikas, Nord- und Südamerikas bekannt. Schon in der klassischen Epoche Griechenlands versuchte man, Unglück

Abb. 78 *Ritualisierung der Augen*
a) Stein aus New Grange (England) mit Augenspiralen (3300 v. Chr.)
b) Formen des Miribota-Ornaments, die sich im Mittelmeerraum, aber auch in Indien, China und Südamerika finden lassen (nach O. Koenig)
c) Buddhistischer Sakralbau (Stupa) aus Nepal
d) Kopf und Hand der tibetischen Göttin Tara
e) Wissenschaftliche Tests haben ergeben, daß unsere Augen-Attrappen-Sicht angeboren ist. Das abstrakte Augenmuster bewirkt automatisch eine Pupillenerweiterung. Augenpaare rufen eine stärkere Erweiterung hervor als einzelne oder dreifache Augen. Vergrößert gezeichnete paarige Pupillen rufen die stärkste Reaktion hervor.
f) Der Mensch als »Augentier« (nach einer Illustration aus dem »Playboy«, 1970)

177

178

179

180

181

177 Buschmannsfrau (Kalahari)
178/179/180 Karikaturen der Damenmode
181 Schlangenpriesterin aus Knossos

182

183

184

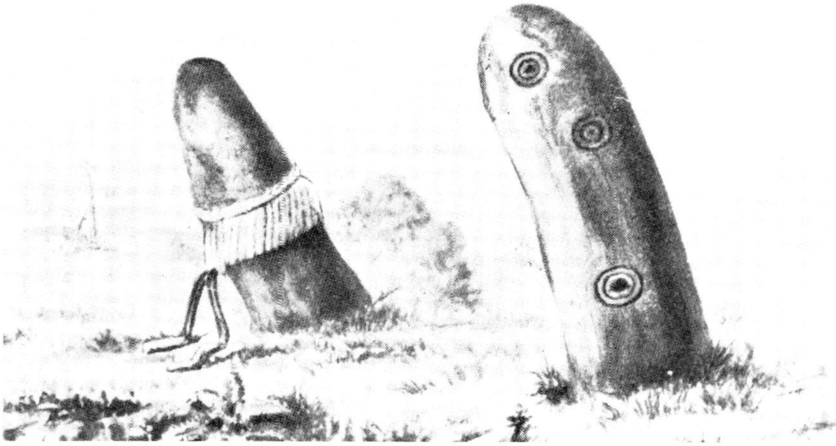
185

186

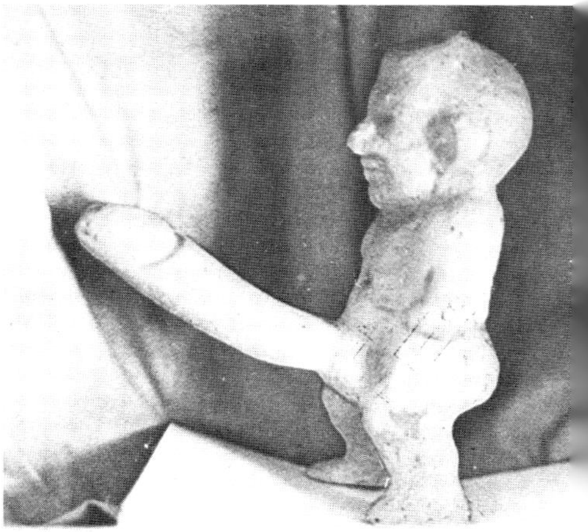
187

182 Menhir (Bretagne)
183 Cleopatra-Obelisk (London)
184 Heidnischer Stein (germanisch)
185 Heilige Steine der Fidschi (Südsee)
186 Japanischer Umzug
187 Gott Bes (Kleinasien)

188

190

189

191

188 Hölleneingang von Bomarzo
189 »Sie«, Riesenskulptur von Niki de Sainte-Phalle
190/191 Phallus- und Vulva-Symbole auf den Halbsäulen der Westfassade des Domes von Sankt Stephan in Wien

192

193

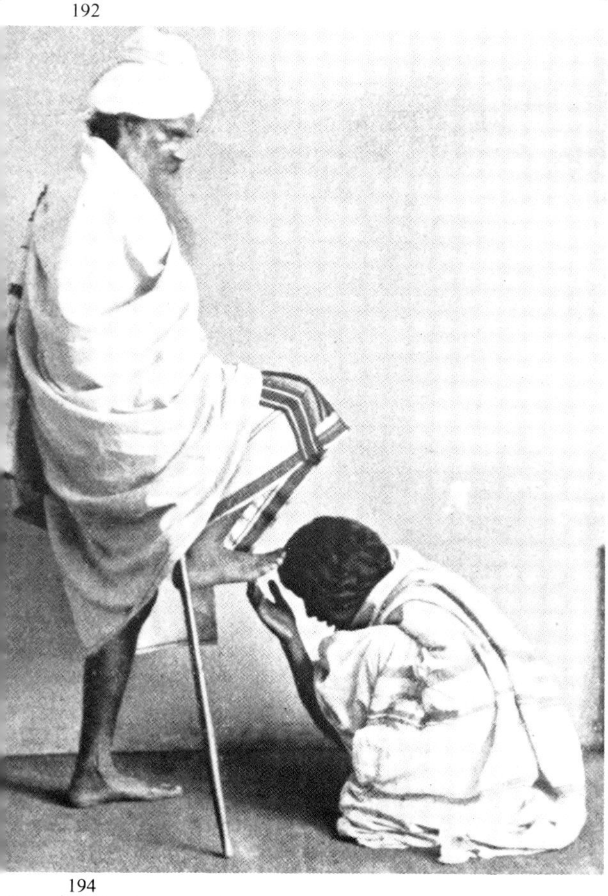

194

195

192 Ringkuß für den Papst, USA
193 Handkuß, Photomontage
194 Alte Grußform der Toda (Vorderindien)
195 Begrüßung bei der japanischen Teezeremonie

196

197

198

199

196 Betstellung des Bundu-Bundes (Westafrika)
197 Priesterweihe in Rom
198 Preußischer Stechschritt
199 Militärparade

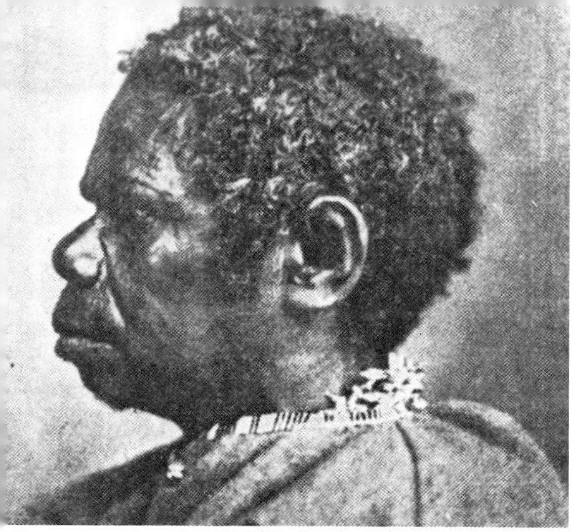

200/201

202

203

204

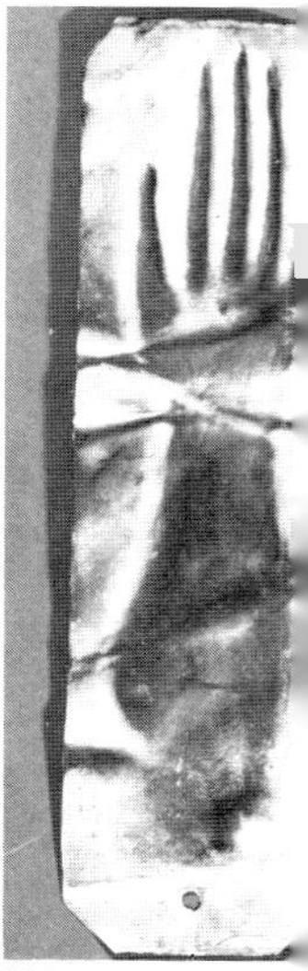

205

200/201 Truganini, die letzte Tasmanierin
202 Zulumädchen, um 1900
203 Tasmanische Steinwerkzeuge
204 Museumsbüste einer afrikanischen Hererofrau
205 Griechisches Handamulett

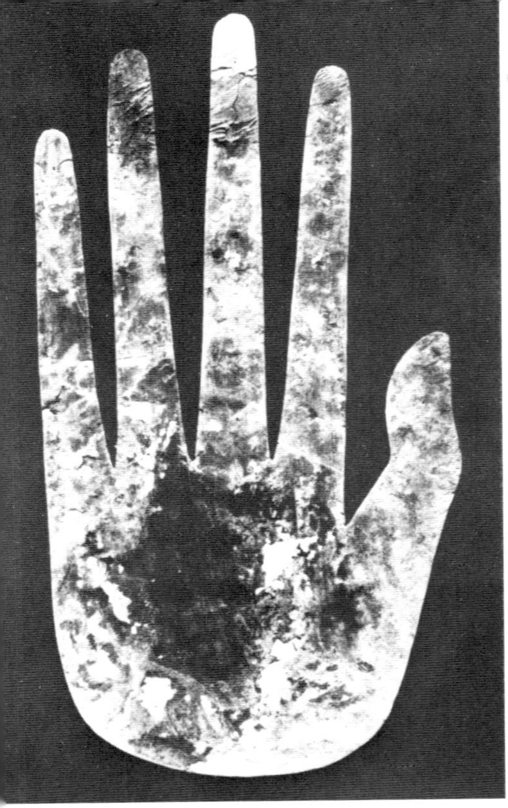

206

207

208

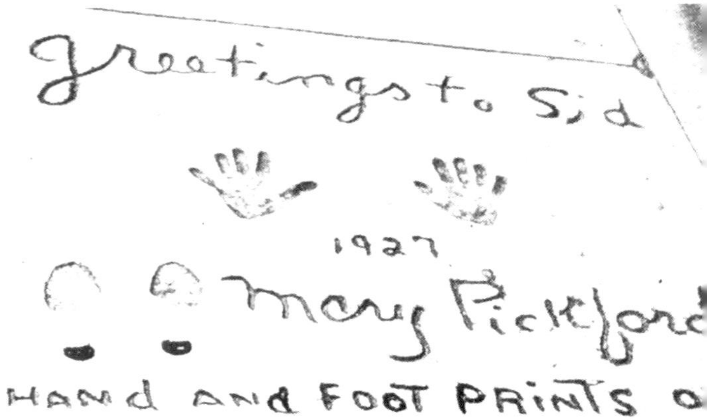

209

206 Indianisches Handsymbol
207 Ojibwa-Häuptling
208 Hand der Fatima
209 Hand- und Fußabdrücke in Hollywood

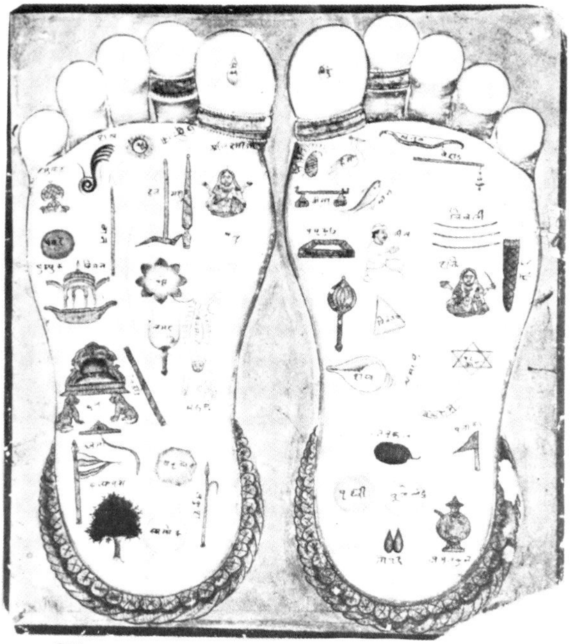

210

211

212

213

210 Fußspuren des indischen Gottes Wischnu
211 Indianisches Fußsymbol
212/213 Fußabdrücke von Neandertalern und Astronauten

Zu den Photos des vorangehenden Bildteiles:

181 Auf Kreta – und hier vor allem im Palastbezirk von Knossos – fanden sich Fayencefiguren, die als Schlangengöttin und Schlangenpriesterin interpretiert werden. Die aus minoischer Zeit stammenden Frauenstatuetten zeigen die für den weiblichen Hofstaat typische Mode, nämlich enggeschnürte Wespentaille, wobei das Miederleibchen die unbedeckten Brüste hochdrückt.

182 *Menhir von Camp Dolent, Bretagne*
Er gilt als eines der klassischen Steinmale innerhalb der armorikanischen Megalithkultur (Jungsteinzeit). »Armor« nannten die Gallier die Bretagne: Land am Meer. Der aus Granit bestehende Menhir (keltische Bezeichnung für Steinsäule) ist 10 Meter hoch und besticht durch seine glatte Oberfläche. Der größte Menhir allerdings, der von den Bretonen »men er Hroec'h« (Feenstein) genannt wird, liegt in vier Teile zertrümmert am Boden. Er ist 20 Meter lang und etwa 350 Tonnen schwer. Damit wiegt er doppelt soviel wie der gleichlange Obelisk der Cleopatra in London (183). Zur Aufstellung des vatikanischen Obelisken am Petersplatz, der bei weitem nicht die Größe der bretonischen Pfeiler erreicht, brauchte man am Ende des 16. Jahrhunderts 70 Pferde und 800 Mann, die angeblich ein ganzes Jahr damit beschäftigt waren. Der technischen Leistung wegen wurden vielfach die Menhire und Dolmen (Ganggräber) für die Erzeugnisse frühmenschlicher Riesen gehalten. Der englische Geometer und Kartograph M. J. Sale berichtet über die Aufrichtung von Menhiren bei den Khassias, südlich von Assam. Auch der englische Wissenschaftler Hooker erzählte 1868 auf der Versammlung der britischen Naturforscher in Norwich von Dolmenkonstruktionen in Ostbengalen. Die Menhire werden meist als Gedenksteine, himmelragende Ewigkeitssymbole, Grenz- und Opfersteine, Himmelssäulen oder Fruchtbarkeitsgiganten interpretiert. Bretonische Frauen legten noch in jüngster Zeit Gaben an den Steinen nieder und setzten sich bewußt in den Schatten der Dolmen, um ihre Schwangerschaft zu einem guten Ende zu bringen.

183 *Nadel der Cleopatra*
Der aus rosa Granit bestehende Obelisk wird »die Nadel der Cleopatra« genannt und dürfte unter Thutmosis III. um 1500 v. Chr. als Symbol der Sonnengottheit in Heliopolis angefertigt worden sein. 1878 wurde er nach England gebracht und am Charing Cross, nahe der Themse, aufgestellt.

184 *»Heidnischer Stein«*
Das Steinmonument entstammt dem germanischen Kulturkreis. Die phallische Form dieses Steinpfeilers führte zu dem christlichen Brauch, daß Brautleute ein Loch in dieser Säule berühren, um Glück in der Ehe zu haben.

185 *Heilige Steine der Fidschi*
Diese heiligen Steine wurden mit spiraligen Augenmustern verziert und mit Baströckchen geschmückt. Man opferte auf ihnen Lebensmittel.

187 *Tonstatuette des türkischen Gottes Bes aus dem Ephesusmuseum von Seldschuk*

188 *Hölleneingang von Bomarzo*
Der Hölleneingang im Garten von Bomarzo, bei Viterbo, Italien, befindet sich in einem Park der Monstren, der als »heiliger Wald« um 1580 in manieristischem Stil für die Familie Orsini angelegt wurde. Riesige antikisierende Figurengruppen (z. B. Kampf der Giganten) und Tempel bilden eine seltsame Architektur.
Die Vorstellung eines »Höllenmaules« als Höhleneinstieg in die »Mutter Erde« (Unter-Welt!) ist weltweit verbreitet. Als Gegensatz zu den »männlichen« Imponier-Säulen wird hier das »weibliche« Prinzip der Erdspalte übernommen.

189 *»Sie«*
Die Künstlerin Niki de Saint-Phalle bezeichnet ihre »Riesenweiber« als »Nanas«, Mitteldinge zwischen mythischer »Großer Mutter« (als Gottheit) und Puppe (als kommerzielles Produkt unserer Zivilisation). Sie greift den archaischen Gedanken der Höhle und des begehbaren Mutterschoßes auf ironische Weise auf.

192 Ein Polizist küßt den Ring Papst Johannes Pauls II., als dieser vom Flughafen in Philadelphia nach Des Moines, Iowa, aufbricht.

194 *Alte Grußform der Toda* (Vorderindien)
Die jüngere, in der sozialen Hierarchie tieferstehende Person fällt vor einem älteren Verwandten auf die Knie und hebt den Fuß der »höher« stehenden Person zur Stirn. Mit dieser Grußform, so schreibt der englische Schriftsteller Daniel Defoe (1660–1731), wurde Robinson Crusoe von »Freitag« begrüßt.

196 In Sierra Leone, Westafrika, werden die jungen Männer in den Poro-Bund, die jungen Frauen in den Bundu-Bund aufgenommen. In diesen Bünden werden die jungen Menschen auf ihre spätere Rolle in der Stammesgesellschaft vorbereitet. Abgeschieden von den übrigen Stammesmitgliedern werden Beschneidung und rituelle Waschung vorgenommen. Bei ihren Abend- und Morgengesängen im Busch werfen sich die jungen Männer und Mädchen auf den Boden.
Auch im Buddhismus, Hinduismus und Islam besteht die übliche Gebetsstellung im Niederbeugen, Niederknien und Niederwerfen. Bei uns sind als letzte Reste dieser Unterwerfungsgebärde das Senken des Kopfes, das höfliche Sichverbeugen und der Knicks (angedeuteter Kniefall) erhalten geblieben. Im religiösen und kultischen Bereich bestehen diese Formen als feierliche Zeremonien weiter, wie hier bei der Priesterweihe am Petersplatz in Rom (vor Papst Paul II., 197).

198 *Militärische Parade* (Nationale Volksarmee, Ost-Berlin)
Die menschlichen Bewegungen werden im religiösen, kultischen, aber auch politischen und militärischen Bereich rhythmisch und geordnet und nach festgelegten Regeln geformt. Sie stellen gewissermaßen eine Verbindung zur Ausdrucksform des Tanzes dar. Im militärischen Parademarsch werden die Bewegungen großer Menschenmengen (Truppen) vereinheitlicht. Im Lauf der Militärgeschichte haben sich verschiedenartige Präsentierformen des Marschierens entwickelt, sie reichen vom lockeren Laufen bis zum Hochwerfen der Beine (198). Beim »Stillgestanden« (199) in Reih und Glied erstarrt der einzelne zur bewegungslosen Puppe. Der Verhaltensforscher Otto Koenig hat deshalb von einem »ritualisierten Totstellreflex« gesprochen: Der einzelne hat als Individuum aufgehört zu existieren, seine Lebenszeichen sind »erstorben« und im Truppenkörper aufgegangen.

200/201 *Die letzte Tasmanierin*
Truganini, die letzte reinblütige Tasmanierin, starb 1876. Mit ihr erlosch die Urbevölkerung dieser Insel, die nach ihrem Entdecker Abel Tasman benannt worden war und heute zum Australischen Staatenbund zählt. 1869 war bereits der letzte tasmanische Mann (William Lanné, »King Billy« genannt) mit 34 Jahren gestorben. Seit der Entdeckung der Inselgruppe wurde das Land von den Engländern nach und nach in Besitz genommen, die Ureinwohner wurden in Lager gebracht oder in Treibjagden erschossen. 1802 schätzte man die Einwohnerzahl auf 20 000, 1863 existierten noch sechs Tasmanier. Der amerikanische Anthropologe John Aitgen Meigs veröffentlichte 1857 die wissenschaftliche Auswertung von 1 125 Tasmanierschädeln. Damals lebten angeblich noch 15 Tasmanier. Die Photos der letzten Ureinwohner stammen aus den sechziger Jahren des 19. Jahrhunderts und sind vorwiegend im Lager Oyster Cove (Austernbucht) aufgenommen worden.

202 *Zulumädchen im Sonntagsstaat, um 1900*
Unter dem Einfluß der Kolonisatoren übernehmen die afrikanischen Völker europäische Schönheitsideale: So werden z. B. europäische Alltagsgegenstände wie Schirm oder Hut zu Schmuckstücken. Das Musikinstrument Maultrommel verliert seine ursprüngliche Funktion und wird zum Halsgehänge.

203 *Rezente Steingeräte aus Tasmanien*
Die hier ursprünglich ansässige, nun ausgerottete Bevölkerung bediente sich einer Steinbearbeitungstechnik, die in der europäischen Eiszeit üblich war.

206 Handsymbol der indianischen Hopwell-Kultur (zwischen 900 und 1300) aus Glimmer.

207 Gesichtsbemalung eines Ojibwa-Häuptlings mit Handsymbol.

208 *Die Hand der Fatima, persischer Druck, 19. Jahrhundert*
Die Hand gilt als Sinnbild für die fünfköpfige heilige Familie. Der Daumen bedeutet für den gläubigen Muslim den Propheten Mohammed, der Zeigefinger entspricht seiner Tochter Fatima, der Mittelfinger ihrem Gemahl Ali. Die beiden restlichen Finger sollen ihre Söhne Hasan und Husain symbolisieren. Das mittelalterliche Christentum hat das Motiv der orientalischen Glückshand übernommen und zu seinen »geistlichen Händen« umgewandelt, nämlich der Hand der Jungfrau Maria oder der Mutter Anna in Form von Amuletten und Talismanen.

209 Hand- und Fußabdrücke der Filmschauspielerin Mary Pickford vor Sid Grauman's Chinese Theatre, Hollywood.

210 Die »wahrhaftigen« Fußspuren des indischen Gottes Wischnu in seiner Selbst-Offenbarung als »kosmischer Mann«, Malerei auf Papier, Radschastan, 18. Jahrhundert.

211 Bemalte Tonschale der nordamerikanischen Hopi-Indianer aus Shongopovi. Fußsymbol mit Regen- und Federzeichen, Pueblo-Kultur, zwischen 1700–1800.

212/213 *Fußspuren von Neandertalern und Astronauten*
Fußabdrücke prähistorischer Menschen finden sich meist im Höhlenlehm. Sie geben den Anthropologen Gelegenheit, die Form von Weichteilen ausgestorbener Menschenrassen zu rekonstruieren. Die wahrscheinlich ältesten menschlichen Fußspuren wurden von Mary Leakey in der Olduvai-Schlucht entdeckt. Sie werden einem Vertreter der Art Homo erectus zugeschrieben. Jüngere Beispiele sind jene von Cromagnon, Tuc d'Audibert, Pech-Merle und Aldène (alle Frankreich). Der Neandertaler-Fußabdruck von Abb. 211 befindet sich in der Grotta di Basura, Toirano, Italien. Der Stiefelabdruck von Abb. 212 stammt von einem der beiden amerikanischen Astronauten (Neil Armstrong und Edwin Aldrin), die 1969 als erste Menschen den Mond betraten.

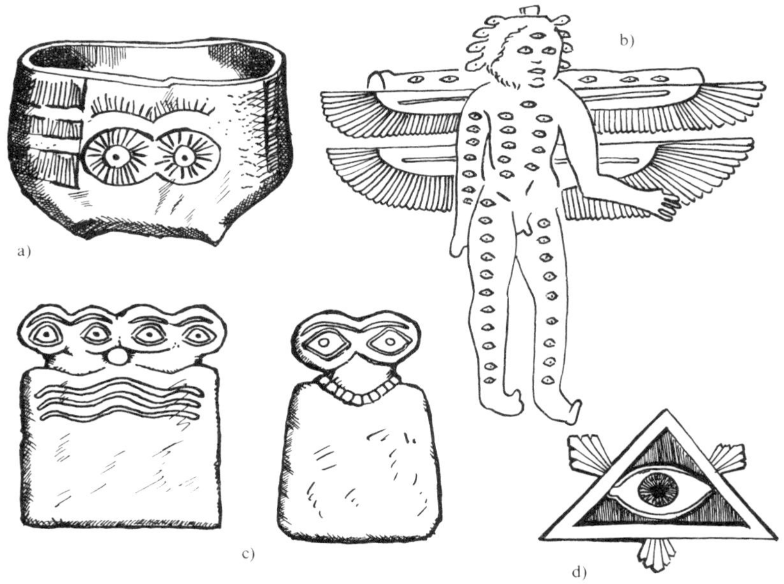

Abb. 79 *Augensymbole*
a) Schale aus Los Millares (Spanien, 3000 v. Chr.)
b) Tausendäugige Engelsfigur, bekannt aus der Bibel, hier in einer ägyptischen Bronze (8. Jahrhundert) als Gott Bes.
c) Augenidole aus Tell Brak (Ostsyrien, 3000 v. Chr.). Diese flachen Miniatur-Votivfiguren wurden im Tempel einer »Augengöttin« ausgegraben. Symbole der allessehenden Gottheit.
d) Auge Gottes

durch Schreckbilder, wie die Gorgonenmaske, abzuwenden (vgl. Bild 160). Der Blick des von Schlangen umzüngelten, die Zunge herausstreckenden Ungeheuers versteinerte der Sage nach jeden Feind, dem es entgegengehalten wurde. Noch in diesem Jahrhundert schnitt man in Griechenland Grimassen, um den »bösen Blick« abzuwenden.
Ein Vergleich der Masken der verschiedenen Völker zeigt eine verblüffende Übereinstimmung in der Gestaltung des »anderen Gesichts« (s. Bilder 158–160). Alle Masken, ob es sich nun um die der Perchten im Pinzgau, der Schemenläufer in Imst, der Schleicherläufer von Telfs, der Hutterläufer von Thaur, der schweizerischen »Roitschäggätä« (Rußbeschmierten) aus dem Lötschental (Kanton Wallis) oder um die Tanzmasken in Bali oder Tibet handelt, haben trotz regionaler Unterschiede gemeinsame Grundstrukturen, nämlich übergroße Augen, die die »Bannkraft« des Blickes erhöhen, und fletschende Zähne, die Abwehr und Aggressivität ausdrücken sollen. Alle funktional wichtigen Gesichtsteile werden »attrappenhaft« gesteigert (s. Abb. 80).

Ur-Motiv Auge

Der österreichische Verhaltensforscher Prof. Otto Koenig hat auf die Bedeutung des Ur-Motivs »Auge« hingewiesen. Als Abwehrsymbol findet es sich, teils leicht erkennbar, teils in ornamentaler Form auf Kopfbedeckungen, Kleidungsstücken, Schiffsbügen, Felsmalereien, Schilden, Vasen, Figuren und in der Architektur (s. Abb. 78). Im gesamten Tierreich, sowohl bei Fischen, Vögeln als auch Säugetieren, kann man Augenflecke als kreisförmige Strukturen beobachten, die einerseits Aufmerksamkeit erregen, anderseits abschrecken (s. Abb. 77).

Formen und Funktionen der Maske

Als Instrument des Schutzes und der Abwehr wurde und wird die Maske bei wichtigen sozialen Ereignissen eingesetzt, z. B. bei Jünglingsweihen und Pubertätsfesten, Kriegstänzen und Fruchtbarkeitsriten, Totenzeremonien und Hochzeitsfeiern. Von der Herstellung und formalen Gestaltung her unterscheidet man Schminkmasken und plastische Masken. Bei den Schminkmasken werden Gesicht und Körper bemalt, die plastischen Masken sind dreidimensionale Gebilde, die über den Kopf gestülpt werden. Ursprünglich für religiöse und magische Zwecke gedacht, spiegelte die Maske der griechischen Antike einen bestimmten Gesichtsausdruck wider, indem sie die Gesichtssprache (Mimik) zu naturalistischen Formen erstarren ließ. Die Ausdruckspsychologie spricht hier von »geronnener Spur der Mimik«. Damit trat sie in den Dienst des Theaters, der Komödie und Tragödie (s. Abb. 51 b).
Schon in der Antike bei den Bockspielen der Dionysien, Saturnalien und Bacchanalien, bei den Fruchtbarkeitsriten zu Ehren des Gottes Faun, den Lupercalien, und den Winterwende- und Frühlingsbräuchen wurden die verschiedenartigsten Masken verwendet.
Auch in China und Japan sowie Indien und Indonesien entwickelten sich aus Ritualen und Mysterienspielen die Theater- und Tanzmasken.
Bei den Karnevalsmasken ist im Lauf der Zeit das Dämonische dem Spielerischen und Komischen gewichen. Nur die im religiösen Brauchtum

Abb. 80 *Imponierende Gesichts- und Augenmuster bei natürlichen und künstlichen »Masken« (nach R. D. Guthrie)*
a) Typen der Gesichtsbehaarung bei Primaten. Von links nach rechts: Hulock, Mandrill, Schwarzschopfmangabe, Schnurrbarttamarin, Weißohrenseidenäffchen. Die Wirkung dieser Sozialsignale beruht vor allem auf Hell-Dunkel-Kontrasten, auffälligen Färbungen sowie Bärten, Krausen, betonten Gesichts- und Kopfkonturen.
b) Die Zeichner von Comic-strip-Figuren betonen die Entschlossenheit und Willenskraft ihrer Helden durch Masken. Augen, Backenknochen und seitliche Mundfalte, Kinn und Kopfkontur werden hervorgehoben. Von den Comic-Helden sind abgebildet: Phantom, Spiderman, Captain America und Variationen von Batman oder Flash).

noch lebendigen Figuren des Krampus und der teuflisch-dämonischen »Klaubaufs« in Tirol erinnern an heidnische Ursprünge. Die komischen Faschingsmasken für das ausgelassene »Gschnasfest«, aber auch die eleganteren Gesichtsmaskierungen für den nobleren Ball sind die säkularisierten Produkte des magischen Verkleidungsmotivs.

Im 16., 17. und 18. Jahrhundert entwickelte sich die Maske immer mehr zur Fest- und Gesellschaftsmaske und damit zum modischen Gebrauchsgegenstand. Der Kunstwissenschaftler Oto Bihalji-Merin schreibt in diesem Zusammenhang über die berühmte venezianische Maskentradition: »Indem die Maske die Anonymität schützte, bewahrte sie einen Rest von Geheimnis und gab ihrem Träger ein Gefühl angenehmer Beunruhigung und hintergründiger Zweideutigkeit. So wurde die Maske anziehend und beherrschte im 18. Jahrhundert das Gesellschaftsbild Venedigs, in dem ihr Tragen zu den vorgeschriebenen Konventionen gehörte.« Selbst der Doge mußte die »Bautta«, eine vogelkopfartige Gesichtsmaske, tragen, wenn er in der Stadt umherging (s. Abb. 81). Dem Adel war das Tragen einer Maske auf öffentlichen Plätzen, im Theater, selbst bei Empfängen vorgeschrieben.

Auch wenn der Glaube an die magische Verwandlungskraft der Maske in unserer aufgeklärten Zeit geschwunden ist, hat sich der Reiz des spielerischen Versteckens hinter einer Larve erhalten. Im Schauspiel ist die Maske in den Dienst der Illusion getreten. Handfeste Schutzfunktion hat sie freilich in der modernen Welt der Technik behalten: Tauchermasken, Gasmasken, Operationsgesichtsmasken der Chirurgen, Arbeitsschutzmasken der Schweißer, Weltraum- und Feuerwehrhelme, Sturzhelme der Skirennläufer mit Maskenbrille und viele andere. Doch auch der Anblick dieser sehr nüchternen Masken läßt in uns den Eindruck des rätselhaften Sichverbergens zurück. Nach wie vor verliert der Maskierte für den Betrachter seine Individualität – Rennfahrer, Operateure, Feuerwehrleute, Skiasse werden zu austauschbaren, vielleicht auch beängstigenden Vertretern des Mummenschanzes.

Das sehr ambivalente Gefühl gegenüber dem »anderen Gesicht« hat sich vor allem auch in Psychologie und Kunst niedergeschlagen, wo die Maske zu einem häufigen Symbol geworden ist. Da wir uns verstellen, mit unse-

Abb. 81 *Venezianische Maske*

rem Mienenspiel lügen können, spricht man etwa von der »Charaktermaske einer Persönlichkeit«. Hinter einer harten Schale kann sich ein weicher Kern befinden. Hinter einer arroganten Fassade kann eine verletzliche Seele schlummern. Hinter der Maske des lustigen Plauderers kann sich das Böse in Gestalt eines Mörders verbergen – Thema ungezählter Werke der Literatur und des Films. Die Suche nach dem »wahren Gesicht« des Menschen hat der Dichter Rainer Maria Rilke in beklemmender Weise in seinem Roman »Aufzeichnungen des Malte Laurids Brigge« geschildert:

»Es gibt eine Menge Menschen, aber noch viel mehr Gesichter, denn jeder hat mehrere. Da sind Leute, die tragen ein Gesicht jahrelang, natürlich nutzt es sich ab, es wird schmutzig, es bricht in Falten, es weitet sich aus wie Handschuhe, die man auf der Reise getragen hat. Das sind sparsame, einfache Leute; sie wechseln es nicht, sie lassen es nicht einmal reinigen. Es sei gut genug, behaupten sie, und wer kann ihnen das Gegenteil nachweisen? Nun fragt es sich freilich, da sie mehrere Gesichter haben, was tun sie mit den anderen? Sie heben sie auf. Ihre Kinder sollen sie tragen. Aber es kommt auch vor, daß ihre Hunde damit ausgehen. Weshalb auch nicht? Gesicht ist Gesicht. Andere Leute setzen unheimlich schnell ihre Gesichter auf, eins nach dem andern, und tragen sie ab. Es scheint ihnen zuerst, sie hätten sie für immer, aber sie sind kaum vierzig: das ist schon das letzte. Das hat natürlich seine Tragik. Sie sind nicht gewohnt, Gesichter zu schonen, ihr letztes ist in acht Tagen durch, hat Löcher, ist an vielen Stellen dünn wie Papier, und da kommt dann nach und nach die Unterlage heraus, das Nichtgesicht, und sie gehen damit herum.«

Männlich – weiblich

»Ich bin von Kopf bis Fuß
auf Liebe eingestellt,
denn das ist meine Welt
und sonst gar nichts.«

Marlene Dietrich in dem Film
»Der blaue Engel« (1929)

Am 7. August des Jahres 1908 entdeckte der Straßenarbeiter Johann Veran, der in dem kleinen Wachauer Ort Willendorf in Niederösterreich bei einer archäologischen Grabung eingesetzt war, die Statuette einer unbekleideten Frau mit üppigen Formen. Die mit der Leitung der Ausgrabung beauftragten Archäologen Johann Szombathy, Josef Bayer und Hugo Obermaier saßen zur Fundzeit im Gasthaus. Aus diesem Grund war im Augenblick der Entdeckung kein Fachmann zur Stelle, der die genaue Fundlage und die dazugehörige Kulturschicht hätte bestimmen können. Kurioserweise behauptete jeder der drei Grabungsleiter später hartnäckig, der eigentliche Finder des berühmt gewordenen Frauenfigürchens gewesen zu sein (s. Abb. 82 a).

Bereits um die Mitte des 19. Jahrhunderts hatte man in den eiszeitlichen Lößschichten dieser Gegend Steinwerkzeuge und fossile Knochen gefunden. Die im Jahr 1908 im Rahmen eines Eisenbahnbaues angeschnittene Fundstelle (Willendorf II) war bereits 1889 entdeckt worden. Josef Szombathy beschreibt die von ihm in das Aurignacien (jüngere Altsteinzeit) datierte »Venus von Willendorf« wie folgt:

»Es ist ein elf Zentimeter hohes Figürchen aus feinem porösem Kalkstein, vollkommen erhalten, mit unregelmäßig verteilten Resten einer roten Bemalung. Es stellt eine überreife, dicke Frau dar, mit großen Brüsten, ansehnlichem Spitzbauch, vollen Hüften und Oberschenkeln, aber ohne eigentliche Fettsteißbildung. Die Genitalien sind stark ausgeformt, die Rückenseite ist anatomisch richtig, mit mehreren naturwahren Details ausgestattet. Das Kopfhaar ist durch eine Anzahl in konzentrischen Kreisen um den größten Teil des Kopfes gelegte Wülste ausgedrückt, das Gesicht ist absolut vernachlässigt. Von Augen, Nase, Mund, Ohren und Kinn findet sich auch nicht eine Andeutung. Die Arme sind reduziert, die Unterarme und Hände nur in flachen, über die Brust gelegten Reliefstreifen ausgedrückt. Die Knie sind sehr wohl ausgebildet, die Unterschenkel zwar mit Waden versehen, aber stark verkürzt, der Vorderteil der Füße ist ganz weggelassen. Von Bekleidung oder Schmuck ist an der Figur nichts angedeutet als an jedem Unterarm ein grobzackiger Handgelenkring.«

Die große Anzahl der bisher gefundenen alt- und jungsteinzeitlichen Venus-Idole stellt die Wissenschaftler vor die Frage, welchem Zweck diese Plastiken wohl gedient haben. Die zu Beginn der jüngeren Altsteinzeit (Aurignacien) erstmals auftauchenden menschlichen Figuren waren meist naturalistisch ausgeführt, ab dem Magdalénien (ausgehende Altsteinzeit) nimmt die Neigung zur abstrakten Darstellungsweise auffallend zu. Fast alle weiblichen Statuetten der jüngeren Altsteinzeit zeichnen sich durch Fettleibigkeit, Fettsteiß und schwer hängende Brüste aus. Möglicherweise waren diese Frauengestalten Ausdruck von Wunschvorstellungen der Jäger und Sammler, die in ihnen nicht nur Symbol der Fruchtbarkeit, sondern auch des wirtschaftlichen Wohlstandes sahen. Die Frauenfiguren der jungsteinzeitlichen Ackerbaukulturen haben bereits in unserem Sinn »elegantere« Formen wie schmale Taille und eine trotz ausgeprägter Brust-, Hüft- und Gesäßpartien schlankere Gestalt. Auch sie scheinen, an Herdstellen oder in Nischen aufgestellt, die »große Muttergöttin« als Sinnbild des Lebens und der Fruchtbarkeit verkörpert zu haben (vgl. Abb. 82).

Die Große Mutter

Es liegt in der Natur der Sache, daß alle Deutungen dieser Frauen-Idole mehr oder weniger subjektiv bleiben müssen. Von besonderem Interesse ist in diesem Zusammenhang eine Arbeit des österreichischen Anthropologen Josef Weninger (1886–1959), der sich mit dem stammesgeschichtlichen Alter weiblicher Konstitutionsformen befaßt. (Unter Konstitution versteht

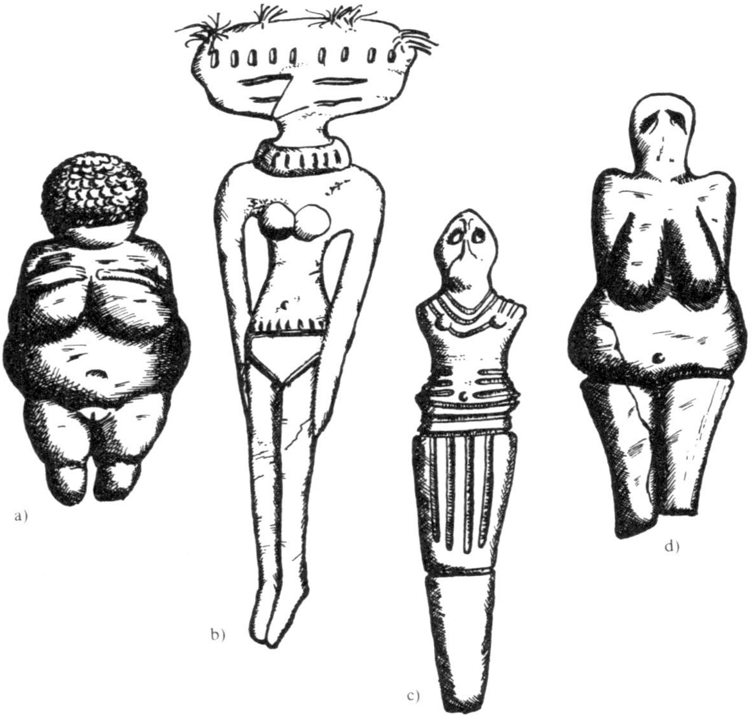

Abb. 82 *Venusfiguren*
a) Venus von Willendorf (Österreich)
b) Šipinci (UdSSR)
c) Unterwisternitz (ČSSR)
d) Lespugue (Frankreich)

man das Gefüge der körperlichen und seelischen Grundzüge eines Individuums.) Weninger meint, daß es keinem Künstler einfallen würde, diese Frauenfiguren, wie sie den Venus-Idolen als Vorbilder dienten, frei zu erfinden. Es muß sie tatsächlich gegeben haben. Sie fielen auf und erregten Gefallen. Anhand von Frauengestalten der Gegenwart weist Weninger nach, daß es solche Konstitutionstypen auch heute noch gibt. Erstaunlich sei nur, daß diese Domestikationsformen, wie er sie nennt, bereits in der jüngeren Altsteinzeit auftraten, als unsere Vorfahren noch Jäger und Sammler waren. Die schweren und fettleibigen Frauen, die den eiszeitlichen Künstlern als Vorbild für ihre Idole dienten, deuten nämlich auf Seßhaftigkeit hin, was auch nach Weningers Ansicht dadurch bestätigt werde, daß diese Frauenfigürchen hauptsächlich innerhalb von Wohnbauten gefunden wurden. Auch die heute lebenden südafrikanischen Bantu könnten mit ihren fettgemästeten, schwer beweglichen Frauen nicht ständig nomadisieren. Weninger hebt hervor, daß die fettleibigen Frauen-Idole verschiedene Konstitutionstypen verkörpern. Wäre nur ein einziges biologisches Vorbild vorhanden gewesen, hätten diese Idole alle die gleiche Gestalt. Manche Plastiken zeigen einen Grad von Fettleibigkeit, so stellt er fest, der die Frage aufwirft, ob es sich damals schon um krankhafte Typen gehandelt hat.

Der von Weninger erwähnte Begriff der Domestikation wird heute nur noch im Zusammenhang mit der Zähmung von Wildtieren zu Haustieren verwendet, ein Vorgang, der mit charakteristischen körperlichen (z. B. Gewebsschwäche, Verkleinerung des Gehirns) und seelischen (z. B. Unspezifischwerden des angeborenen auslösenden Mechanismus) Veränderungen verbunden ist. Früher nahm man an, daß der Mensch eine ähnliche Entwicklung durchgemacht hat. Indem er lernte, das Feuer zu beherrschen, seine Nahrung zuzubereiten, sich mit Waffen gegen Raubtiere und durch Kleidung und Obdach gegen die Unbilden der Witterung zu schützen, habe er sich selbst domestiziert. Heute wird die These von der »Selbstdomestikation« des Menschen meist abgelehnt, da Domestikationszeichen wie etwa Gewebsschwäche nur bei einzelnen Individuen (Konstitutionstypen) der Art Homo sapiens vorkommen und eine Verkleinerung des Gehirns nicht festgestellt werden kann.

Während Weninger die Ansicht vertritt, daß Nomaden und Jäger keine Idole mit sich herumtragen, zitiert Rudolf Feustel in einer Arbeit über eiszeitliche Sexualdarstellungen und ihre Deutung u. a. die Aussagen des Soziologen Helmut Schelsky (1964), wonach diese Idole homoerotischen Neigungen innerhalb der umherschweifenden Jägergruppe entgegenwirken und als »Phantasiestützen« und »Erfüllungsbilder« dienen sollten, sozusagen als steinzeitliche »Pin-up-Girls«. P. Graziosi (1956) vertritt die Ansicht, daß der steinzeitliche Mensch »sich nicht ins wirklich Erotische verirrt« habe, und der Ethnograph S. A. Tokarev (1961) stellt fest, daß für den altsteinzeitlichen Menschen der entblößte menschliche Körper keine sexuellen Reize ausgestrahlt habe, weil er eine alltägliche Erscheinung gewesen sei. Er sieht in den Venus-Idolen vor allem die »Herrin des Herdes«.

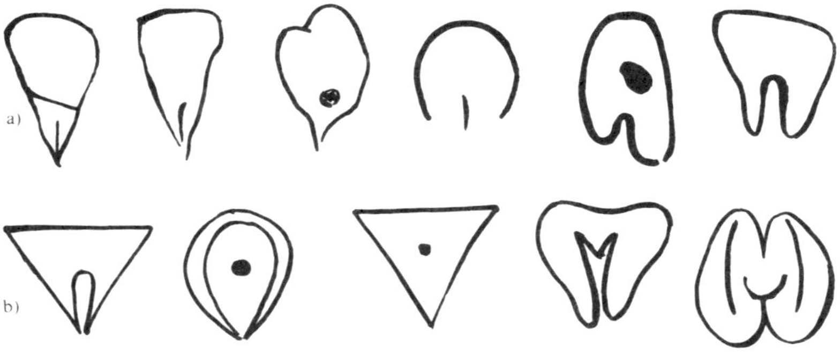

Abb. 83 *Vulvasymbole*
a) Urgeschichtliche Vulvasymbole aus La Ferrassie und Abri Cellier (Frankreich). Paläolithische Darstellungen von vereinfachten weiblichen Geschlechtsmerkmalen finden sich auf vielen Felsgravuren. Derartige Geschlechtszeichen wurden auch als Kleinskulpturen aus weichem Stein ausgeführt.
b) Weibliche Geschlechtsmerkmale aus dem indischen Tantra-Buddhismus.

Die männlichen Figuren der Altsteinzeit sind meist in einer dramatischen Situation dargestellt, und zwar, als Schamanen verkleidet, im Kampf mit Tieren oder von Speeren und Pfeilen menschlicher Feinde durchbohrt. Da weniger altsteinzeitliche Männerplastiken – es seien hier u. a. die Reliefs in Brassempouy oder Laussel, Frankreich, genannt – als weibliche bekannt sind, neigen einige Forscher zu der Annahme, daß in diesen frühen Gesellschaften möglicherweise die Frauen eine bedeutendere Rolle spielten als die Männer (Matriarchat). Den sogenannten Venus-Idolen dürfte jedoch eine allgemeinere magische Vorstellung zugrunde liegen, nämlich, wie schon angedeutet, die der Frau als Hüterin des Feuers und Trägerin des Lebens. Darauf weisen auch die in magdalénienzeitlichen Höhlen entdeckten Darstellungen stilisierter weiblicher Geschlechtsmerkmale hin, die in ihrer Abstraktion den Tausende Jahre später entstandenen Sexualsymbolen des indischen Tantrismus ähneln (s. Abb. 83 b). Obwohl die »Venus von Willendorf« realistisch ausgeführt ist, zeigt auch sie bereits ein hohes Maß an künstlerischer Abstraktion. Das Gesicht, dessen persönliche Züge für den altsteinzeitlichen Künstler scheinbar nicht von Bedeutung waren, wurde ebensowenig ausgearbeitet wie die Arme und Füße. Auch die anderen Venusfiguren aus Europa oder Asien stellen keine naturgetreuen Schönheitsideale dar. Je nach kultischen, sozialen oder ästhetischen Prinzipien wurden Kopf, Brust, Arme, Beine, Unterleib und geschlechtsspezifische Merkmale betont oder weggelassen (s. Abb. 82). Stark stilisierte altsteinzeitliche Frauenplastiken, bei denen der Körper zu einem Stab und die Brüste zu Kugeln vereinfacht wurden, können sowohl als weibliche Figuren als auch als männliches Glied (griech.: Phallos) gedeutet werden (s. Abb. 86). Noch heute tragen die Frauen einiger afrikanischer Stämme Fruchtbarkeitsstäbe, die dem männlichen Glied ähneln, in ihren Gürteln.

Fruchtbarkeitssymbole und die lebensspendenden Geschlechtsorgane wur-

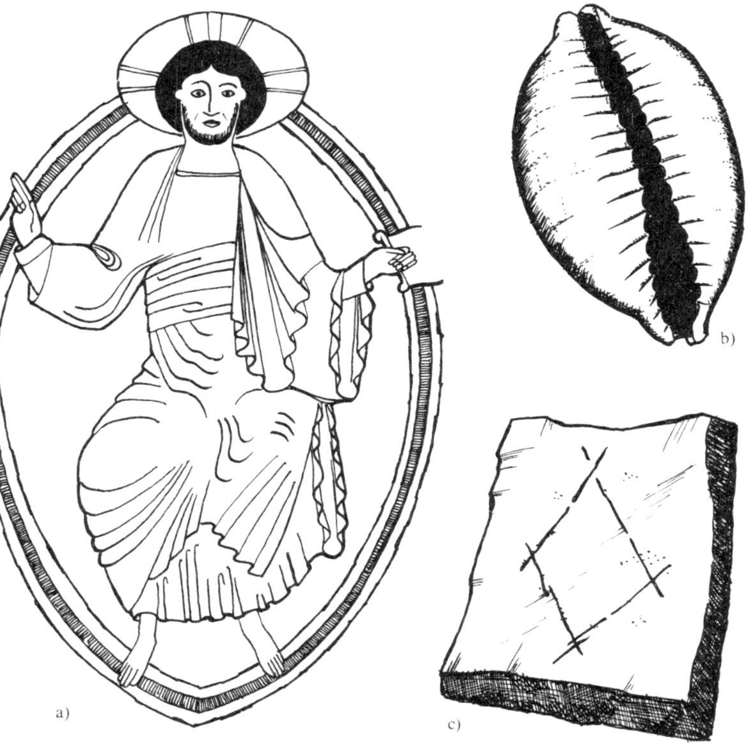

Abb. 84 *Raute, Kaurimuschel, Mandorla*

a) »Mandorla« bedeutet »Tor des Lebens« und wurde zu einem christlichen Symbol. Erscheint Christus als Weltenrichter in der Mandorla, wird sie zur »Himmelsvulva« und zum Symbol der Wiedergeburt. Maria in der Mandorla (Mandel) weist auf die Zeugung in Maria hin, wobei die Schale der Mandel »unverletzt« geblieben sein soll (jungfräuliche Empfängnis).

b) Die Kaurimuschel ist ein weitverbreitetes Vulvasymbol, Zahlungsmittel der Naturvölker und beliebtes Schmuckstück.

c) Die geometrische Form der Raute als Zeichen des lebensspendenden Mutterschoßes findet sich schon als Gravur auf Stein und Keramik der prähistorischen Zeit. Rhombusförmige Vulvasymbole sind aus dem alten Südarabien und Äthiopien bekannt und stehen mit der Form der ovalen Mandorla in Zusammenhang.

Symbole des Männlichen und Weiblichen

den in früheren Kulturen öffentlich verehrt. So war in der Jungsteinzeit das Dreieck nicht nur Zeichen für das Göttliche, sondern auch für die weibliche, seltener für die männliche Scham. Bei den altrömischen Liberalien-Prozessionen (Liber war der alt-italische Gott der Fruchtbarkeit) führten Frauen und ehrwürdige Matronen auf einem prächtigen Triumphwagen den mit Girlanden geschmückten Großen Phallos mit sich, eine Tradition, die auf ähnliche Kulte in Griechenland zurückzuführen ist, nämlich die ländlichen Dionysien. Man nimmt an, daß dieser Phalloskult aus Indien, wo der männliche »Lingam« (im Gegensatz zur weiblichen »Yoni«) im Rahmen des Schiwakultes verehrt wurde, nach Griechenland gekom-

men ist. Herodot vergleicht den Phalloskult mit den ägyptischen Phallosfesten. Über den Festzug des »Dionysos« (gemeint ist Osiris) schreibt er: »Dem Dionysos schlachtet jeder Ägypter am Vorabend des Festes ein Ferkel vor seiner Haustür und gibt es dann dem Schweinehirten, der es ihm verkauft hat, damit der es wieder fortschafft. Im übrigen begehen die Ägypter das Dionysosfest in allen Stücken ebenso wie die Hellenen, nur ohne Chöre. Anstelle des Phallos ist bei ihnen etwas anderes üblich, nämlich eine Art Gliederpuppe mit einem Fadenzug. Sie ist etwa eine Elle groß und wird durch eine Schnur bewegt. Frauen tragen diese Puppe von Dorf zu Dorf. Dabei geht das Schamglied, das beinahe ebenso groß ist wie der ganze Körper, unentwegt auf und ab. Dem Zuge voran geht ein Flötenspieler, hinter ihm die Weiber, die den Dionysos besingen.«
Der römische Schriftsteller Lukian (etwa 120–180 n. Chr.) berichtet von der Stadt Hierapolis in Syrien, in deren Tempel sich eine Reihe riesiger Phallen befand. Zweimal im Jahr bestieg ein Priester einen dieser Phallen und wohnte sieben Tage auf seiner Spitze, ohne in dieser Zeit schlafen zu dürfen! Selbst in Kriegszeiten wurden Maßnahmen getroffen, die Phallosumzüge ungestört nach Hierapolis zu leiten. Die verschiedenen Kolonien Griechenlands waren verpflichtet, zu den großen Dionysien in Athen Phallen zu schicken. Dies zeigt, welche Bedeutung man diesem Kult beimaß. Von der Insel Delos besitzen wir eine in Stein gravierte Rechnung, in der ein zu diesem Zweck angefertigter Riesenphallos aus Holz mit 43 Drachmen veranschlagt wird. Ein Mann namens Kaikos hatte ihn geschnitzt und ein gewisser Sostratos bemalt.

Phalloskulte

Phalloskulte hielten sich sogar »im Schoß« der christlichen Kirche noch bis in das Hochmittelalter. Frühe Bußbücher und Kirchenedikte beziehen sich auf diesen heidnischen Brauch, der trotz strenger Verbote überdauerte. So wurde im 8. Jahrhundert ein Erlaß veröffentlicht, der die Anbetung eines Holzpfahles bei Strafe, nämlich Wasser und Brot während dreier Fastenzeiten, verbot. Oft sollen auch derartige Kulte bewußt gegen das sexualfeindliche Christentum zelebriert worden sein. Bis zum 12. Jahrhundert verehrten z. B. die Bewohner Slawoniens den griechisch-römischen Fruchtbarkeitsgott Priapus unter dem Namen Pripegala. Im 13. Jahrhundert rügte ein englischer Bischof den Pfarrer von Inverkeithing, der zu Ostern einen Fruchtbarkeitstanz rund um ein Phallossymbol auf dem Kirchhof angeführt hatte. Auch im Rahmen der Hexenverfolgung verdammte man, wie aus Berichten der Inquisition hervorgeht, die magische Kraft des männlichen Zeugungsorgans, ritten doch die Hexen auf Stangen, Besen, Böcken und Schweinen zum Hexensabbat auf den Blocksberg.
Noch im 14. Jahrhundert verehrte man sogenannte phallische Heilige wie z. B. den heiligen Foutin, den ersten Bischof von Lyon. Einige dieser Heiligen, u. a. St-Guerlichon, St-Gilles, St-René von Anjou und St-Guignolé, waren mit großen Phallen ausgestattet. Frauen, die sich Kinder wünschten, bespritzten den Phallos des heiligen Foutin mit Essig, der daher den Spitznamen »Essigheiliger« erhielt.
Als die Protestanten während der Reformationskriege im Jahr 1562 die

Kirche von Orange zerstörten, fanden sie dort einen großen hölzernen, mit Leder überzogenen Phallos. Hölzerne Phallen werden übrigens heute noch von vielen Naturvölkern, z. B. den Mamabato in Ostafrika, zur Initiation und rituellen Defloration (Entjungferung) verwendet.
Bretonische Frauen opferten noch in unserem Jahrhundert am Fuß der steil aufragenden Menhire, um sich Glück in der Ehe zu sichern. Ähnliche Gründe dürften die Männer und Frauen der japanischen Insel Kiusho veranlassen, alljährlich bei festlichen Umzügen Phallossymbole verschiedener Größe mit sich zu tragen (s. Bild 186). Die Bauern von Kuklia auf Zypern, denen Kindersegen versagt blieb, krochen noch bis vor nicht allzulanger Zeit durch die symbolisch durchbohrten Ecksteine des Aphroditetempels, um Fruchtbarkeit für ihre Frauen zu erlangen und die eigene Potenz zu steigern.
Der Phallos ist jedoch nicht nur Zeugungsorgan, durch kulturelle Ritualisierung wurde er auch zum Instrument der Einschüchterung und Drohung, wie dies u. a. die großen, aufrecht stehenden Steine der Megalithkulturen eindrucksvoll veranschaulichen (s. Bild 182).
Der »Lebensstab« hat als Ur-Signal zwei einander widersprechende Funktionen, nämlich Sexualpartner anzulocken, Feinde dagegen abzuschrek-

Abb. 85 *Phallossymbolik (nach W. Wickler)*
a) Papua mit Penisfutteral, Neuguinea
b) Herme von Siphnos (490 v. Chr.)
c) Altägyptische Darstellung von Amun-Rê mit erigiertem Glied, Karnak, 12. Dynastie
d) Hölzerner Hauswächter (»Siraha«) der Insel Nias, Südsee
e) Wächterfigur aus Sanur
f) Genitalpräsentieren eines wachesitzenden Affen

ken. Verhaltensforscher haben das sogenannte »Genitalimponieren« vieler Primaten studiert: Männchen bekunden ihre Stärke gegenüber Artgenossen, indem sie den erigierten Penis zeigen und nicht selten bei rangniederen Tieren symbolisch aufreiten (s. Abb. 85 f).

Phallisches Imponieren

So pflegen z. B. starke Pavian-Männchen am Rand der Horde zu sitzen und mit aufgerichtetem Penis »Wache« zu halten. Dieses »Genitalpräsentieren« kann man auch in den verschiedensten Formen beim Menschen beobachten. Im antiken Griechenland war es üblich, sogenannte Hermen auf das Feld und vor die Gärten zu stellen, die als »Wächterfiguren« Diebe, Fremde und ungebetene Gäste abschrecken sollten (s. Abb. 85 b). Es waren dies meist mit dem Kopf des Schutzherrn der Kaufleute und Diebe, des weisen Götterboten Hermes, gekrönte Säulen, an deren Vorderseite ein erigierter Penis angebracht war. In den antiken »Carmina priapae«, den Gesängen auf den Gott Priapos, heißt es:

»Flurwächter bin ich hier und stehe allhier auf den üppigen Feldern Phrikons und schütze des Herrn Hütte, Gewächse und Saat, und ich verkünde es jedem: wenn du mich siehst und du hast dann ob meines Werkzeugs gelacht, gehe und zieh deines Wegs! Trittst du jedoch auf verbotenen Pfad, dann rettet dich auch dein Bart nicht, denn ich weiß jeden zu pfählen mit Kraft.« (Antistios)

»Wo die zwei Wege sich treffen, steh ich, Priapos, als Wächter, zwischen den Schenkeln mir ragt steil meine Keule empor. Aufgestellt hat mich als Helfer Theokritos; mach, daß du fortkommst, Dieb, damit du nicht schreist, wenn du Knüppel verspürst!« (Leonidas von Tarent)

An vielen Fassaden europäischer Kirchen waren Droh-Phallen aus Stein angebracht, die ebenso wie die grotesk starrenden Fratzen den bösen Blick und Dämonen abwehren sollten. Sie wurden in den letzten Jahrhunderten zum Teil entfernt, wohl weil man sie als heidnische Relikte ansah. Auch die das Riesentor des Wiener Stephansdomes flankierenden Wandpfeiler sind von einem männlichen und einem weiblichen Symbol gekrönt (s. Bild 190/191).

Noch heute stellen die Eingeborenen von Bali und den Nikobaren Strohpuppen mit aufgerichteten Phallen auf die Felder, um Geister und Dämonen abzuwehren. Die Männer einiger Papuastämme Neuguineas tragen Penis-Hüllen aus Kürbisschalen zum Schutz vor Verletzungen, wahrscheinlich aber auch als aggressive Rangdemonstration (s. Abb. 85 a). In der europäischen Mode wurden zeitweise die männlichen Geschlechtsmerkmale betont, nicht nur um aggressiv, sondern wohl auch um modisch und erotisch zu imponieren.

Die besondere Bedeutung des Phallos als erotisches Imponier-Signal offenbart sich auch in der von Richard Andrée in seinen »Ethnographischen Parallelen« erwähnten Jagd der ostafrikanischen Galla auf männliche Glieder, »deren man oft in einem Hause 50 bis 60 Stück aufgehängt sehen kann, als Zeichen der Tapferkeit des Hausbewohners. Ein Galla im Süden kann nicht heirathen, bis er eine Anzahl dieser Trophäen von erschlagenen Männern seiner Braut gezeigt hat, welche aus diesen Siegeszeichen auf die Tapferkeit ihres künftigen Gatten schließt. Da die Galla derlei Trophäen nicht immer im Kriege gewinnen können, so belauern sie Reisende in den Wäldern und erschlagen, wen sie finden. Manche gehen so weit, daß sie für Vieh und Elfenbein Sklaven kaufen, welche sie entmannen, um die von der Braut geforderte Anzahl von Siegeszeichen aufweisen zu können.«

Die aggressive Drohsymbolik des männlichen Genitals wird besonders in Extremsituationen deutlich. Im Zweiten Weltkrieg soll es vorgekommen sein, daß Soldaten ihre gefangenen Gegner in aller Öffentlichkeit geschlechtlich mißbraucht haben (Pedikation), um die Besiegten besonders zu demütigen. Auch in den Jugendbanden unserer Großstädte und in Gefängnissen werden zuweilen Feiglinge, Überläufer oder Angehörige feindlicher Gruppen auf diese Weise »erniedrigt«.

Das Zeigen der »phallischen Hand«, bei der die Finger abgebogen werden und nur der Mittelfinger in die Höhe ragt, sowie das Herausstrecken der Zunge gehören seit der Antike besonders in Südeuropa als Gesten der Verhöhnung ebenfalls zur phallischen Drohsymbolik. Die sogenannte »Handfeige«, bei der die Finger geschlossen und der Daumen zwischen Zeige- und Mittelfinger hindurchgestreckt wird, ist nicht nur als sexuelle Aufforderung zu verstehen, sondern wird in Bayern und Österreich auch heute noch in Form der »Neid-« oder »Verschreifeige« als Amulett an Rosenkränzen, Kinderhalsbändern oder als Brautschmuck getragen.

Name und Form vieler unserer »Gebildbrote«, die aus germanisch-heidnischer Zeit stammen und als Ersatz für Menschen- oder Tieropfer gelten, weisen auf eine alte Fruchtbarkeitssymbolik hin. Manche Volkskundler sehen in Backwaren wie z. B. dem Berliner »Knüppel« oder dem österreichischen »Kipferl« Phallisches, in der Berliner »Schrippe«, dem steirischen »Baunzerl«, dem Wiener »Kümmelweckerl« und anderem Spaltgebäck Vulvasymbole.

Die magischen Abwehrkräfte, die dem männlichen Glied zugeschrieben werden, kommen auch in dem Wort »Faszination« zum Ausdruck, das sich vom lateinischen »fascinare« = verschreien, behexen bzw. »fascinum« = männliches Glied herleitet.

In der Vulgärsprache wird im Zustand der Erregung, des Ärgers und des Hasses die Aufforderung zum Geschlechtsakt als Beleidigung verwendet (z. B. in Amerika: »Fuck you!«).

Die Analregion als Signalträger

Auch das menschliche Hinterteil kann sowohl erotisches wie abschreckendes Signal sein. Im Mittelalter war es üblich, an den Außenfronten von Burgen und Stadttoren, Mauern, Klöstern und Kirchen steinerne Kehrseiten, sogenannte »Nacktärsche«, anzubringen. Der Verhaltensforscher Wolfgang Wickler schreibt: »In sturmdurchtobten Nächten streckten im alten Germanien Männer und Frauen das entblößte Gesäß zur Haustür hinaus, um Wotan zu versöhnen. Aus dieser ursprünglichen weiblichen Paarungsaufforderung, die dann zur sozialen Unterwerfungs- und Abwehrgeste wurde, stammt schließlich in der Sprache das berühmte Götz-Zitat.«

Paarungsbereite Affenweibchen wenden den Männchen demonstrativ das Hinterteil zu, Männchen tun dies gegenüber ihren Artgenossen als Unter-

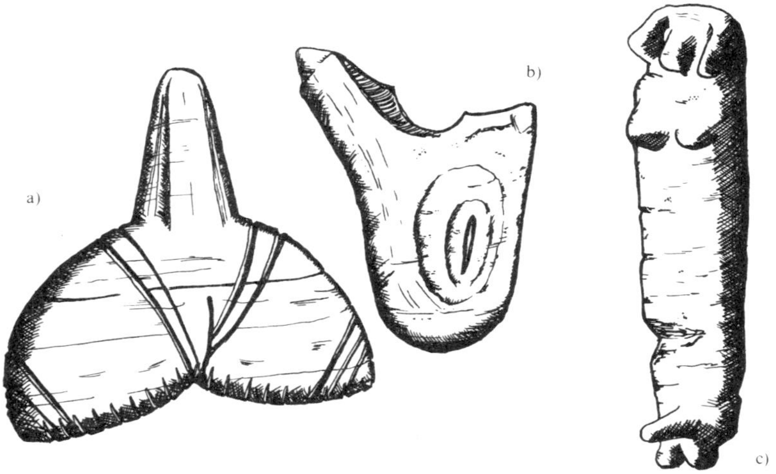

Abb. 86 *Zweigeschlechtliche Symbole der Urzeit*
a) Stilisierte Frauenbrüste, Elfenbeinanhänger aus Unterwisternitz
b) Phallisches Geweihhorn mit Vulvasymbol aus Pair-non-Pair, Frankreich
c) Hermaphroditisches Tonidol aus der Bronzezeit, Jugoslawien

werfungs- und Demutsgeste. Die oft sehr auffälligen »Brunftschwielen« dienen sicherlich dazu, die Aufmerksamkeit des Geschlechtspartners zu erregen. Die Genitalregion hat daher bei vielen Primaten eine wichtige Sozialfunktion. Richtet sich das Weibchen der Dschelada-Paviane auf, so zeigt sich kurioserweise auf seiner Brust eine Kopie der eigenen Genitalregion, nämlich ein hellroter Fleck mit weißen Papillen am Rand und roten Zitzen, die so nahe beieinanderstehen, daß sie den ebenfalls tiefrot gefärbten Schamlippen ähneln. An den zyklisch bedingten Veränderungen der Farbintensität des Brustflecks sieht das sich von vorn nähernde Männchen, ob sich das Weibchen in sexueller Bereitschaft befindet. Der Verhaltensforscher Desmond Morris spricht hier von »Selbstmimikry«: Ein Körperteil imitiert das Aussehen eines anderen. Desmond Morris stellt die Hypothese auf, daß sich auch bei der menschlichen Frau Ähnliches ereignet habe. Durch die Aufrichtung des Körpers im Lauf unserer Stammesgeschichte ist die ursprüngliche Schauseite mit ihren Signalen auf die Vorderseite gewandert. Die Halbkugelform der Brüste, so Morris, imitiere die Hinterbacken der Genital- und Analregion, der aufgewölbte Mund, der oft noch durch Farbe besonders betont wird, signalisiere künstliche Schamlippen. Es muß dahingestellt bleiben, ob diese Gedankengänge unsere Reaktion auf erotische Signale erklären. Fest steht, daß Mode- und Werbeindustrie die symbolischen Organvertauschungen und die »Selbstmimikry« phantasiereich ausnützen. Mieder pressen die Brüste tatsächlich zu Kugeln hoch, die dann, in entsprechend tiefen Dekolletés zur Schau gestellt, ihre erotische Wirkung nicht verfehlen. Durch die Technik der »übernormalen Attrappen-Bildung« werden die Geschlechtsmerkmale zu Symbolen und zum Gegenstand der bildenden Kunst und Magie.

Die Bedeutung der Sexualität in der menschlichen Gesellschaft

Die Sexualität hat im Lauf der Stammesgeschichte des Menschen einen besonderen Stellenwert bekommen. Während sich das tierische Fortpflanzungsverhalten auf sogenannte »Brunftperioden« beschränkt, ist es bei der Art Homo sapiens nicht mehr an bestimmte Jahreszeiten gebunden. Schon bei den höheren Primaten ist das Weibchen innerhalb des Monatszyklus etwa eine Woche lang sexuell ansprechbar. Der Geschlechtsverkehr steht nicht mehr ausschließlich im Dienst der Fortpflanzung, sondern stärkt auch die Partnerbeziehung in der Gruppe. Im Tierreich und vor allem beim Menschen haben sexuelle Verhaltensweisen neue Funktionen bekommen und wurden z. B. zu Gruß- und Beschwichtigungssignalen ritualisiert. Der Mensch kann bis ins hohe Alter sexuell aktiv bleiben, auch wenn z. B. die Frau nach den Wechseljahren (Klimakterium) nicht mehr schwanger werden kann. Die Menschenfrau ist das einzige weibliche Säugetier, das aufgrund seiner körperlichen Voraussetzungen in der Lage ist, sexuelle Höhepunkte (Orgasmen) zu erleben. Affenweibchen hingegen scheinen bei der Begattung nicht im selben Ausmaß Befriedigung zu verspüren und zeigen sich danach – vom Standpunkt des menschlichen Beobachters aus gesehen – wenig beeindruckt. Der Orgasmus als »Belohnung« sicherte möglicherweise bereits bei den frühen Menschenformen den Familienzusammenhalt der Jagdhorden. Der deutsche Anthropologe Werner Mohrig hat unter anderen sogar die Ansicht vertreten, daß die Elternfamilie innerhalb der Jagdhorde unserer Vorfahren nur durch die das ganze Jahr über andauernde sexuelle Bereitschaft des Weibchens und die sich daraus ergebende Bindung des Männchens entstehen konnte.

Wie uns das Beispiel unserer nächsten Verwandten, der Affen, zeigt, ist es biologisch gesehen nicht notwendig, daß Mann und Frau eine Dauerverbindung eingehen. Da eine Affenmutter, die hauptsächlich auf Pflanzenkost angewiesen ist, durchaus in der Lage ist, sich und ihr Kind allein zu ernähren, gehen Affen auch keine lebenslange Partnerschaft ein. In dem Maße, in dem der Fleischverzehr und damit die gemeinschaftliche Jagd für den Menschen als Nahrungserwerb an Bedeutung gewannen, veränderte sich vermutlich auch das Sexualverhalten der Menschenfrau: Schwangerschaft und Obsorge für den Nachwuchs schlossen sie von diesem Zweig des Nahrungserwerbs weitgehend aus. Mit zunehmender Arbeitsteilung zwischen den Geschlechtern scheint es dann zu der von Mohrig erwähnten ständigen Kopulationsbereitschaft und Empfängnisfähigkeit der Frau gekommen zu sein. Dies wiederum band den Mann stärker an die Mutter-Kind-Familie. Die damit verbundene reichlichere Versorgung und der bessere Schutz der Frau und ihrer Nachkommen erhöhten auch deren Überlebenschancen und erwiesen sich als Selektionsvorteil, der die Elternfamilie zu einem Grundmuster des Zusammenlebens der Geschlechter werden ließ.

Die kulturell verfeinerte Form der Sexualität, die Erotik, so genannt nach dem griechischen Gott Eros, durchdringt alle Bereiche unseres Lebens. Diese für den Menschen typische Erotisierung wird in verschiedenen Kulturstufen, Gesellschaftsschichten und historischen Epochen unterschiedlich beurteilt, gefördert oder gehemmt.

Während das Sexualverhalten der Tiere instinktgesteuert weitgehend in festen Bahnen verläuft, äußert sich die biologische Geschlechtlichkeit des Menschen aufgrund seiner »zerbrochenen Instinktketten« (Konrad Lorenz) auf vielfältige Art und Weise. Die sinnlichen Lustgefühle haben sich vom ursprünglichen Zweck der Begattung, nämlich der Fortpflanzung, gelöst, und die Lust selbst ist zu einem Ziel des Sexualverhaltens geworden. Diese »Lust um der Lust willen« ist auch die Grundlage unserer gesamten ästhetischen Kultur, z. B. der Kochkultur. Wir kochen nicht nur, um uns zu sättigen, sondern weil es uns schmeckt. Wir lieben nicht nur, um uns fortzupflanzen, sondern weil es angenehm ist, dem Partner »Lust« und Zärtlichkeit zu schenken. Dieses gegenseitige Lustspenden *kann* zwar im Dienst der Partnerbindung und der Familie stehen, muß es aber nicht zwangsläufig. Außerdem ist »Lust« nicht immer an den Geschlechtsakt gebunden, sondern kann aus jeder Form der »sinnlichen Kommunikation« gewonnen werden: Man betrachtet mit Wohlgefallen schöne Menschen, liest mit Interesse pikante Literatur oder genießt das Parfüm einer attraktiven Frau. Alle menschlichen Sinnesorgane stehen im Dienst von Sexualität und Erotik, der Mensch ist ein wahrhaft »sinnliches« Wesen.

Die Erotik, als starke Triebkraft innerhalb einer Gesellschaft, wird durch moralische Vorstellungen und religiöse Sittlichkeitsgebote geformt und geleitet. Sie unterliegt so von Kultur zu Kultur verschiedenen Spielregeln, die bestimmen, was in welcher Form und in welchem Ausmaß erlaubt ist, was »normal« und schicklich oder aber verwerflich und daher verboten ist. Die Gesellschaft ist jedoch nicht nur daran interessiert, die starken sexuellen Triebenergien im erotischen Bereich wirksam werden zu lassen, sondern sie auch in anderen Bereichen des menschlichen Lebens, z. B. der Arbeit, zu nützen: Die Triebenergien tragen so zu den geistigen und materiellen Leistungen einer Kultur bei (Sublimation). Kultur ist daher, wie Sigmund Freud meinte, immer Triebverzicht, ohne daß man jedoch genau angeben könnte, worin das allen zuträgliche Maß der sexuellen Freiheiten liegt.

Eine wichtige Unterscheidung betrifft das biologisch vorgegebene körperliche Geschlecht, das sich zumeist eindeutig bestimmen läßt, und das »soziale Geschlecht«, also die gesellschaftlich genormte Geschlechterrolle, das sind die dem jeweiligen Geschlecht zugeschriebenen Einstellungen und Verhaltensweisen.

Die Rollen der Geschlechter

Die Rollen der Geschlechter und die mit diesen zusammenhängenden Stilisierungen des Verhaltens haben sich im Lauf der Geschichte vielfach gewandelt. Heute noch können wir bei einigen Naturvölkern eine weitgehende Trennung der Geschlechter beobachten, die in eigenen Männer- und Frauenhäusern, ja sogar in eigenen Männer- und Frauensprachen ihren Ausdruck findet. Dem stehen die Bemühungen um die völlige Gleichberechtigung von Mann und Frau in den modernen Zivilisationen des Westens gegenüber.

Die erstrebenswerte »Gleichheit vor dem Recht« besagt jedoch nicht, daß sich die Geschlechter in bezug auf ihr Verhalten von Natur aus gleichen. Aus der Fülle der Untersuchungen, die sich etwa mit dem geschlechtsspezifischen Verhalten befassen, geht hervor, daß es hinsichtlich der psychischen Merkmale von Mann und Frau zwar keine qualitativen, jedoch graduelle Unterschiede gibt. Beobachtungen des Spielverhaltens von Kindern ergaben, daß Knaben im allgemeinen wesentlich aggressiver sind, rascher deutliche Rangordnungen aufbauen und eher dazu neigen, größere Gruppen zu bilden, als Mädchen. Diese männlichen und weiblichen Spielschemata finden sich in sehr ähnlicher Form bei den Tierprimaten. Hinsichtlich des räumlichen Vorstellungsvermögens zeigt sich ab dem zehnten Lebensjahr ein Entwicklungsvorsprung der Männer, der das ganze Leben über anhält. Dies könnte darauf zurückzuführen sein, daß an den Mann in den Jahrtausenden, in denen ihm die Rolle des Jägers und Kriegers zufiel, höhere Anforderungen im Schätzen von Entfernungen, im Zielen, Werfen und Treffen gestellt waren. Mädchen hingegen erwiesen sich in den ersten Lebensjahren den Knaben in einigen sprachlichen Fähigkeiten, z. B. Artikulieren und Wortgewandtheit, überlegen. Dieser Entwicklungsvorsprung verringert sich mit zunehmendem Alter, wird aber nie ganz ausgeglichen. Obwohl die hirnanatomischen und hirnphysiologischen Geschlechtsunterschiede sowie die Wirkung der Hormone auf die Funktionen des Zentralnervensystems und die Psyche noch nicht zur Gänze erforscht sind, kann nicht bezweifelt werden, daß diese Faktoren das geschlechtsspezifische Verhalten bestimmen.

Die Geschlechtsrolle ist also nicht ausschließlich auf kulturelle Prägung zurückzuführen, sondern ebenso Ausdruck eines biologischen Unterschieds. Die Gesellschaft hat seit jeher versucht, Abweichungen von den traditionellen Geschlechtsrollen mit Hilfe oft drastischer Mittel zu verhindern bzw. die Identifikation mit diesen Rollen zu fördern. Unser durch die Existenz zweier Geschlechter beeinflußtes Denken hat die Tendenz, alle Dinge und Begriffe einem männlichen oder weiblichen Prinzip zuzuordnen. Dies manifestiert sich sehr anschaulich in der uralten Geschlechtspolarität des »hellen, männlichen« Yang und des »dunklen, weiblichen« Yin der chinesischen Mythologie. Yang und Yin sind die beiden einander gegenseitig ergänzenden natürlichen Urkräfte, deren Wechselwirkung alles Geschehen in der Welt bewirkt. Eine solche geschlechtliche Polarisierung hat sich aus vorgeschichtlicher Zeit auch in den Artikeln unserer Sprache erhalten. So gibt es eine auffallende Übereinstimmung der Artikel mit der Form der Geschlechtsorgane: *der* Stab, Pfahl, Baum, Mast usw., *die* Rinne, Furche, Schale, Höhle usw. Dieses mythische Denken in zwei Geschlechtern äußert sich auch in Tiernamen (z. B. der Löwe – die Gazelle) und abstrakten Begriffen (z. B. der Mut – die Angst).

Das männliche und das weibliche Prinzip

Die Rolle des »jagenden« Mannes und der »mit Hausarbeit beschäftigten« Frau kann jedoch nicht als genetisch fixiertes Erbe betrachtet werden. Die Ethnologen können uns viele Beispiele nennen, die gegen eine unabänderliche Rollenverteilung sprechen. So betrieben etwa die Tasmanierfrauen die schwierige Seehund- und Opossumjagd, und die grausame Leibgarde des Königs von Dahomey bestand aus Frauen. Bei vielen Naturvölkern verrichtet die Frau schwere Arbeit am Feld, während dem Mann die vergleichsweise leichtere Arbeit des Viehhütens zufällt. Die mo-

Tabelle 8

Himmel	oben	Sonne, Mond, Sterne, Blitz, Feuer, Wolken, Wind, Regen	uranische Symbole	Mann	Blau
Erde	unten	Berge, Stein, Metall, Wasser, Acker	chthonische Symbole	Frau	Rot

Die geschlechtliche Polarität von Mann und Frau wurde oft mit der kosmischen Symbolik von Himmel und Erde verbunden. Die Zuordnung der kosmischen Symbole zum männlichen und weiblichen Geschlecht stimmt allerdings nicht in allen Kulturen überein. Während es im Deutschen »die« Sonne heißt – sie wird auch als »Frau Sonne« dargestellt –, ist dieses Gestirn in den meisten alten Kulturen männlichen Geschlechts (lat. sol, griech. helios).

Der Mond ist in unserem Sprachgebrauch männlich. Die männlichen Sonnengötter anderer Kulturen stehen meist einem weiblichen Mond gegenüber (lat. luna, griech. selene). Vor allem mutterrechtliche Gesellschaften sahen im Mond die Urmutter, die einem Sohn, der Sonne, das Leben schenkt. Die christliche Figur der Maria – oft auf einer Mondsichel dargestellt – weist Ähnlichkeiten mit orientalischen Mondgöttinnen auf. Von den Kirchenvätern wurde sie »Mond der Kirche« genannt. Da sich der Mond im Lauf seines Zyklus verändert, spielt er in zahlreichen Mythen, Märchen und Sagen eine Rolle. So symbolisieren die altägyptischen Stierhörner die Mondsichel. Auch »Mutter Erde« wurde verschieden gedeutet. Vor allem die frühen Ackerbaukulturen sahen in ihr ein Symbol der Fruchtbarkeit. Das männliche und das weibliche Prinzip wurde auch auf den befruchtenden (männlichen) Regen und die empfangende (weibliche) Ackerfurche übertragen.

Wie eng Erde und Mensch sprachlich zusammenhängen, zeigen die lateinischen Bezeichnungen »homo« und »humus«, aber auch »adam« (hebr. erster Mensch) und »adamah« (hebr. Erdenstaub). In der Maorisprache bedeutet das Wort »whenua« zugleich Erde und Mutterkuchen (Plazenta).

Nur wenige Völker kennen eine männliche Erdgottheit, z. B. die Altägypter den Gott Geb. Mit der Himmelsgöttin Nut zeugte dieser die Sonne.

Die Farbe Blau wurde häufig dem (männlichen) Himmel, die Farbe Rot der (weiblichen) Erde zugeordnet. Noch heute drückt sich dieser uralte Gedanke in den Farben unserer Babykleidung aus (blau für Buben, rosa für Mädchen).

derne Technik hat heute die Grenzen zwischen »männlicher« und »weiblicher« Arbeit weitgehend verwischt. Man kann daher nicht von »natürlichen« Rollen für Mann und Frau unabhängig von Kulturen sprechen, sondern nur von kulturbedingten Rollenbildern. Betreffen Schwangerschaft und Geburt ausschließlich die Frau, so wird die Aufzucht der Kinder heute bereits in steigendem Maß von den Männern mit getragen.

Formen der Ehe

Die Beziehungen zwischen Mann und Frau sind in den einzelnen Gesellschaften seit jeher durch bestimmte Gebote und Verbote (Tabus) geregelt. Es ist nicht wahrscheinlich, daß es in den frühen Zeiten der Menschheit jemals einen Zustand der völlig regellosen Geschlechtsbeziehungen ohne längere Bindung (Promiskuität) gegeben hat, wie dies ursprünglich von den Ethnologen angenommen wurde. Durch die Institution der Ehe erhält die menschliche Sexualität eine gesetzlich anerkannte Form. Ehe kann Einehe (Monogamie) oder Vielehe (Polygamie) mit Vielweiberei (Polygynie) bzw. Vielmännerei (Polyandrie) bedeuten. Da in der Ehe im allgemeinen die Geschlechtsbeziehungen eingeschränkt werden, haben sich in vielen Gesellschaften sogenannte »Ventilsitten« (A. Vierkandt) entwickelt, die eine Überforderung ihrer Mitglieder durch allzu strenge Moralvorschriften verhindern sollen. So ist etwa der außereheliche, bezahlte Beischlaf (Prostitution) in allen Kulturen der Welt anzutreffen. Angesichts der großen Bedeutung, die die Sexualität im Leben des Menschen einnimmt, hat Desmond Morris scherzhaft vom Menschen als dem »sexysten Affen« gesprochen. Die Menschenfrau hat gegenüber dem Affenweibchen überdurchschnittlich große Brüste, der Menschenmann innerhalb der Primatenreihe den größten Penis.

Beschneidung

Aus hygienischen, rituell-magischen oder erotischen Gründen wurden und werden auch heute noch vielfach die Genitalien von Mann und Frau künstlich verändert. So wird bei der weitverbreiteten Beschneidung, die zum Teil schon an Säuglingen, meist aber an Pubertierenden im Rahmen der Jünglings- oder Mädchenweihe (Initiation) durchgeführt wird, bei den Männern die Vorhaut abgetrennt (sogenannte Rundbeschneidung oder Zirkumzision). Wir finden diesen Brauch im Alten Orient, in Ägypten, bei semitischen Völkern sowie bei vielen Naturvölkern in Afrika, Indonesien und Amerika. Die Juden führen diese Sitte auf Abraham zurück. Der göttliche Befehl wird im 1. Buch Mose ausgeführt:

»Du aber halte Meinen Bund, du und dein Stamm nach dir, in allen den Geschlechtern. Das ist Mein Bund, den ihr einhalten sollt, der zwischen Mir und euch und deinem Stamm nach dir besteht: Bei euch soll alles Männliche beschnitten werden. Und zwar sollt ihr an eurer Vorhaut Fleisch beschnitten sein. Dies ist das Bundeszeichen zwischen Mir und euch.«

Hier wird deutlich, daß die Beschneidung vor allem die Stammeszugehörigkeit signalisieren sollte. Mohammed und später auch die vom Islam missionierten Perser und Türken übernahmen die Sitte der Beschneidung. Meyers Konversations-Lexikon schätzte um 1896 die Anzahl der beschnittenen Menschen auf etwa 200 Millionen.

Neben der an Männern durchgeführten Inzision, bei der lediglich die Vorhaut eingeschnitten wird, wie dies z. B. in einigen Teilen Indonesiens und Ozeaniens üblich ist, findet man bei manchen Gruppen der australischen Ureinwohner die – für europäische Begriffe sehr drastische – »Subinzision«, bei der das männliche Glied und damit die Harnröhre der Länge nach von unten gespalten wird. Auf Westborneo und den Philippinen durchbohren die Männer einiger Stämme ein- oder mehrmals die Spitze (Eichel) des Penis und verhindern das Verwachsen des dadurch entstandenen Loches bzw. der Löcher. Danach fügen sie sogenannte Palangs ein, das sind Querstücke aus Metall, Knochen, Holz usw., um den Durchmesser des Glieds im weiblichen Geschlechtsorgan zu vergrößern und dadurch den Reiz des Liebesaktes für die Frau zu erhöhen.

Bei der Beschneidung der Frauen (Exzision) werden Schamlippen und Klitoris abgetrennt, wie dies in einigen Teilen Afrikas und Asiens noch heute Brauch ist. Dieser Eingriff findet, wie schon erwähnt, im Rahmen

Abb. 87 *Hermaphrodit mit Faun, italienische Zeichnung aus dem 15. Jahrhundert*

der Mädchen-Initiationsfeiern statt und soll das Lustempfinden der Frauen reduzieren und damit ihr etwaiges »Fremdgehen« verhindern.
So meinen die Nandi Westkenias, daß durch die Beschneidung der Klitoris »dem tollen Treiben« der mannbaren Mädchen Einhalt geboten würde, und die Nubier nehmen an, daß die Frau durch diesen Eingriff ihre angeborene »Wildheit« verlieren würde. In vielen Kulturen wird die Klitoris als eine Art Penis, also als männliches Element, die Vorhaut dagegen häufig als eine Art Schamlippe, also als weibliches Element, angesehen. Im unbeschnittenen Knaben und im noch nicht exzisierten Mädchen sind das männliche und das weibliche Prinzip jeweils noch gleich stark vertreten. Der Brauch der Beschneidung scheint also darauf zurückzugehen, daß männlich und weiblich ursprünglich eine mythische Einheit bildeten. Die kulturelle Evolution der menschlichen Gesellschaften brachte eine Differenzierung der Geschlechterrollen mit sich, durch die Initiation sollen alle Merkmale, die an das andere Geschlecht erinnern, endgültig beseitigt werden.
Während den Jugendlichen einiger Naturvölker seit jeher »freie Liebe«

vor der Ehe erlaubt ist, wurden auch in unserer modernen Industriegesellschaft die Tabus hinsichtlich vorehelicher Keuschheit weitgehend aufgehoben. Eine drastische Maßnahme, die Keuschheit junger Menschen zu erzwingen, stellt die Infibulation dar. Gegen diese in den islamischen Ländern heute noch verschiedentlich geübte Technik wird seit langem international protestiert. Bereits in der griechischen Antike wurde den nackt auftretenden Schauspielern und Sportlern (Faustkämpfern, Ringern, Athleten) die Vorhaut mit einem Bändchen zugeschnürt oder mit einem Metallring, der durch die Vorhaut gezogen wurde, verschlossen. Infibulierte Satyre findet man auf griechischen Vasen dargestellt, wahrscheinlich um auf scherzhafte Weise die Zügelung der ungehemmten Triebe dieser Fabelwesen anzudeuten.

Heute noch werden im Ostsudan die Schamlippen junger Mädchen vernäht, bei den Dajak in Borneo wird die Vorhaut der Jünglinge verschlossen. Daß auch in unseren Breiten noch im 19. Jahrhundert solche Manipulationen vorgenommen wurden, beweist das Kapitel »Infibulationen« in Meyers Konversations-Lexikon aus dem Jahr 1896, in dem in trockenen Worten von den »moralischen Operationen« des berühmten deutschen Militärchirurgen und Pioniers der plastischen Chirurgie Karl Ferdinand von Gräfe (1787–1840) die Rede ist, »welche auf mechanische Weise die Ausübung des Beischlafs und den Mißbrauch der Geschlechtsteile verhüten soll ... Zur Verhinderung der Onanie wurde die Infibulation Ende vorigen Jahrhunderts warm empfohlen und auch in diesem Jahrhundert, unter anderem noch von Gräfe, ausgeführt. Man durchsticht die mäßig angespannte Vorhaut oder die kleinen Schamlippen mit einer Nadel, führt einen Bleidraht durch die Stichkanäle, läßt diesen bis zur Vernarbung liegen und vertauscht ihn dann mit einer Fibula, einem verzinnten Metalldraht, welchen man ringförmig biegt und an den Enden zusammenlötet. Die Operation wird heute nicht mehr angewendet, da sie ihrem Zweck nur unvollkommen entspricht und Schmerz verursacht.«

Keuschheitsgürtel

Um sich der Treue der Ehefrau zu versichern, war es im spätmittelalterlichen Europa zeitweise üblich, dieser während der Abwesenheit ihres Mannes einen »Keuschheitsgürtel« anzulegen (s. Bild 175/176). Man könnte diesen als einen Ersatz für die Infibulation bezeichnen. In Österreich wurde auf einem Friedhof ein derartiger Gürtel an einem aus dem 16. Jahrhundert stammenden Skelett einer jungen Frau gefunden. In einer zeitgenössischen Schilderung wird dieser »Venusgürtel« wie folgt beschrieben: »Das goldene Gitterchen hängt an vier Stahlkettchen, die mit Seidensamt überzogen und kunstvoll an einem Gürtel von demselben Metall befestigt sind. Zwei dieser Kettchen sind vorn, zwei hinten an dem Gitterwerk angebracht und halten es von beiden Seiten fest. Hinten, über den Hüften, ist der Gürtel mittels eines Schlosses verschlossen, zu dessen Öffnung ein ganz kleines Schlüsselchen dient ...«

War bisher von Phänomenen die Rede, die sich eindeutig auf »männlich« oder »weiblich« im Sinn des körperlichen Geschlechts bezogen, so wollen wir uns abschließend noch den sogenannten Zwittern (Intersexe im engeren Sinn), also jenen Menschen zuwenden, die aufgrund von Störungen der Geschlechtsentwicklung eine Stellung *zwischen* dem männlichen und dem weiblichen Geschlechtstypus einnehmen.

Hermaphroditismus

Biologisch unterscheidet man zwischen den seltenen »echten« Zwittern (Hermaphroditismus verus) und sogenannten Scheinzwittern (Pseudohermaphroditismus masculinus et femininus). Der echte Hermaphrodit, der in seinem Körper oft sowohl Zellen mit weiblichen als auch solche mit männlichen Geschlechtschromosomen (Mosaikbildung) aufweist, hat beiderlei innere und äußere Geschlechtsorgane. Der Scheinzwitter besitzt die inneren Geschlechtsorgane nur eines Geschlechts, die äußeren Ausführungsgänge entsprechen mehr oder minder dem jeweils anderen Geschlecht.

Der Ausdruck »Hermaphrodit« geht auf eine Figur der griechischen Mythologie zurück und bezeichnet einen Sohn des Gottes Hermes und der Liebesgöttin Aphrodite. Der Sage nach wuchs er auf dem kretischen Ida-Gebirge auf und gelangte als Jüngling nach Karien. Als er in der Quelle Salmakis badete, entbrannte die dort beheimatete Nymphe wegen seiner

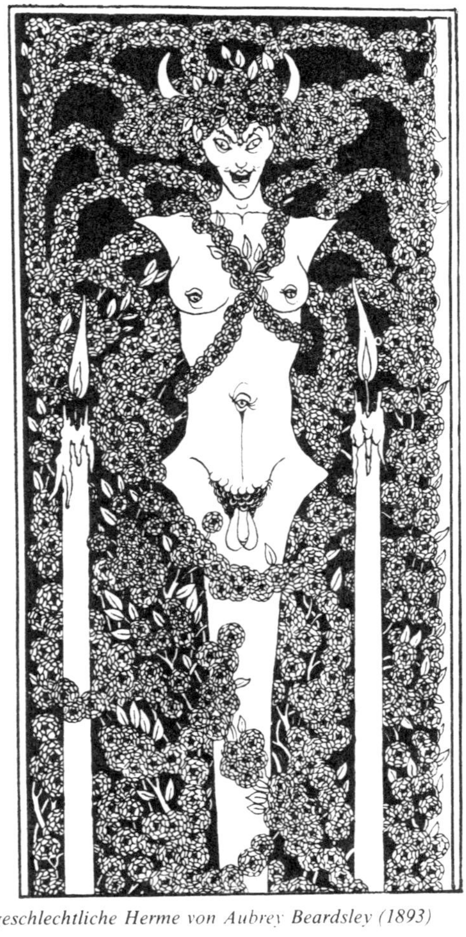

Abb. 88 *Doppelgeschlechtliche Herme von Aubrey Beardsley (1893)*

großen Schönheit in Liebe zu ihm, wurde aber von ihm abgewiesen. Die Götter, von der Nymphe um ewige Vereinigung mit Hermaphroditos angefleht, verschmolzen die Leiber der beiden zu einem Doppelwesen, das halb Mann, halb Frau war.

Der Kult des Hermaphroditos dürfte seinen Ursprung in kleinasiatischen Naturreligionen haben. Man nimmt an, daß er im 4. Jahrhundert v. Chr. über Zypern nach Griechenland eingeführt wurde. In der späteren griechischen Kunst erscheint Hermaphroditos als Sinnbild erotischen Reizes. Meist wird er, graziös auf einem Ruhebett hingestreckt, in halbseitlicher Stellung schlafend, dargestellt. Auch Eros, Dionysos, Priapos und Satyrn nehmen häufig hermaphroditische Gestalt an.

Schon aus der Eiszeit sind uns stark stilisierte androgyne (zweigeschlechtliche) Statuetten bekannt, deren Brüste als Hoden und deren Kopf als Phallos gedeutet werden kann (s. Abb. 86). Die moderne Kunst hat dieses Motiv, bewußt oder unbewußt, wieder aufgegriffen (s. Bild 127).

In den meisten Kulturen wird, wie erwähnt, das Männliche gegen das Weibliche scharf abgegrenzt. Dies äußert sich vor allem bei den Naturvölkern in Form von Männer- und Frauenbünden bzw. getrennten Wohnstätten wie Männer- oder Frauenhäusern, verschiedenen Bewertungen der Geschlechter usw. Gleichzeitig wird aber versucht, diese Zweiteilung zu überwinden, um eine ursprüngliche mythische Einheit des männlichen und weiblichen Prinzips wiederherzustellen. Es sei hierbei an doppelgeschlechtliche Gottheiten, Mysterienkulte, Priester in weiblicher Kleidung, an Kleidertausch bei Hochzeiten und anderen Festen sowie an Stammesweihen und Männerkindbett erinnert. Nach dem Völkerkundler Hermann Baumann allerdings markieren Mythen, die eine am Anbeginn der Welt gegebene Doppelgeschlechtlichkeit der Dinge, Menschen und Götter beinhalten, keine Frühphase menschlicher Kultur, sondern, da sie hauptsächlich in Pflanzer- und sogenannten Hochkulturen vorkommen, eher die Endphase einer Entwicklung.

Die Haltung gegenüber sogenannten Zwittern ist in den einzelnen Kulturen sehr unterschiedlich. Während z. B. die Pokot in Kenia nur zwei Geschlechter anerkennen und Zwitter, die sie »serrer« nennen, oft gleich nach der Geburt töten, lassen die Navajo-Indianer Nordamerikas drei physische und soziale Geschlechter zu. Dies deshalb, weil in ihrer Mythologie ein Wesen namens »May-des-tichi«, das männlich und weiblich zugleich gewesen sein soll, eine große Rolle spielt. In Indien treten die »hijara« genannten Zwitter bei weltlichen und religiösen Festlichkeiten auf, ob sie jedoch als drittes Geschlecht gelten, ist fraglich. Sie werden des öfteren auch als männliche Prostituierte beschrieben.

Man ist heute bemüht, die Andersartigkeit jener Menschen, die sich körperlich und/oder seelisch nicht in unsere kulturell festgelegten Geschlechterkategorien einordnen lassen, zu akzeptieren. Auch im Normalfall liegen den Begriffen »männlich« und »weiblich« komplizierte Strukturen zugrunde. Psychologen und Künstler befassen sich immer häufiger mit den Konflikten, die aus dem Spannungsfeld von biologischem Geschlecht und dem von der Gesellschaft geforderten Rollenverhalten entstehen. Unsere

Gesellschaft neigt dazu, im Interesse eines reibungslosen Funktionierens sowie einer verbesserten Orientierung und Verhaltenskontrolle ihrer Mitglieder die biologischen Unterschiede zu übersteigern. Wir sollten aber dankbar sein für den Reichtum an Variationen, in denen uns das Geschlechtliche entgegentritt. In einer Welt, die ausschließlich von Supermännern und Superfrauen wie Tarzan und Jane bevölkert ist, wäre unser größtes Problem die Langeweile.

Hand und Fuß

»Diese Sache hat weder Hand noch Fuß.«

Redensart

In der amerikanischen Filmstadt Hollywood ist es Brauch, berühmte Schauspieler ihre Hände und Füße in den nassen Zement vor Sid Grauman's Chinesischem Theater drücken zu lassen. Diese »Erinnerungszeichen« sollen den Ruhm der betreffenden Persönlichkeiten für die Nachwelt sichtbar festhalten. Wer sich auf diese Weise verewigt hat, zählt zu den Unsterblichen der Filmindustrie (s. Bild 209).

»Persönlichkeitsmarken der älteren Menschheit« haben Wissenschaftler jene zahlreichen Abbildungen von Händen genannt, die in den paläolithischen Höhlen Europas sowie in der Felsbildkunst Nord- und Südafrikas, Australiens und Neuguineas zu finden sind. Es sind dies entweder Handumrisse (Handnegative), bei denen das Farbpigment (meist schwarz und rot, gelegentlich auch gelb und weiß) über die an die Felswand gehaltene Hand geblasen worden war, oder aber Handabklatsche (Handpositive), die durch das Aufdrücken einer in Farbe getauchten Hand zustande kamen (s. Bild 119).

So entdeckte der französische Priester und Pionier der Erforschung eiszeitlicher Kunst, Abbé Henri Breuil (1877–1961), auf einem aurignacienzeitlichen Felsgemälde in Cueva de Castillo bei Puente Viesgo (Santander, Spanien) Handsymbole, die über bereits vorhandenen Tierdarstellungen aufgetragen waren. Die »Geisterhände« scheinen nach der Jagdbeute zu greifen und diese auf symbolische Weise in Besitz nehmen zu wollen. Man nimmt an, daß sich die frühen Jäger vor der Jagd in den Höhlen versammelten, um gemeinsam durch rituelle Handlungen das Jagdglück zu beschwören. Dieser Jagdzauber hat vermutlich darin bestanden, daß auf die aus dem Höhlenlehm herausmodellierten Tiere Pfeile abgeschossen (wie dies z. B. die Funde von Tuc d'Audoubert oder Montespan nahelegen) oder die an die Felswand gemalten Wildtiere mit Handsymbolen bedeckt wurden. Über 20 Höhlen mit derartigen »Hand-Stempeln« und in den Fels gemeißelte Hände wie z. B. in Barabao bei Les Esyzies (Frankreich) wurden bisher entdeckt.

Einige der Handschablonen (Handnegative), z. B. die in Gargas (Pech-Merle), weisen verkürzte Fingerglieder auf. Man glaubt darin frühe Zeugnisse der rituellen Fingerverstümmelung zu erkennen, eine Sitte, die noch bei einigen Naturvölkern der Gegenwart beobachtet werden kann. So opfern etwa die Papuas Neuguineas für jeden toten Verwandten ein Fingerglied. Alte Menschen, die die meisten ihrer nächsten Angehörigen überlebt haben, besitzen daher oft nur noch Handstümpfe. Auch bei einigen afrikanischen Stämmen hackt sich die Witwe nach dem Tod ihres Mannes ein Fingerglied ab, und selbst bei Krankheiten von Familienmitgliedern wird zur Beschwichtigung der Krankheitsdämonen vorsorglich ein Fingerglied geopfert. Dieser Brauch der Fingerverstümmelung ist auch in Nord- und

Südamerika, Indien, Indonesien, auf den Südseeinseln und in Australien verbreitet.
Viele der altsteinzeitlichen Handabdrücke sind so klein, daß sich verschiedene Deutungen anbieten. Während der französische Forscher Leroi-Gourhan annimmt, daß es sich um Abdrücke von Frauenhänden und damit um weibliche Symbole handelt, vermuten andere Autoren, daß die Handabklatsche von Jugendlichen oder Kindern stammen. Es ist denkbar, daß diese Höhlen nicht nur Kultstätten für Jagdzauber waren, sondern daß in ihnen auch Jugendweiheriten stattfanden, bei denen die Jugendlichen in das Geheimnis von Leben und Tod, Geschlechtlichkeit und Wiedergeburt eingeführt wurden. Vergleiche mit den Bräuchen schriftloser Völker der Gegenwart lassen darauf schließen, daß die Jugendlichen nach

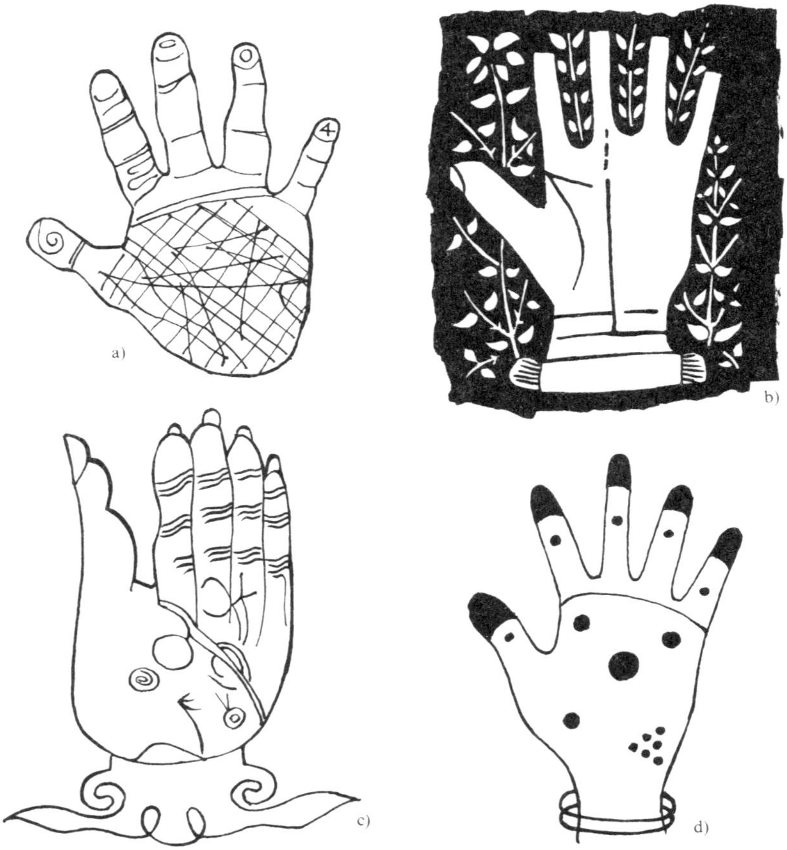

Abb. 89 *Magische Handsymbole*
a) Vorchristliche Steinzeichnung der Micmac-Indianer aus dem südlichen Labradorgebiet (Kanada)
b) Hand eines geizigen und rücksichtslosen Mannes, Holzschnitt aus einer Abhandlung über Handlesekunst (Andrea Corvo von Mirandola), Renaissance
c) Chinesische Chiromantie
d) Rituell bemalte Hand im indischen Tantra-Buddhismus

Bestehen zum Teil auch schmerzhafter Prüfungen als vollwertige Mitglieder ihres Stammes anerkannt wurden. In der berühmten Höhle von Lascaux ist ein Handabdruck zu sehen, der wegen seiner geringen Größe einem Säugling zugeordnet werden könnte.
Der griechische Philosoph Anaxagoras (500–428 v. Chr.) vertrat die Ansicht, daß der Mensch das klügste Tier sei, weil er Hände habe, und der deutsche Philosoph Immanuel Kant (1724–1804) bezeichnete die Hand sogar als das »äußere Gehirn des Menschen«. Die Bedeutung der Hand wurde auch durch die modernen Evolutionsforscher hervorgehoben.
Durch ihre Anpassung an das Leben im Wald und später in der Steppe entwickelten die Tierprimaten eine vielseitige Art sich fortzubewegen, nämlich zu laufen, zu klettern, zu hangeln, zu hüpfen und zu springen. Im Verlauf der Evolution erfolgte beim Menschen durch die vollständige Auf-

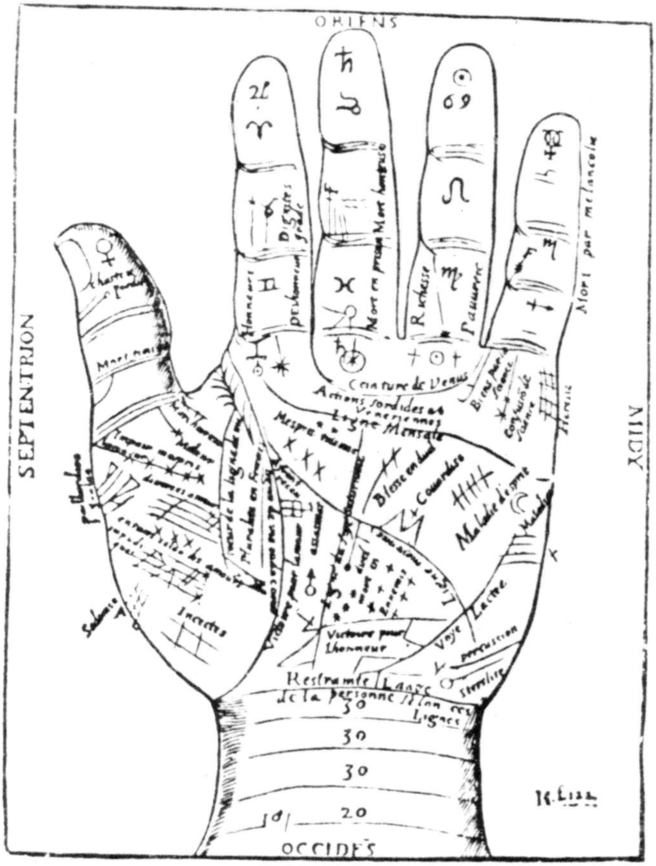

Abb. 90 *Interpretation der Handmerkmale bei Jean-Baptiste Belot, Holzschnitt, Rouen (1640)*
Die herkömmliche Chiromantie verbindet sich hier mit der Astrologie: Nicht nur die Standorte der Planeten, auch die Tierkreiszeichen sind auf der Innenhand eingezeichnet.

richtung und die zweifüßige Fortbewegung (bipede Lokomotion) eine klare Aufgabentrennung zwischen Arm und Bein. Die Hand übernahm die Funktion des Greifens und Haltens, der Fuß dagegen wurde Fortbewegungs- und Standorgan.

Konrad Lorenz sieht neben der Entwicklung des Großhirns (Neencephalisation) und den nach vorn gerichteten Augen der Baumbewohner (binokulares Sehen) vor allem in der Greifhand einen entscheidenden Faktor der menschlichen Evolution und die Voraussetzung für abstraktes Denken. Die sogenannten Greifhandspringer müssen im Wald jene Zweige, die sie erreichen wollen, binokular fixieren und durch ihre sogenannte »stereoskopische Tiefenwahrnehmung« die Entfernung zum nächsten Ast mit ausreichender Genauigkeit abschätzen können. So entwickelte sich in ihrem Denken ein Raum-Modell, das ihnen die Bewältigung komplizierter Umwelt-Situationen ermöglichte. In diesem »inneren«, vorgestellten Raum konnten sie, losgelöst von den oft verhängnisvollen Konsequenzen einer realen Situation, spielerisch »probehandeln«. Konrad Lorenz vertritt daher die Ansicht, daß unser menschliches Denken immer schon ein räumliches Denken war. Wir gliedern ja auch Zeitabläufe in Zeit*räume*, z. B. vor und nach Ostern, unanschauliche Merkmale unserer Psyche werden ins Räumliche übersetzt (*Unter*bewußtsein, *Über*-Ich usw). Lorenz schreibt: »Wir gewinnen ›Einsicht‹ in einen ›verwickelten‹ ›Zusammenhang‹ – wie ein Affe in ein Gewirr von Ästen –, aber wirklich ›erfaßt‹ haben wir einen ›Gegenstand‹ erst, wenn wir ihn voll ›begriffen‹ haben. In den letzten drei Ausdrücken tut sich übrigens das uralte Primat des Haptischen vor dem Optischen in schöner Weise kund.« Lorenz vermutet sogar im gegenseitigen Befingern und Abtasten unserer Vorfahren einen der Ursprünge des Selbstbewußtseins.

Hirn und Hand

Wie eng die Entwicklung des Gehirns mit der Form der Hand zusammenhängt, zeigen unter anderem die Funde von Homo habilis. Von der stützenden Funktion entlastet, nahmen die Finger im Lauf unserer Stammesgeschichte an Länge und Beweglichkeit zu. Aufgrund seiner Fähigkeit, sich den übrigen Fingern gegenüberzustellen, kam dem Daumen der menschlichen Hand eine ganz besondere Bedeutung zu. Er vor allem ermöglicht den sogenannten »Präzisionsgriff« und damit die Handhabung feinster Werkzeuge. Homo habilis besaß wohl einen den anderen Fingern gegenübergestellten (opponierten), aber kürzeren Daumen als der heutige Mensch. Auch hatte er bereits, wie aus dem Bau seiner Fingerglieder zu ersehen ist, breite, flache Nägel an deren Enden. Die bei den Skelettresten gefundenen Steinwerkzeuge zeigen jedoch, daß für die Herstellung von Werkzeugen nicht so sehr ein Gehirn von der Größe des Gehirns des heutigen Menschen erforderlich ist, sondern daß die technische Fertigkeit vor allem auch vom Bau der Hand abhängt.

Durch das enge Zusammenwirken von Gehirn und Hand war es dem Menschen nicht nur möglich, die Welt durch Arbeit zu gestalten, die »vieltätige Hand«, wie Goethe sie nannte, ist auch Ausdrucksinstrument. Als Geste begleitet sie unsere Gefühlsäußerungen, unsere Sprache (vgl. S. 196 und Abb. 55c). Hände geben nicht nur Hinweise auf die gesellschaftliche

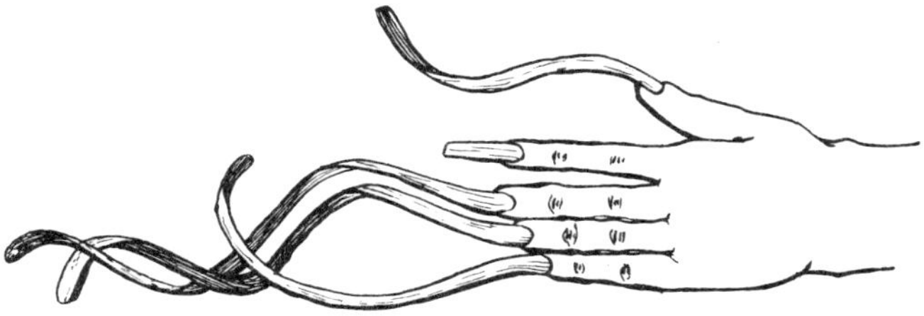

Abb. 91 *Hand eines chinesischen Asketen*

Situation, sondern auch auf den Charakter ihres Trägers. Die drohend geballte Faust, die Schwurhand oder die bittend geöffnete Hand sind allgemeinverständliche Symbole.

Tierprimaten berühren einander mit den Handflächen, um zu bitten, aber auch um zu beschwichtigen und zu grüßen. Im menschlichen Bereich ist die Hand ebenfalls zu einem Bitt- und Begrüßungssymbol ritualisiert worden. Das Grüßen mit geöffneter Hand bedeutet ebenso wie das Winken: »Frieden! Ich bin unbewaffnet!« Die verschiedenen Gebetsgebärden der Völker haben sich aus Bitt- und Grußgebärden entwickelt. Die abwehrend vorgestreckte Hand gilt meist als Symbol des Widerstandes und der Verteidigung.

Zu den aus der Volkskunde bekannten sogenannten »Verbothänden« zählen auch die südtirolischen »Saltner-Pratzen« aus Brixen (19. Jahrhundert): Der Weinhüter (Saltner) brachte die aus Blech gefertigten Handschemata gut sichtbar zur Zeit der Weinlese im Weinberg als »Warnschilder« an. Erhobene Hände finden sich auf prähistorischen Felszeichnungen Europas, bei den Priesterstatuetten Mittelamerikas und den Ahnenfiguren Indonesiens, Neuguineas und Afrikas. Archäologen entdeckten in altägyptischen Gräbern aus Metall nachgebildete Hände, die den Toten vor Unheil und Dämonen schützen sollten.

Die Hand als magisches Zeichen

Die Hand als magisches Zeichen der Kraft und Stärke gewann im Christentum besondere Bedeutung. Die älteste bekannte biblische Darstellung Gottvaters zeigt eine die Wolken durchdringende Hand als Zeichen göttlicher Allmacht. Segnende Hände sollen die Liebe Gottes auf die Gläubigen übertragen. Die Naturvölker Ozeaniens glaubten die Kraft ihrer verstorbenen Ahnen in sich aufzunehmen, wenn sie deren getrocknete Hände um den Hals trugen.

Handdarstellungen aus Ton oder Blech kannte man auch in der Antike. Sie haben sich in ähnlicher Form bis auf den heutigen Tag als Votivgaben in unseren Wallfahrtsorten sowie in Ägypten, Indien, Griechenland und der Türkei erhalten und werden bei Erkrankungen der Hand stellvertretend für diese den Göttern dargebracht (s. Bild 205). Dieses Analogiedenken erstreckt sich auch auf Hand-Amulette, die als Schutzsymbole verbreitet sind, wie z. B. die Hand der Fatima, der Tochter Mohammeds, oder die Hand Mariens, bei den Christen des Vorderen Orients (s. Bild 208).

Im Mittelalter war es Brauch, mit Handschlag einen Vertragsabschluß zu besiegeln (Handgelöbnis), auch Friedensschlüsse wurden auf diese Weise bekräftigt (Handfriede). Als Rechtssymbol galt der Handschwur, bei dem der Mann mit der rechten Hand Schwert oder Reliquien, die Frau mit der rechten Hand die linke Brust oder den Haarzopf berühren mußten. Vielfach übernahm auch der Handschuh, seit der Antike sowohl als Fäustling als auch als Fingerhandschuh bekannt, die Funktion des Rechtssymbols. Bei Streitigkeiten warf man dem Gegner den »Fehdehandschuh« hin, um ihn zum Zweikampf herauszufordern. Der Kaiser verlieh durch Übergabe eines Handschuhs das Recht, eine Stadt zu gründen. Viele mittelalterliche Städte führten, stellvertretend für die Hand, Handschuhe in ihrem Wappen, und den englischen Baronets blieb die blutige Hand als Wappenzeichen ihrer Würde vorbehalten. Seit dem 13. Jahrhundert war es sogar üblich, Bittschriften Handschuhe beizufügen, die nicht selten mit Geld gefüllt waren. Diese Sitte der Bestechung führte schließlich in England dazu, den Richtern das Tragen von Handschuhen zu verbieten.

Sollten reichbestickte Handschuhe, wie sie z. B. die europäischen Herr-

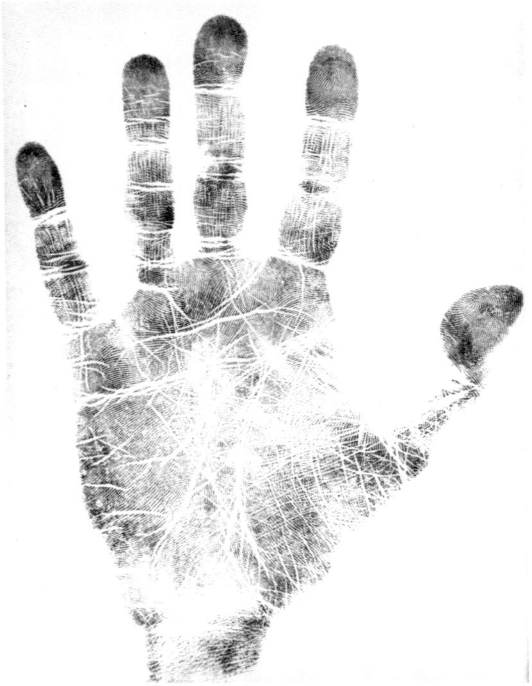

Abb. 92 *Abdruck einer Handinnenfläche*
Bereits im China der Tang-Dynastie (618–906 n. Chr.) wurden Fingerabdrücke zur Identifizierung von Personen herangezogen. In Ostasien verwendet man seit jeher Fingerabdrücke zum Signieren von Urkunden. Der Anatom Marcellus Malpighius erkannte als erster Europäer die wissenschaftliche Bedeutung der Papillarlinien. William Herschel und Henry Faulds stellten in ihren Forschungen unabhängig voneinander die Unveränderbarkeit der Papillarmuster fest. Jeder Mensch weist andere, nur ihm eigene Papillarlinien auf. Sie sind Identifizierungsmerkmale einer Person und somit »Persönlichkeitsmarken«. Seit dem späten 19. Jahrhundert wird diese Entdeckung auch für polizeiliche Zwecke genutzt.

scher und hohen Geistlichen trugen, den Eindruck von Macht, Würde und Schönheit vermitteln, so blieb auch die menschliche Hand selbst nicht naturbelassen, sondern wurde künstlich verändert oder je nach dem Geschmack der verschiedenen Völker »verschönt«. Müssen den domestizierten Haustieren in regelmäßigen Abständen Klauen, Hufe und Krallen beschnitten oder abgeschliffen werden, so müssen auch unsere Hände und Füße manikürt und pedikürt werden, um die normale Funktion unserer Extremitäten nicht zu behindern. Indische Büßer ließen als Zeichen der Askese ihre Fingernägel einen halben Meter lang wachsen. In vielen alten »Anthropologien« kann man sie als Kuriosum abgebildet sehen (s. Abb. 91).

Im alten China ließen sich z. B. die Mandarine die Fingernägel lang wachsen und steckten sie in spinnwebartige Goldhüllen, wohl als Zeichen dafür, daß nur arbeitende Menschen die Fingernägel kurz tragen müssen. Auch bei uns war es vor nicht allzulanger Zeit noch üblich, den Nagel des kleinen Fingers länger wachsen zu lassen als die übrigen Fingernägel – Symbol des Müßigganges!

Von vielen Frauen wurde und wird es als elegant empfunden, sehr lange Fingernägel zu tragen, die manchmal der Hand ein krallenartiges Aussehen geben. Die Kosmetikindustrie hat für jene, die sich aus Arbeitsgründen keine langen Nägel leisten können oder ihre abgebissenen Nägel verstecken wollen, künstliche, aufklebbare Fingernägel bereitgestellt.

Durch Tätowierung und Bemalung der Handinnenflächen und der Fingernägel sowie durch Ringe und Reifen versuchen z. B. die Bewohner der Südsee und Nordafrikas die Hand ästhetisch zu gestalten.

Die Kunst, in der Hand zu lesen

Bereits in der Antike glaubten die Chaldäer und Juden, daß die Form der Hand und die Handlinien nicht nur eine charakterologische, sondern auch eine okkulte Bedeutung hätten. Später fand in Europa diese Auffassung in der »Handlesekunst« (Chirologie, Chiromantie, Chirognomik) ihre Fortsetzung. Zwar konnte sich im aufgeklärten Europa der geheimwissenschaftliche Kult um die Hand nicht durchsetzen, aber der Glaube an die magische Bedeutung der Hände ist bis in unsere Zeit erhalten geblieben. An den Windschutzscheiben der Autos baumeln Gruß- und Abwehrhände aus Plastik, und in der modernen Kunst, z. B. bei Joan Miró, Antoni Tàpies, Antoni Clavé, Ives Klein und anderen, wird auf das uralte Symbol des Handabdruckes zurückgegriffen. Für den naturwissenschaftlich arbeitenden Anthropologen und den Kriminalisten ist der Handabdruck mit seinen Papillarlinien »sprechendes« Indiz (s. Abb. 92).

Wie schon erwähnt, vollzog sich im Verlauf der Evolution eine klare Aufgabentrennung zwischen Hand und Fuß. Während die Hand zu einem universalen Greifinstrument wurde, entwickelte sich der Fuß zu einem Stütz- und Fortbewegungsorgan. Die besondere Form des Fußes im Vergleich zur Hand ist ein wichtiges Unterscheidungsmerkmal zwischen den Menschen- und Tierprimaten. Beim Menschen verkürzten sich die Zehenglieder der »Fußhand«, die Großzehe legte sich den übrigen Zehen an. Der französische Naturforscher Georges Cuvier zog als erster die Hand als Merkmal heran, um zwischen Zweifüßern (Bimanen) und Vierfüßern

Abb. 93 *Fußmaler, französischer Holzschnitt*

(Quadrumanen) zu unterscheiden, die er als getrennte Ordnungen beschrieb. Sein Kollege Augustin Geoffroy Saint-Hilaire vertrat im Gegensatz dazu die Auffassung, daß auch der Fuß als Greiforgan dienen könne, wenn er nicht durch Schuhwerk eingezwängt werde. Als Beispiele führte er die chinesischen Ruderer, die französischen Harzsammler und die armlosen Fußmaler an (s. Abb. 93). Der deutsche Naturforscher Ernst Haeckel nahm irrtümlicherweise an, daß bei einigen Naturvölkern die große Zehe wie bei den Affen den übrigen Zehen – ähnlich dem menschlichen Daumen – gegenübergestellt sei. Heute wissen wir, daß es sich in diesen Fällen wie bei den »Fußmalern« um eine Anpassung an besondere Lebensumstände bzw. um eine Sache der Übung handelt. Abstehende und bewegliche Zehen sind bei Angehörigen der meisten schuhlosen Kulturen anzutreffen. Tatsächlich verkümmern die Fähigkeiten des Fußes mit fortschreitender Zivilisation. Daher wurden von Reisenden in fernen Ländern die Fußfertigkeiten der Eingeborenen bestaunt. Die Hottentotten sollen, während sie mit den Weißen sprachen, diese »per pedes« um etliche Habseligkeiten erleichtert haben.

In den altägyptischen Gräbern von Theben sind Wandmalereien zu sehen, auf denen der Gerber den Streifen Leder sowohl mit dem Fuß als auch mit der Hand hält. Zu den berühmtesten »Fußwundern« zählte der armlose Carl Hermann Unthan, geboren 1848 in Ostpreußen. Er studierte Musik und trat als fußspielender Violinkünstler auf. 1925 erschien seine Autobiographie »Das Pediskript«. Zu seinem 80. Geburtstag fand im Zirkus Busch eine festliche Veranstaltung statt, für die unter anderen auch Professor Virchow den Ehrenschutz übernahm.

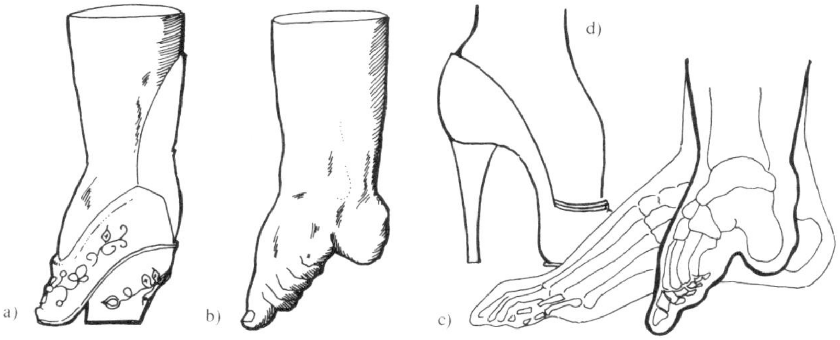

Abb. 94 *Deformation des Frauenfußes (»Goldene Lilie«) im alten China*
a) In einem zierlichen Schuh
b) Der nackte Fuß
c) Vergleich mit einem normalen Fuß
d) Der moderne, hochhackige Damenschuh gilt als erotisches Signal.

Zur Geschichte des Schuhwerks

Das Tragen von Schuhen und Kleidung hat sich aus der Notwendigkeit ergeben, sich gegen die Witterungsunbilden zu schützen. Auf spätpaläolithischen Felsbildern in den magdalenienzeitlichen Höhlen Ostspaniens (ca. 15 000–12 000 v. Chr.) sind Darstellungen von Jägern mit Fellbinden um Wade und Fuß erkennbar. Historisch nachgewiesen sind allerdings erst die aus Palmstroh geflochtenen Sandalen der Ägypter (s. Abb. 97 a), die man aus Grabfunden und aufgrund von Darstellungen auf steinernen Schminkpaletten (ca. 3000 v. Chr.) kennt. Die orientalische Form der spitz zulaufenden Sandalen hat sich durch die Jahrtausende erhalten. Sie sind uns als indische und byzantinische Schnabelschuhe von den Mosaiken in Ravenna bekannt und als gotischer Schnabelschuh des 14. und 15. Jahrhunderts, der durch die Kreuzfahrer in die französisch-burgundische Mode eingeführt wurde. Die Schuhspitzen hatten oft die dreifache Länge des Fußes; manchmal war die Spitze verstrebt und durch Draht mit dem Rist verbunden. Die Länge der Schuhe unterlag bestimmten Vorschriften. Fürsten und Prinzen durften Schuhspitzen haben, die das Zweieinhalbfache der Fußlänge maßen, der höhere Adel konnte sich die doppelte Länge leisten, den Rittern war nur die anderthalbfache erlaubt. Reiche Leute durften ihren Fuß um seine eigene Länge vergrößern, einfache Leute nur um einen halben Fuß. Aus dieser Zeit der Schnabelschuhe stammt die Redewendung »auf großem Fuß leben« (s. Abb. 97 a–c).

Die seit der Antike gebräuchlichen Halbschuhe und Schnürstiefel zählen zu den Grundformen des Schuhwerks und wurden in zahlreichen Variationen nicht nur aus praktischen, sondern auch aus ästhetischen Gründen getragen. Der Kothurn beispielsweise, der griechische Theaterschuh der Antike mit hohen Sohlen und Absätzen, diente dazu, die Schauspieler zu vergrößern, den »erhabenen Stil« zu schaffen. Hohe Sohlen sollten aber auch vor dem Schmutz und Staub der Straßen schützen, wie z. B. die orientalischen Holzstelzsandalen (Kapkap), die außerdem zu einem Rangabzeichen wurden. Die hölzernen »Trippen« waren hohe Untersätze, in die man mit dem flachen Schuh hineinschlüpfte. Im Venedig des 15. Jahrhunderts verschmolzen Trippen und Schuh schließlich zu den »Chopinen«. Pietro Casola, ein Reisender dieser Zeit, schreibt: »Die Frauen, welche die Zoccoli (Holzpantinen) über eine mailändische Elle hoch trugen, schauten wie Riesinnen aus und waren beim Gehen vor dem Fallen nicht sicher, so daß sie sich auf ihre Dienerinnen stützen mußten.«

»Goldene Lilie«

Kaum allein gehen konnten auch die vornehmen Frauen des alten chinesischen Reichs, da ihre Füße schon in früher Jugend künstlich verkrüppelt wurden. Dieses Schönheitsideal ging als »Goldene Lilie« in die anthropologische Literatur ein (s. Abb. 94). Im 4. oder 5. Lebensjahr wurden die Zehen mit Ausnahme der großen Zehe nach unten gebogen und einige Wochen fest bandagiert. Die weichen Knochen gaben nach, die Zehen krümmten sich in die Fußsohlen hinein, die Ferse schob sich nach vorn und die Beinmuskulatur erschlaffte. Die Füße behielten die Größe von Kinderfüßen und wurden in winzige Seidenschuhe gesteckt, in denen die vornehmen Damen zierlich einhertrippelten.

Um 1600 war in Europa der Absatz in die Schuhmode eingeführt worden. Durch seine zunehmende Höhe erzielte er einen den chinesischen Lilienfüßen ähnlichen Effekt, indem er die zerbrechlich wirkende, zierlich einhertrippelnde Damengestalt in ein hilfloses Geschöpf verwandelte, welches das männliche Schutzstreben herausforderte. Unter Ludwig XIV. erreichten die Absätze der Stöckelschuhe eine gefährliche Höhe, so daß die Damen einen Stock zur Fortbewegung benötigten. In den Memoiren des Grafen Vauban heißt es: »Ohne diese Anstrengung, den Körper hinten zu verschieben, wäre die Puppe auf die Nase gefallen.« Gemeint ist, daß durch das hochhackige Schuhwerk ein »hohles« Kreuz erzeugt und das Gesäß hochgeschoben wird. Das gekünstelte Einherschreiten steigerte außerdem den Hüftschwung, die Waden – in unserem Jahrhundert sichtbar – erlangten nach damaliger Auffassung eine kühne, elegante Linie.

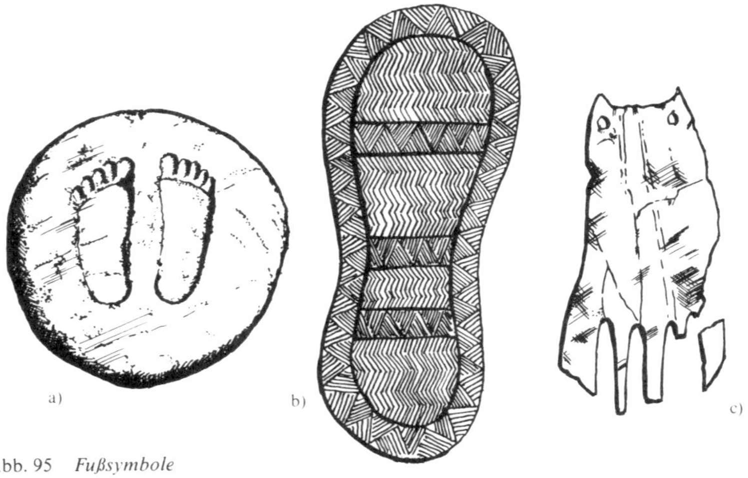

Abb. 95 *Fußsymbole*
a) Bronzezeitliches Fußbild, Stein
b) Sandalenförmiges Idol aus einem iberischen Grab, bronzezeitlich
c) Fußsohlenidol aus der Kniegrotte, DDR

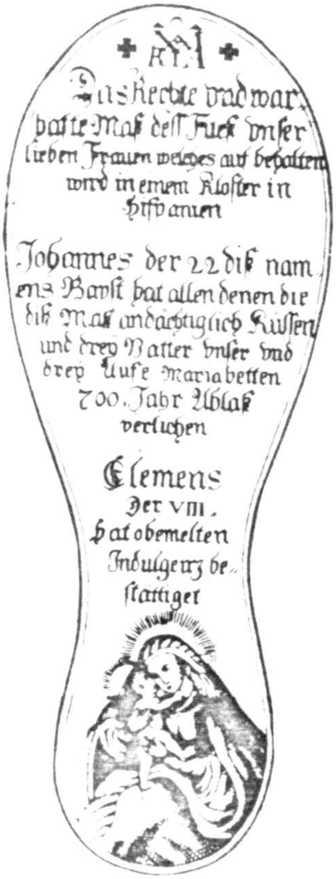

Abb. 96 *»Das wahre Maß des Marienfußes«, volkstümliche Devotionale, Barockzeit*
Die angeblich wahre Fußlänge Christi, die Kopfgröße oder der Leibesumfang des Jesukindes sowie Körpermaße von Heiligen wurden auf Seidenbänder oder Papierstreifen gedruckt und als Amulette am Körper getragen. Die »Heiligen Längenmaße« stellen eine Besonderheit des christlichen Volksbrauchtums dar.

Obwohl der Fuß vielfach zu den »niedrigen« Körperteilen gerechnet wird, da er sich nahe der »schmutzigen« Erde befindet, war er nicht nur erotisches Signal, sondern auch Zeichen des magischen Schutzes und der Kraft, wie dies aus prähistorischen Schuhgefäßen und -amuletten der Italiker zu ersehen ist. Nur den Gottheiten des Himmels und der Fruchtbarkeit war es vorbehalten, Schuhe zu tragen.
Die mittelalterlichen Trinkgefäße in Schnabelschuhform galten als Fruchtbarkeitssymbol, aber auch als unanständig. Wie eng Erotik und Fuß zusammengehören, zeigt die Tatsache, daß sich die russische Zarin Katharina die Große an ihrem Hof einen beamteten Fußkitzler hielt, dessen Aufgabe es war, die kaiserlichen Fußsohlen unter Absingen zweideutiger Lieder zu kitzeln.
In Nordafrika, Frankreich, auf den Britischen Inseln, in den nordischen Ländern und den Alpengebieten finden sich zahlreiche gemalte und eingravierte Fußsymbole, deren Bedeutung man nicht genau kennt. Man ent-

deckte sie auch in Megalithgräbern, auf dem Dolmen du Petit Mont (Morbihan, Bretagne) und auf Schalensteinen der Bronzezeit, etwa in Naquane (Italien) und in Hemsta (Schweden). Sandalenförmige Idole wurden in iberischen Gräbern gefunden (s. Abb. 95b).

Die Symbolbedeutung des Fußes

Die Ureinwohner Südostaustraliens glauben, daß die Beschädigung der Fußspur eines Menschen diesem selbst schadet. Ähnliche Gedanken finden sich bei Pythagoras, dem ein Gesetz zugeschrieben wird, das im antiken Griechenland verbot, mit einem spitzen Gegenstand in die Fußspur eines Mannes zu stechen. Im alten Dänemark soll es Brauch gewesen sein, daß Personen, die miteinander einen Vertrag abgeschlossen hatten, ihre Fußspuren gegenseitig mit Blut bespritzten. Die Hottentotten nahmen bei der Jagd Sand von den Fußspuren des Wildes und warfen ihn in die Luft, um das Wild an der Flucht zu hindern und magisch zur Strecke zu bringen. Die Schafjäger Westafrikas sollen in die Wildspuren Stöcke gerammt haben, um die Tiere zu lähmen. Bei den Südslawen war ein Liebeszauber verbreitet, der darin bestand, die Erde mit der Fußspur des Geliebten auszugraben und in einen Blumentopf mit Ringelblumen zu füllen, die als unverwelkbar galten.

Im Gegensatz zu den zahlreichen Hand-Abbildungen ist über die Darstellung menschlicher Füße oder Fußsohlen in der Altsteinzeit kaum etwas be-

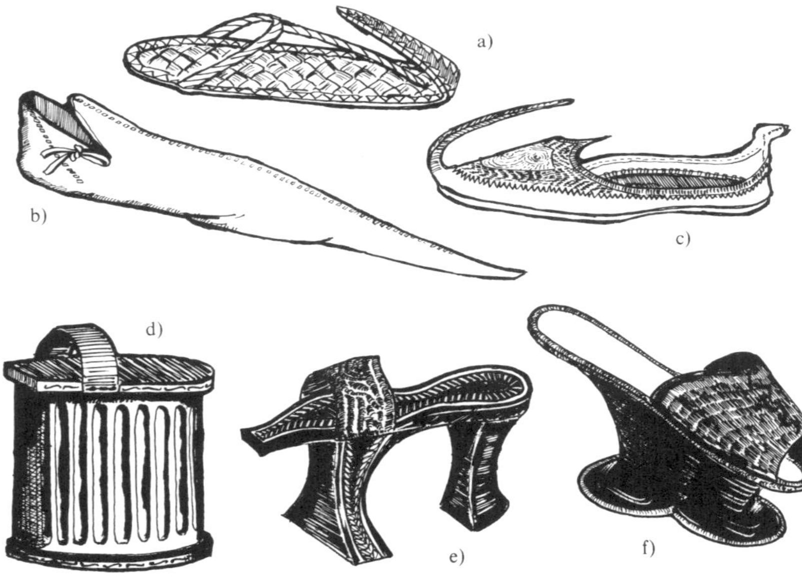

Abb. 97 *Schuhformen*
Sie lassen zu allen Zeiten Tendenzen zur Längung und Erhöhung erkennen.
a) Altägyptische Palmblattsandale, ca. 1250 v. Chr.
b) Gotischer Schnabelschuh
c) Indischer Schnabelschuh
d) Antiker Kothurn
e) Orientalische Holzstelzsandale (Kapkap)
f) Venezianischer Stelzschuh (Chopine), 16. Jahrhundert

kannt. Es fällt auf, daß bei fast allen steinzeitlichen Figurinen, vor allem den Venus-Idolen, die Füße vernachlässigt bzw. überhaupt nicht ausgeführt wurden. Erst in den bronze- und eisenzeitlichen Kulturen sind Darstellungen menschlicher Füße häufiger zu finden. Als eine besondere Rarität muß daher ein Fußsohlen-Symbol angesehen werden, das in der Kniegrotte in Thüringen gefunden wurde (s. Abb. 95c). Es handelt sich dabei um einen Anhänger aus einer gewölbten Elfenbeinplatte, an dessen breitem Ende sich vier kammartige Zacken befinden, die zweifellos Zehen darstellen sollen, in das schmalere, ursprünglich bogenförmige Ende waren zwei Löcher gebohrt. Die Elfenbeinplatte, die mit zahlreichen feinen Einkerbungen und Rauten verziert ist, kann aufgrund der Längen- und Breitenverhältnisse eindeutig als Fuß identifiziert werden. Um eine Deutung des kultischen Inhalts ist man noch bemüht. Nach deutschem Volksglauben wohnt dem Fuß besondere Macht inne, er wird sogar als Träger der Lebenskraft und Fruchtbarkeit bezeichnet. Im Mittelalter wurden Frauen mit langen Füßen als besonders fruchtbar angesehen. Man nimmt daher an, daß auch das Fußsohlen-Idol aus der Kniegrotte der Fruchtbarkeitsmagie und dem Abwehrzauber diente.

Fußspuren können aber auch die Anwesenheit eines Menschen oder eines Gottes versinnbildlichen. An den heiligen Stätten werden noch heute die Fußspuren Jesu, Mariens und Mohammeds als letzte Zeichen ihres Erdenwandels gezeigt. Die »wahre« Fußgröße Mariens wurde lange Zeit als Devotionalie gehandelt (s. Abb. 96). Wie alt dieser Gedanke des »pars pro toto« ist, nämlich die Fußspur für die Person selbst zu nehmen, zeigt sich in der hinduistischen Religion, wo die Fußspuren Buddhas seine persönliche Anwesenheit verkörpern. Im indischen Sprachraum wird der Fußspur (pada) eines Gottes oder Heiligen große Verehrung gezollt, und es ist aufschlußreich, daß das Wort »pada« gleichzeitig die älteste Bezeichnung für »Symbol« ist (s. Bild 210). Die Hand- und Fußabdrücke des Menschen, ob in den Höhlen der Steinzeit oder im Atomzeitalter auf dem Mond (s. Bild 212/213), bleiben eindrucksvolle Zeugnisse seines Erdendaseins.

Einheit und Vielfalt

»Da die menschlichen Gehirne letzten Endes selbst natürliche Gegenstände und innerhalb der Spezies homo sapiens im wesentlichen gleich sind, darf man vermuten, daß allen Kulturprodukten im Verlaufe (...) ihrer Entstehung universelle (natürliche) Charakteristika des menschlichen Gehirns aufgeprägt werden. Wir machen daher bei der Erforschung der Elementarstrukturen von Kulturerscheinungen immer auch Entdeckungen über die Natur des Menschen – Entdeckungen, die auf dich und mich genauso zutreffen wie auf nackte Wilde in Zentralbrasilien ... In einem oberflächlichen Sinne sind die Kulturprodukte überaus vielfältig, und wenn ein Anthropologe beispielsweise daran geht, die Kultur der australischen Ureinwohner mit der der Eskimos oder Engländer zu vergleichen, wird er zunächst von den Unterschieden beeindruckt sein. Da aber alle Kulturen Produkte des menschlichen Geistes sind, muß es unter der Oberfläche Grundzüge geben, die allen gemeinsam sind.«

Edmund Leach, 1970

Unser Anliegen war es, dem Leser wissenschaftliche Informationen zu vermitteln, die zum Teil im Lauf der Zeit in schwer zugängliche Spezialliteratur abgesunken sind. Nicht nur die Vielfalt der biologischen und kulturellen Muster, die in der stammesgeschichtlichen Entwicklung des Menschen bis heute nachgewiesen werden konnten, sondern auch die dieser Vielfalt zugrunde liegenden universellen, das heißt die ganze Menschheit verbindenden Strukturen sollten sichtbar gemacht werden. Da alle Menschen derselben Spezies angehören, ist es nicht verwunderlich, daß sie einander nicht nur hinsichtlich ihres Körperbaues ähneln, sondern auch ein »im wesentlichen gleiches« Gehirn besitzen. Dieses, so Edmund Leach, ist die Basis, auf der sich unsere mehr oder minder ähnlichen Verhaltensmuster vor allem im sozialen und kulturellen Bereich entfalten. Mögen die Kulturprodukte des menschlichen Geistes noch so unterschiedlich sein, ein Vergleich zeigt tief in der Evolution verwurzelte »Muster«, die bei allen Menschen und Kulturen ähnliche Züge aufweisen. Dabei stellt sich die Frage, ob diese allgemeinen Kulturmerkmale wie Kopfdeformation, Tätowierung, Endokannibalismus usw. unabhängig voneinander entstanden sind oder durch kulturelle Diffusion, das heißt Wanderung, Austausch, Handel usw. verbreitet wurden. Als bedeutsames Beispiel sei hier an die Kopfjagd erinnert: Die mit dieser Sitte in Zusammenhang stehenden Mythen und Techniken zeigen in verschiedenen Erdteilen und Kulturen eine überraschende Ähnlichkeit. Für einen kulturellen Austausch zwischen diesen Gesellschaften durch Wanderungen oder Handel gibt es keine historischen Belege. Also muß man annehmen, daß die Kopfjagd in diesen Gebieten entweder seit Urzeiten erhalten geblieben ist oder sich später ohne Einfluß von außen entwickelt hat. Welche Ursache für dieses Phänomen können wir annehmen?

Einen Hinweis stellt die diesen Völkern gemeinsame Wirtschaftsform – der Knollenhackbau – dar. Die Form der Knollenfrüchte und Wurzeln, die die wichtigste Nahrungsquelle dieser Menschen bilden, könnte über den Mechanismus des anthropomorphen Denkens den mythischen Hintergrund der Kopfjagd entscheidend bestimmt haben: Der Vergleich des menschlichen Kopfes mit Knollen oder Kokosnüssen, die Deutung von Wurzeln als Arme und Beine einer Gottheit ist für einen Knollenhackbauern durchaus naheliegend. Nicht »archetypische Vorstellungen« oder »Elementargedanken« sind für die oft frappierenden kulturellen Übereinstimmungen verantwortlich, sondern vielmehr die in der Stammesgeschichte herausgebildeten Mechanismen unserer Gestaltwahrnehmung. Diese »angeborenen Lehrmeister«, wie Konrad Lorenz sie nennt, legen uns bestimmte Interpretationen der Welt und ihrer Erscheinungsformen nahe und äußern sich in bestimmten Denk- und Verhaltenstendenzen. Im Fall der Kopfjagd beeinflußte unsere Gestaltwahrnehmung offensichtlich sogar die Form eines Mythos.

Aber nicht nur die spezifische Gestalt des menschlichen Körpers (Körper-Matrix), auch seine Materialeigenschaften, z. B. Farbe, Dicke und Empfindlichkeit der Haut, Belastbarkeit, Genießbarkeit und Haltbarkeit des Muskelgewebes, Elastizität und Härte der Knochen, haben die Kulturgeschichte unseres Körpers direkt oder indirekt mitbestimmt. Völker mit dunkler Haut bevorzugen grellbunte Schmuckfarben. Das Hirnschädelgewölbe lädt nicht nur wegen seiner Form, sondern auch wegen seiner Festigkeit und Undurchlässigkeit zum Trinken ein. Der angenehme Geschmack des Menschenfleisches hat den Kannibalismus möglicherweise sogar gefördert.

Das Prinzip der Evolution ist universell, das heißt, es gilt nicht nur für die Entstehung des Universums, sondern auch für die gesamte Biosphäre und die Kulturen der Menschheit. Die Gesetzmäßigkeiten der Evolution sind jedoch in den einzelnen Bereichen unserer Welt je nach Komplexität der untersuchten Phänomene sehr verschieden. Gelten für die Entwicklung von Spiralnebeln ausschließlich physikalische und chemische Gesetze, so gesellen sich im biologischen Bereich weitere Gesetzmäßigkeiten hinzu. Im kulturellen Bereich schließlich – der höchsten Komplexitätsschicht – werden die physikalischen und biologischen Gesetze noch durch weitere für diese Schicht spezifische Gesetzmäßigkeiten ergänzt.

Der amerikanische Anthropologe Bernard Grant Campbell definierte 1972 Kultur als »Gesamtheit aller Verhaltensweisen einer Sozialgruppe von Menschen und Tieren, die von Generation zu Generation über Lernen weitergegeben wird«. In der kulturellen Evolution werden also im Gegensatz zur biologischen Evolution erworbene, das heißt erlernte Eigenschaften »vererbt«. Der »Geist« fiel aber nicht vom Himmel. Die biologische Evolution endet nicht dort, wo die kulturelle Evolution beginnt. Wir dürfen annehmen, daß Kultur als Verhaltenstypus ein bestimmtes Entwicklungsniveau verschiedener Fähigkeiten unserer tierischen Vorfahren zur Voraussetzung hatte. Der aufrechte Gang, die dadurch bedingte Erweiterung des Gesichtskreises und der durch das Freiwerden der Hände ermöglichte Gebrauch von Werkzeugen führten zu einer Vergrößerung des Gehirns. Das Leben in sozialen Verbänden, besonders die Mutter-Kind-Beziehung, förderte die Kommunikation und damit die Entwicklung der Wortsprache, die offenbar bereits für die frühen Hominiden einen großen Auslesevorteil besaß. Kulturelle Verhaltensweisen wie Werkzeuggebrauch, Symbol- und Traditionsbildung sind aber schon bei den höheren Affen und anderen Tieren feststellbar. Kulturverhalten kann also nicht nur als Ergebnis, sondern auch als wesentliche Ursache des Menschwerdungsprozesses begriffen werden.

Biologische und kulturelle Evolution zeigen ähnliche Mechanismen, wirken in der Stammesgeschichte des Menschen zusammen und verstärken einander wechselseitig. Der amerikanische Genetiker Theodosius Dobzhansky (1972) stellt fest: »Menschliche Evolution kann weder als rein biologischer Prozeß verstanden noch adäquat als Kulturgeschichte beschrieben werden. Sie besteht in der Wechselwirkung von Biologie und Kultur. Zwischen biologischen und kulturellen Vorgängen besteht eine Rückkoppelung.« Wir beschreiben die Eigenschaften der Systeme von Natur und Kultur daher auch folgerichtig mit den gleichen oder analogen Begriffen: Mutation und sexuelle Rekombination der Gene, also jene Mechanismen, die die Mannigfaltigkeit der Lebewesen erhöhen, entsprechen den Entdeckungen und Erfindungen (Innovationen) der Wissenschaftler und Künstler, die zu unserer kulturellen Vielfalt beitragen. Der Ausbreitung von Genen durch Mischung oder Wanderung (Gendiffusion) vergleichbar ist kultureller Austausch durch Handel oder Eroberung. Isolation und Selektion führen nicht nur zur Entstehung von neuen Rassen, sondern auch zur Ausprägung kultureller Eigenarten.

Im Verlauf der biologischen wie der kulturellen Evolution haben sich Strukturen herausgebildet, die die Errungenschaften der durchlaufenden Evolutionsphasen bewahren, aber auch solche, die Möglichkeiten bieten, diese weiterzuentwickeln. Das Verhältnis von bewahrenden – »konservativen« – und veränderbaren – »progressiven« – Merkmalen entscheidet über die Art und das Tempo der Evolution jedes Systems. Diese konservativen, durch die Jahrtausende konstanten Merkmale (z. B. anatomische Baupläne, angeborene Verhaltensweisen) verkörpern das »Wissen«, das eine Art oder eine Kultur im Lauf ihrer Geschichte über ihre jeweiligen Lebensbedingungen angesammelt hat. Neue Strukturen ermöglichen die Anpassung an die sich verändernde Umwelt. Sie entstehen nach Konrad Lorenz durch Zusammentreten von bereits vorhandenen Systemen zu einem neuen System mit neuen Eigenschaften (Fulguration).

Während es bei den lebenden Arten die Erbinformation – der genetische Code – ist, in dem dieses »Wissen« gespeichert wird, übernehmen im Bereich der Kultur Informationsträger wie mündliche Überlieferung, Bücher,

Filme usw. diese Aufgabe. Sie gewährleisten Identität, Wiederholbarkeit und Ordnung gegenüber Zufall, Ungewißheit und Unordnung. Nach Konrad Lorenz gehören zu den Mechanismen, die uns im kulturellen Bereich lebensnotwendiges Wissen erhalten, unsere Gewohnheiten, Traditionen, Bräuche und Ritualisierungen. Jene Mechanismen, die uns vor einem Verharren in schon überholten, nicht mehr angepaßten Formen bewahren, sind unsere Neugier und Experimentierfreude, unsere Fähigkeit zu spielen, zu kritisieren. Sowohl die biologische wie auch die kulturelle Evolution tendieren – mit einigen Ausnahmen – zu höherer Komplexität und Integration. Dies deshalb, weil ständig neue Lebensbereiche (Nischen) erschlossen werden, in denen sich Arten und Kulturen behaupten müssen, indem sie sich anpassen. Anpassung bedeutet aber immer Aufnahme von Informationen über die neuen Lebensbedingungen. Leben, das heißt Evolution, ist Lernen, Informationsgewinn.

Komplexe Systeme, z. B. die Nervenzellen unseres Gehirns, aber auch Kulturen oder Staaten, organisieren sich selbst: Die Einzelteile dieser Systeme entwickeln sich nach und nach von einem wirren Mosaik zu einem funktionierenden Ganzen. Die Synergetik, eine noch junge Wissenschaft vom Zusammenwirken der Bestandteile eines Systems, hat gezeigt, daß auch offene Systeme der unbelebten Natur bei Energiezufuhr spontan Ordnungsmuster ausbilden können. Diese Ordnungsmuster (»Moden«) konkurrieren miteinander, das Muster mit den höchsten Zuwachsraten setzt sich durch, unterdrückt schließlich die anderen Muster. Gleichwertige Ordnungszustände können aber auch miteinander kooperieren. Oft jedoch wird durch eine Zufallsschwankung die Entscheidung für einen der beiden Zustände getroffen. Der Wettkampf der Arten, der im Darwinismus den Motor der Evolution darstellt, wird so zum Spezialfall eines übergeordneten Prinzips der Selbstorganisation. Dieses Prinzip gilt auch im Bereich der Ideen, die in Wissenschaft und Politik miteinander in Wettstreit treten. Auch hier hängt es von der Anzahl der Anhänger der jeweiligen Ideen ab, welchen Einfluß diese auf die Entwicklung der Gesellschaft nehmen. Politische Umwälzungen – Revolutionen – könnte man mit den sogenannten Phasenübergängen von offenen Systemen der unbelebten Natur, z. B. erhitzten Flüssigkeiten, vergleichen. Dem neuen Ordnungsmuster geht eine Phase der Verunsicherung (Destabilisierung, z. B. Arbeitslosigkeit, Hungersnöte) voraus, zufällige Ereignisse, z. B. eine Naturkatastrophe oder ein Attentat, verhelfen oft einer neuen Ordnung zum Durchbruch. Im anorganisch-technischen Bereich kann man diese neuen Strukturen bzw. Strukturänderungen noch vorausberechnen, im geistigen Bereich allerdings verhindert die unvorstellbare Kompliziertheit der zusammenwirkenden Faktoren eine Vorhersage auf mathematischer Grundlage.

Die Evolution der menschlichen Kultur hat neben der »natürlichen« Selektion auch eine »künstliche« Selektion wirksam werden lassen. Es scheint, daß der Mensch im Begriff ist, durch die Erfolge der Medizin, aktive Geburtenkontrolle, Beeinflussung des Erbgutes und weitgehende Anpassung der Umwelt an seine körperlichen Bedürfnisse, die Ausleseprinzipien zu ändern, das heißt seine Evolution selbst zu steuern.

Dieser neuen Machtfülle steht jedoch keine neue, gleichwertige Ethik gegenüber. Wir tun nach wie vor, was uns möglich ist, nicht was wir dürfen oder sollten. Geblendet von kurzzeitigen Erfolgen, unberührt von der Verelendung der übrigen Welt berauschen wir uns an aggressiven wirtschaftlichen und politischen Wachstumsphilosophien. Die Folgen dieses selbstmörderischen Fortschrittsglaubens, die uns seit langem bekannt sind, werden verdrängt: Die natürlichen Lebensräume unseres Planeten sind weitgehend zerstört oder in phantasielose Anbauflächen umgewandelt, die nicht ausreichen, um zukünftige Generationen zu ernähren. Die noch verbliebenen Naturvölker, die nicht schnell genug unsere Konsum- und Produktionsmuster übernehmen konnten, werden oft systematisch ausgerottet. Aber nicht nur diese, Minderheiten jeder Art werden zunehmend als Bedrohung unseres durch schweigende Mehrheiten abgestützten Selbstgefühls empfunden und brutal bekämpft. Der Druck auf den einzelnen, den Außenseiter, könnte im Zug der sich bereits ankündigenden politischen und ökologischen Katastrophen noch stärker werden. In Krisensituationen werden Unterschiede, wird rassische und kulturelle Vielfalt nicht besonders gefragt sein. Eine bestimmte Art von Disziplin, von Einheit und Einheitlichkeit wird mit den Interessen eines übergeordneten Ganzen begründet werden: Kontrollierbarkeit, das heißt Überschaubarkeit, heißt Voraussagbarkeit, heißt Uniformierung ... So kurz vor 1984, dem Jahr Orwells, muß ein Buch wie das unsere mit einem Plädoyer für die Bewahrung der Vielfalt enden. Nicht nur, weil wir glauben, daß Vielfalt Anpassungsfähigkeit, also Weiterentwicklung bedeutet, sondern weil sie einen Wert an sich darstellt. Unsere Einheit als Art bleibt davon unberührt, sie wird im Gegenteil in jeder neuen Ausprägungsform bestätigt.

Personenregister

Sachregister

Bildnachweis

Abbildungen im Text

Eike Winkler, Wien: 23, 26, 30, 32, 33, 36 (2), 44, 54, 86, 92, 94, 95, 132, 134, 136, 150, 154, 159, 165, 174, 180, 182, 193, 194, 204, 218, 232, 259, 267, 270, 295, 297, 302, 307, 310
© 1980 Copyright by Cosmospress, Genf: 203

Das Zitat auf Seite 279 stammt aus: Rainer Maria Rilke, Die Aufzeichnungen des Malte Laurids Brigge; Insel Verlag, Frankfurt.
Das Zitat auf den Seiten 52/54 stammt aus: Evelyn Waugh, Tod in Hollywood. © 1950 by Peter Schifferli, Verlags AG »Die Arche«, Zürich.

Bildblöcke

Eike Winkler, Wien: 1–26, 30, 36–85, 88–100, 102–107, 117–119, 122–127, 129, 140, 142–166, 171–181, 183–188, 190/191, 194–196, 200–209, 211/212; Felix H. Adanos, Wien: 27, 31;
UPI, New York: 28; Keystone Press, Wien: 29, 197; Tierbilder Okapia, Frankfurt; 32; Bilderdienst Süddt. Verlag, München: 33 (Röhnert-Aurich), 34 (S. Keller), 167 (H. Manz), 168, 169 (E. Adams), 170 (H. Manz), 198 (Peer Pedersen), 199; Bavaria, Gauting: 35 (Dorothea von der Osten), 108 (K. Kummels), 111 (H. Müller), 114 (H. Winter), 132 (J. Schmidlin), 133 (W. Rudolph), 136 (H. Winter), 139 (K. Rose); Hirmer Verlag, München (86); Votava, Wien: 87, 213; Ludwig Neustifter, Wien: 101; Zefa, Düsseldorf: 109 (P. Fera), 110 (F. Walther), 112 (P. Phillips), 113 (R. Halin), 116 (P. W. Thiele), 121 (D. Baglin), 138 (R. Halin); Internationales Bildarchiv, München: 115, 134; Foto Jann, Hallstatt: 120; Inter-Topics GmbH (Camera Press, London), Oberkirch: 128, 130, 135 (John Hooper); Leni Riefenstahl, München: 131; Museum für Völkerkunde (Dr. K. Binder), Wien: 137; Rheinisches Landesmuseum, Bonn: 141; Sibylle Göller, Wien: 182; Tiofoto AB/Hans Hammarskiöld, Stockholm: 189; The Associated Press, Wien: 192; foto magazin, München: 193; Thames and Hudson Ltd., London: 210.

Ausgewählte Literatur

Andree, R., Ethnographische Parallelen und Vergleiche, Stuttgart 1878
Bächtold-Stäubli, H., Handwörterbuch des deutschen Aberglaubens, Berlin 1927–1942
Baker, J. R., Rassen der Menschheit, Stuttgart 1976
Bastian, A., Ethnische Elementargedanken in der Lehre vom Menschen, Berlin 1895
Baur, O., Bestiarum Humanum, München 1974
Beitl, R. u. a., Wörterbuch der deutschen Volkskunde, Stuttgart 1974
Bihalji-Merin, O., Masken der Welt, Gütersloh - Berlin - München - Wien 1970
Bilz, R., Wie frei ist der Mensch? Paläoanthropologie 1, Frankfurt 1973
–, Studien über Angst und Schmerz, Paläoanthropologie 2, Frankfurt 1974
Birket-Smith, K., Geschichte der Kultur, Zürich 1946
Bitterli, U., Die »Wilden« und die »Zivilisierten«, München 1976
Braunfels, S., Der »vermessene« Mensch, München
Buschan, G., Die Sitten der Völker, Stuttgart - Berlin - Leipzig 1922
Campbell, B. G., Entwicklung zum Menschen, 1972
Darwin, Ch., Ausgewählte Schriften, München 1970
Doblhofer, E., Zeichen und Wunder. Die Entzifferung verschollener Schriften und Sprachen, München 1964
Duerr, H. P., Traumzeit. Über die Grenze zwischen Wildnis und Zivilisation, Frankfurt 1978
Eibl-Eibesfeldt, I., Grundriß der Vergleichenden Verhaltensforschung, München 1967
Eickstedt, E. v., Die Forschung am Menschen, Stuttgart 1940–1963
Engelhardt, D. v., Das Bild auf der menschlichen Haut, München 1972
Fester, R., Urwörter der Menschheit, München 1981
Frazer, J., Der goldene Zweig, Köln 1958
Gadamer, H. G., und *Vogler, P.* (Hrsg.), Neue Anthropologie 1–4, Stuttgart 1972
Gehlen, A., Anthropologische Forschung, Reinbek 1961
–, Urmensch und Spätkultur, Frankfurt - Bonn 1964
Girtler, R., Kulturanthropologie, München 1979
Grimal, P., Mythen der Völker 1–3, Frankfurt - Hamburg 1967
Guthrie, R. D., Das gewisse Etwas. Signale des menschlichen Körpers, München 1978
Hass, H., Wir Menschen, München 1966
Heberer, G. (Hrsg.), Die Evolution der Organismen, Stuttgart 1967–1972
–, Moderne Anthropologie, Reinbek 1973
Heberer, G., Schwidetzky, I., Walter, H. (Hrsg.), Anthropologie, Frankfurt 1970
Henschen, F., Der menschliche Schädel in der Kulturgeschichte, Berlin 1966
Hirschberg, W., Wörterbuch der Völkerkunde, Stuttgart 1965
Honoré, P., Es begann mit der Technik, Reinbek 1970
James, E. O., Religionen der Vorzeit, Köln 1960
Jelinek, J., Das große Bilderlexikon des Menschen in der Vorzeit, Berlin - München - Wien 1972
Jung, C. G., Der Mensch und seine Symbole, Olten 1968
Keiter, F., Verhaltensbiologie des Menschen auf kulturanthropologischer Basis, München 1966
– (Hrsg.), Verhaltensforschung im Rahmen der Wissenschaften vom Menschen, Zürich 1969
Koenig, O., Kultur und Verhaltensforschung, München 1970
–, Urmotiv Auge, München - Zürich 1975
Koestler, A., Das Gespenst in der Maschine, Wien - München - Zürich 1968
–, Der göttliche Funke, Bern - München 1966
Koestler, A., Smythies, J. R. (Hrsg.), Das neue Menschenbild, Wien - München - Zürich 1970
Kybalova, L. u. a., Das große Bilderlexikon der Mode, Prag 1966
Leakey, R. E., Lewin, R., Wie der Mensch zum Menschen wurde, Heidelberg
Lenneberg, E. H., Biologische Grundlagen der Sprache, Frankfurt 1972

Lenz, W., Humangenetik in Psychologie und Psychiatrie, UTB, Heidelberg 1978
Leonhard, K., Der menschliche Ausdruck, Leipzig 1968
Lersch, Ph., Gesicht und Seele, München - Basel 1955
Lévi-Strauss, Cl., Das wilde Denken, Frankfurt 1968
–, Strukturale Anthropologie, Frankfurt 1967
Lévy-Bruhl, L., Die Seele der Primitiven. Braumüller, Wien 1930
Leyhausen, P., Lorenz, K., Antriebe tierischen und menschlichen Verhaltens, München 1971
Lorenz, K., Über tierisches und menschliches Verhalten, München - Zürich 1965
–, Die Rückseite des Spiegels, München - Zürich 1973
–, Vergleichende Verhaltensforschung, Wien - New York 1978
Lurker, M., Wörterbuch der Symbolik, Stuttgart 1979
Maclay, G., Adam im Hühnerhof. Dominanzverhalten am Beispiel der menschlichen Hackordnung, Frankfurt 1972
Malinowski, B., Eine wissenschaftliche Theorie der Kultur, Zürich 1948
Mauss, M., Soziologie und Anthropologie 1, 2, München 1974
Morin, E., Das Rätsel des Humanen. Grundfragen einer neuen Anthropologie, München 1974
Morris, D., Der nackte Affe, München - Zürich 1968
–, Der Menschenzoo, München - Zürich 1969
–, Der Mensch, mit dem wir leben, München - Zürich 1978
Mühlmann, W. E., Geschichte der Anthropologie, Frankfurt - Bonn 1968
–, *Müller, E.* (Hrsg.), Kulturanthropologie, Köln - Berlin 1966
Neumann, E., Die Große Mutter, Olten 1974
Oettermann, St., Zeichen auf der Haut, Frankfurt 1979
Otto, R., Das Heilige, München 1963
Rensch, B., Homo sapiens, Göttingen 1965
Riedl, R., Die Ordnung des Lebendigen, Hamburg - Berlin 1975
–, Strategie der Genesis, München - Zürich 1976
Riedl, R., Kaspar, R., Biologie der Erkenntnis, Berlin - Hamburg 1980
Saller, K., Martin, R., Lehrbuch der Anthropologie, Stuttgart 1957
Schwidetzky, I. (Hrsg.), Die neue Rassenkunde, Stuttgart 1962
– (Hrsg.), Über die Evolution der Sprache, Frankfurt 1973
Seligmann, K., Das Weltreich der Magie, Wiesbaden o. J.
Spiel, Ch., Menschen essen Menschen, München 1972
Taylor, G. R., Kulturgeschichte der Sexualität, Frankfurt 1970
Tembrock, G., Grundriß der Verhaltenswissenschaften, Stuttgart 1980
Topitsch, E., Erkenntnis und Illusion. Grundstrukturen unserer Weltauffassung, Hamburg 1979
Vollmer, G., Evolutionäre Erkenntnistheorie, Stuttgart 1975
Wendt, H., Ich suchte Adam, Reinbek 1965
–, Der Affe steht auf, Reinbek 1971
–, Es begann in Babel, Reinbek 1966
Weule, K., Kulturelemente der Menschheit, Stuttgart 1922
Wheeler, M., Moderne Archäologie, Reinbek 1960
Wickler, W., Stammesgeschichte und Ritualisierung, München 1970
Zimmer, D. E., Unsere erste Natur, München 1979

Inhalt